23 最新青林法律相談

農林水産関係知財の法律相談 I

SEIRIN LEGAL COUNSELING

日弁連知的財産センター
弁護士知財ネット ［監修］

青林書院

は じ め に

　あらためて指摘するまでもなく，農林水産業（第1次産業）は，国の食を支えるといった意味において国民生活に密接に関わるものであり，他の産業の基盤となる分野です。その重要性並びにその置かれている状況への理解は，国及び国民各層が共有しなくてはなりません。しかし，最近では食料の自給率は危機的に低下し，就農者の平均年齢が67歳を超えており，少子高齢化・後継者不足といった課題への有効な対処法を探ることが喫緊の課題ということができます。

　そのために検討されるべき方策として重要な一つが，農林水産業分野において価値ある情報が知財として適切に保護され，利活用されることです。政府の知的財産戦略本部が公表した『知的財産推進計画2017』においては，「攻めの農林水産業・食料産業を支える知財活用・強化」が謳われましたし，『知的財産推進計画2018』における重点事項「これからの時代に対応した人材・ビジネスを育てる」の中では，〈地方・中小企業・農業分野の知財戦略強化支援〉が取り上げられています。このように農林水産業分野における知財政策の推進と環境整備が，大きな国家戦略として取り組まれる状況にあります。

　そこで，日本弁護士連合会においても，知的財産分野の専門委員会である日弁連知的財産センターを中心に，如何に無理なく農林水産事業の産業競争力を維持・強化するかという観点から，植物新品種の保護法制や農林水産事業従事者の負担を軽減させる技術の開発（第4次産業革命といわれるものを含む）といった側面に着目するなど，農林水産分野における知的財産の保護の在り方について関心を持ち，種々の取組みを行ってきました。

　本書は，これまでの取組みの一環として，主として農業従事者や，これをサポートする弁護士等の専門家が様々な事実や問題に直面したときに，その理解と解決に資することを期待して，日弁連知的財産センターと弁護士知財ネットとが共同で企画させていただいたものです。また農林水産省の担当官の皆様や元内閣府規制改革推進室参事官にも解説をお願いし，さらにはこの分野に関心をお持ちの知的財産法学者の先生方にも執筆をお願いしたところ，快くお引き

はじめに

受けいただきました。心よりお礼申し上げます。

　また，本書の出版に際して，青林書院編集部の宮根茂樹編集長にも大変なご尽力を頂きました。感謝申し上げます。

　本書を通じて，全国各地の弁護士が農林水産分野の知的財産保護の重要性と在り方に関心を持ち，さらに各々が研鑽を積むことによって，その成果を全国各地の農林水産事業者に還元していただくことを願ってやみません。

　　　平成31年3月29日（脱稿日）

　　　　　　　　　　　　　　　　　　日本弁護士連合会副会長
　　　　　　　　　　　　　　　　　　（日弁連知的財産センター担当）

　　　　　　　　　　　　　　　　　　　太　田　賢　二

は し が き

　農林水産省は，農林水産業分野における知的財産政策を推進しています。た
とえば，2016年9月以降，特許庁と協力して同分野の知的財産相談体制を強化
しています。さらに，2017年5月に知的財産戦略本部から発表された「知財推
進計画2017」では，「知財の潜在力を活用した地方創生とイノベーション推
進」が同計画の柱の1つとされ，その冒頭に「攻めの農林水産業・食料産業等
を支える知財活用・強化」が掲げられました。こうした動きを受け，日弁連知
財センター及び弁護士知財ネットは，それぞれ農水法務支援チームを設置し，
農林水産業への幅広い法的支援を強化すべく共に活動を進めてきました。

　また，「知財推進計画2018」では，農林水産業分野の研究開発につき，「事業
化・商品化を意識した知財マネジメントに取り組みつつ，AI，IoTやロボット
技術を組み合わせた新たな省力的な生産技術等，異分野との連携協調による研
究開発を推進」するとされました。

　ここで，農林水産分野の知財というとき，大きく2つの局面が考えられま
す。すなわち，1つは，農林水産業における知財戦略に関連した知財であり，
もう1つは，農林水産分野の研究開発における知財戦略に関連した知財です。

　前者の農林水産業知財戦略関連では，地理的表示（GI）保護制度，種苗法，
農業分野における生産技術・ノウハウ等の管理，農業分野におけるデータ契約
ガイドラインなどの諸施策が展開されています。この点，上記農水法務支援
チームでは，種苗法など制度設計の議論への協力，関連する全国イベントにお
ける講演・法律相談への協力などの活動を実施しています。

　後者の農林水産分野の研究開発知財戦略関連では，①研究開発の企画・立案
段階から商品化・事業化段階知財戦略を検討すること，②トータルな知的財産
マネジメントの推進（発明時におけるオープン・クローズ戦略，及び，権利化後ライセ
ンスにおけるオープン・クローズ戦略等の多様な戦略を視野に入れ，事業の成功を通じた社
会還元を加速化する観点から最適方法を検討する）等の諸施策が展開されています。
この点，上記農水法務支援チームは，知的財産マネジメント指針など関係ツー
ル開発への協力，全国関係研究機関からの法律相談への対応，全国イベントに

はしがき

おける講演・法律相談への協力などの活動を実施しています。

　以上のような活動状況を踏まえ，日弁連知財センター及び弁護士知財ネットの共同企画・編纂により本書が出版されます。本書は，農林水産省担当官の方々，元内閣府規制改革推進室参事官の方，本分野に関心をお持ちの知的財産法学者の方々にも執筆をお願い致しました。ご快諾頂きましたこと，心より御礼申し上げます。また，本書の完成・出版には，青林書院の宮根茂樹編集長に多大なご尽力を頂きました。心から感謝申し上げます。

　本書が関係各位のお役に立つことを心から念じております。

　2019（令和元）年6月6日芒種

弁護士知財ネット理事長

末　吉　　亙

凡　例

(1)　各設問の冒頭に**Q**として問題文を掲げ，それに対する回答の要旨を**A**でまとめました。具体的な説明は　**解　説**　以下に詳細に行っています。

(2)　判例，裁判例を引用する場合には，本文中に「☆1，☆2……」と注番号を振り，各設問の末尾に■**判　例**■として，注番号と対応させて「☆1　最判平22・3・25民集64巻2号562頁」というように列記しました。なお，判例等の表記については，後掲の「判例・文献関係略語」を用いました。

(3)　文献を引用する場合，及び解説に補足をする場合には，本文中に「＊1，＊2……」と注番号を振り，設問の末尾に■**注　記**■として，注番号と対応させて，文献あるいは補足を列記しました。文献は，原則としてフルネームで次のように表記をし，一部の主要な文献については後掲の「判例・文献関係略語」を用いました。

〔例〕　著者名『書名』頁数
　　　　　編者名編『書名』頁数〔執筆者名〕
　　　　　執筆者名「論文タイトル」編者名編『書名』頁数
　　　　　執筆者名「論文タイトル」掲載誌○○号／○○巻○○号○○頁
　　　　　執筆者名・掲載誌○○号／○○巻○○号○○頁

(4)　法令の引用

　(a)　各法令の条文番号は，横組みとしたため，原則として算用数字を用いた。

　(b)　法令名は，原則として，①地の文では正式名称で，②カッコ内の引用では後掲の「法令略語」を用いて表しました。

　(c)　カッコ内において複数の法令条項を引用する際，同一法令の条文番号は「・」で，異なる法令の条文番号は「，」で併記した。それぞれ条・項・号を付し，原則として「第」の文字は省いた。

　(d)　本書に引用した法令の条項は，原則として，令和元年5月31日現在において，未施行のものを含めて成立したものによっています。ただし，例外もあります。

(5)　本文中に引用した判例，裁判例は，巻末の「判例索引」に掲載しました。

(6)　各設問の☑**キーワード**に掲載した重要用語は，巻末の「キーワード索引」に掲載しました。

凡　例

■判例・文献関係略語

最	最高裁判所	無体集	無体財産権関係民事・行政裁判例集
最〔1小〕	最高裁判所第一小法廷		
高	高等裁判所	取消集	審決取消訴訟判決集
知財高	知的財産高等裁判所	裁時	裁判所時報
地	地方裁判所	速報	工業所有権関係判決速報
簡	簡易裁判所		／知的所有権判決速報／
支	支部		知的財産権判決速報
判	判決		
決	決定	L&T	Law & Technology
		学会年報	日本工業所有権法学会年報
民集	最高裁判所（または大審院）民事判例集	金判	金融・商事判例
刑集	最高裁判所（または大審院）刑事判例集	刑裁月報	刑事裁判月報
		ジュリ	ジュリスト
裁判集民事	最高裁判所裁判集民事	知管	知財管理
高民集	高等裁判所民事判例集	パテ	パテント
下民集	下級裁判所民事裁判例集	判時	判例時報
行集	行政事件裁判例集	判タ	判例タイムズ
知財集	知的財産権関係民事・行政裁判例集	ぷりずむ	知財ぷりずむ

小野編・新注解不正〔第3版〕（上）（下）
　　　　　　小野昌延編著『新・注解不正競争防止法〔第3版〕』（青林書院，平24）
小野ほか編・商標の法律相談Ⅰ・Ⅱ
　　　　　　小野昌延＝小松陽一郎＝三山峻司編『商標の法律相談Ⅰ・Ⅱ』（最新青林法律相談16・17）（青林書院，平29）
小野ほか編・不競の法律相談Ⅰ・Ⅱ
　　　　　　小野昌延＝山上和則＝松村信夫編『不正競争の法律相談Ⅰ・Ⅱ』（最新青林法律相談8・9）（青林書院，平28）
小野＝松村・新不正概説
　　　　　　小野昌延＝松村信夫『新・不正競争防止法概説』（青林書院，平23／〔第2版〕平27）

凡　例

小野＝三山・新概説

　　　小野昌延＝三山峻司『新・商標法概説』（青林書院，平21／〔第2版〕平
　　　25）

小野＝三山編・新注解商標（上）（下）

　　　小野昌延＝三山峻司編『新・注解商標法』（上巻）（下巻）（青林書院，平
　　　28）

小松ほか編・特実の法律相談Ⅰ・Ⅱ

　　　小松陽一郎＝伊原友己編『特許・実用新案の法律相談Ⅰ・Ⅱ』（青林書
　　　院，令元）

審査ハンドブック

　　　特許庁編『特許・実用新案審査ハンドブック』（特許庁ホームページ）

逐条解説〔第20版〕

　　　特許庁編『工業所有権法（産業財産権法）逐条解説〔第20版〕』（特許庁
　　　ホームページ，平29）

特実審査基準

　　　特許庁編『特許・実用新案審査基準〔平成30年改訂版〕』（特許庁ホーム
　　　ページ，平30）

中山＝小泉編・新注解特許（上）（下）

　　　中山信弘＝小泉直樹編『新・注解特許法』（上巻）（下巻）（青林書院，平
　　　23）

中山＝小泉編・新注解特許〔第2版〕（上）（中）（下）

　　　中山信弘＝小泉直樹編『新・注解特許法〔第2版〕』（上巻）（中巻）（下
　　　巻）（青林書院，平29）

農水知財基本テキスト

　　　農水知財基本テキスト編集委員会編『攻めの農林水産業のための知的
　　　財産戦略〜食の日本ブランドの確立に向けて〜農水知財基本テキスト』
　　　（経済産業調査会，平30）

判工

　　　兼子一＝染野義信編著『判例工業所有権法』（第一法規，昭29〜平2）

牧野ほか編・知財大系Ⅰ〜Ⅲ

　　　牧野利秋＝飯村敏明＝髙部眞規子＝小松陽一郎＝伊原友己編『知的財
　　　産訴訟実務大系Ⅰ〜Ⅲ』（青林書院，平26）

牧野ほか編・理論と実務(1)〜(4)

　　　牧野利秋＝飯村敏明＝三村量一＝末吉亙＝大野聖二編『知的財産法の
　　　理論と実務第1巻〜第4巻』（新日本法規出版，平19）

vii

凡　例

■法令略語

意	意匠法	地理施規	特定農林水産物等の名称の保護に関する法律施行規則
会	会社法		
関税	関税法		
関税令	関税法施行令	特	特許法
行審	行政不服審査法	TRIPS協定	知的所有権の貿易関連の側面に関する協定
行訴	行政事件訴訟法		
刑	刑法	パリ条約	工業所有権の保護に関するパリ条約
刑訴	刑事訴訟法		
景表	不当景品類及び不当表示防止法	半導体	半導体集積回路の回路配置に関する法律
憲	憲法	不競	不正競争防止法
実	実用新案法	ベルヌ条約	文学的及び美術的著作物の保護に関するベルヌ条約
実施規	実用新案法施行規則		
種	種苗法		
種施規	種苗法施行規則	マドリッド協定	虚偽の又は誤認を生じさせる原産地表示の防止に関するマドリッド協定
種施令	種苗法施行令		
商	商法		
商標	商標法		
信託	信託法	民	民法
知財基本	知的財産基本法	改正民	［平成29年改正（平29年法律第44号）後の）］民法
著	著作権法		
著施令	著作権法施行令	民訴	民事訴訟法
地理	特定農林水産物等の名称の保護に関する法律（地理的表示法）	民保	民事保全法
		UPOV条約	植物の新品種の保護に関する国際条約

執筆者一覧

執筆者一覧（第Ⅰ巻）（執筆順）

竹谷　真之（前農林水産省大臣官房政策課（現水産庁資源管理部管理調整課））
　　　　　Q1，Q13

福田　修三（弁護士）Q2

松田　光代（弁護士・弁理士）Q3，Q34

前川　直輝（弁護士）Q4，Q5

服部　由美（弁護士）Q6，Q50

有山　隆史（宮崎県環境森林部山村・木材振興課みやざきスギ活用推進室長）
　　　　　Q7，Q8

吉本　昌朗（林野庁林政部企画課年次報告班担当課長補佐）Q7，Q8

藤原　唯人（弁護士）Q9

横田　　亮（弁護士）Q10，Q12

春田　康秀（弁護士・弁理士）Q11，Q42

佐脇紀代志（個人情報保護委員会事務局参事官・元内閣府規制改革推進室参事
　　　　　官）Q14，Q15

諏訪野　大（近畿大学法学部教授）Q16，Q32

川口　　藍（東京地方裁判所判事補・元農林水産省食料産業局知的財産課法令専
　　　　　門官）Q17

近藤　惠嗣（弁護士）Q18

村田　真一（弁護士）Q19

星野真太郎（弁護士・弁理士）Q20

辻　　淳子（弁護士・弁理士）Q21

松田　誠司（弁護士・弁理士）Q22

網谷　　拓（弁護士）Q23

田中　雅敏（弁護士）Q24，Q30

井上　裕史（弁護士・弁理士）Q25，Q41

中村　直裕（弁護士）Q26

池田　幸雄（弁護士・農林水産省農林水産技術会議事務局研究企画課知的財産専
　　　　　門官）Q27，Q29

小池　眞一（弁護士）Q28

大堀健太郎（弁護士・弁理士）Q31，Q38

ix

執筆者一覧

山崎　道雄（弁護士）**Q33**，**Q48**

沖　　達也（弁護士）**Q35**，**Q36**

末吉　　亙（弁護士）**Q37**

大住　　洋（弁護士・弁理士・関西大学法科大学院特別任用准教授）**Q39**

小林十四雄（弁護士・弁理士）**Q40**

松井　保仁（弁護士・弁理士・米国ニューヨーク州弁護士）**Q43**

宮脇　正晴（立命館大学法学部教授）**Q44**，**Q52**

西脇　怜史（弁護士・弁理士）**Q45**，**Q58**

星　　大介（弁護士・米国ニューヨーク州弁護士）**Q46**

外村　玲子（弁護士・弁理士・米国ニューヨーク州弁護士）**Q47**，**Q54**

荒井　俊行（弁護士・米国ニューヨーク州弁護士）**Q49**

辻本　直規（弁護士・農林水産省食料産業局知的財産課課長補佐）**Q51**

庄野　　航（弁護士）**Q53**

岡本　直也（弁護士）**Q55**

松﨑　和彦（弁護士）**Q56**

松井　真一（弁護士）**Q57**

『農林水産関係知財の法律相談Ⅱ』執筆者一覧

小池　眞一（弁護士）**Q59**

上原　隆志（弁護士・弁理士）**Q60**

榎　　崇文（弁護士）**Q61**，**Q62**

星野真太郎（弁護士・弁理士）**Q63**

大住　　洋（弁護士・弁理士・関西大学法科大学院特別任用准教授）**Q64**

伊原　友己（弁護士・弁理士）**Q65**，**Q78**

川口　　藍（東京地方裁判所判事補・元農林水産省食料産業局知的財産課法令専門
官）**Q66**

愛知　靖之（京都大学大学院法学研究科教授）**Q67**

網谷　　拓（弁護士）**Q68**

臼井　康博（弁護士）**Q69**

大堀健太郎（弁護士・弁理士）**Q70**

平井　佑希（弁護士・弁理士）**Q71**，**Q81**

中世古裕之（弁護士・弁理士）**Q72**，**Q79**

辻本　直規（弁護士・農林水産省食料産業局知的財産課課長補佐）**Q73**

長友　慶徳（弁護士・弁理士・宮崎県農業振興公社6次産業化プランナー）**Q74**，
Q83

春山　俊英（弁護士・米国ニューヨーク州弁護士）**Q75**，**Q85**

福田　修三（弁護士）**Q76**

田上　洋平（弁護士・弁理士）**Q77**，**Q87**

平野　和宏（弁護士・弁理士）**Q80**，**Q86**

松本　好史（弁護士・弁理士）**Q82**，**Q84**，**Q94**

山口　裕司（弁護士）**Q88**，**Q93**

藤野　睦子（弁護士・弁理士）**Q89**

小松陽一郎（弁護士・弁理士）**Q90**

奥原　玲子（弁護士）**Q91**

林　いづみ（弁護士）**Q92**，**Q100**

荏畑龍太郎（弁護士）**Q95**

池田　幸雄（弁護士・農林水産省農林水産技術会議事務局研究企画課知的財産専門
官）**Q96**

山本　伸一（農林水産省農林水産技術会議事務局研究企画課遺伝資源専門官）**Q96**

井上　裕史（弁護士・弁理士）**Q97**

執筆者一覧

松井　保仁（弁護士・弁理士・米国ニューヨーク州弁護士）**Q98**
城山　康文（弁護士）**Q99**
中崎　　尚（弁護士）**Q101**
都築　真琴（弁護士）**Q102**
牧野　知彦（弁護士）**Q103**,　**Q104**
早川　尚志（弁護士・弁理士）**Q105**,　**Q106**,　**Q107**,　**Q108**
清水　　亘（弁護士）**Q109**
外村　玲子（弁護士・弁理士・米国ニューヨーク州弁護士）**Q110**,　**Q111**
岩田真由美（弁護士）**Q110**,　**Q111**

目　　次

目　　次（第Ⅰ巻）

第 1 章　農林水産事業の現状と課題並びに将来の展望 —— 1

第 1 節　農業関係

Q 1 ■ 農業の現状 ··〔竹谷　真之〕／ 3

わが国の農業の昭和後期からの歩みについて，概要を教えてください。

Q 2 ■ 農業関係機関・組織 ··〔福田　修三〕／ 12

わが国の農業に関係する公的な機関や組織としては，どのようなものがあるのでしょうか。それぞれ，どういった役割を果たしているのでしょうか。

Q 3 ■ 農業の課題 ···〔松田　光代〕／ 24

地元に広がるのどかな田園風景や季節になるとたわわに果実が実る果樹園や野菜畑を見ると何かうれしく感じるのですが，わが国の農業の将来像は安泰なのでしょうか。将来に向けて何か課題はあるのでしょうか。

Q 4 ■ 農業資材取引 ···〔前川　直輝〕／ 31

脱サラして新規に農業で生活していこうかと考えているのですが，手元資金も潤沢とはいえない状況で，いろいろ準備しなければならないことが多い感じで不安です。

少しでも利口に調達したいと思うのですが，農業事業者の皆さんは，農業に必要ないろいろの物を調達するときには，どうしておられるのでしょうか。取引の手法等を大雑把でよいので教えてください。また，その際に留意すべき点などがあれば，あわせて教えてください。

Q 5 ■ 農地取引 ···〔前川　直輝〕／ 39

地方で農家をしている親がいるのですが，もう高齢でいつまでもこのままの状態で農家を続けるのは辛いのではないかと推察しています。

子どもは私だけで都会でサラリーマンをしており，いまさら実家の農家を継ぐことも難しい状況です。

実家の田畑をどうするのがよいかと将来のことながら気に掛かっています。地方の農地を売るにも，いろいろ大変と聞いたのですが，農地の取引は，どういうやり方で

xiii

目　次

行われるのでしょうか。

Q6 ■ 世界農業遺産 ……………………………………〔服部　由美〕／ 47

「世界農業遺産」という言葉を聞いたことがあるのですが，どういうものなのでしょうか。現在，どういうところがその対象になっているのですか。日本の世界農業遺産とその認定のメリットについて教えてください。

第2節　林業関係

Q7 ■ 林業の現状 ……………………………〔有山　隆史＝吉本　昌朗〕／ 53

わが国の林業は，昭和の終わりから平成にかけて，どのように推移してきているのか，概要を教えてください。

Q8 ■ 林業の課題 ……………………………〔有山　隆史＝吉本　昌朗〕／ 60

廉価な輸入木材等が高い割合でマーケットシェアを占めていると聞いたのですが，わが国の林業の将来像はどのように描かれているのでしょうか。何が課題なのでしょうか。

Q9 ■ 林業関係機関・組織 ………………………………〔藤原　唯人〕／ 71

わが国の林業に関係する公的な機関や組織としては，どのようなものがありますか。それぞれどういった役割を果たしていますか。

第3節　水産業関係

Q10 ■ 水産業の現状 …………………………………………〔横田　亮〕／ 78

わが国の水産業は，昭和の終わりから平成にかけて，どのように推移してきているのか，概要を教えてください。

Q11 ■ 水産業関係機関・組織 ……………………………〔春田　康秀〕／ 87

わが国の水産業に関係する公的な機関や組織としては，どのようなものがあるのでしょうか。それぞれどういった役割を果たしているのでしょうか。

Q12 ■ 水産業の課題 …………………………………………〔横田　亮〕／ 95

近頃，ウナギの稚魚が極端に獲れなくなったとか，いろいろこれまでにはない現象が発生していて漁業関係者を困らせているようですが，わが国の水産業の将来像は，どのように描かれているのでしょうか。何が課題なのでしょうか。

第4節　農林水産政策

Q13 ■ 農業政策の概要 ………………………………………〔竹谷　真之〕／ 105

目　次

農林水産省の近年の農業政策について，概要を教えてください。

Q14 ▓ 農林水産分野の規制改革の動き ……………………………〔佐脇　紀代志〕／ *116*

農林水産分野において規制改革が進められていると聞きましたが，その背景や狙い
を教えてください。

Q15 ▓ 農林水産分野における主な規制改革事項 ………………〔佐脇　紀代志〕／ *123*

農林水産分野で実現した主な規制改革事項を教えてください。

第 2 章　戦略的ツールとしての知的財産制度 ─────── *133*

第 1 節　知的財産法制の概観

Q16 ▓ 知財法制の全体像 ……………………………………………〔諏訪野　大〕／ *135*

わが国の知的財産法制は，どのようになっているのでしょうか。全体像が概観でき
ればと思うのですが，ご説明いただけますか。

Q17 ▓ 農林水産省の知財政策 …………………………………………〔川口　　藍〕／ *143*

農林水産省では，農林水産関係の知的財産政策として，どのような取組みをしてい
るのでしょうか。

Q18 ▓ 工業と農林水産業 ………………………………………………〔近藤　惠嗣〕／ *151*

これまでの農業といえば，体力的にもきつく，また自然環境にも影響を受けやす
く，大変な仕事というイメージがある一方，最近では「スマート農業」という用語も
登場してきており，政府もその方向性でいろいろな施策を講じているともお聞きしま
す。農業の効率化，省力化をもたらす工業技術の進展は，現在，どのような状況にあ
るのでしょうか。それらは，どういった知財法制で保護されることになるのでしょう
か。

第 2 節　技術を保護する知的財産制度

《　第 1 款　特許制度　》

Q19 ▓ 特許制度の概要 …………………………………………………〔村田　真一〕／ *159*

特許法とはどのような目的の法律で，基本的な保護の枠組みはどうなっているので
すか。

xv

目　　次

Q20 ■ 特許権の保護 ································〔星野　真太郎〕／ 166

　特許権侵害をした者の法的責任は，どのようなものなのでしょうか。特許権が存在していることや，その特許の内容を知らなかった場合でも責任は発生するのでしょうか。

Q21 ■ 農林水産業・食品産業における特許による保護 ···············〔辻　　淳子〕／ 174

　(1)　農林水産分野で，どのような技術が「特許」として保護されますか。
　(2)　動植物の特許による保護について，留意すべき審査基準を教えてください。

Q22 ■ 用途発明 ····································〔松田　誠司〕／ 185

　(1)　これまでにない物の使い道（用途）を考えついた場合に特許が認められることがありますか。審査基準についても教えてください。
　(2)　用途発明に係る特許権に基づいて被疑侵害製品に対する権利行使を行う場合，差止請求はどの範囲で認められますか。

Q23 ■ 微生物特許 ·····························〔網谷　　拓〕／ 192

　微生物も特許になりますか。寄託制度について教えてください。

Q24 ■ 存続期間 ····································〔田中　雅敏〕／ 199

　(1)　特許権はいつまで存続するのでしょうか。
　(2)　特許がまだ登録されていない出願審査中の段階でも，第三者が出願発明を無断で実施することから保護される手立てはあるのでしょうか。
　(3)　農薬について，特許権の存続期間を延長することができますか。

Q25 ■ 市場に流通する特許製品の利用 ·············〔井上　裕史〕／ 205

　(1)　特許方法で製造された遺伝子組換え大豆を購入して大豆を栽培した際，収穫した大豆から翌年栽培するための大豆をとっておくことは，特許権侵害となるのでしょうか。
　(2)　最近は，普通の大豆と思って購入しても遺伝子組換え大豆が混ざっていると聞きます。普通の大豆と思って購入して栽培した場合でも，特許方法で製造された遺伝子組換え大豆が混ざっていたときは，特許権侵害となるのでしょうか。

《　第2款　実用新案制度　》

Q26 ■ 実用新案制度の概要 ····················〔中村　直裕〕／ 212

　実用新案法とはどのような目的の法律で，基本的な保護の枠組みはどうなっているのですか。

Q27 ■ 実用新案技術評価書 ····················〔池田　幸雄〕／ 219

　実用新案権は，出願さえしたら登録されて権利がもらえるようなので，いろいろ出願して，ライバル会社に対する牽制に使えないかとも思うのですが，実用新案権を行使するときに何か注意すべきことがあれば教えてください。

目　　次

第3節　デザインや表示を保護する知的財産制度

《　第1款　意匠登録制度　》

Q28 ■ 制度の趣旨，目的 ……………………………………………〔小池　眞一〕／ 228

　⑴　意匠法とはどのような目的の法律で，基本的な保護の枠組みはどうなっている
　　のですか。

　⑵　全体意匠，部分意匠，関連意匠とはどのような制度ですか。どのような場合に
　　活用するメリットがあるか教えてください。

Q29 ■ 意匠の登録要件 ………………………………………………〔池田　幸雄〕／ 238

　　当社でも，新しく開発した農機具の形状について意匠権がとれればと思っているの
　ですが，どういう要件が整えば意匠登録してもらえるのでしょうか。

Q30 ■ 意匠権侵害 ……………………………………………………〔田中　雅敏〕／ 247

　⑴　意匠権侵害とは，どのような場合に成立するのでしょうか。意図的ではなく，
　　うっかり他社の登録意匠と似た商品を作ってしまった場合でも責任を負うことに
　　なるのでしょうか。

　⑵　意匠権を侵害すると，どのような責任を負うことになるのでしょうか。

《　第2款　著作権制度（主としてデザインの観点より)》

Q31 ■ 概　　説 ………………………………………………………〔大堀　健太郎〕／ 255

　⑴　著作権というのは，どのような権利ですか。どのようなものについて著作権が
　　成立するのでしょうか。

　⑵　脱サラして新規就農して頑張る若手の農業従事者30名程度に対し，トマト栽培
　　の長年の経験をまとめた「トマト栽培の秘伝」という配布資料を作成して，それ
　　に基づいて講義をしたところ，その受講者の1人が，私の許可もなく，その講義
　　内容を自分なりの言葉で文章にして本にして出版しました。これは著作権で保護
　　されますか。こういった秘伝を限られた者で共有するということは，法律的には
　　難しいことなのでしょうか。

　⑶　他人の著作物を利用する場合に気をつけておくべき点があれば，教えてくださ
　　い。

Q32 ■ 著作者人格権 …………………………………………………〔諏訪野　大〕／ 262

　⑴　著作者人格権という用語を聞いたことがあるのですが，著作権とは違う権利な
　　のですか。

　⑵　著作者人格権とはどのような権利なのでしょう。

Q33 ■ 複製と翻案 ……………………………………………………〔山崎　道雄〕／ 270

xvii

目　　次

(1)　他人の作品を参考にして，そこから新しい作品を作ろうかと思うときがあるのですが，このようなことは許されないものでしょうか。「翻案」という概念が，今ひとつ理解できないのですが。

(2)　翻案された著作物を利用する場合には，誰の許諾を得る必要があるのでしょうか。

Q34 ■ 著作権の侵害 ……………………………………………〔松田　光代〕／ 278

(1)　著作権を侵害するというのは，どのような行為をしたらそのように言われてしまうのでしょうか。たまたま他人の図案や文章と似てしまった場合でも責任を問われるのでしょうか。

(2)　著作権を侵害したら，どのような法的責任が生じるのでしょうか。

Q35 ■ パッケージデザイン等 ……………………………………〔沖　　達也〕／ 285

(1)　商品のパッケージデザインは著作権法で保護されますか。

(2)　野菜を擬人化したキャラクターデザインを制作しましたが，どのように保護されますか。

Q36 ■ 職務著作 ……………………………………………………〔沖　　達也〕／ 296

(1)　会社の仕事としてデザインした図案は，誰が著作権をもつことになるのでしょうか。

(2)　誰が権利者かということは，どうすればわかるのでしょうか。

(3)　発明や意匠を創作した場合とは，取扱いが異なるのでしょうか。

Q37 ■ 実用品のデザイン保護 …………………………………〔末吉　　亙〕／ 304

当社では，観光果樹園を運営しており，子供達が楽しめるように，野菜や果物の形をモチーフにした斬新な子供用の椅子を開発しました。とても評判になっているので，家具メーカーから一般販売したらどうかという話もありますが，このような特徴的な子供用の椅子のデザインについても，著作権で保護されるものなのでしょうか。

椅子に限らず，量産されるような実用品の特徴的なデザインについて，著作権は成立するものなのでしょうか，簡単でかまいませんので教えてください。

Q38 ■ インターネットと著作権 …………………………………〔大堀　健太郎〕／ 312

(1)　当農園のウェブサイトに，ネット上にあった素敵な野菜や果物の写真を貼り付けたいのですが，ウェブサイト上にいろいろ他人の解説文や写真，動画を，そのまま貼り付けたり，写真を加工したりして使うようなことも，著作権の問題となるのでしょうか。

(2)　他のウェブサイトにリンクを張ることも，そのサイト運営者の許諾が必要ですか。

Q39 ■ 保護期間 ……………………………………………………〔大住　　洋〕／ 317

(1)　著作権や著作者人格権は，いつまで保護されるのでしょうか。

(2)　他人の著作物を利用する場合に，その保護期間が終わっていると思って利用し

xviii

たものの，実際にはまだ保護期間内であったという場合でも著作権侵害になるの
でしょうか。
(3) 著作者や著作権者から利用許諾を受けたくても，誰が権利者なのか，よくわか
らないことがあるのですが，そういうときには，どうすればよいのでしょうか。

《 第3款 商標登録制度 》

Q40 ▨ 商標登録制度の概説 ……………………………………〔小林 十四雄〕／ 325
(1) 商標法はどのような目的の法律で，基本的な保護の枠組みはどうなっているの
ですか。
(2) 新たに開発した植物の新品種を品種登録するに当たって，ユニークな品種名称
を考えたのですが，その名称を商標登録しておくほうがよいのでしょうか。そも
そも商標登録が可能なのでしょうか。

Q41 ▨ 商標の類否 ……………………………………………………〔井上 裕史〕／ 339
わが社の登録商標と，ライバル会社が使用している文字と図形の組み合わせからな
る商標とが似ているかどうかというのは，どのような観点から判断されるのでしょう
か。

Q42 ▨ 立体的形状（立体商標）……………………………………〔春田 康秀〕／ 346
(1) 立体商標とはどのような制度ですか。
(2) 立体商標はどのように審査されますか。
(3) 商品の容器や包装あるいは事業活動のシンボルとなるキャラクターではなく，
商品の形態自体も登録されるものなのでしょうか。

Q43 ▨ 地域団体商標 ……………………………………………………〔松井 保仁〕／ 355
(1) 地域団体商標は，一般的な商標とどのような相違点がありますか。
(2) 地域団体商標の商標権侵害が問題となった紛争事例というのは実際にあるので
しょうか。

Q44 ▨ 新しいタイプの商標 …………………………………………〔宮脇 正晴〕／ 362
(1) 新しいタイプの商標は，どのようなものがありますか。これまでの商標との違
いを教えてください。日本では導入されていないもので，他国では導入されてい
るようなものもあれば参考までに教えてください。
(2) 日本で導入された新しいタイプの商標の類否判断に際しては，これまでの文字
や図形などといった伝統的な商標の判断基準がそのまま使えるものなのでしょう
か。現時点で何か確立した判断基準や考え方があるのでしょうか。

Q45 ▨ 商標権侵害 ……………………………………………………〔西脇 怜史〕／ 370
どのような場合に商標権侵害とされて，侵害者にはどういう法的責任が発生するの
でしょうか。

xix

目　　次

Q46 ■ 商標ライセンス ……………………………………………〔星　　大介〕／ 377

(1) 商標のライセンスに際し，どのような事項について契約すればよいでしょうか。契約に際し，注意すべき事項を教えてください。

(2) 当社は適法に商標権者から商標のライセンスを受けて長年，当社商品に使用してきているのに，商標権者が勝手にその商標権を第三者に譲渡してしまいました。新たな商標権者からは，その商標を使用するなと警告が来たのですが，当社はもう使えないのでしょうか。

Q47 ■ 海外での商標保護について ……………………………〔外村　玲子〕／ 387

海外で商標の保護を受けるためには，どのような注意が必要でしょうか。

《　第 4 款　不正競争防止法（表示保護，商品形態保護）　》

Q48 ■ 不正競争防止法概説 …………………………………〔山崎　道雄〕／ 394

不正競争防止法とはどのような目的の法律で，基本的な保護の枠組みはどうなっているのですか。

Q49 ■ 形態模倣行為（3 号） …………………………………〔荒井　俊行〕／ 403

(1) 商品の形態がデッドコピーされた場合，どのような対抗手段がありますか。

(2) 他社から，当社の商品が自社商品の模倣であると訴えられました。当社としては，同種の商品としてはありふれた形状だと思いますが，どのように判断されますか。

Q50 ■ 混同惹起行為（1 号）・著名表示冒用行為（2 号） …………〔服部　由美〕／ 409

(1) 混同惹起行為とはどのようなものですか。「需要者の間に広く認識されている」との意味を教えてください。また，「類似」とはどのように判断されますか。営業の混同が認められるのはどのような場合でしょうか。

(2) 著名表示冒用行為とはどのような行為ですか。「著名」の意味，判断基準を教えてください。

《　第 5 款　地理的表示制度　》

Q51 ■ 地理的表示制度概説 …………………………………〔辻本　直規〕／ 419

(1) 地域ブランドを知的財産として保護したいと考えています。
　　地理的表示保護制度とはどのような制度なのでしょうか。申請から登録までの手続と登録に必要な要件についても教えてください。
　　また，地理的表示の登録がされた後，地理的表示法の規制はどのような範囲で及ぶのでしょうか。

(2) 地理的表示保護制度は，通常の商標制度や地域団体商標制度とどのように異なるのでしょうか。

目　　次

(3) 地理的表示保護制度と商標制度の関係について教えてください。
　　すでに商標登録がされている場合，同じ名称でさらに地理的表示の登録を受けることができますか。

Q52 ▪ 酒類の地理的表示 ················· 〔宮脇　正晴〕／ 434

酒類については地理的表示法とは異なる法律が適用されるとお聞きしたのですが，どの法律が適用されるのですか。地理的表示法とは何か異なる部分があるのでしょうか。酒類についての地理的表示制度の概要を教えてください。
　現時点では，どのようなものがわが国で指定されているのでしょうか。

Q53 ▪ 地理的表示の先使用 ··············· 〔庄野　　航〕／ 441

地理的表示法で先使用と認められるのはどのような場合ですか。

Q54 ▪ 相互保護について（EPA） ············· 〔外村　玲子〕／ 448

(1) 日EU・EPA協定の効果を教えてください。
(2) 指定対象となるEU産品の日本国内市場における取扱い（ゴルゴンゾーラ，カマンベール等を商品に表示する際の留意点等）について教えてください。

Q55 ▪ 広告，インターネット販売，外食業メニュー等におけるGIマークの使用
　　　　 ···························· 〔岡本　直也〕／ 455

GI登録産品を原材料とする加工品を製造，販売するときに，GIマークを広告，インターネット販売，外食業メニュー等に使用したいのですが，注意すべき点を教えてください。

Q56 ▪ 地理的表示及びGIマークの不正使用 ·········· 〔松﨑　和彦〕／ 462

地理的表示登録済みの表記とか，GIマークが付されていると，何か商品が素晴らしいというイメージが出てよく売れるらしいので，わが社の商品にもそのような表示を付けて売ろうかと思っているのですが，許されないのですか。
　GIマークをそのまま登録されていない産品に付すことがだめなら，よく似たマークを付すのはどうなのですか。

Q57 ▪ 地理的表示に関する国際条約 ··········· 〔松井　真一〕／ 469

日本が加盟している，地理的表示に関する条約について，その内容と保護範囲を簡単で結構ですので教えてください。

Q58 ▪ 海外の地理的表示保護制度 ············ 〔西脇　怜史〕／ 476

海外では，地理的表示はどのように保護されていますか。
日本の生産者団体は海外の地理的表示の登録を受けることができますか。

　キーワード索引（第Ⅰ巻） ························ 483
　判例索引（第Ⅰ巻）（日本のみ） ··················· 487
　あとがき·································· 493

xxi

目　次

『農林水産関係知財の法律相談Ⅱ』の目次

第2章　戦略的ツールとしての知的財産制度

第3節　デザインや表示を保護する知的財産制度
《　第6款　品質誤認表示（不正競争防止法）　》

Q59 ■ 品質等誤認惹起行為／3
Q60 ■ 原産地表示／18
Q61 ■ 品質の虚偽記載／27
Q62 ■ 商品説明の表示について／34
Q63 ■ 機能性表示／42
Q64 ■ 消滅時効／49

第4節　品種登録制度等の解説
《　第1款　品種登録制度総説　》

Q65 ■ 品種登録制度の概要／56
Q66 ■ 品種登録の対象／63
Q67 ■ 品種登録制度と植物特許の関係／68
Q68 ■ 品種登録の効果／76

《　第2款　出願関係　》

Q69 ■ 品種登録の出願代理人の活用／83
Q70 ■ 品種登録の要件／89
Q71 ■ 植物新品種の保護／96
Q72 ■ 品種登録出願の費用／101
Q73 ■ 品種登録の出願／105
Q74 ■ 品種登録の審査／115
Q75 ■ 海外における品種登録／124
Q76 ■ 出願公表／130
Q77 ■ 審査に対する不服申立て／138
Q78 ■ 職務育成／145

《　第3款　育成者権の内容　》

Q79 ■ 育成者権の概要／154
Q80 ■ 登録品種の特性情報へのアクセス／161
Q81 ■ 登録品種の重要な形質の決定／173
Q82 ■ 品種登録の訂正／179

目　次

Q83 ■ 育成者権の及ぶ範囲／185
Q84 ■ 自家増殖／195
Q85 ■ 育成者権のライセンス契約／200

《　第4款　育成者権の侵害　》

Q86 ■ 育成者権の権利内容／208
Q87 ■ 育成者権の侵害／218
Q88 ■ 育成者権侵害の判断／225
Q89 ■ 育成者権侵害とDNA分析／232
Q90 ■ 侵害訴訟と品種登録の取消理由／243

《　第5款　品種名称の関係　》

Q91 ■ 品種名称／250
Q92 ■ 出願品種名称と他人の登録商標／257

《　第6款　品種登録取消し　》

Q93 ■ 冒認出願／263
Q94 ■ 品種登録の取消し／270

《　第7款　指定種苗制度及び生物の遺伝資源の国際取引ルール》

Q95 ■ 指定種苗制度の概要／275
Q96 ■ 農林水産技術会議事務局と生物の遺伝資源の取引や利用等に係る国際
ルール／284

第5節　データ保護・利活用の枠組み

《　第1款　営業秘密の保護　》

Q97 ■ 営業秘密の意義と要件／294
Q98 ■ 営業秘密の管理方法／306
Q99 ■ 営業秘密の海外流出／313

《　第2款　データ保護　》

Q100 ■ 農業とデータ／319
Q101 ■ 国際的なデータ保護ルールの動向／328

第6節　水際規制

Q102 ■ 種苗等の国外持ち出し規制／335
Q103 ■ 産業財産権侵害疑義貨物の輸入差止め／345
Q104 ■ 育成者権侵害疑義貨物の輸入差止め／353

第3章　食品生産関係

Q105 ■ GAP──農林水産物生産に関わる基準／361
Q106 ■ HACCPその他──食品加工に関わる安全基準／369

xxiii

目　次

Q107 ■ GAPとHACCPの交錯する場面／*377*
Q108 ■ 食品安全加工に関する申請について／*381*
Q109 ■ ゲノム編集／*388*

第4章　相談体制の整備等

Q110 ■ 農水知財関係法の所管／*401*
Q111 ■ 相談体制／*407*

第 1 章

農林水産事業の現状と課題並びに将来の展望

第1節　農業関係

 農業の現状

わが国の農業の昭和後期からの歩みについて，概要を教えてください。

　わが国の農業は，食生活の変化や他産業との生産性と所得の格差が課題であったため，高度経済成長期以降，農業基本法の下，農業生産の選択的拡大と農業構造の改善が図られてきました。しかし，日本人の食生活の洋風化・高度化，農産物輸入の自由化の拡大は，食料自給率の低下等の課題をもたらしました。

　平成に入ると，ガット・ウルグアイ・ラウンド農業交渉の合意を契機として，食料政策や農村政策という視点も入れた農政に転換され，平成11（1999）年，食料の安定供給の確保，多面的機能の十分な発揮，農業の持続的な発展，及び農村の振興の4つを柱とする食料・農業・農村基本法が制定されました。同法に基づく基本計画等を踏まえ，食料政策，農業政策，農村政策が行われました。

☑キーワード

農業基本法，ガット・ウルグアイ・ラウンド農業交渉，食料・農業・農村基本法

第1章◇農林水産事業の現状と課題並びに将来の展望
第1節◇農業関係

解　説

1 昭和36（1961）年農業基本法制定から平成の初めまで

⑴　旧基本法の下での農業

　昭和36（1961）年，高度経済成長期の農業政策の方向性としてまとめられた農業基本法[*1]（以下「旧基本法」といいます）は，「農業生産の選択的拡大」と「農業構造の改善」を目標としてきました。具体的には，農業生産の選択的拡大においては，食生活の変化に合わせて，米・麦中心の生産から，畜産，果樹，野菜等需要が拡大する品目の生産の積極的振興が図られました。また，農業構造の改善においては，農業と他産業との間の生産性と所得の格差を是正するため，中小零細な自作農の規模拡大を図るとともに，農業者年金制度の創設[*2]や農工法の制定[*3]などにより，高齢農家や零細農家の離農や他産業への転換が推進されましたが，規模拡大は進展せず，農家の経営規模は平成2（1990）年においても，1.41haにとどまりました[*4]。

　一方で，米については，戦後しばらくの間，食糧管理制度[*5]の下，高水準での価格に基づく政府による全量買上げ（生産費・所得補償方式）と，計画的な配給が継続されていました。しかし，昭和40年代半ばに入ると，高水準の米価に加え，食生活の変化も相俟って，過剰基調が顕著となり，米の生産調整と水田における他の作物への転換が重要な政策課題となりました。このため，昭和46（1971）年度以降，転作作物への助成が始まり，生産調整（いわゆる減反政策）が本格的に開始される[*6]とともに，消費者の選好に対応した例外措置として，昭和44（1969）年，政府を経由しない自主流通米制度が開始されました。

　また，この間のわが国の食料自給率は，食生活の洋風化・高度化の中で，低下していきました。具体的には，昭和45（1970）年度に60％あったカロリーベース食料自給率は，平成2（1990）年度に48％まで低下しました[*7]。

⑵　農産物貿易政策の変遷

　日本の農業は，昭和30（1955）年のガット加盟以降，貿易自由化の波に晒さ

Q1◆農業の現状

れてきました。このうち，昭和54（1979）年に合意されたガット・東京・ラウンドでは，大豆，菜種等の油糧種子，配合飼料の輸入数量制限（IQ＝Import Quota）の撤廃による自由化と関税率の大幅な引下げが行われ，この結果，大豆や小麦及びこれらを原料，飼料とする油脂類や畜産物の自給率が急激に低下しました[8]。

　1980年代初頭から，日米間において日本の大幅な対米貿易黒字が問題となると，日米農産物交渉が行われました。数次にわたる合意の中では，非柑橘果汁等の12品目についての自由化とともに，牛肉，柑橘についての輸入枠の段階的拡大と1991年以降の輸入数量制限の撤廃が決定されました。この結果，牛肉，オレンジ・オレンジジュースや小豆等の雑豆の輸入が大幅に増加しました。一方で，国内生産農家においては，高品質で，地域性に富んだ生産の取組みが求められるようになりました。

　他方，ガットについては，昭和61（1986）年南米ウルグアイにおいて，東京ラウンドに続く大規模な関税引下げ交渉の開始が決定されました。

2　平成の初めから平成11（1999）年食料・農業・農村基本法制定まで

(1)　UR合意とその前後の動き

(a)　ガット・ウルグアイ・ラウンド農業交渉合意

　平成 5（1993）年，足掛け 8年の長期にわたり続いたガット・ウルグアイ・ラウンド農業交渉（以下「UR農業交渉」といいます）が合意（以下「UR合意」といいます）に至り，農業分野においては，

①　輸入に関する規律として，すべての農産物の原則自由化（数量制限の撤廃），関税削減や関税割当ての拡大

②　先進国の国内政策に関する規律として，価格支持や貿易を歪曲する国内補助金の削減・抑制

③　輸出国の国内政策に関する規律として，輸出補助金の原則禁止

の 3つが決まりました。この結果，わが国としては次のとおりとなり[9]，その実施状況をガットの後継組織として設立された世界貿易機関（WTO）に毎年通報することとされました。

第1章◇農林水産事業の現状と課題並びに将来の展望
第1節◇農業関係

① 米以外の小麦，大麦，乳製品，落花生等の農産物については，原則とし
てすべての輸入数量制限等を関税化した上で，段階的な引下げ*10を行う
こととなりました。他方，米については，数量制限を維持しつつ，関税無
税のミニマムアクセス枠（以下「MA枠」といいます）の段階的な拡大を行う
こととなりました。なお，平成11（1999）年，段階的に拡大するMA枠の負
担の大きさに鑑み，米についても数量制限を撤廃し，関税化されています。

② 国内補助金についても，初めて国際規律として削減ルールが設けられ，
価格支持等を内容とする赤色の政策については原則禁止，不足払い等を内
容とする黄色の政策については段階的な大幅削減*11，基盤整備，保険制
度等を内容とする緑色の政策及び条件不利地域対策，環境保全対策等を内
容とする青色の政策については制約なしとするルールが適用されること
となりました。

(b) **UR合意を見据えた動き**

国内の農業政策においては，UR農業交渉の進展を踏まえ，世界の新しい事
態に備えるため，農業政策の転換が進みました。平成4（1992）年，「新しい食
料・農業・農村政策の方向」（いわゆる「新政策」）が取りまとめられました。こ
の新政策に基づき，

① 農業の担い手に支援措置を集中するため，平成5（1993）年，認定農業
者への重点的な補助制度の創設*12や，平成6（1994）年，規模拡大や経営
改善を図る認定農業者に対する農林漁業金融公庫*13の長期低利の総合的
な融資制度（いわゆる「スーパーL資金」）の創設がなされました。

② また，条件不利地域対策を総合的に行うことを狙いとして，平成5
（1993）年，農業の生産条件不利地域のうち，土地利用の状況等から重要な
ものを特定農山村地域（いわゆる「中山間地域」）として総合的に振興する制
度の創設*14がなされました。

(c) **UR合意後の動き**

UR合意を受け，平成6（1994）年政府の緊急農業農村対策本部において，新
たな国際環境に対応し得る農業・農村の構築を目的とした「ウルグアイ・ラウ
ンド農業合意関連対策大綱」が決定*15されました。これに基づき，

① 農業・農村に及ぼす影響を極力緩和するための基盤整備，施設整備，生

図表1　食料・農業・農村基本法の制定

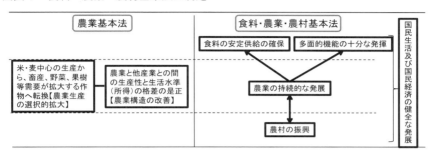

活基盤整備等の措置
② MA枠の段階的拡大が決まった米について，食糧管理制度を廃止し，政府の役割を米の備蓄及びこれに必要な買入れに限定した上で，民間を米流通の主体とし，民間の相対取引により価格を形成することを内容とする新たな食糧法の制定[*16]
③ そして，今後の農業政策をより体系的に進めるため，旧基本法に代わる新たな基本法の検討の着手

が決定されました。

(2) 食料・農業・農村基本法の制定

約5年にわたる議論を経て，平成11（1999）年に新たな基本法である食料・農業・農村基本法[*17]（以下「新基本法」といいます）が成立しました。新基本法では，「食料の安定供給の確保」（食料政策），「多面的機能の十分な発揮」，「農業の持続的な発展」（農業政策），「農村の振興」（農村政策）[*18]の4つを柱として，おおむね5年ごとに定める「食料・農業・農村基本計画」において，食料，農業及び農村に関する施策についての基本的な方針，政府が講ずべき施策，食料自給率の目標などの事項が定められることとされました（図表1参照）。

3　新基本法制定以降

(1) 最初の食料・農業・農村基本計画の制定とその後の動き（平成12（2000）年～平成16（2004）年）

第1章◇農林水産事業の現状と課題並びに将来の展望
第1節◇農業関係

　平成12（2000）年，新たな基本法に基づく，最初の基本計画[19]が定められました。この計画の下では，

①　食料政策としては，「食生活指針」，「不測時の食料安全保障マニュアル」の策定[20]，生鮮食品の原産地，加工食品の原材料名，遺伝子組換え食品の表示等を義務化する食品表示基準の改正[21]がなされました。

　　加えて，大手乳業会社の製品による大規模食中毒，国内外でのBSE（牛海綿状脳症。いわゆる「狂牛病」）の発生，輸入冷凍野菜からの基準を超えた残留農薬の問題等により，食に対する国民の不安と関心が高まる中，平成14（2002）年「食と農の再生プラン」[22]を作成し，これに基づき，違反業者名の公表や罰則強化を内容とするJAS法の改正[23]，食品安全基本法の制定[24]，農薬取締法の改正[25]，牛の個体識別を義務付ける法律の制定[26]等が行われました。

②　農業政策としては，多様な担い手を確保・育成するため，農業生産法人として株式会社形態が認められました[27]。

　　また，米の過剰基調の継続，これに伴う在庫の増高や価格の下落により，担い手を中心に水田農業経営が難しい状態が続いた米については，平成14（2002）年，「米政策改革大綱」が策定され，米の需給調整については，生産目標数量の配分方式により実施[28]され，また，地域の創意工夫を活かした産地づくり推進交付金の創設等が行われました。水田農業の経営政策については，効率的かつ安定的な水田経営を行っている一定規模以上の担い手を対象に，米価下落による稲作収入の減少を緩和する「担い手経営安定対策」が講じられました。

③　最後に，農村政策としては，中山間地域等において，農業生産条件の不利を直接的に補正するため，中山間地域等直接支払制度が創設されました。

(2)　2回目の食料・農業・農村基本計画の制定とその後の動き（平成17（2005）年～平成21（2009）年）

　平成17（2005）年に変更された基本計画[29]の下では，

①　食料政策としては，「食事バランスガイド」の策定[30]や食育基本法の制定[31]がなされました。

　　平成20（2008）年一部の米穀業者が非食用に限定された事故米穀を食用

8

として転売する不正規流通事件を受けて，米トレーサビリティ法が制定[32]されました。

② 農業政策としては，平成17（2005）年「経営所得安定対策等大綱」が取りまとめられ[33]，経営安定対策について，その対象を一定規模以上の意欲と能力のある担い手に限定するとともに，その支援内容を，品目別の価格政策から担い手の経営全体に着目した所得政策に転換し，畑作物を対象とする直接支払交付金（ゲタ対策），米・畑作物両方を対象とする収入減少影響緩和対策（ナラシ対策）が創設されました（水田・畑作経営所得安定対策）[34]。

農地については，平成20（2008）年，農地面積がピーク時の約7割の水準にまで減少したこと，他方，農地の所有者が自ら耕作しないことに伴う耕作放棄地の増加がみられることを背景として，「農地改革プラン」が取りまとめられ[35]，優良農地の転用厳格化，農地の長期賃貸借制度等の創設，農地賃貸借（リース）方式による一般の株式会社の農業参入が決まり，必要な法改正が行われました[36]。

③ 最後に，農村政策として，農林漁業者と食品産業等の中小企業者の連携による新事業の展開の促進[37]や，農地・農業用水等を適切に保全管理する地域住民の取組みへの支援（農地・水・環境保全向上対策[38]）が開始されました。

(3) UR合意後の対外調整

平成13（2001）年，中東カタールでのWTO閣僚会合で次なる多国間の貿易交渉として，ドーハ開発ラウンドの交渉開始が宣言されましたが，WTO体制における先進国と，中国，インド，ブラジル等の途上国との対立により，平成15（2003）年，メキシコのカンクン会合で行き詰まることとなりました。

他方，WTOルール上の例外措置である，FTA規定を活用した二国間又は複数国間のEPA（経済連携協定）及びFTA（自由貿易協定）が各国間で幅広く締結されました。このような国際情勢の中，わが国も，シンガポールを皮切りに，ASEANなどのアジア諸国，メキシコ等とEPAを締結しました[39]。

近年の農業（政策）については，**Q13**「農業政策の概要」参照。

〔竹谷　真之〕

第 1 章◇農林水産事業の現状と課題並びに将来の展望
第 1 節◇農業関係

═══ ■注 記■ ═══

* 1　農業基本法（昭和36年法律第127号）。

* 2　農業者年金基金法（昭和45年法律第78号）。現在では，全部改正され，独立行政
　　　法人農業者年金基金法（平成14年法律第127号）。

* 3　農村地域工業導入促進法（昭和46年法律第112号）。現在の名称は，農村地域への
　　　産業の導入の促進等に関する法律。

* 4　農家 1 戸当たり経営耕地面積のこと。昭和45（1970）年は0.95ha，平成29（2017）
　　　年は2.41ha（農林水産省「農林業センサス」「農業構造動態調査」）。

* 5　食糧管理法（昭和17年法律第40号）。

* 6　昭和55（1980）年度には58万ha（水田の約 2 割），平成 2 （1990）年度には85万
　　　ha（水田の約 3 割）において生産調整を実施（農林水産省「耕地及び作付面積統
　　　計」，農林統計協会「農業白書」等）。

* 7　平成28（2016）年度のカロリーベース食料自給率は，38％（農林水産省「食料需
　　　給表」）。

* 8　例えば，昭和35（1960）年と昭和55（1980）年とを比較すると，大豆の国内生産
　　　量は42万トンから17万トンに減少する一方，輸入量は108万トンから440万トンに急
　　　増，また，小麦の国内生産量は153万トンから55万トンに減少する一方，輸入量は
　　　266万トンから556万トンに急増しました（農林水産省「食料需給表」）。

* 9　輸出補助金の撤廃については，米国・EUと異なり，わが国に該当する政策がな
　　　かったため，特段の対応は行われていません。

*10　UR合意において，関税化品目を含めた農産物全体の譲許税率（関税相当量を含
　　　みます）を平均36％（各品目ごとに最低15％），毎年同じ比率で削減することが決
　　　まり，これを受けてわが国としては内外価格差に相当する関税を設定し，平成12
　　　（2000）年までの 6 年間で段階的な関税の大幅な引下げを実施することが決まりま
　　　した。

*11　UR合意において，黄色の政策については，助成合計量（AMS）により計算され
　　　た基準期間における支持総額の20％を 6 年間の実施期間において，毎年同じ比率で
　　　削減することが決まりました。

*12　農業経営基盤の強化のための関係法律の整備に関する法律（平成 5 年法律第70
　　　号）。

*13　平成20（2008）年から，株式会社日本政策金融公庫に改称（株式会社日本政策金
　　　融公庫法（平成19年法律第57号））。

*14　特定農山村地域における農林業等の活性化のための基盤整備の促進に関する法律
　　　（平成 5 年法律第72号）。

*15　平成 6 年10月25日付け緊急農業農村対策本部決定。

*16　主要食糧の需給及び価格の安定に関する法律（平成 6 年法律第113号）。

*17　食料・農業・農村基本法（平成11年法律第106号）。

*18　それぞれ，「食料の安定供給の確保」（新基本法 2 条），「多面的機能の十分な発

Ｑ１◆農業の現状

揮」（新基本法３条），「農業の持続的な発展」（新基本法４条），「農村の振興」（新基本法５条）。

*19　平成12年３月24日閣議決定。

*20　食生活指針（平成12年３月文部省，厚生省及び農林水産省策定），不測時の食料安全保障マニュアル（平成14年３月農林水産省策定）。

*21　生鮮食品品質表示基準（平成12年農林水産省告示第514号），加工食品品質表示基準（平成12年農林水産省告示第513号），遺伝子組換えに関する表示に係る加工食品品質表示基準第７条第１項及び生鮮食品品質表示基準第７条第１項の規定に基づく農林水産大臣の定める基準（平成12年農林水産省告示第517号）。

*22　平成14年４月11日農林水産省決定。本文に掲載したもののほか，「食と農の再生プラン」に基づき，食品産業について，食品循環資源の再生利用等の促進に関する法律（平成12年法律第116号）が制定され，食品の売れ残り，食べ残し又は食品製造過程で発生する食品廃棄物の発生抑制・減量化，飼料・肥料等の原材料としての再利用の促進が規定されました。

*23　農林物資の規格化及び品質表示の適正化に関する法律の一部を改正する法律（平成14年法律第68号）。

*24　食品安全基本法（平成15年法律第48号）。

*25　農薬取締法の一部を改正する法律（平成14年法律第141号）。

*26　牛の個体識別のための情報の管理及び伝達に関する特別措置法（平成15年法律第72号）。

*27　農地法の一部を改正する法律（平成12年法律第143号）。

*28　主要食糧の需給及び価格の安定に関する法律等の一部を改正する法律（平成15年法律第103号）。

*29　平成17（2005）年３月25日閣議決定。

*30　平成17（2005）年６月厚生労働省・農林水産省決定。

*31　食育基本法（平成17年法律第63号）。

*32　米穀等の取引等に係る情報の記録及び産地情報の伝達に関する法律（平成21年法律第26号）。

*33　平成17（2005）年10月農林水産省決定。

*34　農業の担い手に対する経営安定のための交付金の交付に関する法律（平成18年法律第88号）。

*35　平成20（2008）年12月農林水産省決定。

*36　農地法等の一部を改正する法律（平成21年法律第57号）。

*37　中小企業者と農林漁業者との連携による事業活動の促進に関する法律（平成20年法律第38号）。

*38　現在は，「農地・水保全管理支払交付金」。

*39　それぞれ，日・シンガポールEPAは平成14（2002）年発効，日・ASEAN・EPAは平成20（2008）年発効，日・メキシコEPAは平成17（2005）年発効。

第1章◇農林水産事業の現状と課題並びに将来の展望
第1節◇農業関係

 2　農業関係機関・組織

　わが国の農業に関係する公的な機関や組織としては，どのようなものがあるのでしょうか。それぞれ，どういった役割を果たしているのでしょうか。

　農林水産業の発展や農林漁業者の福祉の増進等を任務とする国の行政機関として，農林水産省及び地方農政局や，外局である林野庁，水産庁が設置されています。
　さらに，農林水産省が所管する独立行政法人として，農業・食品産業技術総合研究機構（農研機構）や農林水産消費安全技術センター等があり，様々な分野での試験研究，開発や，調査，検査等が行われています。
　また，農業者の相互扶助のための非営利組織である農業協同組合（農協＝JA）も，日本の農政上，重要な役割を果たしてきました。
　そして，農業金融の分野においては，全国各地の農協，JA信連，農林中金で構成されるJAバンクや，農林漁業金融公庫が行ってきた業務を受け継いだ日本政策金融公庫による融資が大きな役割を占めてきました。

☑キーワード
　農林水産省，林野庁，水産庁，農業委員会，農研機構，種苗管理センター，農協（JA），農協改革，JAバンク，日本政策金融公庫

Q2◆農業関係機関・組織

解　説

1　行　政　機　関

(1)　農林水産省

　日本の農林水産行政を担う行政機関として設置されているのが農林水産省です。その組織や任務及び所掌事務等は，農林水産省設置法によって定められており，同法3条1項によれば，農林水産省の任務は，「食料の安定供給の確保，農林水産業の発展，農林漁業者の福祉の増進，農山漁村及び中山間地域等の振興，農業の多面にわたる機能の発揮，森林の保続培養及び森林生産力の増進並びに水産資源の適切な保存及び管理を図ること」とされています。

　また，同法4条1項には，農林水産省の所掌事務が同項1号から87号まで規定されており，多岐にわたる事務を司るものとされています。具体例として，このうち知的財産にも関係し得る事務を挙げると，農林水産植物の品種登録に関すること（同項17号）や，農業技術の改良及び発達並びに農業及び農林漁業従事者の生活に関する知識の普及交換に関すること（同項29号），農林水産技術についての試験及び研究に関すること（同項86号）等が挙げられます。

(2)　地方支分部局[*1]

　農林水産省は，その任務，所管事務について，国としての総合的な施策を策定しますが，地域の実情に合わせて実施するのは都道府県や市町村ですので，農林水産省の地方支分部局として，地方農政局と北海道農政事務所が置かれています（農林水産省設置法17条）。

(3)　都道府県の普及指導員

　都道府県や市町村は，地方の実情に合わせて農政を行いますが，都道府県には，普及指導員が行う農業技術・経営支援の事業があります。普及指導員とは，農業者に直接接して，農業技術の指導を行ったり，経営相談に応じたり，農業に関する情報を提供し農業者の農業技術や経営を向上するための支援を専門とする国家資格をもった都道府県の職員です。

13

第1章◇農林水産事業の現状と課題並びに将来の展望
第1節◇農業関係

(4) 市町村の農業委員会

　市町村には，原則として各1つの農業委員会が設置されています。農業委員会は，市町村長により任命された農業委員*2で構成され，合議体で，農地の売買や賃借の許可，農地転用案件への意見具申等を行います。平成28年の改正により，農地利用最適化推進委員を委嘱して，農地利用の最適化を推進する業務も追加されました。日常的な事務や窓口は，市町村の職員が事務局となって行っています。

(5) 外　　局*3

　林業や水産業に関しては，農林水産省の外局として，林野庁や水産庁が置かれています（農林水産省設置法21条）。

　林野庁は，森林の保続培養，林産物の安定供給の確保，林業の発展，林業者の福祉の増進及び国有林野事業の適切な運営を図ることを任務としており（同法23条），地方支分部局として，森林管理局が置かれています（同法26条1項）。

　水産庁は，水産資源の適切な保存及び管理，水産物の安定供給の確保，水産業の発展並びに漁業者の福祉の増進を図ることを任務としており（同法30条），地方支分部局として，漁業調整事務所が置かれています（同法34条1項）。

2　独立行政法人

(1) 独立行政法人とは

　農林水産省が実施している政策，制度の一定部分を独立行政法人が担当し，重要な役割を果たしています。したがって，農業に関係する公的機関の役割を詳しく把握するためには，どのような独立行政法人が，どのような事業を行っているのかを知る必要があります。

　独立行政法人とは，公共上の見地から確実に実施されることが必要な事務及び事業であって，国が自ら主体となって直接に実施する必要のないもののうち，民間の主体に委ねた場合には必ずしも実施されないおそれがあるもの又は一の主体に独占して行わせることが必要であるものを効果的かつ効率的に行わせるため，独立行政法人通則法と個別の法律により設立される法人です（独立行政法人通則法2条）。

14

Ｑ２◆農業関係機関・組織

農林水産省が所管する独立行政法人は，他省との共管を含めると13法人で
す。このうち主に所管する独立行政法人は９法人で，①農業・食品産業技術総
合研究機構，②国際農林水産業研究センター，③農林水産消費安全技術セン
ター，④家畜改良センター，⑤森林研究・整備機構，⑥水産研究・教育機構，
⑦農畜産業振興機構，⑧農業者年金基金，⑨農林漁業信用基金がありますの
で，以下では，その事業の概要を説明します。

(2) 国立研究開発法人 農業・食品産業技術総合研究機構

(a) 略称は「農研機構」と呼ばれ，わが国の農業と食品産業の発展のため，
基礎から応用まで幅広い分野で研究開発を行う機関です。この分野におけるわ
が国最大の研究機関で，研究開発の成果を社会に実装するため，国，都道府
県，大学，企業等との連携による共同研究や技術移転活動，農業生産者や消費
者への成果紹介も積極的に進めています。

(b) 農研機構は，沿革的には，様々な研究機関が統合されて，農研機構とい
う１つの法人となっており，次のとおり，全国各地に様々な研究センター・部
門が配置されて，研究開発を行っています[4]。

(ア) 農業情報研究センター　　農業のスマート化を促進する。

(イ) 食農ビジネス推進センター　　民間のニーズに応じた研究開発，成果移
転を推進する活動，食農ビジネスの創出に向けた手法開発を行う。

(ウ) 種苗管理センター　　植物の品種登録に係る栽培試験や農作物の種苗の
検査，ばれいしょ及びさとうきびの種苗の生産・配布等の業務を行う。

(エ) 生物系特定産業技術研究支援センター　　研究資金の提供を通じて外部
の研究を支援する業務を行う。

(オ) 地域農業研究センター　　北海道農業研究センター，東北農業研究セン
ター，中央農業研究センター，西日本農業研究センター，九州沖縄農業研究セ
ンターの５つの研究センターがあり，各地域の気候，環境に応じた技術の研
究，開発を行う。

(カ) 研究部門　　果樹茶業研究部門，野菜花き研究部門，畜産研究部門，動
物衛生研究部門，農村工学研究部門，食品研究部門，生物機能利用研究部門の
７つの研究部門があり，各分野の基礎的な研究を行う。

(キ) 重点化研究センター　　稲及び畑作物並びに麦類等に関する技術につい

15

第1章◇農林水産事業の現状と課題並びに将来の展望
第1節◇農業関係

ての試験，研究等を行う次世代作物開発研究センター，農業機械化促進業務等を行う農業技術革新工学研究センター，農業生産対象の生物の育成環境に関する技術上の試験，研究等を行う農業環境変動研究センターからなる。

　(ク)　**研究基盤組織**　　農業・食品産業技術に係る試験及び調査並びに研究において必要な高度な分析機器を利用して行う解析等を行う高度解析センターと，農業生物遺伝資源の充実と活用に関する技術についての試験，研究等を行う遺伝資源センターからなる。

　(c)　これらの研究センターのうち，特に，種苗管理センターは，品種登録制度において重要な役割を果たしています。

　植物の品種登録に係る栽培試験を行うほか，農林水産省の委託を受けて，登録品種の標本・DNAの保存事業を行い，また，育成者権の保護・活用を進めるため，品種保護Gメンを設置し，育成者権者からの相談を受け付け，その依頼に基づき，登録品種と侵害が疑われる品種との特性比較（品種類似性試験）を行ったり，侵害状況を記録したりする各種サービスを行っています。

　(d)　また，農研機構は，様々な分野で研究，開発を行うだけでなく，それにより得られた成果から特許，実用新案を取得したり，品種登録をする等して，それを広く社会に還元するため一般にライセンスしています[5]。

　品種登録の具体例として，ブドウの有名な品種である「シャインマスカット」は，農研機構の果樹茶業研究部門が長年かけて育成し，2006年に品種登録されたものです[6]。

(3)　国立研究開発法人 国際農林水産業研究センター

　略称は「JIRCAS」といい，世界の食糧問題，環境問題の解決及び農林水産物の安定供給等に貢献するため，熱帯及び亜熱帯に属する地域その他開発途上地域における農林水産業に関する技術向上のための試験研究や，資料収集，分析結果の提供等を行います。

(4)　独立行政法人 農林水産消費安全技術センター[7]

　略称は「FAMIC」といい，肥料，農薬，飼料など農業生産資材や食品等の検査，分析を通して，農業生産資材の安全の確保，食品などの品質・表示の適正化に技術で貢献する機関です。まさに食品の一次生産から最終消費までの流れの各段階において，調査・検査・分析に携わる業務であり，農林水産省との

Q 2 ◆農業関係機関・組織

連携の下に，肥料取締法，農薬取締法，飼料安全法，JAS法，食品表示法など
の法律に関わる業務を実施しています。

(5) **独立行政法人 家畜改良センター**

家畜改良センターは，わが国における畜産の発展と国民の豊かな食生活に貢
献するため，①家畜の育種改良，遺伝資源の保存，飼養管理技術の改善，優良
な飼料作物種苗の供給による自給飼料の生産拡大や，②種畜及び飼料作物種苗
の検査，牛個体識別システムの運営による安心安全な畜産物の確保，③伝染病
や自然災害に対する緊急対応といった，民間では採算性の面で実施困難な業務
を行っています。

(6) **国立研究開発法人 森林研究・整備機構**

森林研究・整備機構は，林業の振興と森林の有する公益的機能の維持増進の
ため，①森林及び林業に関する試験及び研究，調査，分析，鑑定並びに講習の
ほか，②試験及び研究に必要な標本の生産及び配布や，③材木の優良な種苗の
生産及び配布，④水源を涵養するための森林の造成，⑤森林保険を行うといっ
た業務を実施しています。

(7) **国立研究開発法人 水産研究・教育機構**

水産研究・教育機構は，わが国唯一の水産に関する総合的な研究開発機関と
して，①水産資源の持続的利用のための研究開発，②水産業の健全な発展と安
全な水産物の安定供給のための研究開発，③海洋・生態系モニタリングと次世
代水産業のための基盤研究，④水産業界を担う人材育成に取り組んでいます。

(8) **独立行政法人 農畜産業振興機構**

略称は「alic」（エーリック）といい，畜産物，野菜，砂糖及びでん粉の安定供
給を図るため，①国内の農畜産物の生産者などの経営安定対策，②需給調整・
価格安定対策，③自然災害や家畜疾病の発生などに対応した緊急対策，④これ
らに関連する情報収集・提供を行っています。

(9) **独立行政法人農業者年金基金と独立行政法人農林漁業信用基金**

前者は農業者の年金等の給付事業を，後者は農林漁業者の信用補完を行うた
め保証・保険や共済団体への貸付け等を行っています（この信用補完の仕組みにつ
いては後記 **4**(2)を参照）。

第1章◇農林水産事業の現状と課題並びに将来の展望
第1節◇農業関係

3 農協の役割と農協改革

(1) 農協について

　農業協同組合（農協＝JA）とは，農業協同組合法に基づき，農業生産力の増進及び農業者の経済的・社会的地位の向上を図ることを目的として設立された組織で，農業者の相互扶助のための非営利組織です。

　そもそも，個々の農業者は規模の小さい事業者ですので，共同で生産資材を購入することにより経費節減をはかったり，共同で農畜産物を販売することで，市場で有利な価格で販売するといったことが農協設立の意義といえます。そして，日本の農政上も，農協は重要な役割を果たしてきました。

　農協は多岐にわたる事業を行っており[8]，①農業者に対する農業経営の技術・経営指導といった「指導事業」のほか，②「販売事業」，「購買事業」，「利用事業」，「加工事業」といった「経済事業」，③貯金や資金貸付業務を行う「信用事業」，④保険業務を行う「共済事業」等を行っています。

　②の「経済事業」のうち「販売事業」は，組合員が生産した農畜産物を集荷して販売する事業をいい，農協がまとめて販売する共同販売形式をとることにより，数量の確保，品質の保持を可能としてきました。もっとも，最近の需要者のニーズの変化，有機農産物など付加価値のついた農産物への需要への対応では，規格化された大量販売を得意とする農協組織では十分に対応できないとの指摘もなされており，独自の販売を行う生産者も増えてきています。販売事業では，多くは，農協が組合員から農産物を買い取るのではなく，委託販売の形がとられていますが，この点も近時の農協改革に関連してその是非が議論されている部分です。他方で，食の安全については，農協は国の基準だけでなく独自基準を必要に応じて作り実践しており，農協が非営利の組織であることや，収穫が行われる生産の現場から加工，販売の現場まですべてを見続けることができることから，食の安全の維持のため農協には大きな役割が期待されるとの指摘もあります。

　また，②経済事業のうち「購買事業」は，組合員の行う農業に必要な肥料，農薬，農機具，飼料等の生産資材等を組合員に供給する事業ですが，近時の農

協改革の議論においては，農協系統組織からの購入が他と比較して割高になっており，農協が農業者のための役割を果たしていないのではないかとの議論がなされている点でもあります。

なお，②経済事業のうち「利用事業」は組合員が個人で保有することが難しい施設の共同利用等を行う事業のことをいい，「加工事業」は組合員によって生産された農畜産物の付加価値を高めて有利販売するために，農畜産物に対して加工を行う事業のことをいいます。

農協は非営利の組織であり，組合員の相互扶助を目的としていることもあって，JAグループ全体では，農業に関連する①指導事業や②経済事業の部門では赤字が拡大傾向にあり，③信用事業や④共済事業の黒字によって利益が確保されている状況にあります。

(2) JAグループ

農協は全国各地に存在する農協（単位農協）を基盤として，全国組織や都道府県組織が作られてJAグループを形成しています。

まず，JAグループの独立的な総合指導機関として，JA全中（全国農業協同組合中央会）があり，単位農協が農家に対して行う営農指導の基本方針の策定，JAの経営と組織指導，監査，教育・広報活動，農政活動など広範な活動を行ってきました。

次に，営農活動を司る機関としてJA全農（全国農業協同組合連合会）は，販売事業，購買事業を担っており，農協組織のための商社といえる存在です。

また，後述するとおり，信用事業を行う農林中金（農林中央金庫）及びJA信連（都道府県信用農業協同組合連合会）や，共済事業を行うJA共済連（全国共済農業協同組合連合会）などもあります。

(3) 農協改革

農協の組織に関しては，2015年に農業協同組合法が改正され（2016年4月施行），以下のような内容を柱とする農協改革が決定されました。

① JA全中の単位農協に対する監査権限の廃止（公認会計士による監査とする）。

② JA全中の一般社団法人化。

③ JA全農の株式会社への転換を容認。

④ JAの理事は原則として過半数を認定農業者や農作物販売のプロとする。

第1章◇農林水産事業の現状と課題並びに将来の展望
第1節◇農業関係

　特に①は，各地方の単位農協に対してJA全中の監査，指導が強く行われることにより，各地域で独自性を発揮する障害となってきたという判断から決定されたもので，これにより各単位農協における自由度を広げ，創意工夫の余地を生み出そうとするものです。

　その後も，規制改革推進会議の農業ワーキング・グループによる2016年11月の意見を受けて策定された政府の農業競争力強化プログラムでは，JA全農の購買事業，販売事業に関する取組みについても提言されており，生産資材価格の引下げや流通・加工の構造改革といった課題について，JAの自己改革により，JAが真に農業者のための協同組織として，農業者の競争力強化，所得向上等を実現する組織となることが期待されています[9]。

4　農水系金融機関

(1)　JAバンク

　JAバンクは，全国各地の「農協（単協）」，「JA信連」，「農林中金」で構成する金融グループの名称です。

　このうち「JA信連」は農協系統信用事業の都道府県段階の連合会組織で，「農林中金」は，農協（JA），漁業協同組合（JF），森林組合（森組）等の出資による協同組織の全国金融機関です[10]。

　JAバンクでは，三者が役割分担して，効率的に資金を運用しています。農協（単協）が組合員等から預かった貯金は，まず地域の農家，農業法人等に対する貸出に使われ，余裕資金がJA信連に預けられて，大規模な農家，農業法人，県内企業等への貸出等で運用されます。さらに生じた余裕資金が農林中金に預けられ，農林水産団体，農林水産業関連企業，一般企業等への投融資や，金融市場での国際分散投資を行うことによって，運用益をJA信連や農協に還元しています。

　なお，水産分野でも，同様に，漁業協同組合（JF），JF信漁連（信用漁業協同組合連合会），農林中金等から構成される「JFマリンバンク」が，同様に役割分担をして，効率的な資金運用をしています。

(2) その他の金融機関

　農業者は，常に天候や自然災害にさらされたり，1年1回の収穫期における収入に依存する場合も多いため，農業経営にとって農業金融の役割は重要です。

　そして，農業関係の融資で重要な役割を果たしてきたのは，JAバンクのほかには，日本政策金融公庫の農林水産事業部門です。

　2007年の株式会社日本政策金融公庫法に基づき，農林漁業金融公庫が行ってきた業務を日本政策金融公庫農林水産事業本部が受け継ぎ，長期低利の資金を農林漁業者に融資しています。

　また，この他に，農業信用基金協会は，農業信用保証保険法に基づく法人で，各都道府県にあり，債務保証業務を行っています。この農林漁業信用保証制度は，農林漁業者の信用を補完して，農業者の経営改善，農業の生産性向上を図ろうとするもので，特に中小企業者の農業参入に広く応えることで，農業者の経営をサポートします。具体的には，農業者が融資機関から資金の貸付を受ける際に，農業信用基金協会が債務を保証し，この保証について，前述した独立行政法人農林漁業信用基金が行う保証保険が補完するという仕組みになっています。

〔福田　修三〕

━━━━━ ■注　記■ ━━━━━

　　＊1　国家行政組織法9条。
　　＊2　平成28年の改正により，農業委員は，原則として認定農業者が過半数を占めるよう，市町村議会の同意を得て，市町村長が任命することとなりました。
　　＊3　国家行政組織法3条3項。
　　＊4　平成31年2月時点で21のセンター・部門があります。各センター・部門の業務の詳細については，農研機構のホームページを参照。
　　＊5　農研機構の「知的財産に関する基本方針」を参照。
　　＊6　シャインマスカットは，日本では農研機構により品種登録されています。近時，シャインマスカットが中国に流出し，無断で繁殖，販売されているという問題が報道されるようになりましたが，それは品種登録制度が国ごとの制度であり，海外において品種登録していないと，当該品種が海外で繁殖，販売されても，法的に有効な措置をとることができないためです。近年は，農研機構で育成された有望な品種

第1章◇農林水産事業の現状と課題並びに将来の展望
第1節◇農業関係

は，海外でも積極的に品種登録されるようになり，無断流出への対策がとられるようになっています。

＊7　役職員が国家公務員の身分を有する「行政執行法人」です。

＊8　農協には「総合JA」と「専門農協」があり，「総合JA」とは，販売事業，購買事業，信用事業，共済事業などを兼営している農協の総称で，「専門農協」は，信用事業や共済事業は行わず，特定作物に関する販売事業と購買事業を行います。本文では，多数を占めている「総合JA」について説明をしています。

＊9　規制改革推進会議の農業ワーキング・グループは，平成28年11月11日，①生産資材価格の引下げのため，JA全農は仕入れ販売契約の当事者にはならず，情報・ノウハウ提供型サービス事業への生まれ変わること，そのために1年以内に組織転換をし，購買事業の関連部門は生産資材メーカー等への譲渡・売却を進めることや，②農産物販売について，強力な販売体制強化に取り組むため，1年以内に，委託販売から買取販売に転換すべきこと，③地域農協が農産物販売に全力を挙げられるように，地域農協の信用事業の農林中金等への譲渡を積極的に推進し，信用事業を営む地域農協を，3年後を目途に半減させること等を提言しましたが，農協サイドの反論もあり，農業競争力強化プログラムでは上記①②の方向性，での改革をJA全農が年次計画を立てて自己改革を進め，政府がこれをフォローアップするという内容の提言にとどまりました。

農協改革の議論では，JA全農による購買事業において生産資材が割高であることや，非効率な流通機能のために農協の委託販売では農家が儲からないといった点が特に焦点となってきましたが，このような問題意識と改革の方向性に関しては，どの立場においても概ね異論ないものと思われます。政府の提言は，これら競争原理を妨げている構造，組織を転換しようとするものですが，他方で，競争，効率だけでは成り立たない各地方の農業地帯，農協組織の実情も踏まえる必要があると思われますし，営利を目的とする企業にはできない役割を果たしてきた面もあります。農協には，地域ごとの実情も踏まえつつ，真に農家の立場に立って，農家の利益に資する組織への改革が望まれるところです。

＊10　農林中金は，特別な法律により設立される民間法人（特別民間法人）に分類されます。

═══ ●参考文献● ═══

本文で触れた各機関のホームページのほか，次のとおり。

(1)　井上龍子『食料農業の法と制度』（金融財政事情研究会）。

(2)　有限責任監査法人トーマツ『金融機関のための農業ビジネスの基本と取引のポイント〔第2版〕』（経済法令研究会）。

(3)　杉浦宣彦『JAが変われば日本の農業は強くなる』（ディスカバー・トゥエンティワン）。

(4)　平成28年11月11日付規制改革推進会議農業ワーキング・グループによる「農協改革

Q2◆農業関係機関・組織

に関する意見」。
⑸　平成28年11月28日付規制改革推進会議による「農協改革に関する意見」。
⑹　平成28年11月29日付「農業競争力強化プログラム」。

第1章◇農林水産事業の現状と課題並びに将来の展望
第1節◇農業関係

 農業の課題

　地元に広がるのどかな田園風景や季節になるとたわわに果実が実る果樹園や野菜畑を見ると何かうれしく感じるのですが、わが国の農業の将来像は安泰なのでしょうか。将来に向けて何か課題はあるのでしょうか。

　わが国の農業は多くの課題を抱えています。農村では、人口が減少しており、高齢化も都市部よりも進んでいます。労働力の確保は深刻な課題です。農村の中でも非農家の割合が増加し、農村の古くからのコミュニティの維持が難しくなってきています。新規就農者は少ないうえに、不在地主も増えており、耕作放棄地や遊休農地が増加し、農地面積が減少しています。一方で、農作物への鳥獣被害も深刻化しています。

　生産者が減るということは、食料自給率の低下にもつながります。日本の食料自給率は、平成28年度はカロリーベースで38%となっており、主要先進国の中で最下位です。

　このままでは、のどかな田園風景や、季節になるとたわわに果実の実る果樹園や野菜畑も次世代に残せない風景になってしまいます。

　次世代につなぐためには、安定した収穫量やそのための担い手の確保、効率化のための新規技術の開発・導入などが課題となってきます。これらの実現のために、AI、ICTやロボット技術等の先端技術を活用し、超省力・高品質生産を可能にする「スマート農業」の普及を進めるなど、農業分野でも知的財産権の活用が不可避となっています。

Q3◆農業の課題

☑キーワード

食料自給率，担い手の確保，耕作放棄地，スマート農業，知的財産権の活用

解　説

1　高　齢　化

高齢化は日本全体の問題ですが，農業においてはより深刻な事態となっています。

日本の農家人口は，平成22年には650万3000人でしたが，平成30年には418万6000人と8年間で200万人以上減少しています。対総人口比では平成22年は5.1％でしたが，平成30年度は3.3％となっています。

このうち，農家人口に占める高齢者（65歳以上）の割合は，平成30年は43.5％（平成22年は34.3％）となっており，農家人口の減少に加え，高齢化が進行しています（農林水産省「農業の現状に関する統計」より）。

2　労働力確保

労働力確保への取組みとして，農福連携や女性の活用への取組みがあります。農村の古くからのコミュニティの維持が難しくなっていますが，農村のコミュニティは従来男性中心に形成されている場合が多く，新たな労働力として期待される障がい者や女性の労働力を活用するためには，コミュニティの受け入れ態勢も重要になるものと考えられます。

(1)　農福連携

農福連携とは，障がい者等の農業分野での活躍を通じて，自信や生きがいを創出し，社会参画を促す取組みです。農業分野でのメリットは，労働力確保や地域コミュニティの維持があり，障がい者（福祉）側のメリットとしては，雇

25

第1章◇農林水産事業の現状と課題並びに将来の展望
第1節◇農業関係

用の確保，就労訓練による自立支援などがメリットとして考えられます。

(2) 女性の活用

女性農業者は，施設野菜や花きなどの分野で従事者が増えています。男性との体力差がつきにくく，女性の感性などの特性を生かしやすいからだと思われます。

3 耕作放棄地──遊休農地，荒廃農地

「耕作放棄地」とは，「以前耕作していた土地で，過去1年以上作物を作付け（栽培）せず，この数年の間に再び作付け（栽培）する意思のない土地」をいいます（農林業センサス）。一方，「遊休農地」は，農地法32条1項において「一　現に耕作の目的に供されておらず，かつ，引き続き耕作の目的に供されないと見込まれる農地　二　その農業上の利用の程度がその周辺の地域における農地の利用の程度に比し著しく劣つていると認められる農地（前号に掲げる農地を除く。）」と定義されています。「耕作放棄地」よりも「遊休農地」のほうが対象となる農地の範囲が広くなります。

耕作放棄地は，平成2年以降増加に転じたため，農林水産省を中心に様々な施策を行っています。近年は，横ばいで推移しており，平成28年の荒廃農地面積（現に耕作に供されておらず，耕作の放棄により荒廃し，通常の農作業では作物の栽培が客観的に不可能となっている農地）は全国で281,000haであり，このうち再生利用が可能なもの（遊休農地）が98,000ha，再生利用が困難と見込まれるものが183,000haとなっています。

4 鳥 獣 被 害

イノシシなどをはじめとする野生鳥獣は生息数の増加により農作物被害が発生しています。気候の変化に加え，狩猟者の高齢化などが原因といわれています。

鳥獣被害は平成24年度で230億円，平成28年度は172億円（いずれも農林水産省調べ）と減少していますが，いまだ被害は深刻です。農作物への被害防止に向

け，鳥獣被害防止計画の策定などを進める市町村が増加し，これに伴い，イノシシやシカの捕獲頭数が増加しています。また，鳥獣被害を防ぐための新たな技術の開発も積極的に行われています。

捕獲頭数の増加に伴い，外食や小売り，ペットフード等，ジビエの利用が拡大しています。農林水産省では，国産ジビエ認証制度などを通じて，安全なジビエの提供を図る取組みをしています。

5 スマート農業

スマート農業は，ロボット技術，ICT，センシング技術を活用して，超省力・高品質生産を実現する新たな農業をいいます。

AI（人工知能）を利用した農業技術としては，収穫作業を大幅に省力化できる果菜類収穫ロボットの開発や，乳牛の体調変化を早期に発見し，乳牛の健康管理の向上を可能とする技術の開発などが行われています。また，IoT技術（Internet of Things・モノのインターネット）の利用では，水田の水管理を遠隔・自動制御化するシステムの開発などが行われています。

AI，IoT技術のいずれも，ロボットやドローン，カメラ，センサー等の利用により，作業の省力化，作物の高品質化を図っています。

6 農業と知的財産権

従前，農業分野での知的財産権の活用はあまり進んできませんでした。

しかし，スマート農業の活用が促進されるなど，近年の農業分野においては知的財産権の活用が必須となってきています。

農業に関係する知的財産権のうち主なものは以下のとおりです。

(1) 特許・実用新案制度

特許権及び実用新案権は発明又は考案を保護するための権利です。

特許権で保護される発明は「自然法則を利用した技術的思想の創作のうち高度のもの」（特2条1項）であり，物，方法，物を生産する方法の発明が保護対象となります。特許庁の審査官が審査を行います。権利の存続期間は特許出願

第1章◇農林水産事業の現状と課題並びに将来の展望
第1節◇農業関係

の日から20年です（特67条1項）。

　一方，実用新案権は「自然法則を利用した技術的思想の創作」（実2条1項）
である物品の考案を保護対象としており，無審査で登録となりますが，その登
録実用新案に係る実用新案技術評価書を提示して警告した後でなければ権利行
使ができないこととなっています（実29条の2）。権利の存続期間は，実用新案
登録出願の日から10年です（実15条）。

　農業分野においては，使用する道具や設備，農薬等の化学物質や食品などの
「物の発明」，植物の栽培方法や食品の製造方法などの「方法の発明」の権利化
が考えられます。玉ねぎ類の根切断機（特許第5874080号）やサツマイモ加工食
品およびサツマイモ加工食品の製造方法（特許第6112441号）などが権利を取得
している例として挙げられます。

(2)　意匠制度

　意匠制度は，「物品（物品の部分を含む。）の形状，模様若しくは色彩又はこれ
らの結合であって，視覚を通じて美感を起こさせるもの」（意2条1項）を保護
する制度です。特許庁の審査官による審査が行われ，権利存続期間は設定登録
の日から20年です（意21条1項）。

　農業分野での意匠の活用としては，育苗用ポット（意匠登録第1372745号）や，
包装紙（意匠登録第1552988号），のり（意匠登録第1500766号）などが挙げられます。

(3)　商標制度

　商標は，「人の知覚によつて認識することができるもののうち，文字，図
形，記号，立体的形状若しくは色彩又はこれらの結合，音その他政令で定める
もの」（商標2条1項）をいいます。商標を保護することにより，商標の使用を
する者の業務上の信用の維持を図ること等を目的としています。商標登録は，
出願後，特許庁の審査官による審査が行われ，権利の存続期間は設定登録の日
から10年ですが，更新が可能です（商標19条）。

　商標には，文字のみからなる文字商標のほか，図形商標，記号商標，立体商
標，結合商標などがあるほか，音や色彩などの商標も保護対象となっていま
す。

　商標法には，地域団体商標制度（商標7条の2）があります。地域団体商標制
度は，地域ブランドの保護のための制度であり，農業分野では積極的な活用が

されています。「地域名＋商品（サービス）名」のみからなる商標は，本来商標法では登録できないこととなっていますが，一定の団体が要件を満たせば商標登録が可能です。「加賀野菜」（商標登録第5078472号）や，「比内地鶏」（商標登録第5052844号）をはじめ多くの登録があります。

(4) 種苗法

種苗法は，「新品種の保護のための品種登録に関する制度，指定種苗の表示に関する規制等」について定めています（種1条）。

品種登録は，農林水産植物の種類，名称，特性等に関して行われます。種苗法により品種登録できるのは，農林水産植物です。具体的には，「農産物，林産物及び水産物の生産のために栽培される種子植物，しだ類，せんたい類，多細胞の藻類その他政令で定める植物」です（種2条1項）。種苗法によって登録されると登録品種の「種苗」，「収穫物」，「加工品」を業として利用する権利を専有できる育成者権が発生します。品種登録を受けようとする者は，農林水産大臣に出願し，審査が行われます（種5条）。育成者権の存続期間は，品種登録の日から25年（木本の植物は30年）です（種19条2項）。

(5) 地理的表示

地理的表示は，「特定農林水産物等の名称の保護に関する法律」で保護されています。地理的表示とは，「ある商品に関し，その確立した品質，社会的評価その他の特性が当該商品の地理的原産地に主として帰せられる場合において，当該商品が加盟国の領域又はその領域内の地域若しくは地方を原産地とするものであることを特定する表示」（TRIPS協定22条⑴）と定義されています。地理的表示の保護制度では，産品をその名称，生産地，品質等の基準とともに登録します。

地理的表示保護制度では，基準を満たす生産者だけが自らの産品に登録された名称を表示して使用することが可能になります。また，基準を満たす産品のみに，「GIマーク」の使用が可能になります。加えて，不正な地理的表示の使用は行政が取締りを行います。地理的表示の登録申請は農林水産大臣に対して行い，農林水産大臣により登録が取り消されない限り，権利が存続します。（地理7条・22条）。

なお，酒類の地理的表示に関しては，国税庁長官が指定することとなってお

第1章◇農林水産事業の現状と課題並びに将来の展望
第1節◇農業関係

り，「白山」「琉球」などが指定を受けています。

(6)　不正競争防止法

　不正競争防止法は，「事業者間の公正な競争及びこれに関する国際約束の的確な実施を確保」するための法律です（不競1条）。法の定める「不正競争」（不競2条）により営業上の利益を侵害された，又は侵害されるおそれのある事業者のために損害賠償や差止請求権の措置を整備し，事業者間の公平な競争を保護します（不競3条・4条等）

〔松田　光代〕

━━ ●参考文献● ━━

　(1)　農水知財基本テキスト。
　(2)　農林水産省編『食料・農業・農村白書〔平成30年版〕』。
　(3)　農林水産省『農村の現状に関する統計』。

Q4◆農業資材取引

 農業資材取引

　脱サラして新規に農業で生活していこうかと考えているのですが，手元資金も潤沢とはいえない状況で，いろいろ準備しなければならないことが多い感じで不安です。
　少しでも利口に調達したいと思うのですが，農業事業者の皆さんは，農業に必要ないろいろの物を調達するときには，どうしておられるのでしょうか。取引の手法等を大雑把でよいので教えてください。また，その際に留意すべき点などがあれば，あわせて教えてください。

　　　農業資材は，売買により手元のお金で購入することができますが，手元資金に不安がある場合でも，リース会社が資材を所有したまま月々リース料を支払いながら利用するファイナンス・リース契約や，自分の物として購入しつつその代金をローン会社に支払ってもらって毎月分割払いをする割賦販売等の方法で購入することで，一時的な資金の負担を軽くすることができます。リース・割賦いずれの場合でも，毎月定まった金額を一定の年数にわたって支払う必要がありますから，農業を始められた後の収支を計画して，売買で取得するものとリース・割賦を使って導入するものとを，具体的に計画することが重要です。

☑キーワード
　売買，リース，割賦

第1章◇農林水産事業の現状と課題並びに将来の展望
第1節◇農業関係

解　説

1　売買による取得

(1)　売買の仕組み

　ご質問にあるように，実際に農業を始められるためには，種苗や肥料，農薬，ビニールシートや様々な農機具，農業機械が必要になります。わが国では，農業の新たな担い手を支援するため，農業資材費の低減を目指した様々な取組みが実施されていますが（食料・農業・農村基本法33条），具体的な資材の調達には一定の資金が必要です。

　一番シンプルな方法は，売買により購入することです。売買契約では，買主が売主に対して売買代金を支払うことで，売主が買主に物品を納入し，その所有権を移転します（民555条）。

　農業資材は，JA（農協）や専門店，ホームセンターやインターネット通販など様々なルートで購入できます。必要な数量や頻度，専門知識の要否などを考慮して購入先を使い分ければ，調達コストが削減できます。

(2)　リースや割賦による調達の必要性

　手元にお金が用意できればよいのですが，中には農業機械のように高額の物品もあり，その代金を一括払いで購入することは，必ずしも容易ではありません。そこで，リース契約や割賦の仕組みを使うことで，物品を導入する際の資金負担を軽減することを検討する必要があります（農水知財基本テキスト81頁以下）。

2　リース契約の仕組み

(1)　ファイナンス・リースとは

　ファイナンス・リースは，事業のために物品を利用したいユーザーが，物品の製造・販売業者等（サプライヤー）から引渡しを受け，リース会社がサプライ

ヤーに物品の売買代金を支払い，ユーザーがリース会社にリース料の支払をするという取引をいいます。

(2) ファイナンス・リース契約の流れ

図表1を参照してください。

農業者であるユーザーは，物品の製造メーカーや販売代理店等のサプライヤーとの間で，導入したい物品を選び，納期等を打ち合わせます。

サプライヤーは，物品の種類や数量・価格等について見積書を作成します。

リース会社は，ユーザーから収入資料等を取り付けた上で，リース料を支払っていけるか等の与信審査を行います。与信審査で問題がなければ，物品の見積書をもとに，物品にかかる保険料その他の諸費用を加算したリース料総額を算定し，あわせてリース期間を設定します。

ユーザーは，所定のリース契約申込書等をリース会社に提出し，正式に契約が締結されれば，リース会社がサプライヤーの物件代金を一括で支払い，サプライヤーはユーザーのもとに物品を設置・納入します。ユーザーは契約に基づいて定められた条件で，リース料を支払っていきます。

(3) ファイナンス・リースのメリット

ファイナンス・リースは，ユーザーが金融機関から直接借り入れる場合と異なり，与信審査等の手続が簡略化され，簡易迅速に物品を調達・導入すること

図表1　リース契約の流れ

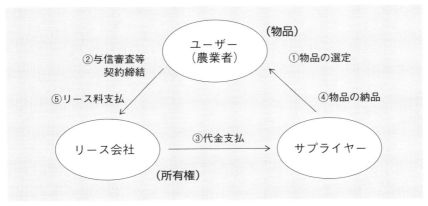

第1章◇農林水産事業の現状と課題並びに将来の展望
第1節◇農業関係

ができます。

　ユーザーは，物品の耐用年数を基礎にリース期間を設定することで，設備機器を管理することができます。リース会社に支払うリース料は，全額税務上の費用に算入することができるので，税務上メリットがあります。

　物品の所有権はリース会社にありますから，ユーザーのもとで減価償却をする必要がありませんし，物品に要する税金（例えば，自動車における自動車税等），動産に関する保険料，さらには廃棄の場合の諸費用もリース料の中に含まれますから，物品を管理する手間が省けます。

　農業を始めて間もない方にとっては，物品調達による費用を月額のリース料に固定化できますから，安定した資金計画を立てることができます。

　(4)　**リース期間満了時の処理**

　リース期間が満了した場合，ユーザーは物品をリース会社に返還することになりますが，契約の定めによって，引き続き物品を使用することができます。

　(a)　**購入選択権**

　リース契約を締結するに当たって，ユーザーは，リース会社との間で，リース期間満了時にその時の物品に残った価値（残存価値）を代金として支払うことで，リース会社から買い取ることができるという条件を付することができます。残存価値を高く設定することによって，契約期間中のリース料を低くすることができますし，リース期間満了時には自己所有にすることができます。

　(b)　**再リース**

　通常のファイナンス・リースでは，リース期間満了後も1年程度の短期間を設定して，リース契約を続けることができます。これを再リースといいます。再リースは当初のリース契約と同一の条件で継続するものですが，再リース料は当初期間のリース料に比べて相当低い金額になります。

3　割賦販売契約

(1)　割賦払いの仕組み

　物品を導入するに当たって，売買代金を割賦払いにすることで，代金の支払を割賦払いにすることができます（これを「割賦販売契約」と呼ぶことにします）。

様々な農業資材のメーカーや販売業者から購入するに当たって，直接代金を分割払いにしてもらうことも考えられます。しかし，特に農業機械のような高額の物品については，メーカー側も代金回収のリスクを負うことになるので，金融機関がメーカー（サプライヤー）から物品を購入し，その売買代金を一括で支払う代わりに，ユーザーの皆さんが金融機関に対して割賦払いで支払っていくことが多いと思います。

(2) **割賦販売契約の流れ**

図表2をご覧ください。

割賦販売契約は，サプライヤーに対する物品の代金を割賦販売業者が一括で払い，ユーザーは割賦金を分割で支払っていくという点で，ファイナンス・リースの場合と共通することもあり，その契約締結の手続もかなり類似しています。

ユーザーがサプライヤーとの間で物品を選定，割賦販売業者は，ユーザーの与信調査を行い，サプライヤーから物品の見積書の提出を受けて，利息等を考慮して割賦販売の条件を設定します。割賦販売業者は，ユーザーと割賦販売契約を締結し，サプライヤーに対して物品代金を支払い，サプライヤーはユーザーに物品を納品，ユーザーは割賦金を所定の期間にわたって支払っていきます。

図表2　割賦販売契約の流れ

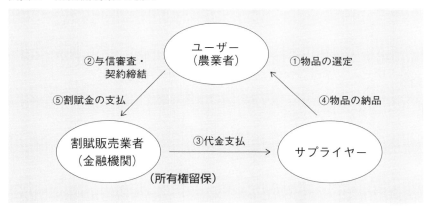

第1章◇農林水産事業の現状と課題並びに将来の展望
第1節◇農業関係

(3) 割賦販売契約のメリット

　割賦販売契約について，ファイナンス・リースと比較して，割賦金の支払期間や支払時期について，農作物の収穫時期にあわせる等，より柔軟に設定することができることがあります。また，ファイナンス・リースでは農業機械等の耐用年数が比較的長いものが対象となりますが，割賦販売契約では肥料や農薬等，短期間で消失するようなものも対象とすることができます。

　ファイナンス・リースと共通のメリットとして，物品の購入代金を全額，一時に支払う必要がなくなるという点，物品の動産保険について割賦販売業者が加入してくれるという点等があげられます。

(4) 契約期間満了後の処理

　割賦販売契約では，期間が満了すると物品の所有権が当然にユーザーに移転されます。

(5) 留　意　点

(a) 中途解約が禁止されること

　割賦販売契約は，リース契約と同様，期間途中で物品が必要でなくなったからといって解約することはできません。契約期間満了時までの割賦金を全額支払う必要があります。

(b) 税金等の事務管理が必要なこと

　リースと異なり，あくまで割賦販売業者は物品の所有権を割賦金支払の担保として留保するにすぎず，ユーザーは買主としての責任を負います。そのため，ユーザーは，減価償却の処理や税金の納付等の事務に対応する必要があります。

4 リース・割賦の比較と利用に当たっての留意点

(1) リースと割賦の差異

　ファイナンス・リースでは，契約の対象にできる物品について，一定の制約があります。割賦販売契約の場合は，そのメリットの箇所でも触れたとおり，リース契約の対象とならない物品も対象とすることができます。

　割賦販売契約では，物品の購入者はあくまでユーザーで，所有権が契約期間

中に割賦販売業者に留保されるにすぎないので，減価償却の処理や税金の支払等の事務をユーザーが管理する必要があります。

(2) リース・割賦を利用するときの留意点

(a) 中途解約ができないこと

ファイナンス・リースにおいて，ユーザーは，リース期間中に物品が必要でなくなったからといって，リース契約を期間途中で解約することができません。賃貸・レンタルと違って，ファイナンス・リースで支払うリース料は，物品を利用することと対価関係に立たないとされています[☆1]。

割賦販売契約でも同様に，中途解約はできません。

(b) メンテナンスに別途の契約が必要であること

農業機械等は使っていくに従っていろいろな不具合が生じたり，消耗部品の交換が必要になります。このような物品のメンテナンスは，リース・割賦の契約の内容に含まれませんので，ユーザーは，メーカー等との間で別途メンテナンス契約を締結する必要があります。

(c) 物品を別の場所に移動したり第三者に譲渡することが禁止されること

物品の所有権は，リース契約ではリース会社にあり，割賦販売契約では割賦販売業者に留保され，ユーザーは契約条件に従って物品を管理する義務があります。契約締結時に申告した場所から移動させたり，他の人・会社に売却したり転貸することは原則禁止されています。売買で購入した物品とは違う制約がありますから，留意が必要です。

5 新規就農者向けの援助制度

(1) 認定新規就農者

以上，説明した資金調達の方法のほか，新たな農業の担い手を拡大するために，国は，新しく就農される方に向けて様々な援助を提供しています。

特に，今から農業経営を始められる方は，認定新規就農者の認定を受けることを検討していただいたらよいと思います。新しく農業を開始される方が，経営の目標などを記載した青年等就労計画を作成し，市町村へ申請して認定を受けることで，経営資金の確保の観点で様々な補助や無利子・低利の貸付を受け

第1章◇農林水産事業の現状と課題並びに将来の展望
第1節◇農業関係

ることができます。

(2) 認定新規就農者向けのメリット

認定新規就農者になると，資金の調達の面では以下のような補助が受けられます。農林水産省では，農業を始めたい皆さんを応援するため，専用のウェブサイトを作り，『新・農業人ハンドブック2018』といった冊子で情報を提供しています。具体的な手続や，融資の条件等は，最寄りの都道府県や市町村の担当部署，日本政策金融公庫・沖縄振興開発金融公庫等の金融機関に確認してください[1]。

(a) 農業次世代人材投資資金

経営が安定するまで年間最大150万円の資金を，最長5年間受けることができます。

(b) 青年等就農資金

農業施設や機械の取得（ただし農地等の取得は除きます）に使う資金として，無利子で貸付を受けることができます。

(3) まとめ

農業をこれから始められるに当たっては，資金面で様々な不安があろうかと思います。まずは政府の補助や優遇措置を活用しながら手元資金を確保した上で，ご自身の経営計画に従って，リースや割賦を利用して農業に必要な資材等を調達されて，資金を有効活用できるようにしてください。

〔前川　直輝〕

■判　例■

☆1　最判昭57・10・19民集36巻10号2130頁。

■注　記■

＊1　http://www.maff.go.jp/j/new_farmer/

5　農地取引

　地方で農家をしている親がいるのですが，もう高齢でいつまでもこのままの状態で農家を続けるのは辛いのではないかと推察しています。
　子どもは私だけで都会でサラリーマンをしており，いまさら実家の農家を継ぐことも難しい状況です。
　実家の田畑をどうするのがよいかと将来のことながら気に掛かっています。地方の農地を売るにも，いろいろ大変と聞いたのですが，農地の取引は，どういうやり方で行われるのでしょうか。

　農地の売買や賃貸借は，農地法の適用があるため，宅地とは異なって，農業委員会の許可を得る必要があります（農地法3条1項）。この許可を得るためには，買主・借主において様々な要件を満たす必要があります。また，賃貸借等による場合は，契約期間内の解約や契約解除に制限があります。農地の処分にお困りの場合は，農地中間管理機構（農地バンク）に農地等を売却したり賃貸することや，農地利用集積円滑化事業に基づき市町村等に依頼して売買等を進めてもらうことを検討していただくとよいと思います。

☑キーワード
農地法，登記，農地中間管理機構（農地バンク），農業経営基盤強化促進事業

第1章◇農林水産事業の現状と課題並びに将来の展望
第1節◇農業関係

解 説

1 農地法による保護の趣旨

　農地又は採草放牧地（以下あわせて「農地等」といいます）については農地法という法律によって，所有権を移転し，永小作権や賃借権等の権利を設定するためには，農業委員会の許可を得る必要があると定められています（農地法3条1項）。

　農地法は，その1条にも記載されているとおり，農地の耕作者等の地位を安定させて国内の農業生産の増大を図り，国民に対する食料の安定供給の確保に資するために作られた法律で，農地等における耕作ができるだけ維持できるよう，通常は自由であるはずの土地取引に大きな制限を課しています。

　具体的には，農地等の取得や賃借は，耕作に従事している者のみが農地を所有できること（自作農主義），農地等を利用している耕作者（小作人）を保護するべく様々な制限が設定されています。

　その後，農地の取得や利用の制限が厳しすぎて，実情に合わなくなったことから，農地法が改正されたり，特別法が制定されましたが，まずは農地法の規定の概略を理解しておくことが大切です（農水知財基本テキスト51頁以下）。

2 農業委員会による許可の性質

　農業委員会は，農業生産力の増進等のため，特別の法律に基づいて市町村に置かれる行政機関で，これを構成する委員は議会の同意を受けて市町村長が任命しますが，市町村長の指揮監督を受けない独立した行政委員会とされています（農業委員会等に関する法律1条・8条等）。

　農地等の取得・利用権の設定に関して，農業委員会による許可は，効力発生要件であると理解されています。農地等の売買契約等を締結して，その所有権を移転したり，利用権を設定しようとしても，農業委員会による許可が得られ

Q5◆農地取引

なければ，その契約は無効になります。

　この許可は，行政処分ですから，争うことも可能ですが，ご質問にあるように，農地等から離れて住んでおられるご家族等が処分を検討される場合は，トラブルが発生しないよう，どのようにすれば農地法に定める農業委員会による許可が得られる条件かを知っておく必要があると思います。

3　農地等の売買による取引について

(1)　農地法による許可の手続の流れ

　申請者が所定の申請書を農業委員会に提出すると，農業委員会は市町村長に通知します。

　市町村長はこれに対する意見を伝え，農業委員会にて検討して，許可又は不許可の通知を出します。

(2)　個人が所有権を取得する場合（農地法3条2項）

(a)　農地等のすべてを効率的に利用すること（同項1号）

　機械や労働力等を適切に利用するための営農計画を有していること。具体的には，農業機械や農業従事者の確保状況や農作業者の経験等について申請書に記載する必要があります。

(b)　農作業に常時従事すること（同項4号）

　取得者又はその世帯員が，農作業に常時従事すると認められること。農業に従事する人と別の方が農地の取得者になってもかまいませんが，住居・生計を一にする親族及びその親族の農作業に従事する二親等内の親族が，原則年間150日以上農作業に従事する必要があります。

(c)　一定の面積を経営すること（同項5号）

　取得者又はその世帯員等が農業に提供する農地面積の合計について，北海道は2ha，都府県では50a以上であることが必要ですが，地域によって農業委員会が別途の定めを置いている場合もあります。

(d)　周辺の農地利用に支障がないこと（同項7号）

　取得者等による農業の形態が，周辺地域の農地等の農業上の効率的・総合的な利用の確保に支障が生じるおそれがあってはいけません。具体的には，水利

41

第1章◇農林水産事業の現状と課題並びに将来の展望
第1節◇農業関係

調整に参加しない，無農薬栽培地域において農薬を使用するといった場合です。

(3)　法人が所有権を取得する場合（農地法2条3項）

上記(2)でみた個人の場合における(a)「効率利用」，(c)「面積」，(d)「周辺農地との調和」の要件は，法人が取得する場合にも定められています。それ以外に，取得者である法人が農地所有適格法人に該当する必要があります。適格法人に該当する要件は，以下のとおりです。

(a)　**法人形態**

非公開株式会社，農事組合法人，持株会社であること。

(b)　**事業要件**（農地法2条3項1号）

主たる事業が農業で，その売上高が全体の過半を占めること。ここでいう農業には，農畜産物の製造・加工，貯蔵・運搬・販売等の関連事業を含みます。

(c)　**議決権要件**（同項2号）

農業関係者が総議決権・総社員数の過半数を有すること。農業関係者には，農業に常時従事する者を含みますが，これは法人の農業に年間150日以上従事するものと定められています（農地法施行規則9条）。この「農業」には，企画管理や経理等の事務も含みますから，上記(2)(b)の「農作業」とは違う意味の条件です。

(d)　**業務執行役員要件**（同項3号・4号）

役員のうち過半数が，法人の行う「農業」に常時従事する構成員（株主等）であること。この場合も原則として年間150日以上従事することが求められています。

また，常勤の業務執行役員又は重要な使用人の1人以上が，法人の農業に必要な「農作業」に原則年間60日以上従事することが要求されています。

以上の(a)から(d)の条件を要約すると，農地等を取得するのが法人の場合は，農業を主たる事業として，その意思決定や業務の執行においても農業者・農作業従事者としての実態があることを求めているといえます。

Q5◆農地取引

4 農地等に賃借権等を設定する方法について

(1) 所有権を取得する場合との比較

　農地等の買い手がなかなか見つからないという場合，農業を営む個人・法人に賃貸等で利用させることが考えられます。所有権を個人が取得する場合と，(a)効率利用，(c)面積，(d)周辺農地との調和については同一の要件が求められます。

　法人が賃貸借契約によって利用しようとする場合，農地所有適格法人である必要はありません。賃貸借等の場合，実際に農地等を利用する者に問題があったときには，契約を解除して所有者に農地等を返還させることができるためです。

　そのため，農地等を賃貸借等により利用させる相手は，後述の要件さえ満たせば，一般的な企業でもかまわないことになり，賃借先等の対象は広がります。

(2) 賃借権等を設定する際の追加要件

(a) 書面による賃貸借契約等で不適正使用時に解除する条件を付すること（農地法3条3項1号）

　借主に農業従事に関する要件を課さない代わりに，農地が適切に保全されることを期待しています。ここでいう適正な利用は，農地以外の目的で利用されておらず，何らかの耕作がなされていれば足りるとされています。

　貸主が契約を解除しない場合，農業委員会が賃貸借等の許可を取り消すとされています（農地法3条の2第2項）。

(b) 地域農業との適切な役割分担の下で継続的・安定的に農業経営を行うこと（同項2号）

　役割分担とは，地域における農業の維持発展に関する話し合いへの参加，共同で利用する農業施設等に関する取り決めを守ること等を指します。

(c) 法人の役員に関する要件（同項3号）

　取得者が法人である場合，業務執行役員のうち一人以上がその法人の耕作・養畜の事業に常時従事する必要があります。法人における農業に関して，責任

43

第1章◇農林水産事業の現状と課題並びに将来の展望
第1節◇農業関係

ある者を明らかにすることが目的ですから，日数の要件等はありませんが，農
業経営について責任をもって対応できる人である必要があります。

(3) 賃借権等の設定による耕作権保護

農地の賃借権等の設定については，所有権を移転することに比べると少し要
件が緩和されていますが，いったん契約を締結すると耕作者が法律で強く保護
されています。

(a) 引渡しによる対抗力（農地法16条）

一般の賃貸借と異なり，農地の賃借権は引き渡すことで対抗力があり，登記
の必要がありません。

(b) 法定更新（農地法17条）

契約期間満了の1年前から6ヵ月前までの間に更新しない旨通知しないと，
自動的に従前と同一条件で契約が更新されます。

(c) 解約・更新拒絶の制限（農地法18条）

賃貸借を解除・解約することや，更新しない旨通知する場合，都道府県知事
等の許可が必要とされます。また，許可が得られる条件は，賃借人が信義に反
する行為をした場合，農地転用が相当である場合，賃貸人が自ら耕作するのが
相当な場合などに限定されています。

5 農地等を貸しやすくする仕組み──農地バンク等の紹介

(1) 農地中間管理機構（農地バンク）の利用

農地法は農地や耕作者を保護するための法律ですが，これまで見たように農
地等を売買したり，賃貸することに制約がありましたし，手続も簡単ではあり
ません。

そこで，地域において分散した農地を整理・集約して，利用を希望する農業
の担い手に円滑に貸し渡すため，農地中間管理機構が設けられました（農地バ
ンクと呼ばれます）。

農地バンクは，法律で各地域に作られた公的な組織で，いわば農地の中間的
な受皿として，農地等の所有者等から農地等を借り受けます。農地バンクは，
農地を借りたい人を募集したり，地域内の農地等を条件整備して利用しやすく

Q5◆農地取引

します。

　ご質問にあるように，ご自分で耕作したり耕作者を見つけることが難しく，遠方にお住まいの方にとっては，公的機関に手続を任せることができ，農地が適切に管理され，賃料も確実に支払ってもらえます。各都道府県の農地バンクは，農林水産省のホームページでも一覧で示されていますので，活用を検討してください[1]。

(2) 農業経営基盤強化促進事業

　農業経営基盤強化促進法は，意欲のある農業者に農用地を利用集積させたり，これらの農業者の経営管理の合理化等を目的として，これに基づき様々な措置が講じられています。この中には，農地等の所有者が農地等の処分をしやすくなる仕組みがあります。

(a) 農地利用集積円滑化事業

　市町村・農協・土地改良区といった団体が，農地所有者から依頼を受けて，農地等の売渡しや貸付け等を代理することができます。

(b) 農地中間管理機構の事業の特例

　先ほど紹介した農地バンクは，農地等を所有者から買い入れ，農業の担い手に対して売り渡すことができます。農地を売りたい側と買いたい側ではタイミングが合わないこともしばしばですが，農地バンクが間に入っていったん買い受けることで，このタイムラグを解消します。また，農地バンクは，買い入れた複数の農地を集約して売り出せますので，受け手側のニーズによりマッチすることができます。

(c) 利用権設定等促進事業

　市町村が農地利用集積計画を策定し，公告することで，一定の地域の農地等について，地権者や借り手の個別の契約を締結することなく，一挙に賃貸借等を実現することができます。この場合，農地の貸し手にとっては，農地法による法定更新や解除・解約における制限が適用されず，期間が到来したら農地の返還を受けることができるというメリットがあります。

(3) 農業委員会法，農地法の改正

　農業委員会等に関する法律及び農地法は，農業を成長産業にするべく，平成28年4月1日から改正法が施行されました。

45

第1章◇農林水産事業の現状と課題並びに将来の展望
第1節◇農業関係

　具体的には，農業委員会が農地等の利用最適化を推進することが最重要業務
と確認され，農業委員とは別に農地利用最適化推進委員を新設し，農地に関す
る需要と供給のマッチングを進めることになりました。また，農地を法人が取
得するための議決権，構成員要件や役員要件が緩和され，法人が6次産業化
（生産・加工・販売の融合）等を図り，経営を発展させるものとされました。

　このような法改正によっても，新たな産業の担い手を創出することが期待さ
れています。

(4)　ま と め

　ご質問にあったような農地等の売却や賃貸については，ご自身で買い手・借
主が見つけられる場合には，農地法による制限をよく理解されて個別に売買・
賃貸借契約を締結されることになります。ご自身でなかなか処分が難しいとい
う場合は，農地バンクや地域の市町村等にご相談になられるとよいでしょう。

〔前川　直輝〕

━━　■注　記■　━━━

　＊1　参考，http://www.maff.go.jp/j/keiei/koukai/kikou/kikou_ichran.html

世界農業遺産

「世界農業遺産」という言葉を聞いたことがあるのですが，どういうものなのでしょうか。現在，どういうところがその対象になっているのですか。日本の世界農業遺産とその認定のメリットについて教えてください。

　世界農業遺産は，世界的に重要かつ伝統的な農林水産業を営む地域の農林水産業システムを，国際連合食糧農業機関（FAO）が認定する制度です。
　平成30年12月現在，日本では，11地域が認定されています。
　世界農業遺産認定のメリットとしては，申請段階での保全計画の作成や認定後の維持継承のための活動により，その地域の人々に誇りと自信がもたらされるとともに，伝統的農林水産業やこれに関連する伝統文化等の一体的な維持・継承が期待できます。また，国内外における知名度が上がり，農林水産物のブランド化や観光客誘致など，農業振興や観光振興への効果も期待されます。

☑キーワード

　国連食糧農業機関（FAO），農林水産業システム，ランドスケープ，シースケープ，生物多様性

第1章◇農林水産事業の現状と課題並びに将来の展望
第1節◇農業関係

解　説

1　世界農業遺産と国際連合食料農業機関（FAO）

　世界農業遺産は，国際連合食料農業機関（FAO）が2002年に開始した仕組み
であり，社会や環境に適応しながら何世代にもわたり形づくられてきた伝統的
な農林水産業と，それに関わって育まれた文化，ランドスケープ，生物多様性
などが一体となった世界的に重要な農林水産業システムを，「世界農業遺産」
（GIAHS：Globally Important Agricultural Heritage Systems）として認定し，その保
全と持続的な活用を図るものです。日本国内における所管官庁は農林水産省と
なります。

　国連食糧農業機関（FAO）は，1945年10月16日に設立された国連の専門機関
であり，本部はイタリアのローマにあります。その目的は，「人々が健全で活
発な生活をおくるために十分な量・質の食料への定期的アクセスを確保し，す
べての人々の食料安全保障を達成する」ことです（FAO駐日連絡事務所のホーム
ページ）。つまり，国連食糧農業機関（FAO）の最大の目的は，「飢餓と貧困を
終わらせる」ことだといえます。そして，その最大の目的のために，品種改良
や耕地の拡大を進めて食糧の増産を図り，人口増加に見合う食糧の供給に苦慮
してきたという歴史がありました[1]。しかし，こうした従来の取組みに対し
ては，一定の評価がなされる一方で，地域の暮らしや文化，生物多様性の維持
といった価値観と，必ずしも調和的でないという問いも提起されました[2]。
そうした流れの中で，従来とは異なるアプローチとして，地域環境を生かした
伝統的農林水産業や，これに関連する文化，景観，そして生物多様性が守られ
た土地や水の利用などを「農林水産業システム」として一体的に維持し，次世
代に継承していくことを目指して「世界農業遺産」が創設されたのです。

48

Q6◆世界農業遺産

2 世界農業遺産の認定基準と申請から認定までの流れ

(1) 世界農業遺産の認定基準

　既述のとおり，世界農業遺産の創設には，従来の過度な生産性偏重が，環境問題を引き起こしたり，その地域に固有な文化，景観，生物多様性などを失わせた面があるという背景があります。これらを勘案し，世界農業遺産は，以下の5つの基準により，申請地域が作成する農林水産業システムを維持保全等するための保全計画に基づき，評価されます。

　①　食料及び生計の保障（Food and Livelihood Security）

　世界農業遺産は，生きた「農業遺産」の保全と持続的な活用を図る仕組みであることから，申請する農林水産業システムが，そこで生活する人々の食料及び生計の保障にとって，重要な意味をもっているかが，1つ目の基準となります。

　②　農業生物多様性（Agro-biodiversity）

　食料及び農業にとって，世界的に重要な生物多様性や遺伝資源が豊富であることが，2つ目の基準となります。

　③　地域の伝統的な知識システム（Local and Traditional Knowledge Systems）

　「地域の貴重で伝統的な知識及び慣習」，「独創的な適応技術」及び「生物相，土地，水等の農林水産業を支える天然資源の管理システム」が維持されているかが，3つ目の基準となります。

　④　文化，価値観及び社会組織（Culture, Value Systems and Social Organizations）

　申請する農林水産業システムに関連する文化的アイデンティティや風土が，地域に定着し，帰属していることが，4つ目の基準となります。

　⑤　ランドスケープ及びシースケープの特徴（Landscapes and Seascapes Features）

　人類と環境との相互作用を通じ，長い年月をかけて発展してきたランドスケープ（土地の上に農林水産業の営みを展開し，それが呈する一つの地位的まとまり）やシースケープ（里海であり，沿岸地域で行われる漁業や養殖業等によって形成されるもの）を有することが，5つ目の基準となります。

49

第1章◇農林水産事業の現状と課題並びに将来の展望
第1節◇農業関係

図表1　世界農業遺産申請から認定までの流れ

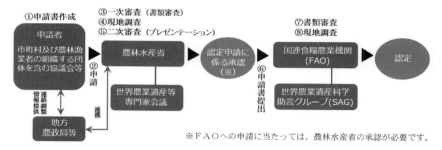

（資料出所）農林水産省ホームページ

(2)　**世界農業遺産申請から認定までの流れ**（図表2参照）

　世界農業遺産は，加盟各国の所管官庁（前述のとおり，わが国では農林水産省）の承認を得た上で，国連食糧農業機関（FAO）に申請し，その書類審査及び現地調査を経て，認定されます。その調査，認定は，国連食糧農業機関（FAO）とその科学助言グループ（SAG）で行いますが，通常は，2年に1回の割合で開催される世界農業遺産国際会議において認定されます。

3　国内の世界農業遺産と認定のメリット

(1)　**世界農業遺産認定地域**

　世界農業遺産は，平成30年12月現在，世界21ヵ国57地域が認定されており，そのうち，日本においては，次項の11地域（図表2参照）が認定されています。

(2)　**世界農業遺産認定後とそのメリット**

　世界農業遺産の認定を受けた地域では，世界農業遺産の保全のための具体的な行動計画を定め，これに基づき，伝統的な農業・農法や豊かな生物多様性等を，次世代に確実に継承していくことが求められます。

　世界農業遺産認定によるメリットとしては，まず，世界農業遺産の目的たる伝統的農林水産業やこれに関連する伝統文化等の一体的な維持・継承があげられます。また，国内外における知名度が上がり，農林水産物のブランド化や観光客誘致など，農業振興や観光振興に効果がある点も，挙げられるでしょう。

Q6◆世界農業遺産

さらに，世界農業遺産の認定を受けるための保全計画作成や認定後の維持継承のための活動を通じて，地域の機運が高まり，その地域の人々に誇りや自信をもたらすことが期待されます。

〔服部　由美〕

図表2　国内の世界農業遺産認定地域（※カッコ内は認定年月）

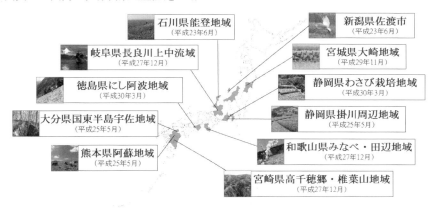

① 新潟県佐渡市「トキと共生する佐渡の里山」（平成23年）
　　生きものを育む農法を島内の水田で実施し，トキをシンボルとした豊かな生態系を維持する里山と集落コミュニティを高める多様な農村文化を継承。
② 石川県能登地域「能登の里山里海」（平成23年）
　　急傾斜地に広がる棚田や潮風から家屋を守る間垣など独特の景観を有する。江戸時代から続く揚げ浜式製塩法や海女漁などを継承。
③ 静岡県掛川周辺地域「静岡の茶草場農法」（平成25年）
　　茶畑の周りの草地（茶草場）から草を刈り取り茶畑に敷く伝統的な茶草場農法を継承。草刈りにより維持されてきた草地は，希少な生物が多数生息。
④ 熊本県阿蘇地域「阿蘇の草原の維持と持続的農業」（平成25年）
　　「野焼き」「放牧」「採草」により草原に人が管理することで日本最大級の草原を維持。草を活用し長年農業が行われて景観が保持され，数多くの希少な動植物が生息。
⑤ 大分県国東半島宇佐地域「クヌギ林とため池がつなぐ国東半島・宇佐の農林水産循環」（平成25年）
　　降水の少ない半島で，椎茸栽培に用いる原木用のクヌギ林により水源かん養し，ため池を連結させることで水を有効利用。
⑥ 岐阜県長良川上中流域「清流長良川の鮎」（平成27年）
　　長良川は，水源かん養林の育成や河川清掃などの人の管理により清流が保たれる

第1章◇農林水産事業の現状と課題並びに将来の展望
第1節◇農業関係

「里川」であり，友釣り，鵜飼漁，瀬張り網漁等，鮎の伝統漁法が継承されている。
⑦ 和歌山県みなべ・田辺地域「みなべ・田辺の梅システム」（平成27年）
　養分に乏しい斜面の梅林周辺に薪炭林を残し，水源かん養や崩落を防止，薪炭林を
活用した紀州備長炭の生産と，ミツバチを受粉に利用した梅栽培。
⑧ 宮崎県高千穂郷・椎葉山地域「高千穂郷・椎葉山の山間地農林業複合システム」（平成27年）
　険しく平地が少ない山間地において，針葉樹による木材生産と広葉樹を活用した椎茸栽培，和牛や茶の生産，焼畑等を組み合わせた複合経営。
⑨ 宮城県大崎地域「『大崎耕土』の巧みな水管理による水田システム」（平成29年）
　冷害や洪水，渇水が頻発する自然条件を耐え抜くために，巧みな水管理や屋敷林「居久根」による災害に強い農業・農村を形成。
⑩ 静岡県わさび栽培地域「静岡水わさびの伝統栽培」（平成30年）
　日本の固有種であるわさびを，沢を開墾し階段状に作ったわさび田で，肥料を極力使わず湧き水に含まれる養分で栽培する伝統的な農業を継承。
⑪ 徳島県にし阿波地域「にし阿波の傾斜地農耕システム」（平成30年）
　急傾斜地にカヤをすき込んで土壌流出を防ぎ，独自の農機具を用いて段々畑を作らずに斜面のまま耕作する独特な農法で，在来品種の雑穀など多様な品目を栽培。

（資料出所）農林水産省ホームページ

＝＝■注　記■＝＝

　　＊1　竹内和彦『世界農業遺産－注目される日本の里地里山』（祥伝社，2013年）31頁。
　　＊2　前掲＊1・31頁。

＝＝●参考文献●＝＝

　　⑴　竹内和彦『世界農業遺産－注目される日本の里地里山』（祥伝社，2013年）。

第2節　林業関係

7　林業の現状

わが国の林業は，昭和の終わりから平成にかけて，どのように推移してきているのか，概要を教えてください。

　わが国の森林・林業政策は，戦中・戦後の乱伐によって荒廃した森林の復旧が緊急の課題となっていたことから，当初は「林業基本法」の下で森林資源の増大を図る資源政策に重点が置かれていました。昭和30年代に高度経済成長が本格化し，木材需要は，建築用材，パルプ用材等の需要が急増する一方，薪炭材の需要減少により，質的変化を伴いながら急速に拡大しました。戦後に造成された人工林は未だ育成途上であったことから，需要の増大はもっぱら輸入自由化された外材丸太によって賄われました。

　林業の採算性の悪化により，手入れが十分に行われない人工林が見られる一方，森林に対する国民の価値観の多様化，国際的には地球規模の環境問題への関心の高まりを背景に，森林の有する多面的機能の持続的発揮が求められるようになりました。

　このような状況を踏まえ，平成13（2001）年には「森林・林業基本法」が制定され，森林の多面的機能の持続的な発揮を図ることを目的とした政策に転換されました。

第１章◇農林水産事業の現状と課題並びに将来の展望
第２節◇林 業 関 係

☑キーワード

　　林業基本法，木材生産，森林・林業基本法，多面的機能

解 説

1　昭和20（1945）年から昭和39（1964）年の林業基本法制定まで

⑴　戦中・戦後に荒廃した森林の復旧

　わが国の森林は，戦時中は軍需用資材として，戦後は戦災復興用資材として
大量に伐採されましたが，その跡地は放置され，森林は著しく荒廃していまし
た。この頃には大きな水害も相次ぎ，戦後の森林政策は，まず荒廃した森林を
復旧することから始まりました。

　このため，崩壊地，地すべり地等の治山事業による復旧，伐採後放置された
箇所での造林事業の推進，全国植樹祭の開催による緑化意識の高揚等が進めら
れました。こうした一連の施策により，昭和31（1956）年度までに，戦中戦後
の伐採跡地への造林は一応完了しました。

⑵　高度経済成長と木材需要の急増

　昭和20年代後半からは，いわゆる朝鮮特需をきっかけにわが国の経済は急速
に回復し，昭和30年代には本格的な高度成長期に入りました。木材需要は，経
済発展に伴う建築用材やパルプ用材の需要の急増，エネルギー革命による薪炭
材需要の減少という質的な変化を伴いながら急速に増大しました。

　これに対して，伐採可能な人工林が少なかったことなどから，旺盛な木材需
要に生産・供給が追いつかず，木材需給がひっ迫しました。

　このため，昭和30年代には，木材価格の安定策の１つとして，国有林を中心
に木材の増産が行われました。また，木材供給力を長期的に高めるための方策
として，成長が遅く経済的な価格の低い天然林や原野を針葉樹の人工林に転換
する拡大造林が積極的に進められました。

54

図表1　木材需給の動向

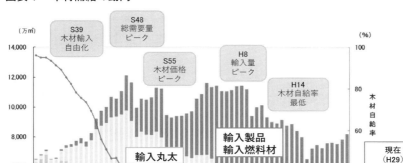

（資料出所）林野庁「木材需給表」
注1：数値の合計値は，四捨五入のため計と一致しない場合がある。
注2：輸入製品には，輸入燃料材を含む。

　さらに，政府の「貿易・為替自由化計画大綱」（昭和35（1960）年）等に基づき，木材輸入の自由化が段階的に進められ，昭和30年代を通じて，丸太，製材，合単板等の輸入が自由化されました。

(3)　山村地域の過疎化と林業従事者の減少

　昭和30年代以降は，高度経済成長を背景に第二次産業や第三次産業による労働力の吸収が進みました。大都市地域に人口が集中する一方で，農山村では，過疎化の進行，林業従事者の減少が顕在化するなど，経済社会が大きく変貌し始めました。

第1章◇農林水産事業の現状と課題並びに将来の展望
第2節◇林 業 関 係

2 昭和40年代から平成13（2001）年の森林・林業基本法制定まで

(1) 昭和40年代半ば頃まで

昭和39（1964）年に制定された「林業基本法」に基づく林業を主軸に据えた経済重視の政策が開始され，その推進のための法制度の整備や予算措置が進められました。高度経済成長の下で木材需要は拡大を続けましたが，需要は輸入が自由化された外材丸太によって賄われ，国産材の供給はむしろ減少しました。

(2) 昭和40年代後半から50年代頃まで

国民生活の向上や公害問題の顕在化に伴う環境意識の高まりを受けて，森林の公益的機能への関心が高まりました。木材需要は第1次オイルショックが起きた昭和48（1973）年にピークを記録した後，変動しながら頭打ちとなりました。戦後造成された人工林は未だ生育途上の段階であったことなどから，国産材の供給は停滞し，木材自給率は30％台で推移するようになりました。

(3) 昭和60年代以降

円高の急激な進行等により輸入材の価格が相対的に低下し，製品輸入が急激に増大しました。国産材の生産・加工・流通の全般にわたり事業は縮小するとともに，立木価格が低迷し，手入れが十分に行われない人工林が見られるようになってきました。森林整備の面では，人工林の間伐が大きな課題となったほか，伐期の長期化や複層林施業の導入が進められました。

国産材の供給量は，平成14（2002）年に戦後最低の1,692万㎥となり，木材自給率も18.8％まで低下しました。また，林業就業者の減少と高齢化が進み，林業就業者数は平成12（2000）年には約7万人に減少し，林業就業者に占める65歳以上の割合も30％となりました。

その一方で，森林に対しては，国民の価値観の多様化等に伴い，木材の供給，国土の保全，水資源の涵養，自然環境・生活環境の保全，保健・文化・教育的活動の場としての活用等の多面的機能を果たすことが求められるようになりました。

また，国際的には，平成4（1992）年に地球温暖化防止のための枠組みとし

て「気候変動枠組条約」が採択され,さらに,平成9 (1997) 年には,京都市で「気候変動枠組条約第3回締約国会議 (COP3)」が開催され,条約の目的である大気中の温室効果ガス抑制等を実効的に達成するため,先進国の温室効果ガス排出削減目標等を定めた「京都議定書」が採択されました。

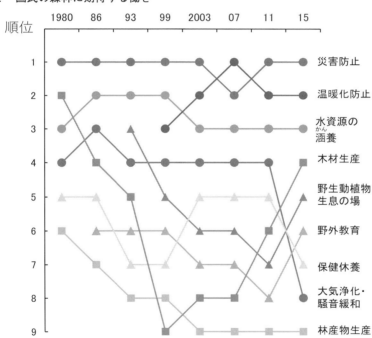

図表2　国民の森林に期待する働き

(資料出所) 総理府「森林・林業に関する世論調査」(昭和55年),「みどりと木に関する世論調査」(昭和61年),「森林とみどりに関する世論調査」(平成5年),「森林と生活に関する世論調査」(平成11年),内閣府「森林と生活に関する世論調査」(平成15年,平成19年,平成23年),農林水産省「森林資源の循環利用に関する意識・意向調査」(平成27年)

注1：回答は,選択肢の中から3つまでを選ぶ複数回答。
注2：選択肢は,特にない,わからない,その他を除いて記載。

3 平成13（2001）年の森林・林業基本法制定から平成28（2016）年の森林法改正まで

(1) 森林・林業基本法に基づく施策の展開

平成13（2001）年に制定された「森林・林業基本法」では，「森林の有する多面的機能の発揮」と「林業の持続的かつ健全な発展」を基本理念として，おおむね5年ごとに策定する「森林・林業基本計画」に基づき，森林及び林業に関する施策を総合的かつ計画的に推進することとされました。

平成20（2008）年頃までの具体的な施策としては，川上では，「緑の雇用」事業（平成15（2003）年度～）による新規就業者の確保・育成，森林施業プランナーの育成による提案型集約化施業の推進，川下では，「新流通・加工システム」（平成16（2004）年度～）や「新生産システム」（平成18（2006）年度～）による国産材の加工・流通体制の整備等に取り組み，平成20（2008）年には国産材供給量が1,942万㎥まで増加するなど一定の成果を上げました。

(2) 地球温暖化対策の推進

平成9（1997）年に採択された「京都議定書」では，平成20（2008）年から平成24（2012）年までの5年間を「第1約束期間」としており，この期間においてわが国は，温室効果ガスの排出量を基準年（1990年）比6％の削減目標を達成し，このうち森林吸収量については，目標であった3.8％分を確保しました。

また，2013年から2020年までの8年間を「第2約束期間」としており，2011年に開催されたCOP17では，同期間における各国の森林経営活動による吸収量の算入上限値を1990年総排出量の3.5％とすること，国内の森林から搬出された後の木材（伐採木材製品）における炭素固定量を評価し，炭素蓄積の変化量を各国の温室効果ガス吸収量又は排出量として計上することなどが合意されました。わが国は，第2約束期間においては同議定書の目標を設定していませんが，COP16の「カンクン合意」に基づき，2020年度の温室効果ガス削減目標を2005年度総排出量比3.8％減以上として気候変動枠組条約事務局に登録し，森林吸収源対策により2.7％以上の吸収量を確保することとしており，年平均52万haの間伐等を推進しています。

2015年に開催されたCOP21では，2020年以降の気候変動対策について，先

進国，途上国を問わずすべての締約国が参加する公平かつ実効的な法的枠組みである「パリ協定」が採択されました。同協定に基づき，わが国は2030年度の温室効果ガス削減目標26％のうち，2.0％（2013年度比）を森林吸収量で確保する目標となっています。

〔有山　隆史＝吉本　昌朗〕

第1章◇農林水産事業の現状と課題並びに将来の展望
第2節◇林 業 関 係

 8　林業の課題

廉価な輸入木材等が高い割合でマーケットシェアを占めていると聞いたのですが，わが国の林業の将来像はどのように描かれているのでしょうか。何が課題なのでしょうか。

A

　わが国の森林は，戦中・戦後の大量伐採を経て，その後，先人たちの努力により1,000万haに及ぶ広大な人工林が造成され，現在は資源が充実し，木材自給率が約30年ぶりの水準に回復するなど，利用期を迎えています。しかしながら，年間の資源増加量（成長量）の一部しか活用されていません。資源の循環利用により，林業の成長産業化と森林の適切な管理を進めるためには，小規模・零細な森林所有等により集約化や林業経営者の育成が図られてこなかったなどの課題に対応していく必要があります。
　このため，①木材の需要拡大を図ること，②「森林経営管理法」に基づく森林経営の集積・集約化等により安定供給体制を構築することを車の両輪として対策を講じていくことが重要です。さらに流通全体についても，スマート林業を推進し，各事業者の連携による効率的なサプライチェーンを構築する必要があります。

 キーワード

　木材自給率，森林経営管理法，森林環境譲与税

Q 8 ◆林業の課題

```
         解　説
```

1 わが国の林業の課題

(1)　森林所有の現状

わが国の森林資源量は，年平均で約7,000万㎥増加していますが，平成29
(2017) 年に国内で生産された木材（丸太換算）の量は2,966万㎥となっており，
資源が十分に活用されているとはいい難い状況です。

国内の森林面積のうち，個人や会社が所有する私有林は，約6割の1,439万
haを占めています（**図表1**参照）。このうち，林家*1の保有山林の状況は，面積
規模別に見ると，10ha未満が9割を占め，小規模・零細な所有構造となって
います。なお，最新の統計データはありませんが，1990年世界農林業センサス
によると，保有山林面積が0.1～1ha未満の世帯数は145万戸であったことか
ら，現在も1ha未満の世帯数は相当数に上ると考えられます。

(2)　生産コスト等の現状

日本は，欧州の主な林業国であるオーストリア，ドイツと比較して路網整備
等が遅れており，森林内の路網密度*2は日本の約21m/haに比べ，オーストリ
アは約89m/ha，ドイツは約118m/haと，4倍～6倍弱の差があります。

欧州では，高性能林業機械を活用した丸太生産も進展しており，路網整備と
あわせて生産・流通コストの差として現れています（**図表2**参照）。木材は，国
際取引が進み国際商品となっていることから，同等の輸入製品と国産製品との
価格は均衡しており，国産製品のみ価格上昇を期待することはできません。し
たがって，国際競争力を維持しつつ，森林所有者の手取りを確保し，林業従事
者の所得を向上させていくためには，生産・流通コストの低減に向けた路網整
備等の取組みが必要となります。

(3)　森林所有者の経営意欲の低下

木材価格の長期的な低迷，とりわけ森林所有者に支払われる収入（立木価格）
は下落しており，さらに，森林所有者の高齢化や相続による世代交代が進む

61

第1章◇農林水産事業の現状と課題並びに将来の展望
第2節◇林業関係

図表1　国土面積と森林面積の内訳

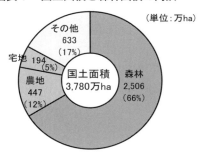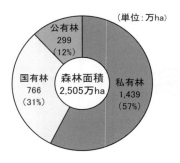

資料：国土交通省「平成29年度土地に関する動向」
　　　（国土面積は平成28年の数値）
注：林野庁「森林資源の現況」とは森林面積の調査
　　手法及び時点が異なる。

資料：林野庁「森林資源の現況」
　　　（平成29年3月31日現在）
注：計の不一致は、四捨五入による。

図表2　オーストリアとの丸太のコスト比較

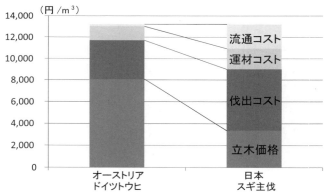

注：「ドイツトウヒ」は本文中の「ヨーロッパトウヒ」のことを示す。
資料：久保山裕史(2013)森林科学,No.68:9-12に基づき試算。

中，森林所有者の経営規模拡大への意欲は低い状況にあります。また，伐期に達した山林はあるが今後5年間は主伐の予定がないという森林所有者が6割という意向調査の結果もあります。

(4)　所有者不明森林等の存在

　所有者不明土地問題は，森林のみならず，農地や都市部においても発生しており，社会全体の課題となっています。特に，森林は，所有意思の低下により

世代交代の際にも登記手続が行われない場合や，不在村化が進展しており，より深刻な問題となっています。

国土交通省の調査では，不動産登記簿により所有者の所在が判明しなかった土地の割合は，筆数ベースで全体の約20％となっており，特に森林では25％を超えています。

また，地籍調査の進捗率も低く，宅地で54％，農用地で74％であるのに対し，森林は45％にとどまっています。

2 林業・木材産業の成長産業化と森林資源の適切な管理に向けた施策の方向

(1) 森林経営管理法の制定——新たな森林管理システムの構築

国内の森林資源が充実しつつある中，この資源を適切に管理しつつ，林業の成長産業化を進めるためには，前述の国内林業が抱える課題を解決していくことが必要です。

特に，森林所有者の経営意欲が低下する中，自発的な森林整備が期待できない森林を放置することは，森林の公益的機能の維持の面においても，林業経営の効率化を図る観点からも大きな損失となっています。

多くの森林所有者は，林業経営への意欲が低下してきており，一方，多くの林業経営者は，事業規模の拡大意欲があるものの，事業地の確保が困難となっています。このように，森林所有者と，意欲と能力のある林業経営者との間にミスマッチが起きています。

このため，新たに制定された「森林経営管理法」において，地域の森林や森林所有者の情報を有し，地域住民に最も身近な存在である市町村を仲介役として，意欲と能力のある林業経営者や公的な主体に委ねるなど，森林の集積・集約化を進める「森林経営管理制度」が構築されました（図表3）。

本制度において，

① 森林所有者に適切な森林管理を促すため，森林管理の責務を明確化するとともに，

② 森林所有者自らが森林管理を実行できない場合に，市町村が森林の経営管理の委託を受け，

第1章◇農林水産事業の現状と課題並びに将来の展望
第2節◇林業関係

図表3　森林経営管理法（森林経営管理制度）の概要

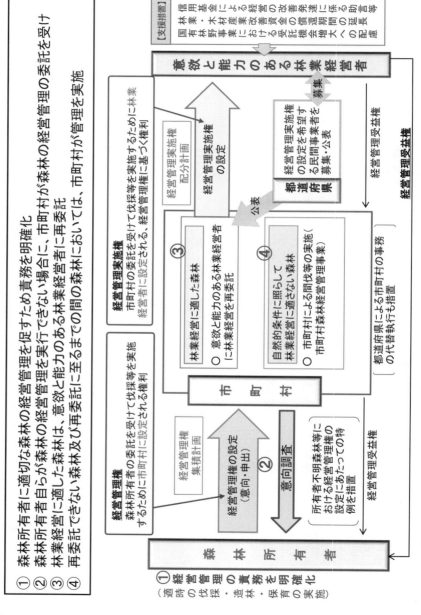

③　林業経営に適した森林は，意欲と能力のある林業経営者に再委託し，

　　④　再委託できない森林及び再委託に至るまでの間の森林においては，市町村が管理を行う

こととしました。

(2)　所有者不明森林をはじめとした森林資源の適切な管理

　所有者不明森林や森林所有者情報の把握への対応については，これまでに平成23（2011）年及び平成28（2016）年に「森林法」の改正を行い，

　　①　森林所有者が確知できない場合でも，間伐の代行や林道の設置等が可能となる仕組みや，共有者の一部が不明の場合に，都道府県知事の裁定手続を経て，伐採・再造林ができるよう措置するとともに

　　②　新たに森林の土地所有者となった者の届出制度や森林所有者に関する情報を一元的にまとめた「林地台帳」の整備

が講じられています。

　加えて，森林経営管理制度において，市町村が経営管理権集積計画を定めるに当たっては，森林所有者の全員同意が原則となっていますが，

　　①　数人の共有に属する森林で所有者の一部を確知できないものにおいて，確知できている共有者全員が同意しているとき，探索を行い，それでもなお共有者を確知できない場合は公告し，不明の共有者から公告の日から6ヵ月以内に異議の申出がない場合，確知できない共有者は経営管理権集積計画に同意したものとみなすこと。

　　②　森林所有者の全部を確知できないものについて，不明森林所有者の探索を行い，それでもなお共有者を確知できない場合は公告し，公告の日から6ヵ月以内に異議の申出がない場合，市町村長は都道府県知事に対し経営管理権設定の裁定を申請することができること。裁定後，市町村は経営管理権集積計画を定め公告するものとし，不明森林所有者は同計画に同意したものとみなすこと。

　　③　確知森林所有者が，森林の経営管理を行う責務を果たさず，経営管理権集積計画に同意しない場合には，市町村は，これに同意すべき旨を勧告することができ，さらに，2ヵ月以内に勧告を受諾しない場合には，都道府県知事に対し，裁定を申請することができる。

第1章◇農林水産事業の現状と課題並びに将来の展望
第2節◇林 業 関 係

旨が措置されました。

　なお，市町村が行う森林管理に必要な経費については，平成31年（令和元年）度税制改正において創設された森林環境譲与税により，その財源に充てることとされています（**図表4**参照）。

(3)　林業・木材産業の成長産業化に向けた施策の方向性

　林業・木材産業の成長産業化に向けては，①木材の需要拡大を図ること，②その拡大する需要に対して国産材を安定的に供給していく体制を整備することを車の両輪として対策を講じていくことが重要です。

　このような施策の方向性については，「森林・林業基本計画」（平成28年5月閣議決定）に基づき各般の施策が講じられていますが，平成30（2018）年5月17日に開催された第16回未来投資会議において，改めて成長産業化に向けた改革の方向性が示されています（次々頁の**図表5**参照）。

　まず，木材の供給サイドの川上においては，森林経営管理制度（新たな森林管理システム）により，意欲と能力のある林業経営者に民有林の経営管理を集積し，原木生産の拡大を図ります。さらに，このシステムが円滑に機能するよう，国有林も連携して対応するため，一定期間・安定的に国有林の立木の伐採・販売を行うことが可能となるよう，「国有林野の管理経営に関する法律等の一部を改正する法律案（平成31年2月26日閣議決定）」の整備を予定[3]しています。あわせて，川中においては製材工場等の大規模化・効率化を図ることで，コスト削減を目指します。

　また，需要サイドの川下における木材の利用拡大については，経済界等の協力も得ながら，まずは施主の方々に国産材を活用した建物を選んでもらうような環境整備を行った上で，低層住宅において国産材の部材の利用拡大を進めるとともに，オフィスビルやマンションなどの中高層建築物が木造で建てられるように支援していくこととしています。

　また，森林資源をマテリアルやエネルギーとして地域内で持続的に活用できるようにするため，担い手確保から発電・熱利用に至るまでの「地域内エコシステム」を進め，木質バイオマスの利用を促進するとともに，展示会への出展や海外のバイヤー招へいなどにより，付加価値の高い木材製品の輸出拡大にも取り組むこととしています。

Q8◆林業の課題

図表4 森林環境譲与税の譲与額と市町村及び都道府県に対する譲与割合及び譲与基準

○ 市町村の体制整備の進捗に伴い、譲与額が徐々に増加するように借入額及び償還額を設定。
○ 森林整備を実施する各市町村の支援等を行う役割に鑑み、都道府県に対して総額の1割を譲与。(制度創設当初は、市町村の支援等を行う都道府県の役割が大きいと想定されることから、譲与割合を2割とし、段階的に1割に移行。)
○ 使途の対象となる費用と相関の高い客観的な指標を譲与基準として設定。

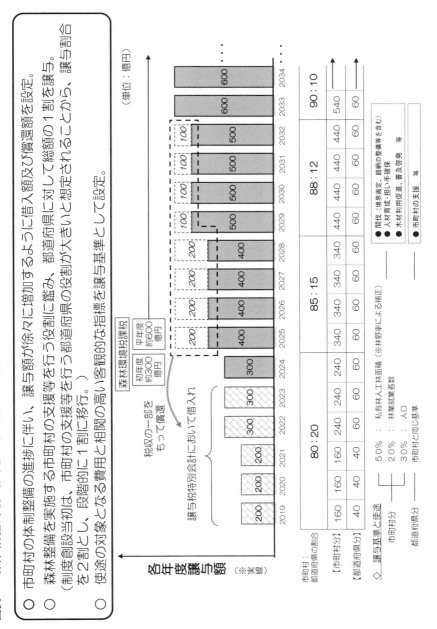

第1章◇農林水産事業の現状と課題並びに将来の展望
第2節◇林業関係

図表5 成長産業化に向けた改革の方向性

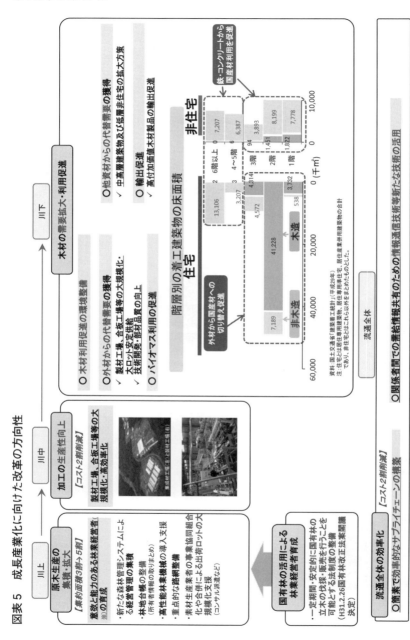

図表6　人工林の齢級別面積

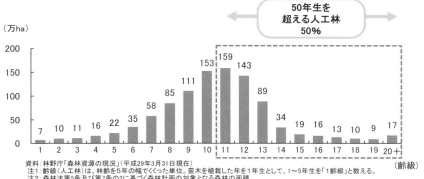

資料：林野庁「森林資源の現況」（平成29年3月31日現在）
注1：齢級（人工林）は、林齢を5年の幅でくくった単位。苗木を植栽した年を1年生として、1～5年生を「1齢級」と数える。
注2：森林法第5条及び第7条の2に基づく森林計画の対象となる森林の面積。

　さらに、川上から川下までの事業者が需給情報を共有できるよう、森林資源のデータベースの整備やスマート林業を推進し、それを基盤として各事業者の連携による効率的なサプライチェーンの構築を支援し、流通全体の効率化を図ることとしています。

(4) 次世代に豊かな森林を引き継ぐために

　わが国の森林は、戦中・戦後の大量伐採を経て、その後、先人たちの努力により1,000万haに及ぶ広大な人工林が造成され、現在、その資源が充実し利用期を迎えています。木材の自給率も約36％（平成29（2017）年）と30年ぶりの高い水準に達し、これまでの森林を育てる時代から、「伐って、使って、植える」という森林資源の循環利用を促進していく政策への大きな転換が必要です。

　また、日本の森林資源は、人口の年齢構成と同様、いわば少子高齢化の状態となっています（**図表6**参照）。齢級*4構成の若返りを図り、齢級を平準化し、資源の持続的な循環利用を可能としていくことも必要です。

　林業の成長産業化と森林資源の適切な管理を図っていくためには、木材の需要拡大と林業・木材産業の担い手対策は欠かせません。山村地域を活性化し、次世代に豊かな森林を引き継ぐため、森林環境税の導入やSDGs*5、ESG*6の社会要請の高まりを契機に、森林・林業の役割への国民理解もいっそう促していく必要があります。

〔有山　隆史＝吉本　昌朗〕

第1章◇農林水産事業の現状と課題並びに将来の展望
第2節◇林 業 関 係

■注 記■

* 1　保有山林面積（所有山林面積から貸付山林面積を差し引いた後，借入山林面積を加えたもの）1 ha以上の世帯。
* 2　「公道等」，「林道」及び「作業道」の現況延長の合計を全国の森林面積で除した数値。
* 3　「国有林野の管理経営に関する法律の一部を改正する法律」は令和元年6月5日可決成立。
* 4　林齢（森林の年齢。人工林では，苗木を植栽した年度を1年生とし，以後，2年生，3年生と数えます）を5年の幅でくくった単位。1～5年生を「1齢級」と数えます。
* 5　2015年9月の国連総会において採択された「持続可能な開発のための2030アジェンダ」にて記載された2016年から2030年までの国際目標。持続可能な世界を実現するための17のゴール・169のターゲットから構成。「Sastainable Development Goals」の略。
* 6　環境（Environment）・社会（Social）・企業統治（Governance）」の頭文字。

9 林業関係機関・組織

わが国の林業に関係する公的な機関や組織としては、どのようなものがありますか。それぞれどういった役割を果たしていますか。

> わが国の林業に関係する公的な機関や組織について、知的財産に関わりのあるものとしては、特許庁、農林水産省、都道府県の関係部局、森林組合、各種の研究開発組織、金融機関などがあります。

☑ キーワード

特許庁による特許権や地域団体商標の登録、農林水産省による品種登録や地理的表示保護制度、森林組合

――― 解 説 ―――

1 はじめに

あらゆる産業は公的性格を有しますが、林業においてはとりわけ森林の公益的機能と呼ばれる性格に着目する必要があります。すなわち、山に森林が健全に存在することにより、土砂崩れを防ぐという治水機能が保たれるほか、水や大気を浄化する機能があり、防災や環境保全の点において一般国民の安全な生活に直結するものとなります。

第1章◇農林水産事業の現状と課題並びに将来の展望
第2節◇林 業 関 係

この森林の公益的機能を維持するためには，森林を不断に手入れすることが必要になってきます。つまり森林は，苗木の植え付け，下刈り，間伐，枝打ちという育林過程を経て，伐採に至るわけですが，このサイクルを計画的に行ってこそ，森林が健全に保たれるわけです。昔は日々の生活の中で伐採活動が行われていたため，このサイクルが自然な形で保たれていましたが，近時は生活の中での伐採というものはなくなったため，より計画的にこのサイクルを維持させていく必要があります。

この点からも，公的な機関や組織との関わりが林業にとって大切なものになってきます。

以下，官公庁，森林組合，研究開発組織，林業系金融機関の順に述べます。

2　官公庁について

(1)　国の機関──特許庁及び農林水産省について

まず，国の機関について述べます。

知的財産に関連するものとして，特許庁における特許権の登録（特許法）及び地域団体商標の登録（商標法），並びに，農林水産省における品種登録（種苗法）及び地理的表示（GI）保護制度（地理的表示法）があります。順に検討します。

特許権はいうまでもなく，産業上利用可能な発明に，新規性・進歩性などが認められる場合に，特許庁において登録が認められるものです。林業に関するものとしては，伐採等に当たっての安全な作業器具，非破壊で樹木内部の状況を把握することができる装置，有害獣の忌避材（忌避方法）などが実際に登録されており，木材をもとにした建築の分野を含めると多数の登録がなされています。

地域団体商標は，いわゆる地域ブランドの確立のため，地域名と商品名を組み合わせたかたちで登録できる商標であり，事業協同組合その他の特別の法律により設立された組合などがその登録の主体になり得ます。かつては，地域名と商品名を組み合わせた商標は広く用いられていたものの，従来の商標法においては登録要件を満たさなかったことから，平成17年の法改正により，登録可

能になったものです。林業に関するものとしては，白神山うど（秋田県），岩泉まつたけ（岩手県），北山丸太，北山杉（京都府），吉野材，吉野杉（奈良県），龍神材（和歌山県），合間たけのこ（福岡県），小国杉（熊本県）などが実際に登録されています。

種苗法に基づく品種登録は，栽培される全植物（種子植物，しだ類，蘚苔類，多細胞の藻類）及び政令で指定されたきのこについて，新品種を育成した場合，その新品種が種苗法で定める品種登録の要件を満たす際に，農林水産省において育成者権として登録されるものです。各種きのこについて，多くの登録の実績があります。

地理的表示制度は，地域には伝統的な生産方法や気候・風土・土壌などの生産地等の特性が，品質等の特性に結びついている産品が多く存在するところ，これらの産品の名称（地理的表示）を知的財産として登録し，保護する制度のことです。農林水産省によって登録されるもので，不正な地理的表示の使用に対しては行政が取締りを行うという，公法的性格を有するのが特徴です。登録産品に林業関係のものは現在のところ見当たりませんが，今後登録される可能性はあるでしょう。

(2) 地方（都道府県）の機関について

次に，都道府県の関係部局が考えられます。

具体的には，県の林務課や治山課になります（例えば，兵庫県では，いずれも農政環境部農林水産局に属します）。

林務課は，作業道等の路網整備，林業労働者の安定的確保，森林組合の育成強化，木材の需要拡大に関する企画や事業を行っています。

治山課は，治山ダム等の設置や森林の有する土砂崩壊防止等の防災機能を高めるための間伐等の森林整備，減災対策としてハザードマップの公表や山地防災研修の開催等を行うほか，林道の整備などを行っています。

いずれも県内の各県民局において，担当部署が存します。

そのほか，近時の傾向としては，地元産の木材を売り出すために，県の肝煎りで協同組合を立ち上げるといった事業もなされています。地元の林業を行う企業が協同組合に参加し，伐採，製材といった過程を協同して行うことでスケールメリットを活かし，品質・価格・供給力で外材に対抗できる新たな県産

第1章◇農林水産事業の現状と課題並びに将来の展望
第2節◇林 業 関 係

木材の供給システムを確立するというものです。これによって，林業従事者の雇用を確保し，既述のような森林の公益的機能を維持しようという狙いがあります。

　そのほか，県や地元電力会社が一部出資することにより設立された，木質バイオマス発電所が存します。これは，木材チップを燃料として発電を行うものであり，東日本大震災の原発事故後，再生可能エネルギーの1つとして話題になりました。国の政策に基づいて県が誘致し，実際の運営は地元電力会社が行うような形態があります。燃料の確保が課題になっているようです。

3　森林組合について

　次に，森林組合について述べます。

　森林組合とは，地域の森林所有者が組合員となり，林業経営を効率的に行い，組合員の経済的，社会的地位の向上を図ることを目的として設立された組合のことです。

　明治維新以後，鉱工業の発展により木材需要が高まり，国内の森林は荒廃が進んでいたところ，国内の森林を保全するため，1907年に森林法により森林組合が規定されました。これに端を発し，数度の改正を経て，1978年の森林組合法の制定により，今に至る森林組合制度が定められました。

　森林組合法の1条には，森林所有者の経済的・社会的地位の向上と，森林の保続培養及び森林生産力の増進を図ることという2つの目的が掲げられています。これらを通じて，国民経済の発展に資するというものです。

　森林組合は地域ごとに存在し，例えば兵庫県では17の森林組合が存在し，これらを統括する存在として，森林組合連合会が存在します。なお，県土すべてをカバーできているわけではなく，都市部をはじめ森林組合が存在しない地域も存します。

　上記のとおり，森林組合法では2つの目的が掲げられていますが，組合の事業について，森林の適正な管理のための事業を本来的事業と位置付けており，経済的事業などはあくまで付随的事業と位置付けています。これは冒頭で述べた森林の公益的機能に基づくものであると考えられます。

Q9◆林業関係機関・組織

　より具体的には，森林組合が「全部又は一部を行うものとする」と位置付けている事業として，①組合員のためにする森林の経営に関する指導，②組合員の委託を受けて行う森林の施業又は経営，③組合員の所有する森林の経営を目的とする信託の引受け，④鳥獣害の防止，病害虫の防除その他組合員の森林の保護に関する事業（そして，これらに付帯する事業）があります。

　他方で，森林組合が「全部又は一部を行うことができる」と位置付けている事業として，①組合員の行う林業などに必要な資金の貸付け，②組合員の行う林業などに必要な物資の供給，③組合員の生産する林産物などの物資の運搬，加工，保管又は販売のほか，④組合員のための森林経営計画の作成，⑤組合員の行う林業に関する共済に関する事業，⑥組合員の林業労働に係る安全及び衛生に関する事業，⑦組合員の福利厚生に関する事業などが挙げられています。

　よって，森林組合によって行っている事業が異なるということがあり得ます。

　例えば，素材業者が伐採した木材を，製材業者が仕入れて加工するという流通過程がありますが，この仲立ちをするのは木材市場になります（素材業者と製材業者の取引の場をつくります）。この木材市場が一民間事業者によって運営されている地域もあれば，森林組合がこれを行っている地域もあります。

　また，山林所有者同士の調整を行うこともあります。山林所有者が山林を売買したり，伐採をしたりする場合に，隣の山林所有者との間で境界を調整する必要があるところ，こうした際に，山林所有者間を仲立ちし，境界の調整を行うというものです。

　知的財産との関係では，森林組合が地元産木材について地域団体商標の登録を行っているケースがあります（例えば，地域団体商標の「龍神材」は，和歌山県の龍神村森林組合が登録しています）。

4　研究開発組織について

　次に，林業に関係する研究開発組織について述べます。

　全国的組織として，国立研究開発法人森林研究・整備機構があります。同法人内部の研究部門の1つとして，森林総合研究所が存します。同研究所は，同

75

第1章◇農林水産事業の現状と課題並びに将来の展望
第2節◇林 業 関 係

法人の主要組織という位置付けで，研究開発業務を担っています。具体的な研究課題としては，森林の多面的機能の高度発揮に向けた森林管理技術の開発，国産材の安定供給に向けた持続的林業システムの開発，木材及び木質資源の利用技術の開発，森林生物の利用技術の高度化と林木育種による多様な品種開発及び育種基盤技術の強化が挙げられています。

　こうした中，数々の論文を発表するなど成果を挙げ，特許権も多数出願登録されています。具体的には，刈払機の機構，バイオマスを原料とする固形燃料の製造方法，不燃木材の製造方法，きのこ類の製造方法など多岐にわたります。

　その他，地方にも各研究開発機関が存します。例えば，兵庫県ならば，兵庫県森林林業技術センターがあります。これは兵庫県立の組織であり，林業技術，森林病虫害防除技術，森林の公益的機能の維持及び増進技術，県産木材の利用に役立つ技術などの研究・開発を行っています。例えば製材業者が，木材トラスやアスレチック部材を製造する場合に，強度計算を行ってくれるなど，製品を市場に出すに当たり，安全を確保するための必要なサポートを行っているものです。

5　金融機関について

　最後に，林業系金融機関について述べます。

　一般の金融機関や政府系金融機関のほか，林業系金融機関として，農林中央金庫があります。林業事業者は，植林から伐採に至るスパンが長いことから，回収期間が長く，また一般的には事業規模が小さいものが多いため，長期低金利であることが望まれます。そのため，一般的な金融機関より後二者が関与する割合が大きいと思われます。使途としては，造林，林道などの林業基盤整備が多くを占め，そのほか林地取得，育林などの林業経営育成などに使われます。一方で，林業事業者がこれらの借入れを行うときのための，いわゆる信用保証機関として，農林漁業信用基金があります。林業事業者の貸金債務を保証する信用保証業務を行っています。

〔藤原　唯人〕

Q9◆林業関係機関・組織

●参考文献●

(1) 遠藤日雄編著『改訂現代森林政策学』（日本林業調査会，2012年）。

(2) 林野庁編『森林・林業白書』（一般社団法人全国林業改良普及協会，2017年）。

(3) 関岡東生監修『図解知識ゼロからの林業入門』（一般社団法人家の光協会，2016年）。

(4) 特許庁ウェブサイト「地域団体商標MAP」。

(5) 兵庫県ウェブサイト農政環境部農林水産局。

(6) 国立研究開発法人森林研究・整備機構ウェブサイト。

(7) 兵庫県森林林業技術センターウェブサイト。

第 1 章◇農林水産事業の現状と課題並びに将来の展望
第 3 節◇水産業関係

第 3 節　水産業関係

 水産業の現状

わが国の水産業は，昭和の終わりから平成にかけて，どのように推移してきているのか，概要を教えてください。

　　わが国の水産業は昭和57年から59年にかけて漁業・養殖業生産量，生産額，漁業自給率ともピークを迎えて以後，昭和の終わりから平成の初期にかけて急減し，その後も緩やかな減少傾向を示しています。漁業における食料自給率は，昭和39年には113％の自給率があったものが現在は60％台にまで減少しています。かつては世界第 1 位の漁業生産量を誇っていたわが国は平成27年には世界第 7 位へまで後退し，水産王国日本の面影はみられません。

　　また，漁業経営体の構成を見ていくと，9 割以上の大多数が今でも家族労働による沿岸漁家で成り立っている現実があり，水産白書平成30年版によると平成28年の漁業従事者は16万人，平均年齢は56.7歳となっており，沿岸漁家の平均漁労所得も235万円にしかならず，所得が300万円に満たない零細な経営体の割合は平成20年以降増加しています。

　　このようにわが国の水産業が低迷する契機となったのは，昭和57年に新たな国連海洋法条約が採択され，排他的経済水域（沿岸国が水産資源や海底鉱物資源などについて排他的管轄権を行使し得る，領海を越えてこれに接続する区域で領海基線から200海里の範囲で設定される水

Q10◆水産業の現状

域）が設定されたことにあり，直接には遠洋漁業が衰退することに
なりましたが，排他的経済水域の設定範囲内でも乱獲が原因で沿岸
漁業の衰退を招いています。
　しかし，わが国はなお排他的経済水域でみれば世界第 6 位の海洋
国家であり，水産業は日本の成長産業たり得る環境に本来置かれて
いる以上，成長産業として積極的な施策が望まれるところです。

☑キーワード

　排他的経済水域，乱獲，漁業従事者の零細化，漁業従事者の高年齢化

解　説

1　漁業・養殖業の国内生産の動向

(1)　漁業生産量の推移

　水産庁が公表する「我が国水産業の現状と課題」によると，平成27年の統計
では世界の漁業生産量はこの30年間で約 2 倍になる一方，日本の漁業生産量は
約 2 分の 1 になっており，かつては世界第 1 位の漁業生産量を誇っていたわが
国は平成27年には世界第 7 位にまで後退しています。

　また，平成30年版水産白書によれば，わが国の漁業・養殖業生産量は，昭和
59年の1282万トンをピークとして，平成 7 年ころにかけて急速に減少し，その
後は緩やかな減少傾向が続いています（**図表 1** 参照）。

　昭和59年以降の急速な漁業生産量の減少は，沖合漁業のうち巻き網漁業によ
るマイワシの漁獲量の減少によるものであり，これは海洋環境の変動の影響を
受けて資源量が減少したことが主な要因と考えられています。

　そして，わが国の漁業・養殖業の産出額は昭和57年の 2 兆9772億円をピーク
として，平成28年には 1 兆5856億円とほぼ半減している状態です。

　漁業の分類を漁場で分けると，海や川などで水産物を採る漁業は，基本的に

79

第1章◇農林水産事業の現状と課題並びに将来の展望
第3節◇水産業関係

図表1　漁業・養殖業生産量・生産額の推移

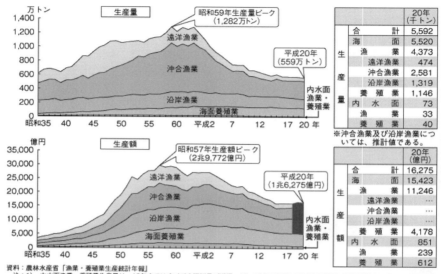

（資料出所）水産庁ホームページ「世界の中の水産業」(http://www.jfa.maff.go.jp/j/kikaku/wpaper/h21_h/trend/1/t1_2_2_1.html)

漁船の航行能力により，陸から漁場までの距離によって4つに分けられ，小型の漁船で海岸近くで行うものが「沿岸漁業」（海に作ったいけすなどで魚を育てる養殖も含まれます），やや離れた沖で中型の漁船で行うものを「沖合漁業」，外国の海や公海など遠く離れた場所で大型の船で行うものを「遠洋漁業」，さらに川や湖沼などの淡水域で行うものを「内水面漁業」と呼びます。

そのうち沿岸漁業及び遠洋漁業の衰退傾向が目立ち，海面漁業（河川や湖沼などの内水面漁業を除いた漁業）は，メバチ，ビンナガ，シロザケ等の漁獲量が減少したことが影響して，産出額の減少が近時でも続いています。

(2)　漁業・養殖業における国内生産減少の背景

かつて日本は水産王国ニッポンを誇っていました。昭和55年ころまでの日本

は，高い漁獲能力と安い人件費を背景に，世界中の漁場に進出していました。

　後に述べる200海里の範囲で設定される排他的経済水域が設定される以前には，公海自由の原則のメリットを一方的に享受しており，他方で日本近海まで入り込んで遠洋漁業をする他国の漁船は現れませんでした。公海自由の原則のもと，数マイルの領海内に分布する小規模漁業資源以外には他国が日本の漁獲を排除することがありませんでした。

　ところが昭和40年台以降，従来の海洋法秩序が変化します。多くの旧植民地が独立を達成し，他方で海洋技術も急激に発達したことから，新たな独立国が，強大な経済力と軍事力をもつ旧宗主国の秩序に対して，海洋資源の利用と配分を求めて根本的な海洋法秩序の見直しを求めるようになりました。その成果として，昭和57年4月に新たな国連海洋法条約が採択され，排他的経済水域（英語ではExclusive Economic Zone；略称EEZ，沿岸国が水産資源や海底鉱物資源などについて排他的管轄権を行使し得る，領海を越えてこれに接続する区域で領海基線から200海里の範囲で設定される水域）が設定されるようになりました。

　この排他的経済水域を各国が設定することで，各国とも自国の漁場から日本漁船を含む外国船を排除でき，沿岸国が主導して漁業管理が可能となりました。そこで，日本の遠洋漁業が衰退し，沿岸漁業と沖合漁業を中心に日本の漁業の構造が転換せざるを得なくなったのです。

　しかし他方では，新たな国連海洋法条約の設定は，日本においても排他的経済水域の範囲内においては，資源略奪型漁業から資源管理型漁業へ転換する契機たり得たのですが，平成13年に水産基本法（平成13年法律第89号）を制定し，水産分野における構造改革を図られるまで，昭和38年に制定された沿岸漁業等振興法に示された沿岸漁業等の生産性の向上，漁業者の生活水準の向上が図られるにとどまり，資源管理型漁業への移行が進んでいたとはいい難い状況にありました。

　この結果として，沿岸漁業においては産物の無主物性ゆえに，漁獲に当たって何の制限も課されていないことから先取り競争が行われ，さらに20世紀の技術革新を経て漁業者の漁獲能力が自然の生産力を遥かに上回り，魚はどんどん減ってしまうということになります。水産資源の乱獲の結果，産物の種自体が失われ，漁業の国内生産は沿岸漁業においても低下が続いていきました。

第1章◇農林水産事業の現状と課題並びに将来の展望
第3節◇水産業関係

図表2　主要水産国の漁業就業者の年齢構造の比較

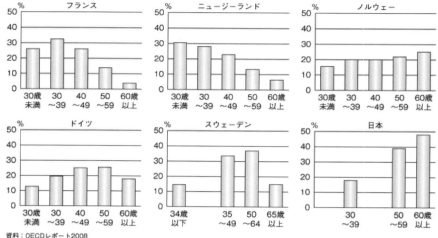

資料：OECDレポート2008
注：各国の年齢区分は、OECDレポートによる。

（資料出所）水産庁ホームページ「世界の中の水産業」(http://www.jfa.maff.go.jp/j/kikaku/wpaper/h21_h/trend/1/t1_2_2_1.html)

2　漁船・漁業の経営状況について

(1) 漁業経営体の構成

次に，漁業経営体の構成を見ていくと，農業と異なり，近代から株式会社の，しかも大企業形態の漁業経営体が存在するが，しかし9割以上の大多数が今でも家族労働による沿岸漁家で成り立っている現実があります。平成28年の漁業従事者は約160万人，平均年齢は56.7歳となっています（**図表2**参照）。

近年，毎年2千人程度が新規就業していて，29歳以下が約5割，33歳以下が約7割を占めますが，新規就業者のうち約6割が被雇用者であり，漁業経営体のうち法人の割合が高い大型定置網，まき網ではほとんどが被雇用者となっており，独立した漁業経営体が増えているわけではありません。

(2) 漁業経営体の所得

平成28年段階で沿岸漁家の平均漁労所得は235万円にしかなっていません。

雇用労賃，漁船・漁具費，油費などの漁労支出が減少しますが，それ以上に漁労収入が減少しています。原因としてはやはり乱獲にあり，わが国の水産業は水産物が獲れないか貧弱なものになっていることが挙げられています。所得が300万円未満の零細な経営体が増加し，平成20年以降は，零細な経営体の割合が増加しています。

このような零細な経営体が主であるわが国の現実として，低収入の漁家を継がせようとする経営体は少なく，沿岸漁業者は高齢化したら自分の体力に合わせ，操業日数の短縮，肉体的負担の少ない漁業種類への特化など，経営規模を縮小する傾向にあります。

漁船漁業を営む会社経営体においても，平成28年度には漁労利益の赤字幅は1738万円となっており，労外所得としての水産加工業あるいは民宿経営等で営業を成り立たせています。また，わが国の漁業で使用される漁船については引き続き高船齢化が進んでいる状態です。

このように，漁業従事者の高年齢化，漁船の高船齢化による設備能力の低下に伴い，操業の効率は低下の一途を辿るという悪循環が続いており，消費者が求める安全で品質の高い水産物の供給はますます困難になる悪循環の傾向が続いているといえます。

(3) 世界との比較

日本では遠洋・沖合・沿岸において多様な漁業が営まれているにもかかわらず，全体として見た場合，漁業者1人当たり・漁船1隻当たりの生産量については，アイスランド，ノルウェー，ニュージーランドより著しく少ない結果になっています。

3 漁業自給率の低下状況と原因

漁業における食料自給率は，昭和39年には113％でしたが，排他的経済水域の設定など国際規制の強化や，わが国の周辺水域における資源状況の悪化により，国内生産が減少してきたことは，すでに述べたとおりです。そして，国内の需要が，アジ，サバ等の大衆魚から，エビ，マグロ，サケ等国内生産だけでは供給できない魚種へと変化したことによる輸入の増加により，平成28年現在

第1章◇農林水産事業の現状と課題並びに将来の展望
第3節◇水産業関係

は60％台にまで減少してきています。

　魚種別の自給率でいえば，サンマが約98％，サバ類やカツオが86％程度，アジが84％程度，イカが76％程度となっていますが，マグロ類とタコが50％弱，サケ・マス類が36％程度，エビは10％を切っている状態です。日本で消費されているエビは天然のものはほとんどなく，外国で養殖された輸入物が大半ですし，サケ・マス類は刺身用のサーモンなどが最近増え，回転寿司のサーモンは北欧や南米からの輸出品が多いです。

4　水産王国ニッポンの回復のために

　このような日本の水産業の衰退あるいは停滞ぶりは本来不可解なことといわざるを得ない種々のデータがあります。

　確かに日本は島国なので，国土の面積は世界第61位と小さいですが，排他的経済水域の面積は世界第6位と，広大な海洋面積を有しています。国土面積37.8万k㎡に対し，排他的経済水域の面積は447万k㎡もあり，国土面積の約12倍の広さになります（図表3参照）。日本より広い排他的経済水域をもつ国は，米国，オーストラリア，インドネシア，ニュージーランド，カナダの5ヵ国しかありません。しかも，わが国の排他的経済水域は広い大陸棚の上にあり，好漁場です。

　そして，日本周辺海域では暖流と寒流がぶつかり，3千種を超える多種多様な魚種が捕れ，季節ごとに多くの旬の魚を食べられるのです。このような魚種の多様性は，ノルウェーではニシン，タラ，サバなど5～6種類の魚が漁獲の8割を占めるのとは異なります。

　やはり水産業は日本の成長産業たり得る環境に本来置かれているのであり，積極的な施策が望まれているところ，平成13年に「水産物の安定供給の確保」と「水産業の健全な発展」を基本理念とした水産基本法（平成13年法律第89号）を制定し，水産分野における構造改革を図ることになりました。

〔横田　　亮〕

Q10◆水産業の現状

図表3　日本の領海等概念図

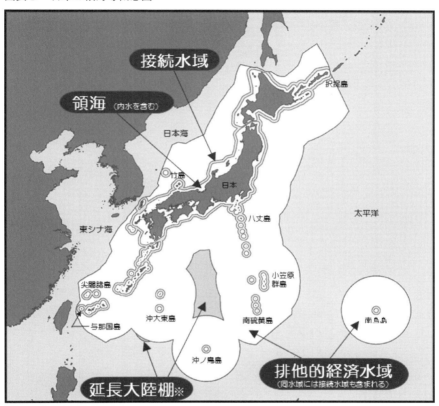

　なお，本概念図は，外国との境界が未画定の海域における地理的中間線を含め便宜上図示したものです。

国土面積	約38万km²
領海（含：内水）	約43万km²
接続水域	約32万km²
排他的経済水域（含：接続水域）	約405万km²
延長大陸棚※	約18万km²
領海（含：内水）＋排他的経済水域（含：接続水域）	約447万km²
領海（含：内水）＋排他的経済水域（含：接続水域）＋延長大陸棚※	約465万km²

　　※　排他的経済水域及び大陸棚に関する法律第2条第2号が規定する海域

（資料出所）海上保安庁「日本の領海等概念図」（http://www1.kaiho.mlit.go.jp/JODC/ryokai/ryokai_setsuzoku.html）

第1章◇農林水産事業の現状と課題並びに将来の展望
第3節◇水産業関係

●参考文献●

(1) 水産白書平成30年版（水産庁，2018年）。

水産業関係機関・組織

　わが国の水産業に関係する公的な機関や組織としては，どのようなものがあるのでしょうか。それぞれどういった役割を果たしているのでしょうか。

　漁業法は，漁業生産力を高めること，そして，この漁業生産力を民主的に発展させることを目的としています。
　このように，漁業関係者が協力しながら発展を促そうとしていることから，漁業者及び漁業従事者を主体とする漁業調整機構，具体的には海区漁業調整委員会などが存在します。
　また，水産行政機関として，農林水産省，水産庁，都道府県や市町村などの地方自治体の水産部局・水産公共部局があります。
　そして，水産業協同組合法に基づく，漁業協同組合（JF）とその連合会，漁業生産組合，水産加工業協同組合等の団体があります。
　その他にも水産業，漁業を支援するための金融機関，研究機関，教育機関が存在します。

☑ キーワード

漁業法，漁業調整委員会，水産行政，漁業協同組合，JFマリンバンク，国民生活金融公庫，全国漁業信用基金協会，国立研究開発法人水産研究・教育機構，国立研究開発法人水産工学研究所，国立研究開発法人国際農林水産業研究センター，水産高等学校，公立漁業研修所

第1章◇農林水産事業の現状と課題並びに将来の展望
第3節◇水産業関係

解　説

1　日本の漁業制度について

(1)　漁業法について

海，河川，湖など公有水面に生息する水生生物には所有権がありません。

そのために，何も規則がない状態が続くと資源の争奪戦が始まり，漁業者は安心して漁業を営めなくなります。

そこで，漁業法により，漁業の制度を定めています。

漁業法の目的として，「この法律は，漁業生産に関する基本的制度を定め，漁業者及び漁業従事者を主体とする漁業調整機構の運用によつて水面を総合的に利用し，もつて漁業生産力を発展させ，あわせて漁業の民主化を図ることを目的とする」（漁業法1条）とされています。

このように，漁業法の目的は，水面の多様な使い方を認めながら，漁業生産力を高めること，そして，この漁業生産力を民主的に発展させることにあります。

つまり，誰か特定人に漁場を支配させて発展させるのではなく，漁業関係者が協力しながら発展を促そうというものです。

(2)　漁業の制度区分

日本の漁業は，制度上，漁業権漁業，許可漁業，届出漁業，自由漁業に分類されます。

漁業権漁業とは，すべての沿岸水域において区割りされた漁場の権利者に対して設定される漁業をいいます。養殖も漁業権漁業に含まれます。都道府県知事の免許が必要です。

許可漁業とは，漁場紛争の原因になりやすい漁獲効率の高い漁法を禁止とし，法令上の要件を満たした場合に解禁するものです。

農林水産大臣に許認可権限がある大臣許可漁業，都道府県知事に許認可権限がある知事許可漁業に分類されます。

届出漁業は参入自由ですが，期日までに操業することを行政庁に届け出なければならない漁業です。

自由漁業は，法令によって規制を受けない漁業を指し，表層の一本釣りを指します。

水産資源の状態や技術発展に応じ，かつて自由漁業だったものが，許可漁業になるなどの変更がされてきました。

漁業の許認可は漁業法や水産資源保護法に基づいて行われています。漁業許可には，禁漁水域や漁具の規制内容など許可制限や条件が付されています。

さらに各都道府県又は広域の海区ごとにそれぞれの事情に合わせた漁業調整規則が設定されています。

(3) 漁業調整委員会の役割

前に確認したように，漁業法は，漁業生産力を高めるために漁業関係者が協力しながら発展を促そうというものです。

そのため，漁業者及び漁業従事者を主体とする漁業調整機構の運用がされています。

具体的には，行政委員会である海区漁業調整委員会などを指します。

行政庁から独立性を担保されている漁業調整委員会があらゆる公有水面に設置されています。

漁業調整委員会には，海区漁業調整委員会，連合海区漁業調整委員会，広域漁業調整委員会の3種類が存在します（漁業法82条）。

海区漁業調整委員会は都道府県ごとに設置されています。

また，連合海区漁業調整委員会は複数の海区にまたがって設置され，さらに国内を3つのブロック（太平洋，日本海・九州西，瀬戸内海）に分けて設置されているのが広域漁業調整委員です。内水面には漁場管理委員会が設置されています。

このような委員会の存在が漁業制度における漁民参加の要になっています。

2 水産行政について

水産行政は，水産関連法の目的に基づいて執行する業務であり，非公共部門

第1章◇農林水産事業の現状と課題並びに将来の展望
第3節◇水産業関係

と公共部門に分類されます。

　非公共部門では，漁業法を基礎として漁業管理や水産振興に関わる法律に基づいた業務が行われます。

　公共部門では，漁港，漁場，漁村の整備に関わる法律に基づいた振興業務が行われています。

　水産行政機関として，農林水産省，水産庁，都道府県や市町村などの地方自治体の水産部局・水産公共部局があります。水産庁も地方自治体も，議会を通して，政策を策定し，予算を確保して水産行政業務を執行していますが，業務範囲や内容は行政庁によって大きく違っています。

　農林水産省のうち食料産業局は，食や食に関連する産業の育成・振興を任務としており，この食には，水産加工物も含まれます。また，農林水産分野における知的財産の創造・保護・活用に関する施策も行っています。

　水産庁は，大臣管理の漁業の許認可主体になっており，すべての水産関連法や国の政策に関わります。

　都道府県庁の業務は，大臣の許認可や国が実施する事業の窓口であり，その業務は管轄水域・地域内に限定されます。

　市町村行政は，国や都道府県のように漁業の管理監督，許認可行政の役割はありませんが，漁港の整備・管理や卸売市場法に基づく卸売市場の開設者となることもあります。

　また，各行政庁は，水産資源保護法に基づいて，許認可を制限したり，漁具，水域，漁期を規制するなどして水産資源管理を行っています。

　さらに，魚種によっては漁獲可能量（TAC）を超えないよう漁獲数量の管理も実施しています。

　水産振興策として，漁場利用・資源利用や流通面で新たな取組み（又は技術）を導入する場合，既存漁業・流通業との関係を調整する必要性が生じます。

　そこで，水産行政は，このような水産振興と既存漁業・流通業との関係を調整することになります。

　このように，水産行政は，漁業法の理念に基づき漁業を発展させる目的のために，中立な立場で水産振興と漁業調整の観点から対応することになります。

Q11◆水産業関係機関・組織

3 漁協系列について

(1) 漁業協同組合について

水産業協同組合法（以下「水協法」といいます）は，漁業協同組合（JF）（以下「漁協」といいます）とその連合会，漁業生産組合，水産加工業協同組合とその連合会の根拠法です。

漁協は地域が限定される地区漁協と漁業種ごとにまとめる業種別漁協に分類され，地区漁協はさらに沿海と内水面に分類されます。

協同組合である漁協は，営漁指導を行う指導事業，組合員の漁獲物を販売する販売事業，資材や燃油を組合員に供給する購買事業，貯金や貸付けを行う信用事業など，水協法で制限されている範囲内で事業を行っています。

これらの事業は専ら組合員の漁業の営みと生活に奉仕するためのものであり，総合的に事業を展開している漁協もあります。

また，地区漁協は漁業権管理団体としての機能をもち合わせています。

さらに漁協は，漁船登録などの行政代行業務や，種苗放流事業，漁場監視，海難事故対策のような公益的な役割も担っています。

地区漁協においては，主に漁民である組合員が利用する事業によって支えられています。

この点，組合員の事業利用だけでなく，卸売市場の卸業務を販売事業として実施したり，自営漁業を営む漁協もあります。

他にも遊漁船案内事業，ダイビング案内業などの観光事業に力を入れる漁協もあります。

(2) 水産加工業共同組合について

また，水産加工資源の安定供給，水産加工業のさらなる発展・消費拡大を目的として，全国水産加工業協同組合連合会（以下「全水加工連」といいます）があります。

全水加工連は，様々な水産加工品（塩蔵品，乾製品，ねり製品等）の製造業者による全国組織として設立され，水協法に基づく法人として農林水産大臣に許可された団体です。

91

第1章◇農林水産事業の現状と課題並びに将来の展望
第3節◇水産業関係

　各地の伝統食品あるいは名産品をアピールし，国内原料並びに輸入原料の安定供給，水産加工業者の後継者育成等の活動を通じ，水産加工業界全体の発展と活性化に努めています。

　全水加工連の会員は，北海道から九州・沖縄などの会員，企業が所属しており，製品としては，アジ，サバ，サンマ，イワシ，イカ，タコ，シシャモ，ニシン，スケソウタラ，ホッケ，サケ・マス，魚卵等を主原料とした乾製品，塩蔵品，冷凍品，くん製品，煮干し品，ねり製品等を生産しています。

4 　その他，水産業，漁業を支援する機関について

(1)　水産業，漁業を支える金融機関

　(a)　漁業は，漁獲量が不安定で，確実な担保物件の乏しい経営であるのが現実です。

　そこで，全国の漁協等から構成されるJFマリンバンク，農林漁業金融公庫（現日本政策金融公庫）や中小漁業融資保証法に基づく全国漁業信用基金協会による制度融資が行われています。

　(b)　JFマリンバンクとは，貯金や貸出など信用事業を行う全国の漁協，水産加工業協同組合及び信用漁業協同組合連合会，農林中央金庫で構成するグループの総称です。

　JFマリンバンクは，地域の漁業に密着した事業展開を全国的に行い，漁業地域のメインバンクとなっています。

　(c)　農林漁業金融公庫とは，農林漁業金融公庫法に基づいて設立された政府金融機関ですが，現在は，国民生活金融公庫，中小企業金融公庫，国際協力銀行と統合して日本政策金融公庫となっています。

　日本政策金融公庫資金（農林水産事業）は，農林漁業者に対し，農林漁業の生産力の維持増進に必要な長期かつ低利として，資金ニーズに対応しています。

　(d)　全国漁業信用基金協会は，平成29年4月3日，道府県に存在した19の漁業信用基金協会が新設合併し，発足されました。

　全国漁業信用資金協会が行う中小漁業融資保証制度は，国における中小漁業金融対策の一環として位置付けられ，中小漁業者等の信用力を補完し，金融の

円滑化を図ることにより，中小漁業等の振興を図ることを目的としています。

(2) 水産業，漁業を支援する研究開発組織

(a) 日本の独立行政法人のうち主に研究開発を行う法人として，国立研究開発法人が設置され，このうち水産業に関する研究開発，教育機関として，国立研究開発法人水産研究・教育機構，国立研究開発法人水産工学研究所，国立研究開発法人国際農林水産業研究センターがあります。

(b) 国立研究開発法人水産研究・教育機構は，水産業の発展に科学技術的側面から貢献し，水産基本法の基本理念である水産物の安定供給と水産業の健全な発展に資するために，研究開発成果を論文等で公知するとともに，産業界を含む社会に当該技術を移転することにより，技術の発展や向上により社会貢献することを目的としています。

そのため，民間の企業，大学，関連団体との連携を推進して，研究開発ニーズの把握，共同研究の推進，特許などの知的財産権を活用した研究開発成果の実用化及び機構の技術移転を積極的に行っています。

また，水産業が抱える課題を解決するため，水産分野における研究開発と人材育成を推進し，水産業を活性化させることを目指しています。

(c) 国立研究開発法人水産工学研究所は，水産物の安定供給確保と健全な水産業の発展に貢献するための，工学的な研究や技術開発を行っています。

具体的には，環境に配慮しながら水産資源を増殖する土木工学的技術，水産資源の適正かつ安全・効率的に漁獲する漁業生産技術，水産資源や海洋情報を精度よく把握する調査計測技術などの研究開発を行っています。

また，これら水産工学の知見を活かして地球的規模の環境問題の解決にも貢献していきます。

(d) 熱帯及び亜熱帯に属する地域その他開発途上地域における農林水産業に関する技術向上のための試験研究を行う国立研究開発法人国際農林水産業研究センター（JIRCAS）があります。

これらの地域における農林水産業に関する国内外の資料の収集・整理，分析結果の提供までを行います。これらの業務を通じて，世界の食料問題，環境問題の解決及び農林水産物の安定供給等に寄与しています。

第1章◇農林水産事業の現状と課題並びに将来の展望
第3節◇水産業関係

(3) 水産業，漁業の将来を担う教育機関

(a) 水産業，漁業においては，就業者の減少が問題となっています。

そのため，水産業，漁業等の後継者をどのようにして育てるかは，漁業が重要な食料供給産業であることからも，大切な課題となっています。

この点，水産業・漁業を学ぶ機関として，水産高等学校と公立漁業研修所があります。

(b) 水産高等学校とは，主に水産業についての専門技術や知識を習得することを目的とする高等学校です。水産高等学校は，一般的に水産業の振興を目的とし，水産業に携わる人員を養成するための教育課程を有しており，遠洋漁業，養殖漁業などの漁業のほか航海訓練などに関する教育が行われています。

(c) 公立漁業研修所とは，次世代を担う漁業後継者の育成，就業者の知識・技術の習得，地域リーダーの資質向上などを目的として，設置されている研修機関であり，全国に4ヵ所設置されています。

漁業就業者及び漁業を志す者に対し，漁業に必要な知識及び技術，資源管理，経営等に関する知識を指導しています。

〔春田　康秀〕

12　水産業の課題

　近頃，ウナギの稚魚が極端に獲れなくなったとか，いろいろこれまでにはない現象が発生していて漁業関係者を困らせているようですが，わが国の水産業の将来像は，どのように描かれているのでしょうか。何が課題なのでしょうか。

　水産業の課題としては，現在の「海洋法に関する国際連合条約」で規定されている排他的経済水域（200海里経済水域）の導入によりわが国の遠洋漁業が衰退していること，わが国の排他的経済水域内における資源管理型漁業の未発達による乱獲が原因で水産資源の状況が悪化し，漁業水産も減少しています。また，漁業生産の担い手については，従事者が減少するとともに高齢化が進行し，漁村の活力も低下しているため，水産業の意欲ある担い手の確保・育成とその経営発展を可能とする条件整備が求められています。

　そこで，水産業の将来像として，平成13年に「水産物の安定供給の確保」と「水産業の健全な発展」を基本理念とした水産基本法（平成13年法律第89号）を制定し，平成30年6月に政府の策定した「農林水産業・地域の活力創造プラン〔改訂版〕」に基づき，平成30年12月に「漁業法等の一部を改正する等の法律」を成立させました。この中でわが国の水産業の将来像は，知的財産権分野の展開も見込まれる範囲では，以下のように示されています。

　　①　資源管理
　資源の維持や増大をして，より安定した漁業の経営を目指す。また，国際交渉を通じて，周辺水域の資源も維持，増大させる。
　　②　養殖・沿岸漁業
　安心して漁業経営の継続や将来への投資が可能にする。また，需要増大に合わせて養殖生産量を増大する。
　　③　遠洋・沖合漁業

第１章◇農林水産事業の現状と課題並びに将来の展望
第３節◇水産業関係

　　良好な労働環境の下で最新機器を駆使した若者に魅力ある漁船を
建造し，効率的で生産性の高い操業を実現する。

☑キーワード

　　水産基本法，漁業法等の一部を改正する等の法律，排他的経済水域，資源
管理，水産物の無主物性

解　説

1　水産業の課題と新たな水産政策について

⑴　沿岸漁業等振興法から水産基本法へ

　わが国の水産政策は，従前は昭和38年に制定された沿岸漁業等振興法に示さ
れた方向に沿って，沿岸漁業等の生産性の向上，漁業者の生活水準の向上など
を目的として展開されてきました。他方で，戦後のわが国の漁業は，沿岸から
沖合へ，沖合から遠洋へと漁場を外延的に拡大することによって発展してきた
ところです。

　しかし，日本政府が昭和58年に署名した「海洋法に関する国際連合条約」
（平成８年に国会により批准）による排他的経済水域の導入により，自国の200海里
水域の資源の持続的利用を基本に，漁業の発展を図っていくことが求められる
ようになりました。以後，わが国の漁業生産は，遠洋漁場の国際規制の強ま
り，周辺水域の資源状況の悪化などから，昭和59年のピーク時の半減の水準に
まで減少し，わが国の水産物の自給率は，近年はピーク時の６割以下に低下し
ています。

　加えて，漁業生産の担い手については，若い漁業者を中心に従事者が減少す
るとともに，高齢化が進行し，これに伴い，漁村の活力も低下しており，国民
に対する水産物の安定供給を確かなものとするとともに，漁村の活性化を図る
ためにも，意欲ある担い手の確保，育成とその経営発展を可能とする条件整備

96

が求められています。水産業や漁村の役割についても，水産物の供給のほか，都市住民に対する健全なレクリエーションの場の提供等を通じ，豊かで安心できる国民生活の基盤を支えており，かかる役割の重要性が従前以上に見直されるものと考えられるようになりました。

　このような課題に対して，平成13年に「水産物の安定供給の確保」と「水産業の健全な発展」を基本理念とした水産基本法（平成13年法律第89号）を制定し，水産分野における構造改革を図ることになりました。

　水産基本法11条１項では，「政府は，水産に関する施策の総合的かつ計画的な推進を図るため，水産基本計画（以下「基本計画」という。）を定めなければならない。」と定め，水産基本法の定める理念の実現に向けて，５年ごとに基本計画を策定し，この基本計画に基づき各種の施策が推進されてきました。

(2)　**平成30年「農林水産業・地域の活力創造プラン〔改訂版〕」と「漁業法等の一部を改正する等の法律」公布**

　水産基本法11条に基づく平成29年基本計画に基づいた水産庁の水産政策の改革として，平成30年６月１日，政府の「農林水産業・地域の活力創造本部」において，水産政策改革の具体的な内容を「農林水産業・地域の活力創造プラン〔改訂版〕」の中に位置付けました。そして，この内容に基づいて，平成30年12月14日，「漁業法等の一部を改正する等の法律」が公布されました。

　この水産政策改革関連法改正を通じ，冒頭に述べた３点に加え，「水産物の流通・加工：流通コストの削減や適正な魚価の形成により，漁業者の手取りを向上させる。」ことを提言し，現在日本の漁業が直面している課題を解決する将来像を提示しています。以下，資源管理，養殖・沿岸事業，遠洋・沖合漁業についてそれぞれの課題と将来像を示します。

2　資源管理（あるいは資源管理型漁業）について

(1)　資源管理型漁業の意味と必要性

　資源管理型漁業とは，従来の資源略奪型漁業に対義し，海の生態学的条件を十分考慮して，水産資源の維持，増大を図るなど合理的資源管理を行いながら，経済的利益を最大限かつ安定的に得るための漁業をいいます。

第1章◇農林水産事業の現状と課題並びに将来の展望
第3節◇水産業関係

　わが国の漁業生産高の減少は，各国の排他的経済水域設定に加えて地球温暖化による海流の変化に伴う遠洋漁業の縮小，わが国の排他的経済水域に隣接する公海での外国漁船の漁獲増など数々の原因が指摘されていますが，最も大きな要因の1つは，未成魚の捕獲が多いなど日本が適切な水産資源の管理を怠ってきたことにあるとされています。

　そもそも水産資源に関する法的秩序を考えるに当たり，水産物は無主物であることが立脚点となります。水産資源は，海の中を泳いでいるときには誰の所有にも属しておらず，漁獲されることによって初めて人の所有下に置かれることになります。この水産物の無主物性ゆえに，漁業者は漁獲に当たって何の制限も課されていない状態では，自身が漁獲を控えたとしても他の漁業者が漁獲することを懸念して，先取り競争に置かれていることになります。

　この競争の結果として，乱獲すなわち資源状況から見た適正水準を超える過剰な漁獲が行われた場合，水産資源が自らもっている再生産力が阻害され，資源の大幅な低下を招きます。そこで水産資源を適切に管理し持続的に利用していくためには，資源の保全・回復を図る資源管理の取組みが必要となります。

(2) ニシン漁に見る資源略奪型漁業（乱獲）の例と諸外国の資源管理

　わが国における乱獲による漁業の衰退例として，北海道余市町におけるニシン漁の例が挙げられます。北海道余市町は明治期から第二次世界大戦前までニシン漁で栄え，雇用漁業者が全国から集まり，漁船や漁具の売買，ニシンの売買と加工，及び加工後の水産品の流通で経済が活発な時期がありました。

　しかし，当時は，水産資源としてのニシンの持続性を考えて来年の分を残す資源管理の考えはなく，春に産卵に来るニシンを産卵場で待ち構えて長年獲り続けた結果，ニシンの資源が減り始めているという意識が希薄なまま時が推移し，昭和29年には回遊してくるニシンがいなくなる事態になりました。わが国では今でも，生き残って産卵に来ているわずかなニシンを獲り続けてはいますが，かつて100万トン近くあったニシンの漁獲高は，ここ10年の平均ではわずか5000トン弱しかありません。

　ところが，資源管理の行われている北米のカナダ・アラスカでは両方で約8万トンの漁獲枠が確保されています。これらの国の漁業者は，需給調整が進めば再び需要が回復する大事なニシンを，餌やフィッシュミールに処理し得るな

ど，安価な処理は考えず，卵を産ませて資源を持続的にしておきます。日本で流通する数の子が輸入品で市場が供給過剰になっていることも併せて，採り入れるべき点が多いといえます。

(3) 資源管理型漁業の過程と平成30年の水産政策改革（漁業法改正）

　資源管理に当たっては，前提として情報の収集と収集した情報に基づく精度の高い資源評価による管理方法の提示，資源状況に関する正確な情報を得る必要があります。

　まず情報の収集においては，①漁獲情報（漁獲量，努力量等）及び漁獲物の測定（体長・体重組成等）からなる漁獲・水揚げ情報の収集，②水温・塩分・海流等の海洋観測，資源の発生状況等をみるための仔稚魚調査，回遊状況等をみるための標識放流，被捕食関係の調査（胃内容物分析），③年齢査定（耳石・鱗標本等の分析），が行われます。この段階で資源状態を調査する魚介類の種類も大幅に増やす方針を平成30年の水産政策改革では示しています。いずれにしても精度の高い情報を得るための技術の革新に，水産業における知的財産権の展開が望まれるところです。

　続いて資源評価の段階では，収集した情報に基づき再生産関係（資源量，親魚量と加入量の関係）や漁獲の強さを調べ，資源水準（資源を長期的に見たときの現在の位置を示す物差し。日本では高位，中位，低位に区分）を明らかにした上で，資源管理目標（資源の維持，回復等）等を検討し，資源管理の選択肢を提言することになります。

　そして，資源評価を経た上での資源管理の方法としては，①インプットコントロール（投入量規制），②テクニカルコントロール（技術的規制），③アウトプットコントロール（産出量規制）に分類されます（**図表1**参照）。

　平成30年の水産政策改革では，テクニカルコントロールを中心とした従前の漁船の大きさや漁具などの制限から，資源管理型漁業を目指すに当たりアウトプットコントロールとしての漁獲量そのものの制限に移すことになりました。

　すなわち，従前は漁獲量が多く，国民生活上重要であり資源状況が悪く緊急に管理を行う必要がある，サンマ，マアジ，サバ類，マイワシ，スルメイカ，スケトウダラ，ズワイガニ，及び太平洋クロマグロについて「海洋生物資源の保存及び管理に関する法律」に基づく産出量規制として，年間の採捕量の上限

第1章◇農林水産事業の現状と課題並びに将来の展望
第3節◇水産業関係

図表1　資源管理手法とそれを支える要素

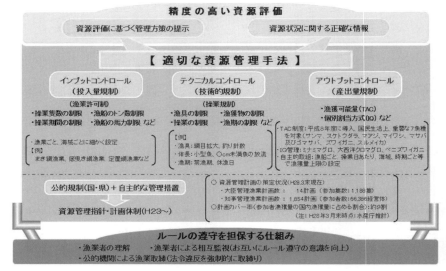

（資料出所）水産庁ホームページ「資源管理の部屋」(http://www.jfa.maff.go.jp/j/suisin/)

を定める漁獲可能量（TAC）制度が導入されていましたが，この漁獲可能量制度の対象を順次拡大します。

　また，個別割当方式（IQ）の実施により，対象魚は漁船ごとに漁獲枠を割り当て，違反には罰則も導入する方向を平成30年の水産政策改革では明らかにしています。

(4)　ニホンウナギに見る国際的資源管理の必要

　資源管理型漁業の導入について，平成31年2月に水産庁が発表した「ウナギをめぐる状況と対策について」（**図表2参照**）では，国際的資源管理の必要が説かれています。ニホンウナギ（シラスウナギ）は古くから日本の食を代表するものとして親しまれてきましたが，1970年代ころから漁獲量が大幅に減少し，平成25年には環境省が絶滅危惧種にも指定し，平成26年6月には国際自然保護連合(IUCN)がニホンウナギを絶滅危惧IB類としてレッドリストに掲載しました。

　その資源の減少要因としては，海洋環境の変動，親ウナギやシラスウナギの過剰な漁獲，生息環境の悪化が指摘されています。ただし，各要因がどのよう

Q12◆水産業の課題

図表2　ウナギをめぐる状況と対策について

ニホンウナギの一生

○ ニホンウナギは、5年から15年間、河川や河口域で生活した後、海へ下り、日本から約2,000km離れたマリアナ諸島付近の海域で産卵。産卵場が特定されたのは、平成23年2月（研究開始から36年）であり、依然としてその生態に不明な点が多い。

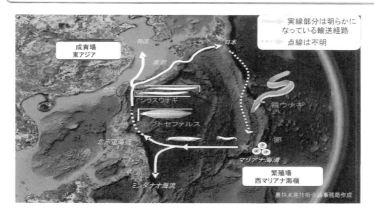

シラスウナギの来遊状況について

○ シラスウナギの採捕量は、平成26年漁期は比較的良好であったものの、昭和50年代後半以降低水準であり、かつ、減少基調にある。
○ 平成22年漁期～平成24年漁期（平成21年11月～平成24年10月）の3漁期連続してシラスウナギ採捕が不漁となり、池入れ量が大きく減少したことから、同年6月、うなぎ養殖業者向け支援やウナギ資源の管理・保護対策等を内容とする「ウナギ緊急対策」を定めた。
○ 平成26年漁期の漁模様がやや良好であったことで、ニホンウナギの資源が回復したと判断すべきではなく、引き続き、資源管理や生息環境の改善の取組を進めることが必要。

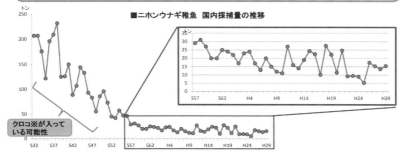

出典：農林水産省「漁業・養殖業生産統計年報」（昭和32年～平成14年）、平成15年以降は水産庁調べ（採捕量は、池入数量から輸入量を差し引いて算出）。※クロコとは、シラスウナギが少し成長して黒色になったもの

（資料出所）水産庁ホームページ「ウナギをめぐる状況と対策について」（http://www.jfa.maff.go.jp/j/saibai/pdf/meguru.pdf）

第1章◇農林水産事業の現状と課題並びに将来の展望
第3節◇水産業関係

に寄与しているのかの評価は困難であるため，因果関係が証明されていなくて
も，取り返しのつかない状態に陥るおそれがあるときは，対策を講じるべきと
いう資源管理の考え方である予防規制に従って，漁獲対策及び生息環境の改善
対策を実施する必要があります。

　ニホンウナギの生態は，5年から15年の間，河川や河口域で生活した後，海
へ下り，日本から約2000km離れたマリアナ諸島付近の海域で産卵することが
研究開始から36年経った平成23年2月に判明しましたが，依然として不明な点
が多い種といえます。ともかくも減少要因を改善するために実行可能な対策を
総合的に実施・効果の検証を行いながら，得られた知見を反映させる順応的管
理の考え方に基づき，切れ目なく対策を実施する必要があります。

　そして，ニホンウナギのシラスは黒潮に乗って台湾，中国，日本，韓国と流
れ着き，そこで漁獲され養殖の種苗として利用されていることから，ニホンウ
ナギの資源を持続的に利用していくためにはこれらの国・地域間が協力して資
源管理を行っていくことが必要になります。このため，日本がこれらの国・地
域に働きかけを行い，協力に関する議論を開始されたところです。

3　養殖・沿岸漁業について

(1)　養殖業と資源管理

　水産庁は平成30年水産政策改革において，漁業生産高の減少に対しては，養
殖業のてこ入れによる生産量増加も指向しています。

　ニホンウナギの養殖における，国内における資源管理として，①ウナギ養殖
業における池入数量の管理について，ウナギ養殖業を内水面漁業振興法に基づ
く届出養殖業とし，農林水産大臣への届出や池入数量等の報告を義務付け（平
成26年11月1日施行），また②ニホンウナギ稚魚及び異種うなぎ種苗の池入数量
の制限に係る数量配分ガイドラインに基づき，養殖業者毎の池入数量の上限を
設定しました。そして，③うなぎ養殖業を内水面漁業振興法に基づく農林水産
大臣の指定養殖業とし，稚魚の池入数量を法律に基づき制限しました（平成27
年6月1日施行）。

　資源管理型漁業はその他にも，天然種苗を利用したブリやクロマグロについ

Q12◆水産業の課題

て，人工種苗の生産技術の開発を促進し，環境の変動による影響を受けやすい沿岸域から，沖合域あるいは陸上地域への養殖場の多様化を図ることを促進しています。

(2) 養殖業・沿岸漁業の制度改革・技術革新と知的財産

漁業法の平成30年改正により，従前は地先漁場における漁民の利用関係の調整に主眼が置かれていましたが，これを，養殖に係る漁業権について，既存の漁業権者（漁協等）が水域を適切かつ有効に活用している場合に，その者に優先して免許することとし，養殖業における円滑な規模拡大・新規参入に向け，既存の漁業権及びこれを管理する漁業協同組合制度との関係に配慮しつつ，養殖における安定的かつ収益性の高い経営の推進に向けられた制度改正が行われました。

わが国では現在，養殖においては安定的かつ収益性の高い経営の推進の確立として，養殖用配合飼料の安定協給や価格高騰対策が採られていますが，さらに，飼料の低魚粉化や配合飼料の多様化を推進し，あるいは優れた耐病性や高成長などの望ましい形質をもった人工種苗の導入を図っています。この養殖における有効な研究開発において知的財産権による保護の展開が見込まれるところです。

なお，沿岸漁業の多面的機能や集落維持機能に対しては，補助金の交付のみならず，漁業と観光のいわゆる漁観連携のほか，地域ブランドの取組みがあり，地域団体商標や地理的表示保護などの活用の余地もあります。

4　遠洋・沖合漁業と技術革新について

わが国の水産政策改革については，一貫して良好な労働環境の下で最新機器を駆使した若者に魅力ある漁船を建造し，効率的で生産性の高い操業を実現することを目標としています。

そのために，漁船の高性能化・大型化による居住環境の改善や安全性の向上の支援が図られます（なお，漁船の大型化については，一方で沿岸漁業者の操業に支障がない範囲で，他方で資源管理の障害にならないように個別割当（IQ）による漁獲制限がなされた船を対象にするという，段階的な形で進められることになっています）。また，高

103

第1章◇農林水産事業の現状と課題並びに将来の展望
第3節◇水産業関係

速インターネットや大容量データ通信等を利用した漁業が目指されています。
ここにも知的財産権の展開が見込まれるところです。

〔横田　　亮〕

━━ ●参考文献● ━━

(1) 『水産白書〔平成30年版〕』（水産庁，2018年）。
(2) 「農林水産業・地域の活力創造プラン〔改訂版〕」（水産庁，2018年）。
(3) 「ウナギをめぐる状況と対策について」（水産庁，2019年）。
(4) 加瀬和俊『3時間でわかる漁業権』（筑波書房，2014年）。

第4節　農林水産政策

13　農業政策の概要

農林水産省の近年の農業政策について，概要を教えてください。

　　わが国の農業は，人口減少に伴う国内食市場の縮小や，コメの消費減退等による生産農業所得の減少，農業従事者の減少・高齢化，グローバル化の進展により，その活性化が喫緊の課題です。
　このため，平成25（2013）年以降，「農林水産業・地域の活力創造プラン」を踏まえ，農地バンクによる担い手への農地の集積・集約化，需要に応じた作物の生産販売の推進，農林水産物・食品の輸出促進の取組みの強化等が行われてきました。加えて，「農業競争力強化プログラム」に基づき，生産資材価格の引下げ及び農産物の流通・加工の構造改革や生乳流通改革など農業者の努力では解決できない構造的な問題への改革も行われています。
　これらの取組みにより，農林水産業の成長産業化と農林漁業者の所得向上の実現を図っています。

☑キーワード

　農林水産業・地域の活力創造プラン，農業競争力強化プログラム，TPP，日EU・EPA

第1章◇農林水産事業の現状と課題並びに将来の展望
第4節◇農林水産政策

```
解　説
```

1　わが国の農業の現状

　近年のわが国の農業・農村の現場を取り巻く状況は厳しさを増しています。農業総産出額は，平成2（1990）年11.5兆円から長期的に減少し，平成24（2012）年には8.5兆円となり，生産農業所得は，平成2（1990）年4.8兆円から長期的に減少し，平成24（2012）年には3.0兆円となりました[1]。

　また，基幹的農業従事者[2]も長期的に減少し，平成2（1990）年293万人から平成24（2012）年178万人となり，その平均年齢も66.2歳となりました[3]。農地面積についても昭和36（1961）年には最大609万haあったものが平成24（2012）年には455万haとなり[4]，荒廃農地も27万haとなりました[5]。

　さらに，中長期的な視点に立つと，日本の食市場は人口減少や高齢化に伴う縮小が見込まれる一方，世界の食市場は人口増加や新興国の所得向上に伴う拡大が見込まれます。

2　近年の農業政策

⑴　近年の農政①（平成25（2013）年〜平成28（2016）年）──農林水産業・地域の活力創造プランとその後の動き

　平成25（2013）年，農業総産出額や生産農業所得の減少，基幹的農業従事者の高齢化といった食料・農業・農村をめぐる課題に政府全体として包括的に対応するため，同年5月内閣に「農林水産業・地域の活力創造本部」が設置され，農林水産業の成長産業化と農林漁業者の所得向上を実現するための農林水産政策改革のグランドデザインとして「農林水産業・地域の活力創造プラン」[6]（以下「活力創造プラン」といいます）が決定されました。その後，活力創造プランは改訂[7]を重ね，近年の農林水産行政の基本的な方向性を示すものとなりました。

106

Q13◆農業政策の概要

図表1　農林水産業・地域の活力創造プラン

農林水産業・地域の活力創造プラン
（H25.12決定、H26.6改訂、H28.11改訂、H29.12改訂、H30.6改訂、H30.11改訂）

農林水産業の成長産業化と農林漁業者の所得向上を実現するための
農林水産政策改革のグランドデザイン

需要フロンティア の拡大	● 農林水産物・食品の輸出促進 ● 食の安全と消費者の信頼の確保
バリューチェーン の構築	● ６次産業化の推進　　● ＩＣＴ等を活用したスマート農業の推進 ● 知的財産の総合的な活用
生産現場の強化	● 農地中間管理機構による担い手への農地の集積・集約化 ● 米政策の見直し　　　　● 日本型直接支払制度 ● 農協改革、農業委員会改革の推進 ● 農業競争力強化プログラム 　　・ 生産資材価格の引下げ　・ 流通・加工構造の改革 　　・ 収入保険制度の導入　　・ 土地改良制度の見直し　　等
多面的機能 の維持・発揮	● 農泊の推進 ● 鳥獣被害対策とジビエ利活用の推進
林業の成長産業化と 森林資源の適切な管理	● 新たな森林管理システムの構築と木材の生産流通構造改革
水産資源の適切な管理 と水産業の成長産業化	● 適切な資源管理と、生産体制の強化・構造改革の推進

東日本大震災からの復旧・復興

（資料出所）農林水産省大臣官房政策課作成資料

　活力創造プランにおいては，農林水産業の成長産業化を推進する「産業政策」と美しく活力ある農山漁村を創り上げる「地域政策」を車の両輪とし，「生産現場の強化」，「需要フロンティアの拡大」，「バリューチェーン[8]の構築」及び「多面的機能の維持・発揮」の４つの柱を位置付け，農政改革の方向性を示しました。

　こうした動きを踏まえつつ，

①　「生産現場の強化」については，平成25（2013）年，農地中間管理機構法[9]を制定し，平成26（2014）年度から各都道府県に創設された農地中間管理機構（農地バンク）による担い手への農地の集積・集約化と，これを促進する農地の大区画化等の基盤整備事業が行われました。

107

第1章◇農林水産事業の現状と課題並びに将来の展望
第4節◇農林水産政策

また，経営所得安定対策に関しては，

　㋐　全販売農家を対象にした米の直接支払交付金は経過措置を設けた上で平成30（2018）年産米から廃止，米価の変動を全額補填する米価変動補填交付金は平成26（2014）年産米から廃止されることが決まりました。

　㋑　他方，水田で麦・大豆・飼料用米，米粉用米等の戦略作物を生産する農業者に対して交付金を直接交付し，水田のフル活用を図る水田活用直接支払交付金制度は，平成26年度以降も継続し，需要に応じた作物の生産の一層の推進*10が図られました。

　一方で，農業の担い手の規模拡大に水路・農道等の保全活動が重要であること等に鑑み，新たに日本型直接支払制度*11が創設されました。加えて，担い手を対象とした経営所得安定対策を再整備するため，畑作物の直接支払交付金（ゲタ対策），米・畑作物の収入減少影響緩和対策（ナラシ対策）について，平成27年産から認定農業者，集落営農，認定新規就農者といった「担い手」を対象に規模要件を課さない制度に変更*12されました。

② 「需要フロンティアの拡大」については，平成28（2016）年，「農林水産業の輸出力強化戦略」が策定*13され，2019年までに輸出額1兆円目標を達成する目標が設けられ，達成に向けて，HACCP，ハラール等の輸出先国のニーズに対応できる輸出拠点整備，諸外国の輸入規制の撤廃・緩和に向けた交渉の強化，GAP等の国際的な認証取得の推進等による輸出環境整備が進められました。

③ 「バリューチェーンの構築」については，農林水産物・食品のブランド化を進める取組みとして，6次産業化*14の推進に加え，平成26（2014）年，地理的表示保護法（いわゆる「GI法」）を制定*15し，名称から産品の産地が特定でき，品質等の特性が当該産地と結び付いている農林水産物・食品の名称を知的財産として保護する制度が創設されました。

　また，農協や農業委員会が，農業者の所得向上や地域の農地利用の最適化に寄与する組織となるよう，平成26（2014）年，「農協・農業委員会等に関する改革の推進について」が取りまとめられ，農業協同組合法等が改正*16されました。

④ 「多面的機能の維持・発揮」については，前述の日本型直接支払制度の

創設に加え，平成25（2013）年，再生可能エネルギー法[17]を制定し，市町村による認定を受けた計画における農地法，森林法等の許可等の手続のワンストップ化を実現し，優良農地等の確保を図りつつ，再生可能エネルギーによる発電を促進し，農山漁村の活性化を図ることとしました。

(2) 近年の農政②（平成28（2016）年以降）──農業競争力強化プログラムとその後の動き

平成28（2016）年11月に改訂された活力創造プランにおいて，「農業競争力強化プログラム」が取りまとめられました。この中では，さらに農業者の所得向上を図るためには，農業者が自由に経営展開できる環境を整備するとともに，農業者の努力では解決できない構造的な問題を解決していくことが不可欠との考えの下，生産資材価格の引下げや農産物の流通・加工の構造改革，生乳流通改革，収入保険制度の導入等の13項目について，新たな改革の方向性が示されました。これに基づき，

① 生産資材価格の引下げ及び農産物の流通・加工の構造改革については，平成29（2017）年，「良質かつ低廉な農業資材の供給」及び「農産物流通等の合理化」の実現を図り，農業者の所得向上・農業の競争力強化を図るための農業競争力強化支援法[18]が制定されました。同法では，国が講ずべき施策として，農薬登録審査制度の見直し[19]や肥料の銘柄集約等の各種規制・規格の見直し，生産資材・流通加工業界の事業再編・事業参入の促進等が規定されるとともに，事業再編・事業参入に際しての日本政策金融公庫の融資等の支援措置や税制特例が定められました。

② 生乳流通改革については，近年わが国の飲用牛乳需要が減少する一方，生クリーム，チーズ等の乳製品の消費が増加している状況を踏まえ，需要に応じた乳製品の安定供給を確保するため，飲用牛乳と加工原料乳との価格差に対して支給される加工原料乳生産者補給金について，交付対象となる事業者の範囲を農協等の指定団体に委託販売する生産者に限定していた制度を見直し，交付対象を拡大する変更[20]が行われました。

③ また，自由な経営判断に基づき経営発展に取り組む農業経営者のセーフティーネットを整備するため，対象品目が限定され，自然災害による収入減少に限られていた農業災害補償制度に加えて，新たに品目の枠にとらわ

第１章◇農林水産事業の現状と課題並びに将来の展望
第４節◇農林水産政策

図表２　農業競争力強化プログラムの概要

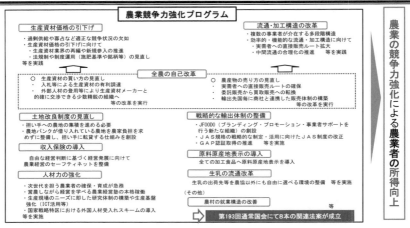

（資料出所）農林水産省大臣官房政策課作成資料

図表３　プログラム実施のための法整備

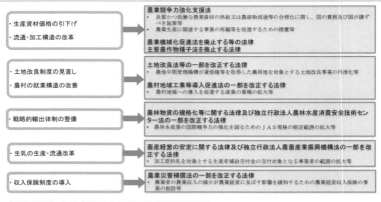

（資料出所）農林水産省大臣官房政策課作成資料

Q13◆農業政策の概要

れずに，自然災害のみならず，価格低下等も対象とする収入保険制度が創
設*21されました。

④　このほか，担い手がより効率的に営農できる環境を整備するため，農地
中間管理機構が借り受けた農地を農業者の費用負担や同意を求めずに基盤
整備事業を実施できる制度の創設*22や，農村地域の就業構造を改善する
ため，農工法*23上の農地転用の特例や金融・税制措置の対象業種に関し
て，従来から認められていた工業等に加え，サービス業等も追加する制度
改正*24が行われました。

　　また，農林物資の規格を定めたJAS法について，農林水産物・食品の輸
出力に際し，取引における説明・証明や信頼の確保につながるよう，規格
及びその認証制度の見直しが行われました。具体的には，JAS規格の対象
を，産品の生産方法，事業者の管理方式，成分の測定・分析方法等にも拡
大するとともに，国際規格の認証の円滑な取得につながる枠組みを（独）
農林水産消費安全技術センターが運営できるよう制度改正*25が行われま
した。

　　加えて，食市場の国際化により様々な国の原材料を用いた加工食品が流
通し，それに対する消費者の関心も高まっていることを受け，国内で製造
したすべての加工食品に対して，製造に占める重量割合上位1位の原材料
の原産地表示を義務付ける食品表示基準の改正*26が行われました。

平成29（2017）年12月の活力創造プランの改訂においては，農地制度や卸売
市場を中心に，農業者や需要者・消費者からの新たなニーズを踏まえた見直し
等が行われました。

①　農地については，相続未登記農地の増加により，農地の共有者の探索が
困難となり，農地の集積・集約化が阻害されている現状に鑑み，所有者の
一部が不明の農地において，判明している所有者が農地中間管理機構に対
して農地を貸し付ける意向がある場合，農業委員会の探索・公示手続を経
て，不明な所有者の同意を得たとみなす制度が創設されました。

　　また，農作物栽培の効率化・高度化を図るため，農業用ハウスの底面を
全面コンクリート張りする際に農地転用許可を受け，農地の対象から外す
必要があった既存の農地法を見直し，底地の全部がコンクリート等で覆わ

111

第1章◇農林水産事業の現状と課題並びに将来の展望
第4節◇農林水産政策

れた農業用施設についても農地転用許可が不要となる制度が創設*27され
ました。

② 食品流通の中で集荷・分荷，価格形成，代金決済等の調整機能を果たす
卸売市場については，市場の公正・安定的な業務運営を保ちつつ，消費者
ニーズに的確にこたえるため，差別的取扱いの禁止，中央卸売市場におけ
る受託拒否の禁止等の最低限の共通ルールを維持しつつ，売買取引の方
法，取引条件やその他第三者販売の禁止等の取引ルールの適否については
卸売市場の自主的判断を認める法律改正*28が行われました。また，流通
の効率化，品質・衛生管理の高度化，情報通信技術等の利用等に取り組も
うとする事業者への支援措置が定められました。

(3) 近年の農産物貿易政策

近年の農産物貿易政策においては，農産物の輸出大国との間で，包括的かつ
高水準な経済連携協定が締結されました。具体的には，

① 平成26（2014）年には日豪・EPAが成立，翌平成27（2015）年に発効しま
した。

② 平成28（2016）年10月にはアメリカ，カナダ，メキシコ，オーストラリ
ア，マレーシア，ベトナム等環太平洋の12ヵ国によるTPP（環太平洋パート
ナーシップ）が大筋合意，また，平成29（2017）年11月にはアメリカを除く
11ヵ国によるCPTPP（環太平洋パートナーシップに関する包括的及び先進的な協
定）が大筋合意し，このうちCPTPPについては平成30（2018）年12月に発
効しました。

③ 平成29（2017）年7月には日EU・EPAが大枠合意し，平成31（2019）年
2月に発効しました。

①から③までの協定に関しては，農林水産分野において，米，麦，牛肉・豚
肉，乳製品，甘味資源作物といった農林水産物の重要品目について，関税撤廃
の例外を確保し，関税割当やセーフガード措置等の必要な国境措置が設けられ
ました。また，②及び③の協定に関しては，新たな国際環境に対処するため，
平成27年11月，「総合的なTPP関連政策大綱」*29が決定され，重要品目の再生
産を確実なものとするための体質強化対策と，協定発効後の重要品目の安定供
給を確保するための経営安定対策が取りまとめられました。

112

図表4　EPAの現状

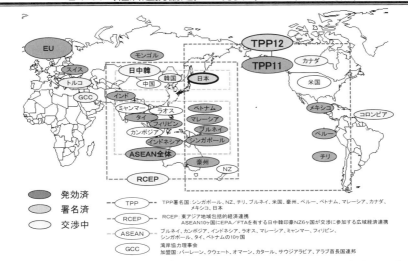

（資料出所）農林水産省ホームページ（http://www.maff.go.jp/j/kokusai/renkei/fta_kanren/index.html）（経済連携交渉について）

　平成27（2015）年6月より運用が開始された地理的表示保護制度（GI制度）については，その後，TPPにおいて，諸外国と相互に地理的表示を保護する共通ルールが合意されたことにより，わが国と同水準と認められる地理的表示制度を有する諸外国とリストを交換し，相互保護する仕組みが平成28（2016）年に整備*30されました。加えて，平成30（2018）年，日EU・EPAの発効に向けて，地理的表示に関する先使用を無期限から7年に制限することや，地理的表示の対象を産品だけではなく広告等のサービス分野に拡大することなどを内容とする制度改正*31が行われました。

〔竹谷　真之〕

―■注　記■―

＊1　農林水産省「生産農業所得統計」。平成29（2017）年の農業総産出額は9.2兆円，

第1章◇農林水産事業の現状と課題並びに将来の展望
第4節◇農林水産政策

　　　　生産農業所得は3.8兆円。
　＊２　農業就業人口のうち，ふだん仕事として主に自営農業に従事している者。
　＊３　農林水産省「農業構造動態調査」。平成29（2017）年の基幹的農業従事者数は151万人，平均年齢は66.6歳。
　＊４　農林水産省「耕地及び作付面積統計」。平成29（2017）年の農地面積は444万ha。
　＊５　農林水産省「荒廃農地の発生・解消状況に関する調査」。荒廃農地とは，現に耕作に供されておらず，耕作の放棄により荒廃し，通常の農作業では作物の栽培が客観的に不可能となっている農地。平成29（2017）年の荒廃農地は28.1万ha。
　＊６　平成25年12月10日農林水産業・地域の活力創造本部決定。
　＊７　平成26年6月24日農林水産業・地域の活力創造本部決定等。
　＊８　需要と供給をつなぐ付加価値向上のための連鎖の構築のこと。
　＊９　農地中間管理事業の推進に関する法律（平成25年法律第101号）。
　＊10　数量払いの導入，多収量米への加算等。
　＊11　農業の有する多面的機能の発揮の促進に関する法律（平成26年法律第78号）。
　＊12　農業の担い手に対する経営安定のための交付金の交付に関する法律の一部を改正する法律（平成26年法律第77号）。
　＊13　平成28年5月19日農林水産業・地域の活力創造本部取りまとめ。平成25年12月の活力創造プランの策定当時は，2020年までに輸出額1兆円目標を達成するとの目標であったが，輸出額の堅調な伸びを受け，目標の達成期限を1年前倒し。
　＊14　農林漁業の6次産業化とは，第1次産業としての農林漁業と，第2次産業としての製造・加工業及び第3次産業としての小売業等の事業との総合的かつ一体的な推進を図り，農山漁村の豊かな地域資源を活用した新たな付加価値を生み出す農林漁業者等による取組み。地域資源を活用した農林漁業者等による新事業の創出等及び地域の農林水産物の利用促進に関する法律（平成22年法律第67号）。
　＊15　特定農林水産物等の名称の保護に関する法律（平成26年法律第84号）。
　＊16　農業協同組合法等の一部を改正する等の法律（平成27年法律第63号）。
　＊17　農林漁業の健全な発展と調和のとれた再生可能エネルギー電気の発電の促進に関する法律（平成25年法律第81号）。
　＊18　農業競争力強化支援法（平成29年法律第35号）。
　＊19　農薬については，翌平成30（2018）年に，農薬の安全性に関する審査の充実やジェネリック農薬の申請簡素化等を内容とする農薬取締法の一部を改正する法律（平成30年法律第53号）が成立。
　＊20　畜産経営の安定に関する法律及び独立行政法人農畜産業振興機構法の一部を改正する法律（平成29年法律第60号）。
　＊21　農業災害補償法の一部を改正する法律（平成29年法律第74号）。
　＊22　土地改良法等の一部を改正する法律（平成29年法律第39号）。
　＊23　農村地域への産業の導入の促進等に関する法律（昭和46年法律第112号）。
　＊24　農村地域工業等導入促進法の一部を改正する法律（平成29年法律第48号）。
　＊25　農林物資の規格化等に関する法律及び独立行政法人農林水産消費安全技術セン

ター法の一部を改正する法律（平成29年法律第70号）。

＊26　食品表示基準の一部を改正する内閣府令（平成29年内閣府令第43号）。

＊27　農業経営基盤強化促進法等の一部を改正する法律（平成30年法律第23号）。

＊28　卸売市場法及び食品流通構造改善促進法の一部を改正する法律（平成30年法律第62号）。

＊29　平成27年11月25日TPP総合対策本部決定。その後，日EU・EPAの大筋大枠等に伴い，平成29年11月24日に「総合的なTPP等関連政策大綱」に改称。

＊30　環太平洋パートナーシップ協定の締結に伴う関係法律の整備に関する法律（平成28年法律第108号）。

＊31　特定農林水産物等の名称の保護に関する法律の一部を改正する法律（平成30年法律第88号）。

第1章◇農林水産事業の現状と課題並びに将来の展望
第4節◇農林水産政策

 農林水産分野の規制改革の動き

農林水産分野において規制改革が進められていると聞きましたが、その背景や狙いを教えてください。

　少子高齢化等の国内の構造変化や、貿易自由化をはじめとする国際的な環境変化が見られる中、日本の農林水産分野の潜在力を活かし、日本経済を支える成長産業として発展させることを目指して、農林水産分野の規制改革が進められています。消費者の高度で多様なニーズへの適応、意欲・能力のある多様な担い手の参画・活躍の促進、次代を支える若者を惹きつける魅力ある産業への転換など、規制改革を通じ、多くの変化が生まれることが期待されます。

☑キーワード

消費者ニーズへの対応、多様な担い手の参画・活躍、若者を惹きつける産業への転換

解　説

1 農林水産分野における規制改革の背景と狙い

　農林水産分野では、長らく、安価で安定的な食糧供給や、農林水産業を育む社会環境、自然環境の維持等が重視され、生産性の向上を通じて競争力を高

め，日本経済を支える基幹産業に育てていくという発想が十分ではありません
でした。

　確かに，米をはじめ国内で生産できる農林水産品についていえば，安全で均
質な生産物を安定的かつ安価に供給する仕組みが整備され，工業化，都市化が
進み，人口が増加基調にあった時代を支えたことに異論はないでしょう。食が
多様化する中にあって，食料自給率を十分に高めることは結果的には困難で
あったものの，時代に適合的な食糧供給の基盤を形成したといえます。

　しかしながら，国内外の物流の高度化やWTO，経済連携協定等の通商ルー
ルの整備が進む中，海外の農林水産品との競争が徐々に激化してきました。ま
た，少子高齢化の進展や，日本人のライフスタイル・食習慣が大きく変化する
中で，食の需要は，量は減るものの多様性は高まりました。こうして，安価で
安定的な供給を旨として長きにわたり政策によって築き上げられていた供給構
造と，目の前に立ち上がる需要構造とのミスマッチが拡大するようになってき
たのです。

　農林水産品市場のグローバル化は，日本で生み出される安全で高品質な生産
品の輸出拡大のチャンスです。また，国内市場も，量的な伸びがなくとも，多
様で高品質な農林水産品を求める高付加価値市場として期待できる状況にあり
ます。このような変化を，農林水産業の新たな事業機会と捉え，自然的，社会
的環境に育まれてきた日本の農林水産業の潜在力を最大限生かして，成長産業
に変えていくことが，日本の農林水産業の将来を切り開き，さらには，日本経
済全体の成長を進める上で必要なのではないか。このような課題認識のもとで
推進されているのが，近年の農林水産分野における規制改革であるといえま
す。

2　農林水産分野における規制改革の特徴

　農林水産分野においては，農地をめぐる改革，農協をめぐる改革，漁業や林
業の活性化のための改革，卸売市場に関する改革など，長らく手づかずにあっ
た分野の規制改革が立て続けに実行されてきました。それぞれの改革には固有
の目標や考え方がありますが，全体を貫く基本的な考え方を示すならば，概ね

第1章◇農林水産事業の現状と課題並びに将来の展望
第4節◇農林水産政策

以下の4つの視点に整理されるといえるでしょう。

(1) 意欲・能力ある担い手が最大限活躍できる環境へと転換する視点

　農林水産業は，多くの場合，現場での共同作業が不可欠であり，さらには，水路，道路，港等のインフラの整備・維持が活動の前提となるという意味でも，幅広い人々による協力が不可欠です。また，自然的条件がそうであるように，従事者の純粋な能力や努力が，生産量等の結果の善し悪しに必ずしも直結しないという難しさがあります。このため，地域社会に根ざした人的ネットワークを基礎に，公式，非公式の相互扶助を可能とする組織化を進め，その組織に属する限りは，長期にわたり，農林水産業従事者としての一定の安定的な営みが保証され，安心して生産活動に邁進できるという仕組みが，農林水産分野を支える諸制度に共通して組み込まれてきたといえるでしょう。これは，農林水産分野が高度に労働集約的であり，意欲，能力，生活環境等の面で様々な状況にある裾野の広い担い手を集め，生産活動に多くの時間を割く必要がある状況においては，そのような生産体制を支えるメカニズムとして一定の合理性があったと思われます。

　しかしながら，そのような状況が必ずしも認められなくなってから久しく年月が経過しているというのが実情です。すなわち，機械化，省人化が進み，高度な労働集約的方式で生産活動を営むことだけがソリューションであった時代は終わりました。また，輸入品や代替製品が多く市場に出回るようになり，安価で安定した生産活動を継続するだけでは，再生産可能な産業としての存続自体が困難となってきました。その結果，工業製品ほど容易ではないにしても，農地等の生産財を，相対的に見て効率的に活用できる生産主体に集約し，適切な投資と技術革新を通じて競争力のある生産品を生み出すような構造への転換が必要になったわけです。これが，意欲，能力ある担い手が持てる力を最大限に発揮できる環境に変えるという視点が重要となる理由です。

　これに対し，現状では，例えば米作に見られるような，生計を立てる上で農業収入に多くを依存しない兼業農家が増え，また，林業にあっては，所有者が林業を営まずに放置する状況が広がるなど，農林水産業に必須の土地等の生産財の管理者に将来にわたる担い手としての意識がなく，ミスマッチといえる状況が生まれています。重要な生産財の管理者が，自らの時間を農林水産分野の

118

生産活動に割かないわけですから，かつては意味のあった，地域社会に根ざした人的ネットワークに多くを依存する制度枠組みが現実的ではなくなってきたといえるでしょう。その結果，むしろ，地域性や相互扶助性が有効に機能していたがゆえに採り入れられていた仕組みが，意欲と能力のある限られた数の担い手にその持てる力を最大限に発揮させるための十分な機会を与えることを妨げ，貴重な生産財を国全体としてみすみす劣化させ続けているともいえるでしょう。

　規制改革を経て若手新規就農者が増えつつある中で，なお，農業従事者の平均年齢が60代後半であるという現実が，待ったなしの対応が必要であることを端的に示しています。このような構造を打開し，次世代につながる意欲ある農林水産業の担い手の活躍を促す制度的環境整備が，規制改革の第1の眼目となります。

(2)　消費者ニーズを起点とした産業へと転換するという視点

　農林水産分野における諸制度の目的が，消費者，国民のニーズに応えるべく，農林水産品の供給構造を作り上げることであることは論を待たないと考えます。しかしながら，市場の成熟により，消費者は多様なニーズが満たされることを望み，それに応えられる分野において，付加価値の高い消費者市場が発展を遂げ，そこに魅力的な商品を供給する産業が大きく伸びたという側面は否めません。このような構造は，物流，商流システムの劇的な発展により生まれ定着し，近年のITを駆使した事業戦略によって，不可逆的傾向となって，更なる進化を遂げています。日々の需要データ等を駆使して，幅広い商品の売れ筋を規定しているともいえるコンビニエンスストアの事業モデルや，消費者との距離を縮めた生産者が，細やかなニーズを捉えた商品をいち早く市場投入し高付加価値を得る事業モデル，さらには，ITやAIを駆使したマスカスタマイゼーションの動きなど，電子商取引の普及による国内市場と海外市場のシームレス化も相俟って，今や，多種多様な消費者ニーズを捉えることをなくして事業の成功はありません。

　これに対し，農林水産分野の標準的な商品流通の姿は，均質で安価な生産品をできるだけ安定的に市場に流通させるというものでした。生鮮品の流通の多くが，産地単位で集約された，個別の生産者の顔の見えないマスとしての製品

第1章◇農林水産事業の現状と課題並びに将来の展望
第4節◇農林水産政策

群を扱うものとなっていれば，個別農家の努力や能力を消費者が評価し，見合った価格で購入するという，活力のある生産活動に不可欠な循環が途絶えます。これでは，十分な規模で適切な投資を行う次代を担う生産者の成長は見込めません。消費者と生産者の間で流通を担う組織として，農業協同組合があげられますが，流通機能の対価が，取扱数量を基礎に決定されていて，生産品をより高く売ることよりも，安値で量を捌くほうが，増収につながるとした場合，消費者ニーズを見極め，それに合致した商品を見合った価格で販売するという，生産者の成長につながる機能を期待することは，容易ではないと考えられます。

　消費者の日常を支える基本的な商品群は存在し，ニーズに見合った価格で供給されるということは引き続き重要ですが，その商品群自体もミクロで見れば細やかな変化があり，また，消費者も，潜在的なニーズを捉えた農林水産品が登場すれば，それに消費を振り向けていくことは，近時の他分野の動静を見る限り，十分に期待できると考えられます。その潜在力のある市場は，貿易枠組みの自由化によって，海外にも開かれています。これこそ，農林水産分野の更なる成長の余地であり，これを現実のものとしていく上での鍵となる視点が，消費者ニーズを起点とする産業への転換です。

(3)　農林水産分野を支える組織構造を転換する視点

　農業における農業協同組合，生乳の流通における指定生乳生産者団体，漁業における漁業協同組合など，日本の農林水産業は，その特性に適合的な，協同のための組織によって，支えられ，育まれてきたのは紛れもない事実です。しかしながら，長年にわたり制度が運用される中，様々な要因で組織の機能が拡散した結果，必ずしも今日的課題に対応できない制度疲労と思われる部分が顕在化してきました。

　例えば，農業協同組合は，先に述べたような農業を支える地域社会に根差した人的ネットワークの形成を進める上で有効な手段でありましたが，その機能の範囲が，協同組合の語義から想起される範囲をはるかに超えて，地域住民の生活全般を支える金融，病院，小売店等の経営体としての活動が広まりました。そして，組合のリソース配分，収益構造，業務量等の観点で見て，本来，期待されていた営農指導や，農産品を有利に販売するための活動が劣位すると

いう状況になっています。

　また，地域の酪農家から生乳を集め，一括して，乳業メーカーと取引をする指定生乳生産者団体は，生乳取引に不可欠な試験施設等を保有し酪農家に供与してきました。近年，乳業メーカーとの一括した取引では，自ら生産した生乳の付加価値を訴求できないとして，独自の商流を選択する酪農家が登場していますが，そのような酪農家の中には，団体が整備した各種施設が利用できず，あるいは，一括した取引に参加する場合に比べて費用が著しく高い等の条件が提示されて，深刻な状況に追い込まれている者も認められました。生乳の流通経路が一本であれば，協同と公共は，結果として一致しますが，先に述べたような消費者ニーズへの対応に腐心して創意工夫し，差別化路線を選択する酪農家にも成長の機会を与えようとするならば，試験施設のような施設は，協同よりも，公共か，あるいは，利用に見合ったコスト負担を求めるビジネスライクな仕組みへと転換することが理に適います。ところが，協同組合は自治組織であり，組合員以外への情報開示や説明責任が求められるものでは元来ありませんから，自律的な転換を期待するにも限界があります。様々な環境変化の中で，その組織が実態として担っている機能，将来の農林水産業の発展のために重点を変えるべき機能を見極め，それに適した組織構造，ガバナンス構造へと転換させることは，これまで述べてきた，新たな担い手の活躍を促し，消費者ニーズに的確に応えていく上でも，欠かせない視点であるといえます。

(4) 技術革新を活かせる環境を実現する視点

　元来，農林水産分野においては，モデル化しづらい環境の中で，多くの偶発的要素に対処しながら生産活動を行うものであるため，工業とは異なり，生産管理，自動化等の手法の導入には大きな限界がありました。ところが，近年のセンサーやマニピュレーション技術の高度化と，ロボットを構成する各種部品や開発基盤，ソフトウェアの標準化・汎用化を背景に，商業ベースで実装できる自動化装置が格段に増えてきました。また，植物工場といったような，伝統的手法とは一線を画す，工業に近い手法も普及の段階となっています。様々な分野で画期的な用途を生み出しているドローンも，農林水産分野の生産性の向上に当たって，不可欠なツールになりつつあります。さらには，農林水産分野に関する様々なデータを集約整理分析し，生産性の向上，高付加価値化につな

第1章◇農林水産事業の現状と課題並びに将来の展望
第4節◇農林水産政策

げていく取組みも本格化しています。

　これらの新たな技術革新の活用は，農林水産分野の更なる成長に向けて大いに期待されるところですが，既存の制度枠組みの前提条件にあてはまらない結果，活用できない場合や，できたとしても，その真の効果を十分に引き出す方法では活用できない場合が出てきています。例えば，ドローンについて，一般的なルールによれば，目視できる範囲に限定した飛行や，運航補助者の配置が求められます。これは，人の進入があった場合や，不慮の落下等が生じた場合に，問題なく対応するための十分条件を満たすことを旨とすることが理由であると説明されます。フェンス等の囲いがないという意味では，飛行可能領域に一般人の進入がないことが担保されてはいないとしても，可能な限り広い農地で，可能な限り少ない人員で効率的に作業することこそ，ドローン導入の目的であるはずです。広大な農地をフェンスで囲むことは，効果に見合う投資ではありません。ドローンの飛行も，肥料，農薬散布等の用途を踏まえれば，低空飛行であることが一般的といわれており，落下時のリスクの冷静な見極めができるのではないでしょうか。こういった新たな技術が実際にどのように使われて，それが，どのような効果をもたらすものであるかということを，俯瞰的に検証し見極めながら，活用できる制度的条件を適時適切に整備していくことが必要です。技術革新の成果を十分にとり入れられるような環境を実現するという視点で規制改革を進めることは，歴史の長い産業分野であればあるほど，特に，重視される必要があるといえます。

〔佐脇　紀代志〕

Q15◆農林水産分野における主な規制改革事項

 農林水産分野における主な規制改革事項

農林水産分野で実現した主な規制改革事項を教えてください。

　　農林水産分野に関する規制改革については，しばしば，岩盤規制改革と称され，改革に対する抵抗の大きい分野の筆頭の1つに挙げられます。しかしながら，農林水産分野が直面する環境の変化と将来の不安については，農林水産業従事者を含めた幅広いステークホルダーや国民全般が共有するところであり，様々な場で議論を尽くすことを通じて，重要な改革が実現されてきました。農地をめぐる改革，農協改革，牛乳・乳製品生産流通改革，森林・林業改革，漁業改革などが主な規制改革事項です。

☑キーワード

　岩盤規制，農地改革，農協改革，牛乳・乳製品生産流通改革，森林・林業改革，漁業改革

解　説

1　農林水産分野における規制改革の推進体制

　農林水産分野を日本経済の成長領域と位置付けた規制改革は，近年，着実な進展を遂げています。

第1章◇農林水産事業の現状と課題並びに将来の展望
第4節◇農林水産政策

　第二次安倍政権以降，農業の規制改革はアベノミクスの成長戦略に位置付けられました。総理の諮問機関である規制改革会議（2013年1月～2016年7月）及び規制改革推進会議（2016年9月～2019年7月）が主導して，総理が議長となり関係閣僚や民間有識者が参画する産業競争力会議（2013年1月～2016年6月）及び未来投資会議（2016年9月～）とともに改革を牽引しています。

　規制改革を推進する上では，現存する制度の枠組みをゼロベースで検証することが不可欠となります。規制改革推進会議の答申にあるとおり，「規制所管府省や関係業界を中心とした『しがらみ』にとらわれた議論とは一線を画し，関係者から十分に意見を聴取しつつも，規制改革の要否について多角的な視点から熟議を重ねる。その議論の過程においては，様々な論点や意見を国民に分かりやすく公開し，より多くの国民の問題意識を喚起するよう努める」こと，そして「既存の規制が前提としている課題設定や事実関係について，利用者の立場に立って合理的かつ多角的に把握する努力を行う」ことが重視されます。このため，様々な分野における経験や知識を有する有識者を交えた検討のプロセスが，長らく変化のなかった規制を転換する上で有効となります。

　一方，規制改革は，既存の規制の下で事業活動等を営んできたステークホルダーにとっては，日々の活動を根本から転換しかねない一大事となり得ます。また，制度は，複雑な入れ子構造のように，関連する公式，非公式の制度と補完関係をなし，ある制度の変化はそれと補完関係をなす多くの制度に少なからぬ変化を強います。したがって，最終的な規制改革の実現に当たっては，政治，行政等の様々なレベルにおいて，幅広い利害関係者との議論を重ねることが不可欠です。規制改革推進会議等の問題提起や提言を受けつつ，総理を本部長とする農林水産業・地域の活力創造本部，日本経済再生本部が政策決定機関となって具体策を決定し，その決定に際しては，政党や国会における農林水産分野に関連する様々な議論の場で検討が重ねられます。そして，農林水産業の将来の発展を期して，立法措置も含めた規制改革が決断されていくことになります。

124

Q15◆農林水産分野における主な規制改革事項

2　農林水産分野における主な規制改革

　規制改革の要諦として，しばしば「神は細部に宿る」との標語が引用される
ほど，改革すべき事項の根幹を突き詰めていくと，極めてミクロな改革事項の
集積になるという側面があります。したがって，その全体像を限られた紙幅で
再現することは困難であり，規制改革推進会議答申等の公式文書等を見ていた
だく必要がありますが，ここでは，主な規制改革のポイントに触れることとし
ます。

(1)　農地をめぐる改革

　農地は農業における最も重要な基盤といえます。しかしながら，農地の所有
者の大多数が農業で生計を立てるという前提は崩れ，耕作放棄地も増加傾向を
たどっています。他方，農業には用水や農道といったその地域で整備し利用し
維持すべきインフラが不可欠であり，さらには，植生や虫等が織りなす生態系
そのものも重要な環境要因であるといえます。このため，農地は個々の所有の
単位でその価値が発揮されるものではなく，一定の面的広がりをもった環境が
整って初めて，個々の農地の価値も発揮されます。米国や豪州のように広大な
敷地を単一の経営体で営農する場合にはあてはまらない前提ですが，日本にお
いては，一部の例外を除けば，農業の種別によらず認められる傾向であり，と
りわけ，戦後の農地改革を経て所有形態が分散化した稲作において典型的に認
められる構造です。

　このような構造を前提に，これまでは，農地の管理単位ごとに行政委員会と
しての農業委員会が組織され，農地に関する所有権の移転や，農地を農地以外
の用途に使用することの適否の判断等の行政事務を担い，面的広がりのある農
地の機能の維持と，農地の所有に係る私権との調整を行ってきました。しかし
ながら，兼業農家の増加や，そもそも，農業の担い手が不在となる所有者の出
現，耕作放棄地が虫食い状に発生し，それが，周辺の農地への負の影響をもた
らすなど，様々な問題が発生しました。大規模農業を志向する専業農家に農地
の利用を集約化するなど農業委員会には現状に即した農地へと転換するための

125

第1章◇農林水産事業の現状と課題並びに将来の展望
第4節◇農林水産政策

決断する機能が期待されるわけですが，農業委員会の委員構成をはじめとする
ガバナンスの在り方が，これらの課題解決に適するものとなっていないこと等
もあって，今日求められる課題解決機能が発揮されにくい状況になっていまし
た。

　そこで，以下のような改革事項がパッケージとして実現されています。

　①　農地中間管理機構の創設

　農地を集約し大規模な生産性の高い農業を実現し，意欲と能力のある担い手
に委ねていくという大きな方針の下，自ら営農しない所有者の農地等を都道府
県単位に創設される農地中間管理機構に集約し，貸付等の方法によって，担い
手が営農できるようなメカニズムが導入されました。

　②　農業委員会等の見直し

　兼業農家が多いなどの指摘のあった委員構成や選任方法を見直すとともに，
新たに，農地利用最適化推進委員制度を設け，耕作放棄地の調査・改善指導な
どに注力し得る組織体制へと改革されました。農地をめぐる決定が，従来にも
増して様々な立場の方々に関わりをもつことになることもあり，今日的なガバ
ナンス向上策の必須要素でもある，情報公開の徹底も進められています。

　③　農地を所有できる法人（農業生産法人）の見直し

　農地があってこその農業であり，いったん，農地の質が落ちると周囲への影
響も含め回復が困難であるとの考えから，農地を法人が所有するという仕組み
は，ごく限定的にしか活用されていませんでした。しかしながら，新たな世代
や異なる地域・業種の知恵・技術・ノウハウを地域の営農に活かしていくこと
は，農業を成長産業へと転換する上で不可欠であるため，法人を活用する利点
を生かすための改革が検討されました。具体的には，農業関係者に限定されて
いた法人の役員構成制限を緩和し，議決権を有する出資者の2分の1未満であ
れば制限を設けず新たな担い手が参画できるようになりました。

　(2)　**農協改革**

　面的広がりのある農地が基盤である農業を営む上では，農村の住人の多くが
農業に従事し，協同するというあり方は，ある意味，原型ともいえます。農業
協同組合の仕組みは，そのような農業の担われ方を前提として，それに適合的
な組織として発展してきました。

126

Q15◆農林水産分野における主な規制改革事項

　2013年11月に規制改革会議が決定した「今後の農業改革の方向について」と題する意見では，そのような条件が成り立たなくなっている中，農協組織が変質し，新たな状況の下で果たすべき役割を担えなくなっているのではないかとの危機感を，以下の表現で訴えています。

　「農業者の組織として活動してきた農業協同組合は，少数の担い手組合員と多数の兼業組合員，准組合員・非農業者の増加，信用事業の拡大等の状況が見られるなど農業協同組合法（以下「農協法」という。）の制定当時に想定された姿とは大きく異なる形態に変容を遂げてきた。こうした状況を踏まえれば，『農業者』に最大限の奉仕をする組合組織という農協法の理念を改めて想起し，組合員・准組合員等の多様な関係者の調整を図るとともに，農業者の生産力の増進や市場の開拓に係る取組，地域の独自性を発揮する組織の取組などを強化する必要がある。」

　ここで投げかけられた問題提起の捉え方は，ステークホルダーによって様々でありましたが，最終的に，次に列記する規制改革が実現されました。以下に示すとおり，多くの重要な改革事項は，農協組織にとっての改革の選択肢と位置付けられて，実際にそのような改革を選択するかどうかは，農協組織の自己改革次第です。平成26年6月からの5年間が「農協改革集中推進期間」とされており，実のある改革実行の英断が期待されます。

(a) 単位農協改革

　生産活動における組合の効果を最大限発揮する観点からは，農産物の有利販売と生産資材の有利調達に最重点が置かれるべきです。農協が，単なる取引仲介拠点ではなく，農業者の所得向上に資するよう，自らも適切なリスクをとりながらリターンを大きくすることを目指すべきであるとして，伝統的な商流である全農・経済連系統だけに頼らない取引先，調達先の工夫等を進めることなど様々な自己改革が求められました。これらの積極的な経済活動を担える経営陣とすべく，理事の過半を，農産物販や経営のプロ，認定農業者といわれるプロ農家とするなどが求められることとされています。さらに，単位農協が現に営んでいる事業の対象者は，担い手農業者や兼業農家にとどまらず，物販や金融などの事業を通じた地域住民全般に及んでいます。このため，組織分割や，株式会社，生活協同組合等，機能に見合った組織形態の選択肢が立法措置によ

127

第1章◇農林水産事業の現状と課題並びに将来の展望
第4節◇農林水産政策

り設けられました。

(b) 連合会・中央会のあり方

単位農協の販売や資材等の調達に際し，協同組合の利点を生かすための広域組織が全農・経済連です。単位農協には，これらの広域組織のみに依存することなく，有利な選択肢を自ら選ぶよう求めたわけですが，広域組織には，そのような中で，協同組合のメリットを最大限発揮できるような事業戦略の見直しが求められています。共同購入ならではの交渉力の発揮，全国組織ならではの強力な国内外販売ルートの開拓など，真に農業者の立場に立った事業運営と，それを可能とするような組織構造，ガバナンス改革を自ら果敢に進めていくことが期待されています。

(3) 牛乳・乳製品生産流通改革

酪農家が生産する生乳は，一定の鮮度を維持して乳業メーカーに集められ，牛乳や乳製品に調整し，販売されます。

乳製品であるチーズやバター，いくつかの関連成分は，適切に調整すれば長期輸送に耐えるため，輸入することができますが，加工状態によっては可逆的といわれており，飲用乳を含め，様々な牛乳関連製品の原料となります。このため，国内市況を安定させて酪農経営を支える観点から，輸入量の国家管理が行われています。

さらに，本州の酪農家の立地条件に比較して，北海道の酪農家の生産性は圧倒的に高く，無条件に競争すれば，本州の酪農家の経営が困窮すると考えられるため，国内の生乳流通量を制御するような仕組みが国レベルで整備されてきました。ポイントは，価格競争力があり出荷量も多い北海道産の生乳の流通を制御することです。生乳は乳牛が生産しますから，出荷量の変動は不可避です。このため，鮮度の高いうちに消費される必要のある飲用牛乳の本州における流通量の振れ幅を抑えて市況を安定させることが鍵となります。そこで，北海道産の生乳は，主として，ストック可能なバター等の加工用に充て，北海道から本州への飲用乳の出荷を抑える仕組みが整備されました。その際，乳業メーカーによれば，バターの市場価格は製造コスト割れとなっており，かといって，輸入を制限しながら日用品であるバターを高値で流通させるわけにはいきません。そこで，北海道産の生乳の多くを，バター用原料として乳業メー

カーに出荷することの見返りとして，加工原料用に生乳を出荷した酪農家に対しては，出荷量の見合いで国が補給金を交付するとともに，乳業メーカーとの価格交渉は，地域の酪農家の生乳を一括して集め販売する国の指定する法人が担い一括販売を行うことにより，できるだけ有利な条件で売るという仕組みが構築されました。

　飲用乳も加工原料乳も，酪農家から出荷するのは乳牛が生産する生乳です。したがって，加工原料乳に関する指定法人が流通・取引の要となるこのような構造は，加工原料乳に限ったものとはならず，結果として，生乳全体の流通・取引が，指定法人によって仕切られることとなります。そして，飲用乳と加工原料乳に関する流通・取引上の特性は，程度の差こそあれ，全国どこでも相似的でありますから，全国の酪農家は，原則として，この種の指定法人に対し生乳を出荷し，指定法人の乳業メーカーとの価格交渉に，収入のすべてを依存することになったわけです。国も補給金の交付実務を効率的に実行するために，補給金は指定法人ごとの加工原料乳の出荷実績に応じて当該法人に交付し，指定法人が補給金収入の効果を加味した対価を各酪農家に支払うという実務が定着しました。指定法人は，農協組織が担う場合が通常で，酪農経営に要する資材や飼料，出荷に不可欠な試験設備等は，農協事業の一環として酪農家に提供されていました。

　近年，自ら生産した生乳の特徴を生かした販路を開拓しようとする酪農関係者が登場しました。背景には，指定法人を経由した出荷ルートでは，当該指定法人に出荷する他の酪農家との差別化が図られず，自らの生乳の価値に見合った価格交渉ができないという事情があります。それに加えて，指定法人が，必ずしも，乳業メーカーとの交渉等において，個々の酪農家の真の代理人として動いておらず，資材その他の提供に際しても，酪農家の立場から見て，納得感のある仕組みとはなっていないケースが出てきたという事情がありました。

　ところが，国の制度によれば，指定法人を経由した出荷でなければ，加工原料乳に対する補給金の対象となりません。さらに，指定法人によっては，飼料の販売や，試験設備の利用などは，農協の組合員であったとしても，指定法人経由で出荷しない場合には，差別的な取扱いをすると迫ることがあったといわれています。これでは，次世代を担おうとする酪農家が，欧州の特色あるチー

第1章◇農林水産事業の現状と課題並びに将来の展望
第4節◇農林水産政策

ズに匹敵するような乳製品を生み出そうとしても，その努力に報いることはできません。

そこで，指定法人の実質的流通独占を前提としていた制度を改め，指定法人のみを特別な扱いとする従来の仕組みを廃止し，独自色を追求する酪農家も，従来の経営を望む酪農家も，国の支援や，農協組織で提供される資材やインフラの活用の面で，本質的な差が生じないよう全面的に改革されました。日EU経済連携協定が発効し，欧州からの乳製品の流通が一層増加すると見込まれる中，新たな仕組みの中で，日本の次代を担う酪農家の健闘が期待されます。

(4)　その他の主要な改革

(a)　卸売市場改革

公営の画一的な市場に制限されていた卸売市場の規制を緩和し，多様な食品流通を支える仕組みへと転換されました。

(b)　森林・林業改革

戦後，全国的に植林された樹木が主伐木を迎え，輸入材に伍していける段階に至ったことから，これを好機ととらえ，その後の長期にわたる林業経営を担えるような構造を構築する必要があります。このため，森林保有者に適切に管理する法的義務を課すとともに，これを果たせない保有者には，意欲と能力ある林業経営体に林業経営を委ねるように求めることにより，林業資源を無駄なく効率的に活かし，さらには，その後の数十年にわたる林業の担い手を育成していくための仕組みが整備されました。

(c)　漁業改革

漁業も農業等と同様に，所得の向上と年齢のバランスのとれた就業構造の確立が喫緊の課題です。世界の成功事例では，資源管理を徹底し，漁船等の単位で漁獲可能量を割り当てることで，特定の時期に我先にと漁獲を急ぐことなく，良質な水産資源を計画的に漁獲，出荷することで，十分な設備投資と安定した収入を得ています。

これに対し，日本では，資源管理をするにも船舶の規模による場合が多く，その漁港での特定の魚種の水揚げ総量が決められた場合でも，個別の漁業者には割り当てずに「早い者勝ち」の方式とされる場合が多いことから，質よりも量が優先されて，成長の十分でない魚類なども乱獲される一方，そのような水

130

産物は，市場でも高値が付かず，飼料となる場合も少なくなく，収入増には結びつかず，設備投資も過小になるという悪循環が危惧されました。

このため，国際的に遜色のない資源管理システムを構築するとともに，漁獲量を合理的に管理するための割当制度の導入の徹底，さらには，これまで，既得権のように運用されてきた漁業許可制度・漁業権の仕組みについても，新規参入者を含め，漁場を適切かつ有効に活用できる意欲と能力ある担い手が，十分に活躍できる許可等の方式へと改革されました。なお，それによって，今後，一層の成長が見込まれる養殖産業の事業環境も向上することが期待されています。

〔佐脇　紀代志〕

第 2 章

戦略的ツールとしての知的財産制度

第1節　知的財産法制の概観

16　知財法制の全体像

わが国の知的財産法制は，どのようになっているのでしょうか。全体像が概観できればと思うのですが，ご説明いただけますか。

「知的財産法」という名称の法律があるわけではありません。種苗法，地理的表示法といった農水知財に関する法律をはじめ，特許法，商標法，著作権法など，知的財産に関する法律の総称が知的財産法です。

農水知財の保護を考えるに当たっては，種苗法，地理的表示法はもちろんですが，その名称を商標法や不正競争防止法で保護すること，養殖方法や養殖のための施設や飼料などについて特許法により保護することも視野に入れる必要があります。さらには，農作物の育成などに関するノウハウを営業秘密として不正競争防止法で保護することも重要でしょう。

したがって，農水知財とは，一見，関係のないように思われる知的財産法であっても，その法律の適用を検討するときがいつ到来するかもわかりません。したがって，知的財産法制全体を俯瞰し，かつ，各知的財産法を理解しておくことが求められます。

また，知的財産法以外の分野の法律も農水知財の保護をするに当たり重要となってくる場面があります。

第2章◇戦略的ツールとしての知的財産制度
第1節◇知的財産法制の概観

☑キーワード

知的財産法，排他的独占権，行為規制，登録，存続期間

解　説

1　わが国における知的財産法制の沿革

　知的財産法については，新たな技術に対応している法律であるという面があるため，現代的・先端的な法分野であるという印象があるかもしれません。

　しかし，福澤諭吉が，1867年（慶應3年）に出版した『西洋事情外編巻之三』で，「發明ノ免許パテント」，「藏版の免許コピライト」として特許や著作権に関する西洋の法制度を紹介するなど，幕末から知的財産法制については関心がもたれていました。

　実際，出版条例が1869年（明治2年）に，専売略規則が1871年（明治4年）に定められています。明治維新直後から，わが国の知的財産法制の整備が開始されていることは注目されるべきでしょう。

　知的財産法制の沿革について**図表1**にまとめます。

2　知的財産基本法

　わが国を，科学技術や文化などの幅広い分野において豊かな創造性にあふれ，その成果が産業の発展と国民生活の向上へつながっていく，世界有数の経済・社会システムを有する「知的財産立国」とすることが必須であるとした知的財産戦略大綱が2002年（平成14年）7月に公表され，同年12月，知的財産基本法が制定されました。

　知的財産とは，「発明，考案，植物の新品種，意匠，著作物その他の人間の創造的活動により生み出されるもの（発見又は解明がされた自然の法則又は現象で

136

Q16◆知財法制の全体像

図表1

西暦（元号）	制定等された知的財産法
1869（明治2）年	出版条例
1871（明治4）年	専売略規則（翌年廃止）
1884（明治17）年	商標条例
1885（明治18）年	専売特許条例
1887（明治20）年	版権条例
1888（明治21）年	特許条例，意匠条例，商標条例
1889（明治22）年	＊大日本帝国憲法公布
1893（明治26）年	版権法
1896（明治29）年	＊民法制定
1899（明治32）年	特許法，商標法，意匠法，著作権法＊同年に商法制定
1905（明治38）年	実用新案法
1934（昭和9）年	不正競争防止法
1939（昭和14）年	仲介業務法
1985（昭和60）年	半導体チップ法
1990（平成2）年	不正競争防止法改正による営業秘密の保護
1998（平成10）年	種苗法全面改正
2000（平成12）年	著作権等管理事業法（仲介業務法廃止）
2002（平成14）年	知的財産基本法
2004（平成16）年	コンテンツ促進法
2007（平成19）年	映画盗撮防止法
2014（平成26）年	地理的表示法

あって，産業上の利用可能性があるものを含む。），商標，商号その他事業活動に用いられる商品又は役務を表示するもの及び営業秘密その他の事業活動に有用な技術上又は営業上の情報」をいいます（知財基本2条1項1号）。

　知的財産権とは，「特許権，実用新案権，育成者権，意匠権，著作権，商標権その他の知的財産に関して法令により定められた権利又は法律上保護される利益に係る権利」をいいます（知財基本2条1項2号）。

　しかし，前記**1**で示したとおり，ほとんどの知的財産法は知的財産基本法制定以前から存在し，また，例えば，植物の新品種とは何か，育成者権とはどのような権利なのかは知的財産基本法からは明らかでなく，種苗法を理解する必

第2章◇戦略的ツールとしての知的財産制度
第1節◇知的財産法制の概観

要があるように，実際には，各知的財産法の知識が必要となります。

3　知的財産・知的財産権の分類

　知的財産法といっても非常に多くの法律があります。それぞれの法の目的も異なり，各知的財産権の性質も多種多様です。

　ここでは，知的財産・知的財産権についていくつかの分類方法を示し，知的財産法制の全体像についての理解の手助けにしていただきたいと思います。

　各知的財産法の詳細については，本書の該当箇所等を熟読してください（種苗法について本書第Ⅱ巻第2章第4節参照）。

(1)　排他的独占権と行為規制

　知的財産権と呼ばれるものは，基本的に，排他的独占権です。

　つまり，その知的財産について他を排して独り占めする権利です。構造的には所有権（民206条）とよく似ています。以前，知的所有権という用語が使用されていたことを覚えている方もいるでしょう。権利者は，自分以外のすべての人に対して権利の効力（対世効）を主張できます。

　育成者権（種20条1項），特許権（特68条），実用新案権（実16条），意匠権（意23条），商標権（商標25条），著作権（著21条以下），回路配置利用権（半導体11条）が該当します。「……する権利を専有する。」という規定となっています。

　一方，排他的独占権という形態をとらず，行うべきでない行為を挙げ，その行為によって利益を侵害された場合等に侵害を受ける者に差止請求権等を認めるものです。

　代表的なものは不正競争防止法です。同法は，「不正競争」を列挙し（不競2条1項），不正競争により営業上の利益を侵害される者に差止請求権や損害賠償請求権を認めます（不競3条・4条）。あくまでも，不正競争を行った者とその者の行為により営業上の利益を侵害された者との間の関係です。「不正競争防止権」というような排他的独占権は与えられません。

　商号については，商法の分野において「商号権」という権利があるとされますが，商法12条と会社法8条を見ると，1項で，何人も不正の目的をもって，他の商人・会社であると誤認されるおそれのある名称又は商号を使用してはな

138

らないとし，2項で，営業上の利益を侵害される者に差止請求権を認めます。これは，不正競争防止法と同様の形です。商号の保護についても行為規制と解すべきでしょう。

地理的表示法も，一定の場合を除き，何人も地理的表示や類似等表示を使用してはいけないとし（地理3条2項），行為規制を定めています。ただし，同法は，私人に差止請求権などを与えず，その代わりに，地理的表示の不正使用者に対して農林水産大臣が措置命令を出します（地理5条）。

(2) 知的財産の保護の開始と登録の要否

有体物（民85条），つまり動産や不動産（民86条）が現存すれば，その所有権も存在しており，所有権がいつ発生するのかについて問題となることはほとんどありません。実際，民法に所有権の発生について規定はありません。

一方で，知的財産について法的保護を受けるためには，知的財産が無体物であることから，現存するものであるかどうかが一見してわかる場合ばかりではありません。

したがって，いつ知的財産が法的保護を受けられるかは重要な問題となります。各知的財産の具体的な法的保護の開始時点は各法や本書の該当箇所を読んでいただきたいと思いますが，ここでは大きく2つに分類します。

まず，登録をして初めて保護が認められるものです。登録をすることにより，保護される知的財産に関する情報が公示されます。

育成者権（種19条1項），特定農林水産物等（地理6条），特許権（特66条1項），実用新案権（実14条1項），意匠権（意20条1項），商標権（商標18条1項），回路配置利用権（半導体10条1項）です。

一方，登録を要さず，知的財産の保護が受けられる場合もあります。

著作権の享有は，いかなる方式の履行をも要さず（著17条2項），著作物の創作のみで著作権は発生します（著51条1項）。これを無方式主義といい，著作権に関する国際条約で定められています（ベルヌ条約5条(2)項，TRIPS協定9条(1)項）。

不正競争防止法による保護も，登録は不要です（不競2条1項・3条・4条）。

商号に関しては，工業所有権に関するパリ条約8条において，登記の申請又は登記が行われていることを必要としないと定められています[1]。

第2章◇戦略的ツールとしての知的財産制度
第1節◇知的財産法制の概観

(3) 存続期間の有無

　所有権は，客体の物がある限り，存続します。換言すれば，物の消滅とともに所有権も消滅します。

　知的財産は無体物であり，消滅しません。所有権と同様に考えれば，その保護は永遠ということになります。しかし，時間が経過すればするほど，陳腐化した知的財産の保護が氾濫し，後世の人々は，その活動の幅が制限されてしまいます。

　そこで，存続期間を設定し，一定期間を経過した後に，知的財産権を消滅させ，誰もがその知的財産を利用できるようにする状態（パブリックドメイン）とするものがあります。

　育成者権の存続期間は，原則として，品種登録日から25年です（種19条2項）。

　特許権は，原則として，出願日から20年（特67条1項。登録日が起算点となっていないことに注意），実用新案権は出願日から10年（実15条），意匠権は出願日から25年（意21条1項。令和元年法律第3号で，出願から25年に改正されました），著作権は，原則として，著作者の死後70年（著51条2項。著作物の創作時からではないことに注意），回路配置利用権は登録日から10年（半導体10条2項）で存続期間が満了します。

　商標権は，登録日から10年で存続期間が満了しますが（商標19条1項），更新登録が可能であり（商標19条2項），その更新回数に制限はありません。更新し続ける限り，商標権は存続します。

　一方で，存続期間を設けず，一定の要件を満たしている限り，保護を継続させるものもあります。

　地理的表示の保護においては，存続期間は設けられていません。

　不正競争防止法も，保護に関して存続期間を設けないことを原則としています。主なものを挙げると，商品等表示は周知・著名である限り，保護されます（不競2条1項1号・2号）。ある情報が，秘密管理性，有用性，非公知性を備えていれば，営業秘密（不競2条6項）として保護を受けます。また，他者との共有を前提にした情報が，限定提供性，電磁的管理性，相当蓄積性を備えていれば限定提供データ（不競2条7項）として保護されます。ただし，商品形態（不競2条4項）については，例外的に，日本国内において最初に販売された日か

140

ら３年を経過すると保護を受けられなくなります（不競19条１項５号イ）。

商号の保護に関しても，存続期間は設けられていません（商12条，会８条）。

⑷　創作と識別標識

知的財産をその性質に着目して分類すると，創作系と識別標識系の２つに大きく分類されます。知的財産基本法２条１項１号でも，前者について「人間の創造的活動により生み出されるもの」，後者について「商品又は役務を表示するもの」として挙げられています。

創作系に分類されるものは，品種（種２条２項）をはじめ，発明（特２条１項），考案（実２条１項），意匠（意２条１項），著作物（著２条１項１号），回路配置（半導体２条２項）があります。商品の形態（不競２条４項），営業秘密（不競２条６項），限定提供データ（不競２条７項）も，創作系に属すると考えられます。

一方，識別標識系に属するものには，特定農林水産物等の名称である地理的表示（地理２条３項）が属します。また，商標（商標２条１項），商号（商11条１項，会６条１項），商号・商標を含む概念である商品等表示（不競２条１項１号）などが含まれます。

4　一般法と特別法

法体系全体において，一般法と特別法という分類があります。一般法とは，ある事柄について一般的に規定した法令をいい，その適用領域の一部において特別の定めをする法令を特別法といいます。

両者の関係については，特別法が優先して適用されます。財産や財産権に関して一般的に規定しているのは民法ですが，知的財産について特別の定めをしているのが知的財産法であり，特別法に位置付けられますので，優先適用されます。

しかし，ある事柄について特別法に規定がない場合は，一般法に戻るということが重要です。例えば，知的財産法に損害額の推定規定がありますが（種34条，特102条，著114条など），そもそもの損害賠償責任の有無を決める規定がほぼすべての知的財産法にはありません。この場合は，損害賠償責任に関する一般規定である民法709条を直接適用することとなります。これ以外にも，公序良

第2章◇戦略的ツールとしての知的財産制度
第1節◇知的財産法制の概観

俗違反（民90条），準共有（民264条）など知的財産法に規定されていない事柄について一般法である民法が直接適用されることが少なくありません。

　また，他にも刑法と知的財産法の罰則規定，訴訟手続における民事訴訟法・刑事訴訟法と知的財産法など一般法と特別法の関係を有している場合が多くあります。知的財産法を理解するに当たっては，他の分野の法律も合わせて知識を習得していく必要があります。

〔諏訪野　大〕

┌─── ■注　記■ ───┐

　＊1　個人商人については，商号の登記は任意であり（商11条2項），その保護についても登記は要件となっていません（商12条）。ただし，会社の商号は，設立登記事項となっているため（会911条3項等），保護以前の段階で登記がなされています。

Q17◆農林水産省の知財政策

 農林水産省の知財政策

農林水産省では，農林水産関係の知的財産政策として，どのような取組みをしているのでしょうか。

わが国の農林水産業に関する知的財産が海外に流出されるケースが頻発している状況を踏まえ，近年，知的財産保護戦略を重視しています。
　具体的には，農林水産知的財産コンソーシアムの設立，地理的表示保護制度の制定及び同制度に基づく不正表示監視業務等の実施，植物品種保護のための海外への品種登録出願及び海外品種登録の取組みの推進，農業ノウハウの知的財産保護の普及啓発，農林水産省知的財産戦略2020の策定などを実施しています。

☑キーワード
農林水産知的財産保護コンソーシアム，地理的表示保護制度，東アジア植物品種保護フォーラム，ノウハウ，農林水産省知的財産戦略2020

解　説

 農林水産業と知的財産

農業に従事してきた人々（以下「農業者」といいます）は，生産性を向上するために，品種改良や農業機械の開発，肥料・農薬の改良などの工夫を行ってきま

143

第2章◇戦略的ツールとしての知的財産制度
第1節◇知的財産法制の概観

した。また，多くの農業者や食品産業事業者は，農林水産物や食品を販売する際に，消費者の認知度を上げるためのブランド化を図ってきました。このように，農林水産業は，あらゆる種類の知的財産が関係する知的産業であるといえます。

日本の農林水産業は，長年，「新しい技術などは個人が独占せず，農村全体で共有すべき」という日本の伝統的な風土（篤農主義）のもと，普及改良事業などによって全国レベルで新技術や新品種を共有するという政策（いわゆる「オープン戦略」）を推進してきました。

経済のグローバル化が進み，日本の農林水産業が世界との競争に直面する中で，日本の農林水産物の高い品質や高度な生産技術が世界に知られ，高評価が定着しつつある一方で，日本の農林水産業の知的財産が海外に流出されるケースが頻出している状況を踏まえ，近年においては，知的財産保護戦略を重視し，下記の各政策に取り組んでいます。

2 農林水産知的財産保護コンソーシアムの設立

上記 1 のとおり，海外において，日本の産品は高品質であるという評価が定着しつつあります。それとともに，日本の農林水産物・食品と同一又は類似の名称を使用し，あたかも日本の農林水産物・食品であるかのような誤認を与えるケースが増えています。かかる事情を踏まえ，わが国の農林水産物・食品の知的財産面での保護強化を図ることを目的として，農林水産省は，平成21年6月19日に地方自治体や農林水産業関係団体の参加による「農林水産知的財産保護コンソーシアム」を設立し，中国等の海外における商標出願状況を関係者が一体的に監視する体制を整えるとともに，海外における産地偽造品や模倣品の調査を実施し，その現状や対応状況について情報を収集し，それらを共有する体制を整備しています。そして，同コンソーシアムの事業を通じて，海外で日本の地名等を商品の名称に使用している事例や商標登録出願をしている事例等を調査・監視し，速やかに異議申立て，無効審判請求を行えるようにすることで，ジャパンブランドの海外展開の実現を図っています。

特に地名については，平成22年に，中国産の干し柿について，長野県の特産

144

物であり，現在ではわが国の地理的表示として登録されている「市田柿」の名称で日本国内において販売されていた事実が発覚しました。「市田柿」の名称は，長野県伊那地区の旧市田村に由来しますが，中国産の干し柿は市田村と関係がありません。当時の法律では，中国産「市田柿」を排除できなかったことが，わが国で地理的表示保護制度を法定する契機の１つとなりました。

3 地理的表示保護制度（GI制度）について

　地理的表示とは，その産品名から，ある地域で作られていてその品質や社会的評価などの特徴がわかる名称のことです。このような産品名は模倣されやすいので，品質・社会的評価その他の確立した特性が産地と結びついている産品について，その名称を知的財産として保護するのが地理的表示保護制度です。平成26年に，特定農林水産物等の名称の保護に関する法律（平成26年法律第84号）が成立し，同法に基づく地理的表示保護制度の運用が平成27年６月から開始されました。

　同制度は，不正な地理的表示の使用は行政が取締りを行う，登録を受けた団体の構成員が基準を満たしていない産品に地理的表示を使用して産品を販売したり，登録を受けた団体の構成員ではない生産・加工業者が「地理的表示」を使用して産品を販売したりする場合など不正に地理的表示が使用されていた場合には，その除去等を行政命令によって命じ，これにも従わないという場合には刑事罰をもって対処することができるなどといった特徴があります。

　不正表示監視業務については，地理的表示等の不正表示窓口[*1]を設置し，広く国民の皆様から地理的表示保護制度に係る生産行程管理業務の不適切な遂行状況や，地理的表示又はGIマークの不適切な使用状況を含む様々な情報の受付を行い，そこに寄せられた情報をもとに国が立入検査を行っています。また，日本の地理的表示や地名に関係する商標を第三者が海外において出願（冒認出願）している例や，海外で日本のGI産品や日本のブランドの模倣品が販売される例が確認されていることを踏まえ，農林水産省は，海外知的財産保護・監視委託事業により，これらのGI産品等の名称を保護することを目的として，都道府県，JETRO及びGI登録生産者団体等で構成される農林水産知的財産保

145

第2章◇戦略的ツールとしての知的財産制度
第1節◇知的財産法制の概観

護コンソーシアムを運営しています。他にも，海外における日本のGI等に関
係する商標出願の監視，商標登録状況及び現地市場調査等を実施したり，監
視・調査の結果，侵害等が疑われる事案については，関係団体に情報提供し，
要望に応じた対応策等の相談対応を行ったりもしています。

　平成28年末のGI法改正によって，わが国と同等水準と認められる地理的表
示保護制度を有する外国とGIリストを交換し，当該外国のGI産品について，
所要の手続を行った上で，農林水産大臣が指定することにより，リストに掲載
された産品について互いに自国で地理的表示としての保護が行われることにな
りました。また，特定農林水産物等又はそれを原材料とする製品又はその包装
への表示について，登録GI産品以外への名称の使用を禁止するものであり，
「物」に付される表示に対する規制となっていましたが，日EU・EPAの協議
結果を受けての法律改正によって，平成31年2月1日以降，地理的表示を
「物」に付する行為だけでなく，役務についての使用，インターネットによる
使用，広告による使用など，包括的な「使用」が規制の対象となりました。

4　植物品種保護について

　育成者は，自身が育成した品種が品種登録されることによって，当該登録品
種及び当該登録品種と特性により明確に区別されない品種を業として利用する
権利（育成者権）を専有します（種19条1項・20条1項本文）。育成者権は知的財産
権の1つであり，育成者権者は，育成者権を活用することによって，当該品種
から利益を得ることが可能となっています。

(1)　海外への品種登録出願の取組み

　他国での権利保護を望む新品種の育成者は，日本における場合と同様に，他
国の品種登録制度に則って出願等をし，登録等を受けることが重要です。日本
の育成者が，自身が育成した新品種について，他国での権利保護を求めるため
には，日本での譲渡を開始してから4年以内に他国に品種登録出願をしなけれ
ばなりません（海外の新品種について，日本の品種登録制度に出願する場合の期間制限に
ついての考え方が同様にあてはまるということになります）。この期間を過ぎてしまう
と，当該品種について，他国の同種制度における権利保護を実現できなくなっ

146

てしまいますので，新品種を育成しており，海外での事業展開を考えている方々には，この未譲渡性要件には特に注意してもらう必要があります。

このため，農林水産省では，平成28年度及び平成29年度に，海外での品種登録制度を促進すべく，海外出願マニュアルの作成や，弁護士などの専門家による相談窓口を設置するとともに，海外での品種保護に要する費用の支援を行うという予算事業を行っています。これらの事業の活動によって，日本の植物の新品種について，他国の同種制度における権利保護が促進されることが期待されるところです。

(2)　海外品種登録の取組み

農林水産省は，東アジア地域の植物新品種保護制度の整備に向けた取組みを進めています。UPOV条約は，その基本原則を定めた国際条約であり，加盟国はこの原則に従って育成者権を保護する法制度及び体制を整備する必要があります。東南アジア地域において植物品種保護制度が整備され，わが国の新品種の保護・活用の環境が整うことは，これらの国で新品種の開発・流通を促すことで農業の発展に寄与するものであり，わが国の農業にとっても国際ルールに基づく適切な品種保護が行われることは重要です。

農林水産省は，東アジア地域の植物品種保護制度の整備・充実を目的として，ASEAN10ヵ国＋日中韓の13ヵ国からなる「東アジア植物品種保護フォーラム」を2007年に設立し，植物品種保護システムの導入やUPOV加盟がもたらすメリットの理解を促すための意識啓発，人材育成，法令協議等の活動を支援してきました。フォーラム設立から10年が経過し，UPOV非加盟国が多い東南アジア諸国においても，UPOV条約と整合したミャンマー，ブルネイの植物品種保護制度の整備に向けた動きが見られます。

このような中，平成30年8月，今後10年のフォーラムの活動を戦略的に展開すべく，すべてのフォーラム参加国のUPOV加盟達成に向け，各国がUPOV条約に則した植物品種保護制度を整備すること等を共通方針とする「10年戦略」を採択しました。今後，フォーラムでは，10年戦略を踏まえて各国が策定する実施戦略に基づく活動や，各国の出願・審査手順の調和に向けた地域協力活動を重点的に実施していくこととしています。

147

第２章◇戦略的ツールとしての知的財産制度
第１節◇知的財産法制の概観

5 農業のノウハウの知財保護について

　日本の農産物は高品質が売りですが，その高品質を担保しているのは，品種開発だけでなく，細やかな栽培管理などの農業技術があってこそといえます。このノウハウが海外に流出してしまうと，日本の農業のアドバンテージである品質格差の縮小につながり，日本の農業全体に損害を与えることになります。そこで，農林水産省としては，まずは，ノウハウに関する農業者の意識を正しく把握し，ノウハウも知的財産であるということを，パンフレットを作成し，各地の関係機関に配布するなどの方法により普及啓発しています。

　近年，農業分野ではビッグデータやAIを活用してより生産性の高い農業を推進する取組みである「スマート農業」が進展しています。しかし，農業データの提供・利用に関する明確なルールが存在していないことや，データの流出がノウハウ・技術の流出につながるおそれがあることなどが，農業者によるデータ利活用に際しての足かせとなっています。また，データ連携・共有・提供機能を有するデータプラットフォーム「農業データ連携基盤（WAGRI）」が平成31年４月に本格稼働する予定です。このような中，農業者に安心感をもって農業ICTサービス等を利用していただくとともに，農業データの迅速かつ適切な利活用を通じて新たなサービスを創出していくとの狙いから，農林水産省では，平成30年12月に「農業分野におけるデータ契約ガイドライン」を策定しました。

6 「農林水産省知的財産戦略2020」について[*2]

　農林水産省では，種苗法に基づく新品種保護や，地理的表示保護制度を核に，特許庁の産業財産権制度や農林水産分野の標準化施策等，各種知的財産対策を計画的に進めるため，平成27年５月に，「農林水産省知的財産戦略2020」を策定しました。

　「農林水産業省知的財産戦略2020」では，消費者にとって価値あるものを創出し，その価値が事業者にとっての価値へと連動するような知的財産を活用し

148

た新たな価値の創出と，権利化・公知化・標準化・秘匿化などの手法を適切に組み合わせたビジネスモデルの構築とそれを支える戦略的な知的財産マネジメントを推進するため，**図表**１のとおりの８つの方向性を掲げています[3]。

〔川口　　藍〕

=== ■注　記■ ===

* １　http://www.maff.go.jp/j/shokusan/GI_act_/GI_mark/contact.html。
* ２　農水知財基本テキスト19～26頁。
* ３　詳細はhttp://www.maff.go.jp/j/press/shokusan/sosyutu/150528.htmlをご覧ください。

第2章◇戦略的ツールとしての知的財産制度
第1節◇知的財産法制の概観

図表1 「農林水産省知的財産戦略2020」のポイント

「農林水産省知的財産戦略2020」（平成27年5月28日公表）

- 農林水産省では「農林水産省知的財産戦略」に基づき、知的財産に関する施策を推進。
- 食料産業のグローバル化の進展、地理的表示保護制度の導入等の近年の状況の変化を踏まえ、新たな戦略に盛り込むべき事項について総合的に検討を行い、平成27年5月に新たな戦略を策定。
- 新たな戦略は平成31年度までの5年間を実施期間とし、地理的表示の活用によるブランド化の推進、海外市場における模倣品対策、種苗産業の競争力強化等について具体的な対応方向を策定。
- 戦略を着実かつ強力に実行するため、効果的なPDCAサイクルで随時点検し、必要に応じて戦略の見直しを実施。

8つの具体的な対応方向

- □ 技術流出対策・ブランドマネジメント
- □ 知的財産の活用による海外市場開拓
- □ 国際標準の戦略的な活用
- □ 伝統や地域ブランドの活用
- □ 農林水産分野におけるICTの活用
- □ 種苗産業の競争力強化
- □ 研究開発における知的財産マネジメント
- □ 知的財産に関する啓発普及び人材育成

現状認識

- ▲ 農林水産業・食料関連産業においては様々な知的財産が生み出されており、今や知識産業・情報産業との位置付け。
- ▲ 一般工業分野ではビジネスモデルとそれを支える知的財産マネジメントの重要性が改めて認識。
- ▲ 和食のユネスコ無形文化遺産登録等により、我が国の食文化に世界の関心。
- ▲ 地理的表示保護制度、機能性表示食品制度が創設。

知的財産の活用による新たな価値の創出

- ▲ 知的財産を活用して新たな消費者価値を創出するためには、消費者目線で産品の魅力を明確にすること、商品の特性を踏まえてブランドを活用することが有効。
- ▲ 消費者価値を事業者価値に繋げビジネスモデルとそれを支える知的財産マネジメント企画・実施できるよう、関連する知見の体系化及び普及啓発を行うことが重要。

戦略的な知的財産マネジメントの推進

- ▲ 海外におけるビジネスの上流から下流までのバリューチェーン全てを囲い込む動きに対し、海外企業と連携すべきところは連携しつつも、市場全体を支配されることにならないよう、我が国食料産業等の対応を政策的に支援。
- ▲ 規模は小さいが日本のブランド価値を高める「農芸品・食芸品」と産業規模が大きな「農産業・食産業」について切り分けと関連付け。
- ▲ 国民全般に対しして、広く知的財産に関する知識を普及啓発、知的財産を尊重する倫理観を育む。
- ▲ 情報には誰かが広く共有すべき「公共財」と、個々の財産として扱うべき「私財」や「地域財」などがあり、それらを区別することが重要。

（資料出所）農林水産省（http://www.maff.go.jp/j/kanbo/tizai/brand/b_senryaku/pdf/senryaku_point.pdf）

18 工業と農林水産業

　これまでの農業といえば，体力的にもきつく，また自然環境にも影響を受けやすく，大変な仕事というイメージがある一方，最近では「スマート農業」という用語も登場してきており，政府もその方向性でいろいろな施策を講じているともお聞きします。農業の効率化，省力化をもたらす工業技術の進展は，現在，どのような状況にあるのでしょうか。それらは，どういった知財法制で保護されることになるのでしょうか。

　　耕運機，田植機，脱穀機など，農業には様々な機械（農機）が使われてきました。また，ドローンが話題になる以前から，無人ヘリコプターによる農薬散布なども行われていました。「スマート農業」は，従来から存在する機械の単なる改良，進化にとどまらず，ロボット技術や情報通信技術（ICT）を活用して，省力化・精密化や高品質生産を実現する等を推進しています。今後は，熟練者の勘や経験に頼っていた判断がAIやビッグデータを活用した判断に置き換えられていくことが期待されます。そのためには，特許法による発明保護のみならず，不正競争防止法や契約等によるデータ保護も必要になります。

☑キーワード
　ICT，IoT，ロボット，ドローン，ビッグデータ

第 2 章◇戦略的ツールとしての知的財産制度
第 1 節◇知的財産法制の概観

┌─────────────┐
│   解 説   │
└─────────────┘

1　スマート農業への取組み

　日本の農業就業人口は，2005年には約335万人でしたが，2016年には約192万人に減少しています[1]。この間，65歳以上の人の減少は約195万人から約125万人で，約70万人の減少ですが，65歳未満の人の減少は約140万人から約67万人と，約73万人も減少しています。このように，日本の農業就業人口は急速な減少と高齢化が進行しています。

　スマート農業は，ロボット技術や情報通信技術（ICT）を活用して，省力化を通じて生産性を上げるとともに，高品質化，品質の安定化を通じて収益性の向上も目指しています。スマート農業によって農業が魅力のあるものになれば，農業就業人口が減少から増加に転じることも期待できますし，生産性や収益性の向上により，少ない農業就業人口でも，より多くの生産量とより高い付加価値を生み出すことにもなります。

　スマート農業への取組みがどのような状況にあるかは，農林水産省のウェブサイトで知ることができます。例えば，2018年11月に農林水産省生産局技術普及課が公表した「スマート農業取組事例」には，57の事例が報告されています[2]。また，2019年2月に農林水産省が公表した「スマート農業の展開について」には，10の活用例，2つの課題，2つのプロジェクトが記載されています[3]。

　「スマート農業取組事例」では，事例を営農分類と技術分類の2つの軸を用いて整理しています。営農分類には，「水田作」，「水田作・畑作」，「畑作」，「施設園芸」，「畜産」が含まれ，技術分類には，「ほ場管理システム」，「自動走行」，「可変施肥収量マップ」，「水管理システム」，「環境制御」，「鳥獣害対策」，「ドローン」，「搾乳システム」，「給餌システム」が含まれています。例えば，ドローンを使った水田の生育診断技術は営農分類が水田作で，技術分類がドローンになります。

152

Q18◆工業と農林水産業

ドローンを使った水田の生育診断技術では，水田上にドローンを飛ばして，マルチスペクトルカメラで水田の写真を撮影して，生育状況を分析し，生育不良の場所を特定しています。マルチスペクトルカメラというのは，複数の波長の可視光線，赤外線を使って画像を得るものです。どの波長が強く出るか，どの波長が弱く出るかということから，植物の生育状態などの分析ができます。

この事例では，生育不良個所が特定されたことにより，秋冬の土作りに起因して特定の場所が生育不良になることを突き止めています。その結果，翌年から土作りの工程を改善して，生育の均一化を図ることができたと報告されています。

営農分類が水田作，技術分類が自動走行の事例では，直線キープ機能付田植機の事例が報告されています。直線キープ機能が付いていることにより，経験年数の少ない者でも，精度の高い直線的な田植が可能になるとともに，熟練者の場合にも，直線キープによる心的ストレスから解放され，作業効率が向上したと報告されています。

2 農業機械に関する技術の保護

田植機のような農業機械は，従来から特許権による保護の対象でした。実際にも，田植機に関する特許の有効性が裁判所で争われた事件もあります[1]。この事件で問題になった特許の特許請求の範囲には，次のような記載がありました。なお，特許請求の範囲の意味については，**Q19**の解説を参照してください。

① 動力伝達機構により移植杆が一定の軌跡を描いて作動する動力田植機において，

② 操作杆の作動により，移植杆が上方にある際に動力伝達機構中の動力伝達装置が断たれ，

③ 移植杆が上方に停止するようにした機構を

④ 備えたことを特長とする移植杆自動停止装置。

この発明が何を目的としていたかというと，苗を植える移植杆が下に降りた状態で止まっている時に田植機を旋回させようとすると移植杆が損傷すること

153

第2章◇戦略的ツールとしての知的財産制度
第1節◇知的財産法制の概観

から，移植杆を止める操作をした場合には，移植杆が上に上がるまでは移植杆
が動き続けるようにして，常に，移植杆が上方で止まるようにすることです。
この特許の何が問題になったかというと，②の「操作杆の作動により，移植杆
が上方にある際に動力伝達機構中の動力伝達装置が断たれ」という機能を実現
する方法が特許明細書の発明の詳細な説明には1つしか記載されていなかった
ことです。具体的には，たまご型のカムとクラッチの組合せを使って，操作杆
を操作して移植杆を止めようとしても，カムがある特定の向きになるまではク
ラッチが切れないという機構が記載されていました。その結果，1つの特定の
例のみによって「操作杆の作動により，移植杆が上方にある際に動力伝達機構
中の動力伝達装置」という抽象的な内容についてまで権利を拡大することはで
きないという判断がなされ，特許は無効になりました。

　この問題は，特許法の学説・判例では，機能的クレームの問題として知られ
ています。発明の構成要素を記載するに当たって，具体的な構成ではなく，機
能で特定することがどこまで許されるかという問題です。農業機械の分野で
は，例えば，果実の収穫機を想定すると，「摘み取りに適した果実を選別す
る」というような機能が問題になり得ます。その場合に，「摘み取りに適した
果実を選別する選別手段」というような抽象的な記載が許されるのか，カメラ
のような具体的な装置と画像分析の具体的な手順を詳しく記載しなければなら
ないのか，判断が必要になります。抽象的な記載が許されれば，権利の範囲は
大きくなりますが，前述の田植機のように，特許が無効になることもありま
す。反対に，あまりに具体的な構成を記載すると，簡単に特許を回避する代替
技術を考えられてしまいます。

　アメリカ特許に関する事例ですが，ちょっとした違いで特許侵害が回避され
た事例があります☆2。特許発明の内容は次のようなものでした。

①　自動選別装置において，

②　少なくとも2つの反射量信号を発生する光学的検出手段であって，それ
　　ぞれが選別対象の色に比例し，反射光の異なる波長に対応する手段，

③　あらかじめ定められた数の参照信号を提供する参照信号手段であって，
　　それぞれの値は予め定められた判定基準によって決定され，該参照信号手
　　段は該2個の反射量信号の第1の信号が供給される入力を備える手段，

154

Q18◆工業と農林水産業

④　該光学的検出手段が発生する該2個の反射量信号の第2の信号と該参照信号手段によって供給される参照信号とを比較して信号を発生する比較手段,

⑤　位置変化に従って増分を記録することによって被選別物の位置の変化を示す信号を表示するクロック手段と,

⑥　該クロック手段と該比較手段からの信号に対応して選別されるべき物の位置を指示する位置指示手段とを有する自動選別装置。

この発明が何を目的としているのかというと，センサーでコンベア上の果実の色を検出して，選別されるべき果実が選別装置の位置に来たことを検出して果実を選別することです。特許権者は，同じ機能を有する果実選別機を製造販売している競争会社を特許侵害で訴えましたが，競争会社の製品には位置検出手段が存在しないという理由で請求は認められませんでした。

競争会社の製品の詳細はよくわかりませんが，競争会社の製品では，果実の位置を検出する代わりに，果実が選別装置の位置にきた時に，測定値を記憶しているメモリを参照することに当該果実を選別するか否かを判定していたようです。この方法でも，選別すべき果実が選別装置の位置にきたことを検出しているように思えますが，裁判所は，上記⑤の要件と⑥の要件との関連を利用していないという理由で，特許侵害を認めなかったわけです。

これらの例からもわかるように，特許法による技術の保護は簡単ではありません。今後，スマート農業の成果として，農業従事者による農業機械の発明がなされることも期待されます。農業機械のメーカーは，特許出願についてそれなりの経験をもっていますが，農業従事者の側でも，単に特許を出願すればよいということではなく，賢い特許の取り方が求められることになります。

3　データの保護

スマート農業では，データが重要な役割を果たすことになります。ドローンとマルチスペクトルカメラによる水田の生育診断について述べましたが，この場合，水田という二次元の領域から複数の波長の可視光線又は赤外線の強度データを得ています。このデータは，コンピュータで解析するわけですから，

第2章◇戦略的ツールとしての知的財産制度
第1節◇知的財産法制の概観

当然，デジタルデータです。

　水田という二次元の領域と結び付けられるデータには，様々なものが考えられます。pH（ペーハー）などの土の性質の分布もデジタルデータとして記録できるでしょうし，施肥などのデータも取れるかもしれません。収穫時には，水田を碁盤目の領域に分けて，場所と収量の関係を得ることも考えられます。

　前述した「スマート農業の展開について」に抜粋されている未来投資戦略（平成30年6月15日閣議決定）では，「農業のあらゆる現場において，ICT機器が幅広く導入され，栽培管理等がセンサーデータとビッグデータ解析により最適化され，熟練者の作業ノウハウがAIにより形式知化され，実作業がロボット技術等で無人化・省力化される。こうした現場をデータ共有によるバリューチェーン全体の最適化によって底上げする『スマート農業』を実現する。」とされています。ここには，具体的に「センサーデータ」をどのように集めるのかは記載されていませんが，データを集める方法を自動化することも重要です。例えば，水田の水温を測るとして，温度計を人が持ち歩いて測定していたのでは能率が上がりません。したがって，位置情報と水温とを自動的に関連付けて記録するために，一定の間隔で温度計を設置して，一定の時間間隔で測定値が自動送信されるようなシステムが必要になると思われます。あるいは，田植機などの農機にGPSと温度計を付けておいて，田植機がGPSの位置情報と測定温度を記録するということも考えられます。いわゆるIoTの技術によれば，このようなシステムは比較的簡単に構築できるだろうと思われます。

　上述の未来投資戦略は「ビッグデータ解析」にも言及しています。ビッグデータとは何か。実は，あらためて問われると，明確な定義はありません。そこで，上述した水田の生育診断の例をもう少し展開してみましょう。水田という二次元の領域を碁盤目の小領域に分け，それぞれの小領域に対して，水温，施肥量，マルチスペクトルカメラ画像データ，収量などのデータを集めると膨大な量のデータになりますが，それだけではビッグデータの特徴にはなりません。同じようなデータの集まりを，○○地方というような地域全体や，場合によっては日本全体について集めると，ビッグデータと呼ぶにふさわしいものになります。

　このようなビッグデータが統一されたフォーマット（形式）で集められてい

156

Q18◆工業と農林水産業

れば，水田単位，地域単位，日本全体など，いろいろなレベルで解析することができます。そして，その解析にAIを応用すれば，勘と呼ばれていた無形のものが，ロボット等に搭載できる論理構造によって置き換えられる可能性が出てきます。

　このように，ビッグデータというのは，大量に集積することによって価値が生まれるものです。したがって，個別のデータを提供する際には，その価値をあまり認識していないということもあり得ます。例えば，田植機を購入して，その保証書の控えを返送して保証登録をした場合に，田植機からメーカーにデータが送信されること，そのデータをメーカーが自由に使用できることなどの条件に承諾したことになってしまうということもあり得ます。もちろん，そうした条件がすべて不当ということではありません。しかし，本来，取得されたデータはメーカーに帰属するものではありません。したがって，データがどのように使われるのか，それによって，究極的には，ユーザーにも利益があるのかなど，十分に理解する必要があります。

　「スマート農業」におけるデータの重要性を考慮して，農林水産省では，「農業分野におけるデータ契約ガイドライン」を作成しています。農業機械メーカーなどと共同で「スマート農業」を展開する際に，データの取扱いについて契約を結ぶ際には参考になります。その他，不正競争防止法や契約によるデータの保護に関して，詳しくは，本書第5節「データ保護・利活用の枠組み」，特に**Q100**「農業とデータ」を参照してください。

〔近藤　惠嗣〕

===== ■判　例 =====

☆1　東京高判昭59・5・23裁判所ホームページ。
☆2　アメリカ合衆国連邦巡回区控訴裁判所（CAFC），1987年11月6日，833 F.2d 931（連邦控訴事件判例集第2版，833巻，931頁）。

===== ■注　記 =====

＊1　未来コトハジメ（https://business.nikkeibp.co.jp/atclh/NBO/mirakoto/design/2/t_vol25/）。

157

第2章◇戦略的ツールとしての知的財産制度
第1節◇知的財産法制の概観

＊2　スマート農業取組事例（http://www.maff.go.jp/j/kanbo/smart/smajirei_2018.
html）。

＊3　スマート農業の展開について（http://www.maff.go.jp/j/kanbo/smart/attach/
pdf/index-14.pdf）。

第2節　技術を保護する知的財産制度

《　第1款　特許制度　》

　特許制度の概要

特許法とはどのような目的の法律で，基本的な保護の枠組みはどうなっているのですか。

　　特許法の目的は，発明の保護や利用を図ることにより，発明を奨励し，それによって，産業を発達させることにあります。
　　特許権の保護の対象となる発明について，発明者又はその承継人が，特許庁に対して特許出願を行い，特許庁の審査を経て，一定の実体的要件や手続的要件を満たした場合に，特許が付与されます。特許権者は，一定期間，日本国内において，業として特許発明を独占的・排他的に実施する権利を有することになります。

　特許法，特許制度，特許法の目的，産業の発達

第2章◇戦略的ツールとしての知的財産制度
第2節◇技術を保護する知的財産制度

解　説

1　特許法の目的

　特許法は，「発明の保護及び利用を図ることにより，発明を奨励し，もつて産業の発達に寄与すること」を目的とする法律です（特1条）。

　すなわち，最終的な目的は産業を発達させることであり，そのために，発明の保護や利用を図ることにより，発明を奨励するということになります。

　発明は，特許権を付与することによって保護されることになりますが，特許権とは，発明を一定期間，独占的に実施できる権利，すなわち独占権です。特許権を得ることにより，特許権者は，発明を一定期間，独占的に実施でき，経済的利益を得ることができます。そのため，企業等は，経済的利益を得るために新たな技術を開発し，特許権をとろうというインセンティブが働き，結果として，産業が発達していくことになります。

　一方で，発明を秘密にしていては，発明者自身もそれを有効に利用することができないばかりでなく，他の人が同じものを発明しようとして，発明が公開されていれば必要のない研究開発や投資をすることになってしまいます。また，発明を世の中に広く知ってもらうことにより，よりよい改良技術や発明が生まれることになり，技術の進歩は加速することが予想されます。

　そこで，特許制度は，特許権者に一定期間，特許権という独占的な権利を与えて発明の保護を図る一方，その発明を公開して利用を図ることにより，技術の進歩を促進し，産業の発達に寄与しようとしています。

　なお，発明の保護としては，特許による保護（公開が前提）と，ノウハウ（営業秘密）という形で独占を企図する形の2つの場合があり得ますが，ここでは，前者の場合について説明します。

160

第1款◇特許制度
Q19◆特許制度の概要

2 特許法の基本的枠組み

特許法の基本的枠組みについて，以下では，(1)特許権の保護の対象，(2)権利の主体，(3)特許の要件，(4)特許権の効力に分けて，説明することにします。

(1) 特許権の保護の対象

特許権の保護の対象である「発明」とは，「自然法則を利用した技術的思想の創作のうち高度のもの」と定義されています（特2条）。この定義に該当すれば，公序良俗又は公衆の衛生を害するおそれがある発明でない限り（特32条），特許権の保護の対象となります。

自然法則を利用したものである必要があることから，自然法則そのもの，自然現象等の単なる発見，ゲームのルール等の人為的な取決め，数学上の公式，解法（アルゴリズム）等は発明の対象にはなりません。

技術的思想でなければならないことから，個人の熟練によって到達し得るような技能や，絵画等の単なる美的創作物は発明の対象にはなりません。

自然法則を利用したものかどうかについて問題とされてきたコンピュータソフトウェアを利用するものについては，(i)機器等（例：炊飯器，洗濯機等）に対する制御又は制御に伴う処理を具体的に行うもの，(ii)対象の物理的性質，化学的性質，生物学的性質，電気的性質等の技術的性質（例：エンジン回転数，圧延温度等）に基づく情報処理を具体的に行うものであれば，全体として自然法則を利用するものとして，発明に該当することになります（特実審査基準（平成30年3月14日付改訂）第Ⅲ部第1章「発明該当性及び産業上の利用可能性」2. 2(1)）。

農林水産分野の発明としては，例えば，農具，農業機械・装置，農薬，肥料，漁業に用いる装置や器具，伐木・集材等の作業に用いる林業機械・装置等が挙げられます。

(2) 権利の主体

特許法においては，発明者又はその承継人のみが特許を受ける権利を有し（特33条1項参照），特許権の主体となることができ，特許を受ける権利を有していない者による出願は拒絶されることになります（特49条7号）。これを「発明者主義」といいます。

161

第2章◇戦略的ツールとしての知的財産制度
第2節◇技術を保護する知的財産制度

発明者は自然人に限られます。

特許権は独占的・排他的な権利であるため，同一の発明に対しては，1つの特許しか成立しません。そのため，同一発明について複数の者から特許出願があった場合に，いずれの者に特許を与えるかを決する必要があります。この点，特許法は，先に出願した者に特許を与えるとする「先願主義」を採用しています（特39条）。

特許を受ける権利を有しない者による出願は冒認出願と呼ばれ，冒認出願は，拒絶理由となりますし（特49条7号），特許成立後は無効理由となります（特123条1項6号）。

また，冒認者に特許権を取得されてしまった場合，真の発明者は，冒認者に対し特許権の移転登録請求をすることができます（特74条1項）。

複数の者が共同して発明をした場合や，一人が発明した後に権利が譲渡された場合に共有状態が生じます。特許を受ける権利を共有する者は，他の共有者と共同でないと特許出願をすることができず（特38条），特許を受ける権利の持分の譲渡にも，他の共有者の同意が必要です（特33条3項）。また，特許権を共有する場合，各共有者は，他の共有者の同意を得なければ，質権を設定することができず（特73条1項），専用実施権を設定したり，他人にライセンスすることもできません（特73条3項）。他方，契約で別段の定めのない限り，各共有者は，他の共有者の同意なしに，特許発明を実施することができます（特73条2項）。

(3) 特許の要件

特許権は，新規な発明を創作した者に対して付与される独占権であり，特許権を取得するためには，特許庁に対して特許出願を行い，審査を経る必要がありますが，発明が特許を受けることができるための要件としては，大きく，実体的要件と手続要件に分けられます。

実体的要件としては，特許法上，上記の「発明」であることに加え，産業上の利用可能性，新規性，進歩性が認められる必要があります（特29条）。

上記のとおり，特許制度は産業の発達を目的としていますから（特1条），産業上利用することができない発明は，特許を与えて保護する必要がないため特許を受けることができません（特29条1項柱書）。そのため，(i)人間を手術，治

第1款◇特許制度
Q19◆特許制度の概要

療又は診断する方法の発明，(ii)業として利用できない発明（禁煙方法のように個人的にのみ利用される発明等），(iii)理論的には可能であっても，実際上，明らかに実施できない発明は，産業上の利用可能性の要件を満たさないことになります（特実審査基準（平成30年3月14日付改訂）第Ⅲ部第1章「発明該当性及び産業上の利用可能性」3.1.1～3.1.3）。

　特許法上，(i)特許出願前に日本国内又は外国において公然知られた発明（公知発明），(ii)特許出願前に日本国内又は外国において公然実施をされた発明（公用発明），(iii)特許出願前に日本国内又は外国において，頒布された刊行物に記載された発明又は電気通信回線を通じて公衆に利用可能となった発明については，新規性がないものとして特許を受けられません（特29条1項）。「公然知られた発明」とは，不特定の者に秘密でないものとしてその内容が知られた発明をいい，「公然実施をされた発明」とは，その内容が公然知られる状況又は公然知られるおそれのある状況で実施をされた発明をいいます。

　特許出願前に，その発明の属する技術の分野における通常の知識を有する者（当業者）が上記公知発明，公用発明，刊行物に記載された発明等（先行技術）に基づいて容易に発明をすることができたときは，進歩性を有していないものとして，特許を受けることができません（特29条2項）。当業者が容易に発明をすることができたものについて特許権を付与することは，技術進歩に役立たないばかりか，その排他独占的効力がゆえに，かえってその妨げになるといえるからです。ここでの「当業者」とは，(i)請求項に係る発明の属する技術分野の出願時の技術常識を有していること，(ii)研究開発（文献解析，実験，分析，製造等を含みます）のための通常の技術的手段を用いることができること，(iii)材料の選択，設計変更等の通常の創作能力を発揮できること，(iv)請求項に係る発明の属する技術分野の出願時の技術水準にあるものすべてを自らの知識とすることができ，発明が解決しようとする課題に関連した技術分野の技術を自らの知識とすることができること，のすべての条件を備えた者として，想定された者をいいます（特実審査基準（平成30年3月14日付改訂）第Ⅲ部第2章第2節「進歩性」2）。

　特許出願の手続においては，願書に，明細書，特許請求の範囲，必要な図面及び要約書を添付しなければなりません（特36条2項）。この特許請求の範囲，明細書，図面等は審査の対象となるだけでなく，特許成立後には，特許権の権

163

第2章◇戦略的ツールとしての知的財産制度
第2節◇技術を保護する知的財産制度

利範囲を画する機能も有していることから，特許法は，これらの記載に関する要件（記載要件）を定めています。記載要件としては，実施可能要件，サポート要件，明確性要件が挙げられます。

実施可能要件とは，明細書の発明の詳細な説明の記載は，請求項に記載の発明について，当業者が実施をすることができる程度に明確かつ十分に記載されていなければならない，という要件です（特36条4項1号）。特許権は，発明を公開する代償として付与されるものであり，発明の公開により，発明の利用を図るのが特許法の目的ですから，実施ができる程度に発明が開示されていないと，特許出願人に特許権という排他独占的な権利を付与する意味がなくなってしまうからです。

サポート要件とは，特許請求の範囲の記載について，請求項に係る発明が発明の詳細な説明に記載した範囲を超えるものであってはならない，という要件です（特36条6項1号）。発明の詳細な説明に記載されていない発明について権利が発生してしまうことを防止するための規定です。

明確性要件とは，特許請求の範囲の記載について，特許を受けようとする発明が明確でなければならない，という要件です（特36条6項2号）。特許請求の範囲の記載は，これに基づいて特許発明の技術的範囲が定められるという点において，重要な意義を有するものであり，請求項から発明が明確に把握されることが必要だからです。

(4) 特許権の効力

特許権は，設定の登録により発生し（特66条1項），特許権者は，業として特許発明を独占的・排他的に実施する権利を有しています（特68条）。

効力の存続期間は，出願日から20年で，日本の特許権は，日本国内においてのみ効力を有します（特67条）。

発明の実施とは，物の発明の場合，その物の生産，使用，譲渡等，輸出，輸入，譲渡等の申出を，方法の発明の場合，その方法の使用を，物を生産する方法の発明の場合，その方法の使用，その方法により生産した物の使用，譲渡等，輸出，輸入，譲渡等の申出をいいます（特2条3項）。

特許権者は，自ら独占的に特許発明を実施することもできますが，特許発明の実施を他人に許諾し，ライセンス料等によって収益を得ることもできます。

第1款◇特許制度
Q19◆特許制度の概要

また，特許権を譲渡したり，特許権を担保に資金を得ることも可能です。

　特許権により排他的独占が許容される範囲（「技術的範囲」）は，「特許請求の範囲」の記載内容で確定されることになり（特70条），技術的範囲に属するかどうかは，当該記載の文言解釈によって確定される場合と，均等論という判例法理によって確定される場合があります。また，これらの直接侵害の場合だけでなく，例えば，侵害品の製造にしか用いないようなものを製造・販売するなど，間接的に特許権が侵害されるような場面も規定されています（特101条）。これらの詳細は，それぞれ該当する設問を参照してください。

　特許権者は，特許権を侵害する者に対し，不法行為に基づく損害賠償を請求できる（民709条）のみならず，特許権を侵害する，あるいはそのおそれのある者に対し，侵害行為の差止めを請求することができます（特100条）。

　特許法は，特許権を侵害した者に対する刑事罰（10年以下の懲役又は1000万円以下の罰金又はこれらの併科（法人に対しては3億円以下の罰金））も定めています（特196条・201条1項1号）。

〔村田　真一〕

第2章◇戦略的ツールとしての知的財産制度
第2節◇技術を保護する知的財産制度

 特許権の保護

　特許権侵害をした者の法的責任は，どのようなものなのでしょうか。特許権が存在していることや，その特許の内容を知らなかった場合でも責任は発生するのでしょうか。

　　特許権が侵害されているときや，そのおそれがあるときは，特許権者や専用実施権者は，侵害行為の差止請求をすることができます（特100条1項）。特許権は排他的な権利ですので，侵害者の故意過失の有無にかかわらず，この請求をすることができます。また，差止請求に際して，侵害品の廃棄や，侵害に供した設備の除却といった，侵害の予防に必要な行為の請求をすることができます（特100条2項）。

　　特許権等を侵害した者は，特許権者等に対し，損害を賠償する責任を負います（民709条）。この場合，侵害行為について過失があったものと推定されるため（特103条），侵害者がその特許の内容を知らなかったとしても，知らなかったことにつき無過失であることの立証に成功しない限り，責任を免れることはできません。

　　この他にも，故意に特許権を侵害した者は，特許権侵害罪として刑事責任を負います（特196条・196条の2）。

キーワード
　　差止請求，損害賠償請求

166

第1款◇特許制度
Q20◆特許権の保護

> ## 解 説

1 差止請求権の本質

特許権者は，業として特許発明を実施する権利を専有します（特68条本文）。「専有する」とは，当該特許権者のみが排他的に実施行為を行うことを意味しているので，特許権はその効力を何人に対しても主張することができる排他的な権利であり，特許権は準物権としての性質を有していると解釈されています。

そして，特許権は，このような排他的な権利である以上，侵害者の故意，過失の有無にかかわらず，権利を侵害された場合にはその回復を求めること（妨害排除請求権）ができますし，権利が侵害されるおそれがある場合にはその予防を求めること（妨害予防請求権）ができます。これらの特許権の効力が，特許法上，差止請求権（特100条）として現れていることになります。

2 差止請求の内容

(1) 侵害行為の停止請求・予防請求

停止請求とは，侵害者に対して，現在進行中の侵害行為の停止を請求することを意味します。なお，口頭弁論終結時においても，侵害行為が継続していることが前提となります。

また，予防請求とは，特許権を侵害するおそれがある者に対して，将来行われる蓋然性の高い侵害行為の予防を請求することを意味します。

このように，すでに侵害行為が終了している場合には，差止請求することはできません。例えば，ある製品が特許権Aの侵害品であったとしても，その後，モデルチェンジ等により特許権Aの侵害品ではなくなったような場合には，特許権Aの特許権者が差止請求をすることはできません。

167

第 2 章◇戦略的ツールとしての知的財産制度
第 2 節◇技術を保護する知的財産制度

(2)　廃棄等請求

　差止請求が認容されたとしても，侵害品や侵害に供された設備が侵害者のもとに残っているのであれば，将来において侵害行為が再発しないとはいい切れません。そのため，特許権者等は，差止請求に際して，侵害行為を確実に予防するために，侵害品の廃棄といった侵害の予防に必要な行為を請求することができます（特100条 2 項）。具体的には以下のとおりです。

(a)　廃棄請求

　特許権者等は，侵害の行為を組成した物（侵害組成物）の廃棄請求をすることができます。ここにいう侵害の行為を組成した物とは，「その侵害行為の必然的内容をなした物」とされています。例えば，物の発明に関する特許権の場合には，当該特許権の実施品たる機械や薬品が侵害組成物に該当します。

　また，物を生産する方法の特許発明の場合には，生産した物を譲渡等する行為も特許発明の実施ですので（特 2 条 3 項 3 号），その物も侵害組成物に該当します。例えば，除草剤の製造方法に関する特許権の場合は，製造された除草剤も侵害組成物に該当します。

(b)　除却請求

　特許権者等は，侵害の行為に供した設備の除却請求をすることができます。

　侵害の行為に供した設備とは，例えば，特許発明である物の生産のために用いられる金型や，特許発明である方法の使用に用いられる機械がこれに当たります。

(c)　その他の侵害の予防に必要な行為の請求

　これら以外にも，特許権者等は，侵害の予防に必要な行為を請求することができます。逐条解説は，例えば担保の提供が挙げられるとしています（逐条解説〔第20版〕319頁）。

　また，物の発明である除草剤の製造販売等の差止請求が認められた事案において，侵害組成物である除草剤の廃棄請求のほかにも，侵害者はその薬効等に関する試験を第三者に委託してはならないという請求や，侵害者は農薬取締法に基づく農薬登録を申請してはならないという請求が認められた裁判例があります[1]。

第1款◇特許制度
Q20◆特許権の保護

(3) 廃棄等請求の可否

　上記のように，特許法は，特許権者等に対し，侵害行為を予防するために必要な範囲で作為請求権をも付与しています。これを認める場合には，侵害者は物の廃棄や設備の除却といった負担を負うのであり，所有権等の財産権に対する制約となり得ます。そのため，廃棄等請求の可否は，廃棄等請求を認めなかった場合の特許権者の不利益と，廃棄等請求を認めた場合の侵害者の不利益とを比較考量して判断することになると考えられます。判例においても，「侵害の予防に必要な行為」とは，「特許発明の内容，現に行われ又は将来行われるおそれがある侵害行為の態様及び特許権者が行使する差止請求権の具体的内容等に照らし，差止請求権の行使を実効あらしめるものであって，かつ，それが差止請求権の実現のために必要な範囲内のものであることを要する」とされています[☆2]。

(4) 要　件

　特許法100条2項は，「前項の規定による請求をするに際し」と規定していますので，同項に基づく請求は，同条1項の停止請求や予防請求に付随するものと解されます。そのため，2項に基づく請求のみを独立して行うことはできず，例えば，侵害品が社内資料等として保管されていたとしても，生産自体が終了しており，かつ，将来これが譲渡されたり，使用されたりする蓋然性が低い場合には，当該侵害品の廃棄を請求することはできません。

3　損害賠償請求

(1) 概　要

　次に，損害賠償請求について見ていきます。特許権侵害が行われた場合，民法の規定に従って，不法行為に基づき損害賠償請求をすることになります（民709条）。不法行為に基づく損害賠償請求が認められるための要件は，一般的に，①権利又は法律上保護される利益の存在，②相手方が①を侵害したこと，③上記②について，相手方の故意又は過失，④損害の発生及び額，⑤上記②と④との因果関係と説明されますが，特許法は，③と④について，特別な規定を置いています。

169

第2章◇戦略的ツールとしての知的財産制度
第2節◇技術を保護する知的財産制度

(2)　損害額の算定

　特許権侵害があったとしても，特許発明が滅失したり，特許権者が特許発明を実施できなくなったりするわけではありませんから，特許権者に積極的損害は発生しないことが通常です。すなわち，特許権侵害による損害は，本来なら得られるはずのライセンス料を得られなかったことや，侵害品の製造販売によって正規品の売上が減少したことといった逸失利益が中心になりますが，侵害行為と逸失利益との因果関係を立証することは容易ではありません。そのため，特許法102条は，損害額の算定を容易にするために，いくつかの規定を設けています。

(a)　譲渡数量に基づく損害額の算定　(特102条1項)

　特許法102条1項は，侵害者が譲渡した数量に基づいて損害額を算定する規定です。

　侵害者が，侵害品を譲渡していた場合には，侵害者が譲渡した物の数量に，特許権者が，その侵害行為がなければ販売することができた物の単位数量当たりの利益額（一般的には，いわゆる限界利益のことをいいます）を乗じて得た額を，特許権者等の実施の能力を超えない限度で（潜在的な販売能力等があれば，基本的には，実施の能力は認められると考えます），損害の額とすることができます。

　もっとも，侵害者が侵害品を譲渡した数量のすべてを，権利者が販売できたとは限りません。侵害者自身の営業努力やブランド力，侵害品の性能等が影響したことによって，多数の販売量を達成したといった事情がある場合には，これに応じた部分が損害額から割合的に控除されます。

| 侵害者が譲渡した物の数量 | × | 特許権者等の単位数量当たりの利益の額 | － | 特許権者等が販売できない事情に応じた額 |

特許権者等の実施の能力を超えない限度

(b)　侵害者が得た利益に基づく損害額の推定　(特102条2項)

　特許法102条2項は，侵害者が得た利益に基づいて損害額を推定する規定です。すなわち，特許製品を自ら製造販売するなどして，特許権者等が特許権を自ら実施しているのであれば，侵害者が得た利益の額がそのまま権利者の損害

第 1 款◇特許制度
Q20◆特許権の保護

額と推定されます。

　しかし，この規定はあくまでも推定規定ですので，侵害者が，侵害行為がなかったならば特許権者等が利益を得られたとはいえない事情を立証した場合には，推定が覆される可能性があります。例えば，特許権者等が実施能力を有しておらず，特許発明を実施する予定がなかったような場合には，侵害行為の有無にかかわらず，特許権者等は利益を得ることができなかったはずなので，推定は覆滅されるでしょう。

（c）　**実施料相当額**（特102条3項）

　特許法102条3項は，ライセンス料相当額を損害の額とすることができることを定めています。特許権者等が特許権を実施しているか否かにかかわらず，特許法102条3項に基づいて算定された損害額の請求が認められ，最低限の保障をした規定と考えられています。

（d）　**相当な損害額の認定**（特105条の3）

　特許法102条の規定によっても損害額の算定が困難な場合がありますが，このような場合には，特許法105条の3に基づいて相当な損害が認定されます。すなわち，損害が生じたことが認められ，かつ，損害額を立証するために必要な事実を立証することが当該事実の性質上極めて困難であるときに，裁判所は自由心証により相当な損害を認定することができます。

（3）　**過失の推定**（特103条）

　以上が，損害額の算定に関する特別な規定です。これ以外にも，特許法は，他人の特許権を侵害した者の過失を推定する規定を設けています（特103条）。そのため，侵害者は自身の無過失を立証しない限り，損害賠償責任を免れることはできません。

（4）　**令和元年特許法改正**

　近時，特許訴訟制度の改善を目的として特許法が改正されました。令和元年5月17日から1年を超えない日から施行されます。

　まず，特許権の侵害の可能性がある場合，裁判所が選んだ中立な技術専門家が，被疑侵害者の工場等に立ち入り，特許権の侵害立証に必要な調査（査証）を行い，裁判所に報告書を提出する制度が新設されました（特105条の2）。要件は厳格に設定されており，①侵害行為の立証に必要なこと，②特許権侵害の蓋

171

第2章◇戦略的ツールとしての知的財産制度
第2節◇技術を保護する知的財産制度

然性があること，③他の手段では証拠が十分に集まらないこと，④相手方の負担が過度にならないことが必要です。

また，損害賠償額の算定方法が見直され，(i)改正前特許法102条1項における損害額の算定は，前述のとおり，侵害者が得た利益のうち，特許権者等の実施の能力を超えない部分を損害額としてすることとされていましたが，改正後特許法102条1項は，特許権者等の実施の能力を超えた部分についてはライセンス料相当額を損害として算入できることとしました（特102条1項1号・2号）。さらに，(ii)ライセンス料相当額による損害賠償額の算定に当たり，特許権侵害があったことを前提として交渉した場合に決まるであろう額を考慮できる旨が明記されました（特102条4項）。

(5) 大合議判決

知財高裁の大合議にて，特許法102条2項，3項について判断されました☆3。

特許法102条2項については，(i)侵害者が受けた利益の額とは，侵害者の侵害品の売上高から，侵害者において侵害品を製造販売することによりその製造販売に直接関連して追加的に必要となった経費を控除した限界利益の額をいうこと，(ii)侵害者が得た利益と特許権者が受けた損害との相当因果関係を阻害する事情，例えば，①特許権者と侵害者の業務態様等に相違が存在すること（市場の非同一性），②市場における競合品の存在，③侵害者の営業努力（ブランド力，宣伝広告），④侵害品の性能（機能，デザイン等特許発明以外の特徴）などの事情を侵害者が立証した場合には，特許法102条2項における推定の覆滅されることが判示されました。

また，特許法102条3項については，侵害者の実施に対し受けるべき料率は，通常の実施料率に比べて高額になることを考慮すべきであるとして，①当該特許発明の実際の実施許諾契約における実施料率や，それが明らかでない場合には業界における実施料の相場等も考慮に入れつつ，②当該特許発明自体の価値すなわち特許発明の技術内容や重要性，他のものによる代替可能性，③当該特許発明を当該製品に用いた場合の売上げ及び利益への貢献や侵害の態様，④特許権者と侵害者との競業関係や特許権者の営業方針等訴訟に現れた諸事情を総合考慮して，合理的な料率を定めるべきであると判示しました。

172

第1款◇特許制度
Q20◆特許権の保護

4 その他

　特許権が侵害された場合，不当利得返還請求権（民703条以下）を行使することができる場合もあります。また，特許権侵害により，特許権者等の業務上の信用を害したという場合には，特許権者等の請求により，裁判所は侵害者に対して信用回復措置を命ずることができます（特106条）。

　その他にも，故意に特許権を侵害した者は，特許権侵害罪として刑事責任を負います（特196条・196条の2）。

〔星野　真太郎〕

■判　例■

☆1　東京地判昭62・7・10判時1246号128頁。
☆2　最判平11・7・16民集53巻6号957頁。
☆3　知財高判令元・6・7裁判所ホームページ。

第2章◇戦略的ツールとしての知的財産制度
第2節◇技術を保護する知的財産制度

 農林水産業・食品産業における特許による保護

(1) 農林水産分野で、どのような技術が「特許」として保護されますか。
(2) 動植物の特許による保護について、留意すべき審査基準を教えてください。

(1) 農林水産及び畜産分野では、「物の発明」として、動植物、化学物質、組成物や微生物、道具、装置、設備及びシステム等が、「方法の発明」として、動物の飼育、植物の栽培、魚類の養殖及び微生物の培養、並びに環境制御、管理、保存及び加工等の方法等が、特許として保護される技術に挙げられます。これらの分野では、改良や選択にバイオテクノロジーの技術が活用されたり、光照射で動植物の成長を促したり作業機械や設備にGPSやIoT、AI、ロボットの技術がとり入れられたりしています。

同様に、食品分野でも、食品や添加物等の化学物質、装置等の物や、食品の製造・保存等の方法が特許として保護されます。2016年以降、機能や用途に特徴がある食品についても特許が付与される運用になったことが注目されます。

(2) 動植物に関する発明については、①天然物の単なる発見は発明に該当せず特許の保護が受けられないこと、②請求項の記載には、構造、機能、特性、方法等様々な表現形式が認められますが、明確性の要件を充足しなければならないこと、③実施可能と評価されるために、物の発明ではその製造方法についても十分な記載が必要なこと等が特許・実用新案審査基準上、留意すべき点となります。

第 1 款◇特許制度
Q21◆農林水産業・食品産業における特許による保護

☑キーワード

特許，スマート農業，動植物，明確性要件，実施可能要件

解　説

1　特許の保護対象となる技術

(1)　農林水産業・食品産業分野の「発明」

　農業，林業，水産業，畜産業，食品産業において特許による保護を受けることのできる技術には，「物の発明」として，各産業で使用する道具・装置・設備やシステム，ソフトウェア，新規な動植物・化学物質・組成物・食品や微生物等，「物を生産する方法の発明」又は「方法の発明」として，動物の飼育方法，植物の栽培方法，魚類の養殖方法，微生物の培養方法，食品その他の製造方法や環境制御・管理・保存・加工等の方法があります。

　農水知財基本テキスト122頁以下では，各産業分野の発明の例について概ね以下のように整理されています。

　(a)　農　　業
　・温室などの施設や設備
　・農薬や肥料などの化学物質
　・新規植物やそれを得る方法，器具，装置
　・植物栽培や環境制御に関する方法
　・種子や花卉を含む植物の保存方法
　・農具，農業機械，虫害，獣害防止用の器具，設備

　(b)　林　　業
　・枝打ち，伐木，集材用の林業機械や器具全体又はその細部構造
　・樹木の移植方法やそれに用いる器具，苗木の生産方法

　(c)　水　産　業

175

第2章◇戦略的ツールとしての知的財産制度
第2節◇技術を保護する知的財産制度

・漁具（漁網や集魚灯等），生け簀，釣具などの装置や器具

・漁法や養殖方法

・漁礁などの構造物

(d) **畜 産 業**

・飼料及びその生産方法

・動物の手入れに使用する器具

・畜舎や給餌・給水装置などの施設や設備

(e) **食品産業**

・食品，飲料品

・食品，飲料品の製造方法，製造装置

・食品，飲料品の保存方法，保存剤

　なお，食品の新たな機能や用途に対して特許による保護が必要との認識が高まり，2016年3月に特許・実用新案審査基準が改訂され，食品について「用途発明」が認められる運用となりました（物としては従来の食品と差別化できない場合であっても，請求項中の用途限定に発明を特定するための意味を認めるもの。用途発明については**Q22**）。ただし，動物，植物そのものについては，用途限定が付されても用途発明としては扱われることはありません（特実審査基準第Ⅲ部第2章第4節3.1.3及び2.1.1）。

(2) **特許出願及び登録の傾向**

　特許庁が公表した分類別統計表からは，2010年以降のこれらの分野の発明の特許出願数，特許登録数には，全体としてそれほど大きな変動はなさそうに見受けられます（**図表1及び図表2**）。

　上記統計によれば，農業，林業，水産業，畜産業の発明の多くが含まれると考えられるIPC（国際特許分類）の分類記号A01のカテゴリーでは，2016年で3706件の出願，2017年で1987件の登録が認められています。また，食品についての分類記号A23（非アルコール飲料を含みます）のカテゴリーでは，2016年で2503件の出願，2017年で1344件の登録が認められます。各々，2016年の出願総数に占める割合は，約1.2％（A01），約0.8％（A23），2017年の登録総数に占める割合は約1.0％（A01），約0.7％（A23）と比較的小さいようです。

　2017年に登録された特許について，A01の内訳をさらに特許情報プラット

176

第1款◇特許制度
Q21◆農林水産業・食品産業における特許による保護

図表1　2010年以降の分類別特許出願件数（抜粋）

分類記号	分類名称	出願						
		2010年	2011年	2012年	2013年	2014年	2015年	2016年
A01	農業；林業；畜産；狩猟；捕獲；漁業	4,011	3,751	3,698	3,511	3,569	3,580	3,706
A21	ベイキング；食用の生地	175	184	186	190	188	213	163
A22	屠殺；肉処理；家禽または魚の処理	52	40	48	41	54	68	83
A23	食品または食料品；他のクラスに包合されないそれらの処理	2,344	2,213	2,380	2,320	2,438	2,466	2,503
A24	たばこ；葉巻たばこ；紙巻たばこ；喫煙具	139	132	174	212	249	241	279
A61	医学および獣医学；衛生学	19,988	19,827	20,492	20,513	21,881	22,597	23,124
B27	木材または類似の材料の加工または保存；釘打ち機またはステープル打ち機一般	261	182	220	188	195	189	228
C12	生化学；ビール；酒精；ぶどう酒；酢；微生物学；酵素学；突然変異または遺伝子工学	4,842	4,525	4,558	4,623	4,572	4,529	5,039
	年間出願総数	343,457	341,360	341,578	327,033	324,662	317,288	316,946

注1：本表は，分類が付与された出願における，発明を最も適切に表現する分類についての統計である。
注2：本表は，分類が付与される前に取り下げられた等の出願は含まない。
注3：PCT出願から国内移行された出願（国内書面受付日を基準としてカウント）を含む。
注4：2016年の数値は，2018年2月28日現在の数値である。
（資料出所）特許庁『特許行政年次報告書2018年版』統計・資料編16頁以下の表から抜粋

図表2　2010年以降の分類別特許登録件数（抜粋）

分類記号	分類名称	登録							
		2010年	2011年	2012年	2013年	2014年	2015年	2016年	2017年
A01	農業；林業；畜産；狩猟；捕獲；漁業	2,493	2,583	3,114	2,668	2,085	2,130	2,086	1,987
A21	ベイキング；食用の生地	139	104	129	104	67	96	102	116
A22	屠殺；肉処理；家禽または魚の処理	33	36	40	58	41	32	46	57
A23	食品または食料品；他のクラスに包合されないそれらの処理	1,522	1,618	1,457	1,274	1,094	1,216	1,421	1,344
A24	たばこ；葉巻たばこ；紙巻たばこ；喫煙具	74	80	94	122	105	124	194	168
A61	医学および獣医学；衛生学	11,690	12,490	14,656	15,449	14,275	12,743	14,374	14,491
B27	木材または類似の材料の加工または保存；釘打ち機またはステープル打ち機一般	248	237	219	173	139	111	127	107
C12	生化学；ビール；酒精；ぶどう酒；酢；微生物学；酵素学；突然変異または遺伝子工学	2,716	2,659	2,783	2,815	2,486	3,291	2,986	2,578
	年間登録総数	222,693	238,323	274,791	277,079	227,142	189,358	203,087	199,577

注1：本表は，分類が付与された出願における，発明を最も適切に表現する分類についての統計である。
注2：2017年の数値は，2018年3月6日現在の数値である。
（資料出所）特許庁『特許行政年次報告書2018年版』統計・資料編19頁以下の表から抜粋

第2章◇戦略的ツールとしての知的財産制度
第2節◇技術を保護する知的財産制度

フォームJ-PlatPatを利用して見てみますと，分類上農業の発明と林業の発明の峻別は難しいですが，農業，林業，水産業，畜産業各分野で一定件数の発明があるようです（図表3）。

図表3　2017年登録の特許のA01サブクラス内訳の概要

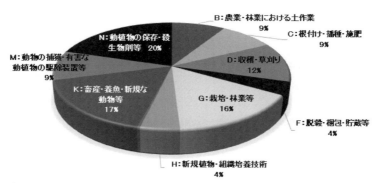

【注】％は各サブクラス件数の合計3084件を100％としたもの。1つの特許が複数のサブクラスに重複して分類され得ることに留意されたい。
（資料出所）特許情報プラットフォームJ-PlatPatを利用して筆者が集計

　A01の内訳の中では，A01Gの栽培等が約16％（栽培一般及び土なし栽培が約11.3％，海草の栽培が約2.4％，林業約0.2％），A01Kの畜産・養魚・魚釣等が約17％（水産業に関わる養魚，網漁，魚釣の合計が約9.3％，新規な動物等が約3.6％），A01Nの動植物の保存・殺生物剤等が約20％（大部分が殺生物剤・有害生物忌避剤・植物生長調整剤に関する発明）を占めている点が注目されます。

　また，分類横断的な広域ファセット分類記号と併せて検索を行ってみますと，2017年に登録された特許では，A01に分類されかつZJA（農業用，漁業用，鉱業用のIoT関連技術）が付されている登録特許は5件，A01に分類されかつZNA（核酸/アミノ酸配列に関するもの）が付されている登録特許は194件（約6.3％。うちH：新規植物・組織培養技術で139件中118件，Kの67/00新規な動物等で110件中70件）となっています。

(3)　**特許の具体例**

　それでは，農業，林業，水産業，畜産業，食品産業分野において具体的にど

178

第1款◇特許制度
Q21◆農林水産業・食品産業における特許による保護

のような発明があるのかについてですが，再びJ-PlatPatで検索を行ってみると，例えば，2017年に登録された特許の中には以下のようなものがあります。

　発明の内容は様々ですが，光照射で動植物の成長を促したり鮮度を保持する技術や，遺伝子特性に着目して植物の品種を改良したり選択したりする技術を利用した発明，さらにGPS，AI，IoT，ロボット等の技術を利用した，いわゆる「スマート農業」関連の発明も見受けられます*1。

　(a)　農　　業

　(ア)　特許第6179915号「燃焼排ガス中の二酸化炭素を利用した園芸用施設への二酸化炭素供給装置」(国立研究開発法人産業技術総合研究所他)　　温室において加温機からの燃焼排ガスから回収した二酸化炭素を利用することにより，園芸作物の収率及び品質の向上を可能とする園芸用施設への二酸化炭素供給装置に関する発明。

　(イ)　特許第6213294号「水面浮遊性粒状農薬及びそれを含有する袋状農薬製剤」(住友化学株式会社)　　拡散に不利な条件下であっても良好な拡散性を示す，新しい水面浮遊性粒状農薬及びそれを含有する袋状農薬製剤に関する発明。

　(ウ)　特許第6153245号「褐斑病抵抗性キュウリ植物，ならびに褐斑病抵抗性およびうどんこ病抵抗性を示すキュウリ植物の製造方法」(タキイ種苗株式会社)　　遺伝子組換え技術を用いることのない，新たな褐斑病抵抗性キュウリ植物，並びにそれを用いた褐斑病抵抗性及びうどんこ病抵抗性を示すキュウリ植物の製造方法に関する発明(核酸／アミノ酸配列に関する)。

　(エ)　特許第6243347号「植物成長促進微生物およびその使用」(モンサントテクノロジーエルエルシー)　　植物成長を増進，植物病原体及び病原性疾患の発生を抑制する，作物植物の生産に有用な微生物組成物及び方法に関する発明(核酸／アミノ酸配列に関する)。

　(オ)　特許第6241394号「作業車両」(井関農機株式会社)　　走行車体を高い精度で直進走行させることができ作業精度を従来以上に向上させる，トラクタ等の作業車両に関する発明(GPSによる位置情報等に基づく走行をさらに向上)。

　(カ)　特許第6116173号「農作管理システム」(株式会社クボタ)　　農作物収穫機によって収穫作業が行われる農地に関する農地情報と，収穫作業で得られた

179

第2章◇戦略的ツールとしての知的財産制度
第2節◇技術を保護する知的財産制度

農作物に関する農作物情報とを管理する農作管理システム，さらにそのような農作管理システムに組み込まれる農作物収穫機に関する発明(IoT関連技術特許)。

(b) 林　　業

(ア)　特許第6150199号「樹木の伐倒装置」(学校法人早稲田大学)　　作業者が樹木から離れた状態で自動的に伐倒することができ，装置全体の小型化に資する構造を備えた樹木の伐倒装置に関する発明（小型のロボット機構の利用）。

(イ)　特許第6086574号「DNA同定による優良木の植林」(住友林業株式会社他)　　DNA同定による優良木の植林，特に優良木の品種を選定・決定するための方法に関する発明。

(c) 水 産 業

(ア)　特許第6155040号「海洋環境情報取得システム」(古河電気工業株式会社他)　　定置網等の海洋設備の近傍における，自然情報や魚群情報等を地上で把握することが可能な海洋環境情報取得システムに関する発明。

(イ)　特許第6209804号「ウナギ仔魚の飼育方法及び飼育装置並びに飼育用の容器」(国立研究開発法人水産研究・教育機構)　　シラスウナギを人工的に量産化することを目的とする，ウナギ仔魚（レプトセファルス）を安定的かつ効率的に飼育する方法とそれに用いる飼育装置，飼育用の容器に関する発明。

(d) 畜 産 業

(ア)　特許第6196716号「反芻動物用飼料ペレット」(日本製紙株式会社)　　クラフトパルプを配合した，栄養価が高く，反芻を促進することのできる反芻動物用飼料ペレットに関する発明。

(イ)　特許第6101878号「診断装置」(株式会社オプティム)　　動物を撮像して診断を行う装置に関する発明（IoT関連技術特許)。

(ウ)　特許第6253125号「家畜用飼料給与設備および家畜用飼料給与方法」(広島県)　　家畜が受けるストレスを軽減しつつ，生産性を向上させることができる家畜用飼料給与設備及び方法に関する発明（ストレスの少ない光照射)。

(e) 食品産業

(ア)　特許第6158380号「小腸に良い栄養組成物」(株式会社明治)　　乳タンパク質，脂質，及び糖質を含む，腸管機能改善に有用な組成物に関する発明（用途発明)。

第1款◇特許制度
Q21◆農林水産業・食品産業における特許による保護

（イ）　特許第6247736号「脱酸トマト汁の製造方法，トマト含有飲料のえぐ味低減方法及びトマト含有飲料の製造方法」（カゴメ株式会社）　　酸味が抑制された脱酸トマト汁におけるえぐ味の低減方法に関する発明。

（ウ）　特許第6203366号「農作物の鮮度保持方法」（株式会社四国総合研究所他）
　農作物に近赤外光を照射することを特徴とする，広範囲の農作物に適用可能な鮮度保持方法に関する発明。

2　動植物に関する発明についての審査基準

⑴　発明該当性及び産業上の利用可能性

　農業，林業，水産業，畜産業，食品産業分野では，動物，植物，微生物そのものが発明の対象であったり，発明を構成する要素であったりする点に特徴があります。

　特許法にいう発明は「自然法則を利用した技術的思想の創作のうち高度のもの」でなければならず（特2条1項。発明該当性），さらに産業上利用することができる発明でなければ特許を受けることはできません（特29条1項柱書。産業上の利用可能性。特許制度の概要については**Q19**）。

　特許・実用新案審査基準では，単なる発見であって創作でないもの，例えば発明者が目的を意識して創作していない天然物は発明に該当しませんが，天然物から人為的に単離した微生物等は創作されたものとして発明に該当するとされています（特実審査基準第Ⅲ部第1章2.1.2）。また，上記「産業」は広義に解釈され，製造業のほか，農業，漁業等も含まれることが明記されています（同3.）。

　したがって，人為的に単離された微生物や人為的に創作された動植物等には発明該当性が認められ，それらの有用性が明細書等に記載され，又は類推できれば，産業上利用できる発明として特許の保護の対象となり得るものと解されます（微生物の特許性については**Q23**）。

⑵　記載要件

　特許の出願に際して提出される明細書，特許請求の範囲及び図面は，第三者に対して発明の技術的内容を公開して利用の機会を与えるとともに，登録特許で保護される技術の範囲を明示する権利書としての役割を担います。

第2章◇戦略的ツールとしての知的財産制度
第2節◇技術を保護する知的財産制度

そのため，明細書の発明の詳細な説明は，当業者[*2]がその実施をすることができる程度に明確かつ十分に記載されなければならず（特36条4項1号。実施可能要件），特許請求の範囲については，特許を受けようとする発明が明確であり（同条6項2号。明確性要件），明細書の発明の詳細な説明に記載された範囲を超えない（同条6項1号。サポート要件）という記載要件が課されます。

(a) 明確性要件

明確性要件を充足するには，一の請求項から発明が明確に把握される必要があります。発明が明確であれば，例えば，「物の発明」では，物の結合や構造，作用，機能，性質，特性，方法，用途等，また「方法の発明」でも，方法（行為又は動作）の結合，方法に使用する物その他種々の表現形式で請求項を記載することができます（特実審査基準第Ⅱ部第2章第3節2.3）。

ただし，「物の発明」の請求項に物の製造方法が記載されている場合（いわゆるプロダクト・バイ・プロセス・クレーム。製造方法によって生産物を特定しようとする記載であっても審査では生産物自体を意味すると解釈されます。特実審査基準第Ⅲ部第2章第4節5.1），出願時においてその物をその構造又は特性により直接特定することが不可能であるかおよそ実際的でないという事情が存在しなければ，明確性要件を満たさない点には留意が必要です[☆1]。

『特許・実用新案審査ハンドブック』附属書Bでは，動植物に関する発明においては，動植物の名称，当該動植物が有する特徴となる遺伝子，当該動植物が有する特性や作出方法等の組み合わせを請求項に記載することで特定することができるとされています。さらに，動植物が寄託されている場合には受託番号により（例1及び例3。寄託制度については**Q23**），遺伝子工学的手法により形質が転換されている場合には，導入される遺伝子又はベクター等により（例4及び例5）特定することができることが示されています（審査ハンドブック附属書B第2章2.1(2)e及びc）。

以下にその記載例を選択して引用します（【例1】等の表記は筆者による）。

【例1】 樹皮中にカテコールタンニン含有量とピロガロールタンニン含有量が$X_1 \sim X_2 : Y_1 \sim Y_2$の割合で含まれ，かつカテコールタンニンを$Z_1 \sim Z_2$ppm（重量比）含む日本栗に属する植物であって受託番号がATCC－○○○○○のもの又は上記特性を有する変異体。

第1款◇特許制度
Q21◆農林水産業・食品産業における特許による保護

【例2】 2倍体のスイカを倍数化処理して得られる4倍体のスイカと2倍体
のスイカを交配することにより得られる体細胞染色体数が33である
スイカ。

【例3】 受託番号ATCC－○○○○○であるキャベツを種子親，他のキャベ
ツを花粉親として，××除草剤に対する抵抗性を有するキャベツを
得ることを特徴とする，キャベツの作出方法。

【例4】 Met－Asp－……Lys－Gluのアミノ酸配列からなるタンパク質をコー
ドする遺伝子を含むベクターによって形質転換された形質転換体。

【例5】 乳タンパク質であるカゼインをコードする遺伝子の遺伝子制御領域
に任意のタンパク質をコードする構造遺伝子を結合させた組換え
DNAを有し，当該任意のタンパク質を乳中に分泌することを特徴と
する非ヒト哺乳動物。

(b) **実施可能要件**

　実施可能要件を充足するには，「物の発明」ではその物を作ること・使用す
ることができるように，「方法の発明」ではその方法を使用できるように，発
明の詳細な説明に記載されていることが必要となります。

　動植物に関する物の発明について作ることができることを示すために，製造
方法として，親動植物の種類，目的とする動植物を客観的指標に基づいて選抜
する方法等からなる作出過程を順を追って記載できます。その場合の客観的指
標として，①動物では，実際に計測される数値等により具体的に記載し，必要
に応じてその特定を公知の動物と比較して記載でき，②植物では，1株当たり
総果数，1株当たり総果重量あるいは1アール当たり総収量のように，慣用さ
れている方法で具体的数値を記載し，必要に応じて公知の植物と比較して記載
でき，葉色等色に関する記載にはJISZ8721等の公式の基準を用いて表現できる
とされています。また，形質転換体に関する発明について作ることができるこ
とを示すためには，導入される遺伝子等，遺伝子等が導入される生物，遺伝子
等の導入方法，形質転換体の選択採取方法，形質転換体の確認手段等の製造方
法を記載できるとされています（審査ハンドブック附属書B第2章1.1.1(2)e及びc）。

　なお，動植物を当業者が製造できるように明細書に記載することができない
場合に，受精卵，種子又は植物細胞等を所定の寄託機関に寄託し，その受託番

183

第2章◇戦略的ツールとしての知的財産制度
第2節◇技術を保護する知的財産制度

号等を記載することもできます（同1.1.4(2)）。

(3) 新規性・進歩性

　公知の発明や当業者が先行技術に基づいて容易に想到できる発明は，特許を受けることができません（特29条1項各号・2項。新規性，進歩性）。

　すでにある技術や材料を用いた動植物の発明がどのような場合に進歩性ありと認められるかについて，『特許・実用新案審査ハンドブック』では，当業者が通常行う手段で得られる動植物の発明は進歩性を有しませんが，その動植物が当業者に予測できない顕著な効果を奏する場合には，当該動植物の発明は進歩性を有するとされています。同様に，遺伝子改変前の動植物及び導入又は欠損された遺伝子がそれぞれ公知である場合，当業者が通常用いる遺伝子導入法又は遺伝子欠損法によって改変された動植物の発明は進歩性を有しませんが，その場合であっても，遺伝子改変前の動植物において当該遺伝子を導入又は欠損させることに困難性があるとき，又は遺伝子改変された動植物の特性が，遺伝子改変前の動植物において当該遺伝子を導入又は欠損させた場合に予想される特性と比較して顕著な効果を奏するときには，当該動植物の発明は進歩性を有するとされています（審査ハンドブック附属書B第2章5.3(2)d及びb）。

〔辻　　淳子〕

■判　例■

☆1　最〔2小〕判平27・6・5民集69巻4号700頁，904頁〔プラバスタチンナトリウム事件最高裁判決〕。常に該当するかについては精査が必要とも思われますが，『特許・実用新案審査ハンドブック』第II部第2章2205，2には，この不可能・非実際的事情に該当する具体例として，交配等の育種方法によって得られる動物及び植物が挙げられています。

■注　記■

＊1　農林水産省「平成30年度食料・農業・農村白書」第1部特集2では，農業現場への実装段階に入ってきたスマート農業について報告しています。
＊2　「その発明の属する技術分野における通常の知識を有する者」（特36条4項1号）。

第1款◇特許制度
Q22◆用途発明

 用途発明

(1) これまでにない物の使い道（用途）を考えついた場合に特許が認められることがありますか。審査基準についても教えてください。
(2) 用途発明に係る特許権に基づいて被疑侵害製品に対する権利行使を行う場合，差止請求はどの範囲で認められますか。

(1) 用途発明についても特許が認められる場合があります。特に新規性が問題となりますが，平成28年に特実審査基準が改訂されたことにより，食品に係る用途発明についても新規性が認められる可能性があることが明らかにされました。
(2) 用途発明に係る特許権の侵害の成否は，被疑侵害製品の物としての構成のみでは判断できず，当該用途に使用する製品であることを表示する行為や表示がなされた製品を販売する行為があった場合に当該特許権の侵害に当たるとの考え方（いわゆる「ラベル論」）が通説であるといわれています。もっとも，特許権侵害が成立したとしても，いかなる範囲で差止めが認められるのかは，具体的な事情を踏まえて慎重に検討する必要があります。

☑キーワード
用途発明，新規性，差止請求の範囲，ラベル論

第2章◇戦略的ツールとしての知的財産制度
第2節◇技術を保護する知的財産制度

解　説

1　用途発明について

　用途発明とは，「(i)ある物の未知の属性を発見し，(ii)この属性により，その物が新たな用途への使用に適することを見いだしたことに基づく発明」をいう*1, ☆1とされています。例えば，既知の物質であるDDTについて殺虫効果という新たな用途のあることを見い出してなされた，DDTを主成分とする殺虫剤の発明や，特に医薬組成物の発明において用法・用量で規定した発明が挙げられます。

　後記のとおり，用途発明は，既知の物質について問題になることが多く，特許要件の中でも特に新規性が問題になります☆2, ☆3。また，用途発明については，そのクレームからは物の発明か方法の発明か，いずれの発明のカテゴリーに属するのか判断がつきにくい場合があるといわれています*2が，クレーム末尾の文言にとらわれることなく，当該発明を実質的に評価して発明のカテゴリーを決すべきであるとの見解が有力です。

2　用途発明の新規性について

　ここで，ヨーグルトに二日酔い防止という新たな用途を見い出した場合に，これを権利化することが可能かどうかを考えてみましょう。ヨーグルト自体は，当然のことながら，既知の物質であるため，新規性はありませんが，用途により限定した場合に審査実務においてどのように取り扱われるのかは特実審査基準において明らかにされています。

　この点に関し，平成28年に改訂される前の『特許・実用新案審査基準』（以下「旧基準」といいます）では，「食品分野の技術常識を考慮すると，食品として利用されるものについては，公知の食品の新たな属性を発見したとしても，通常，公知の食品と区別できるような新たな用途を提供することはない。」と述

186

第1款◇特許制度
Q22◆用途発明

べられており，食品が物として公知である場合には，新たな用途を見い出した
としても，用途発明として新規性が認めらないものと理解されていました。

　もっとも，近年，健康食品の市場規模が拡大していること，平成27年には機
能性表示制度が創設されたこと等を背景に，食品についても用途発明としての
新規性を認めるべきであるとのユーザーニーズの存在が明らかになりまし
た*３。そこで，このようなユーザーニーズに基づき，平成28年に『特許・実
用新案審査基準』（以下「新基準」といいます）が改訂され，食品についても用途
発明として新規性が認められる可能性があることが明確にされました（同第Ⅲ
部第2章第4節3.1.2(1)）。

　［請求項1］　成分Aを有効成分とする二日酔い防止用食品組成物。
　［請求項2］　前記食品組成物が発酵乳製品である，請求項1に記載の二日酔い防
　　　　　　　止用食品組成物。
　［請求項3］　前記発酵乳製品がヨーグルトである，請求項2に記載の二日酔い防
　　　　　　　止用食品組成物。
（説明）
　「成分Aを有効成分とする二日酔い防止用食品組成物」と，引用発明である
「成分Aを含有する食品組成物」とにおいて，両者の食品組成物が「二日酔い防
止用」という用途限定以外の点で相違しないとしても，審査官は，以下の(i)及
び(ii)の両方を満たすときには，「二日酔い防止用」という用途限定も含め，請求
項に係る発明を認定する（したがって，両者は異なる発明と認定される。）。この用
途限定が，「食品組成物」を特定するための意味を有するといえるからである。
　(i)　「二日酔い防止用」という用途が，成分Aがアルコールの代謝を促進する
という未知の属性を発見したことにより見いだされたものであるとき。
　(ii)　その属性により見いだされた用途が，「成分Aを含有する食品組成物」に
ついて従来知られている用途とは異なる新たなものであるとき。
　請求項に係る発明の認定についてのこの考え方は，食品組成物の下位概念で
ある発酵乳製品やヨーグルトにも同様に適用される。

　旧基準によれば，公知の物質である食品について未知の属性を見い出し，新
たな用途で限定して特許出願をしたとしても，当該発明は従来技術と相違点が
ない物として把握され，新規性を欠くものと理解されていました。これに対
し，新基準では，用途限定を付した発明が，(i)新たな用途が未知の属性を発見

187

第2章◇戦略的ツールとしての知的財産制度
第2節◇技術を保護する知的財産制度

したことにより見い出されたものであり，かつ，(ii)当該用途が従来知られている用途とは異なる新たなものである場合には，当該発明に新規性が認められ得ることが明示されました*4。

　なお，動植物については，「～用」といった用途限定が付されたとしても，当該用途限定の記載はその動植物の有用性を示しているにすぎないため，上記考え方は適用されず，用途限定のない動植物そのものと解釈されることに注意する必要があります。

3 　権 利 範 囲

(1)　効力の及ぶ範囲――ラベル論

　用途発明について権利化がなされた場合において，第三者が被疑侵害製品（いわゆる「イ号製品」）を製造し，販売し，又は使用したとき，特許権者は侵害行為の差止めを請求することができますが，用途発明に係る特許権の権利範囲についてはどのように考えればよいのでしょうか。ここでは，特許請求の範囲を「ヨーグルトを有効成分とする二日酔い防止用食品組成物。」とする特許権が存在する場合，どのような行為が当該特許権の侵害を構成するのかを例に検討することにします。

　この点につき，被疑侵害者が単にヨーグルトの製造・販売等を行うだけでは用途発明に係る特許権侵害を構成することはなく，「二日酔い防止用」との用途を表示するラベルを付する行為や，ラベルを付して販売する行為について特許権侵害が成立するとの考え方（いわゆる「ラベル論」）が通説であるとされています。裁判例を見ると，特許請求の範囲の記載が「ケトチフェン又はその製薬上許容し得る酸付加塩を有効成分とするアレルギー性喘息の予防剤」とする特許権について，被疑侵害製品である被告製剤の添付文書に気管支喘息の治療剤である旨記載され，明示的には「アレルギー性喘息の予防剤」との記載がなかったとの事案において，裁判所は，「アレルギー性喘息の予防剤」の意義について「アレルギー反応によって引き起こされる，……気管支喘息の発作が起こることを予防する薬剤をいう」と解したうえで，被告製剤の添付文書の記載等に基づいて「被告らの製剤品は，アレルギー性気管支喘息の急性発作を引き

188

第 1 款◇特許制度
Q22◆用途発明

起こしている患者に対して投与する薬剤であるというよりは，喘息と診断され
た患者が発作を起こさないように，予め，かつ定期的継続的に投与する薬剤で
あり，アレルギー性気管支喘息の発作が起こることを予防する薬剤であると認
められるから，本件特許請求の範囲にいう『アレルギー性喘息の予防剤』に該
当する」と判断し，原告の請求の一部を認容しました☆4。また，職務発明に
係る相当対価請求の事案ですが，公知の物質であるシロスタゾールの用途につ
き「再狭窄予防剤」との限定を付した特許発明（本件用途発明）との関係で，被
告製剤が当該発明の実施品に当たるかどうかが問題となった事案において，
「医薬品の用途発明の実施は，例えば医薬品の容器やラベル等にその用途を直
接かつ明示的に表示して製造，販売する場合などが典型的であるといえるが，
必ずしも当該用途を直接かつ明示的に表示して販売していなくても，具体的な
状況の下で，その用途に使用されるものとして販売されていることが認定でき
れば，用途発明の実施があったといえることに変わりはない。」と述べ，被告
による本件用途発明の実施があったことを認めました☆5。

　ラベル論は，用途発明が物質特許でない以上，当該発明に係る特許権の効力
は他用途には及ばないとする点で妥当であり，特に被疑侵害製品が医薬品であ
る場合には添付文書が存在するため，これに馴染みやすい理論であると思われ
ますが，具体的な事案に対して硬直的に適用した場合には結論において妥当で
ない場合が生じることも考えられます。裁判例の傾向は，「ラベル論を前提と
しながらも，ラベルに明示されていない場合でも，生産過程あるいは譲渡態様
といった具体的事案に応じて，一定の条件の下に，用途発明に関する特許の直
接侵害を認めており，このような判断手法は，学説においてもおおむね肯定的
に解されている」と評価されています*5。

(2)　差止めの範囲

　用途発明に係る特許権につき侵害が認められたとしても，さらに，いかなる
範囲で差止めが認められるかが問題となります。なぜなら，クレームで特定さ
れた用途以外の用途についてまで差止めを認めることは過剰であると考えられ
るためです。この点につき，前掲☆4・フマル酸ケトチフェン事件判決は，他
用途については特許権の技術的範囲に含まれないことを前提としながら，「本
件においては，仮に被告らの製剤品にアレルギー性喘息の予防剤以外の用途が

189

第2章◇戦略的ツールとしての知的財産制度
第2節◇技術を保護する知的財産制度

あるとしても，被告らは，被告らの製剤品について，アレルギー性喘息の予防
剤としての用途を除外する等しておらず，右予防剤としての用途と他用途とを
明確に区別して製剤販売していないのであるから，被告らが，その製剤品につ
いてアレルギー性喘息の予防剤以外の用途をも差し止められる結果となったと
してもやむを得ないものといわざるをえない。」と述べ，予防剤に加え治療剤
についても差止めを認めました。

　このように，裁判例においては，比較的広く差止めの効力を認めた事案が存
在しますが，あくまでも具体的事情の下における認定判断である点に注意する
必要があります。権利者においては，他用途についてまで差止めは認められな
いことを，被疑侵害者においては，他用途であることを明確に区別して製造販
売しない場合には差止めのリスクが存在することを意識しながら，慎重に検討
する必要があるものと思われます。

〔松田　誠司〕

```
■判　例■
```

　☆1　近時の裁判例は，「用途発明とは，既知の物質について未知の性質を発見し，当
　　　該性質に基づき顕著な効果を有する新規な用途を創作したことを特徴とするもので
　　　ある」と述べています（知財高判平28・7・28（平28（ネ）10023号）裁判所ホー
　　　ムページ〔メニエール病治療薬事件〕）。
　☆2　知財高判平18・11・29（平18（行ケ）10227号）裁判所ホームページ〔シワ形成
　　　抑制事件〕。
　☆3　知財高判平23・3・23（平22（行ケ）10256号）判時2111号100頁〔スーパーオキ
　　　サイドアニオン事件〕。
　☆4　東京地判平4・10・23判時1469号139頁〔フマル酸ケトチフェン事件〕。
　☆5　知財高判平18・11・21（平17（ネ）10125号）裁判所ホームページ〔シロスタゾー
　　　ル事件〕。

```
■注　記■
```

　＊1　『特許・実用新案審査基準』第Ⅲ部第2章第4節3.1.2。特許法68条の2において
　　　「用途」との表現がみられます。既知の物質について新たな用途を見い出した場合
　　　が典型的ですが，未知の物質を対象とする発明でも用途発明に当たり得るものとさ
　　　れています。

＊2　発明のカテゴリーについて議論する実益は，物の発明と方法の発明とでは「実施」の範囲が異なること（特2条3項1号及び2号）が挙げられます。

＊3　産業構造審議会知的財産分科会特許制度小委員会第7回審査基準専門委員会ワーキンググループ配布資料1「食品の用途発明に関する審査基準の点検ポイント」3頁以下。

＊4　もっとも，引用発明との関係で新規性が認められ得るとしても，進歩性を有するかどうかは別途検討する必要があります。

＊5　牧野ほか編・知財大系Ⅰ346頁〔東海林保〕。

●参考文献●

⑴　吉田広志「用途発明に関する特許発明の差止め請求権のあり方」知的財産法政策学研究16号179頁。

⑵　平嶋竜太「知的財産法の理論」知的財産研究所編『用途発明－医療関連行為を中心として』188頁。

第 2 章◇戦略的ツールとしての知的財産制度
第 2 節◇技術を保護する知的財産制度

 微生物特許

微生物も特許になりますか。寄託制度について教えてください。

　　微生物も，特許取得の要件を満たせば，特許になります。
　　自然界に存在する微生物の単なる発見は，自然法則を利用した技術的思想の創作とはいえず，発明に該当しませんが，自然界から分離し，あるいは変異手段，遺伝子工学的手段等により創製された微生物等は発明に該当し，特許発明になり得ます。さらに，微生物を利用した発明，すなわち，微生物が有する固有の機能に着目しそれを利用した発明も特許保護の対象となります。
　　次に，特許手続上の寄託制度とは，微生物や動植物に係る発明について特許出願をしようとする者が，所定の寄託機関にその微生物等を寄託しておき，特許出願の際に，その寄託の事実を明らかにするとともに，所定の時以後一定の条件下で第三者にその微生物等を分譲する制度です。
　　微生物を使用する発明において，明細書の発明の詳細な説明に，当業者がその微生物を作れるように記載することができない場合や，当業者が容易に入手できない場合には，第三者において発明の再現を可能とすべく，これを寄託する必要があります。日本では，そのような寄託機関として，独立行政法人製品評価技術基盤機構（NITE）が微生物の受託を行っています。

キーワード

　　微生物，寄託，独立行政法人製品評価技術基盤機構（NITE）

第 1 款◇特許制度
Q23◆微生物特許

解　説

1　微生物の特許性について

(1)　特許保護の対象について

　特許法 2 条において，発明とは「自然法則を利用した技術的思想の創作のうち高度のもの」と定義されています。したがって，自然現象の単なる発見，例えば，自然界に存在する微生物の発見は発明に該当せず，特許法上の保護を受けることはできません。

(2)　微生物に関する発明

　しかし，自然界から分離し，あるいは変異手段・遺伝子工学的手段等により創製された微生物等は発明に該当し，特許保護の対象となります。さらに，微生物を利用した発明，すなわち，微生物が有する固有の機能に着目しそれを利用した発明も特許保護の対象となります。これは，①発酵，分解等の機能に着目した発明と，②微生物の特定物質の生産性に着目した発明に分けられます。

　前者①の例としては，特定の微生物による発酵飲食品の製造方法，特定の微生物による有害物質の分解方法，特定の微生物による低品位鉱からの金属の採取法，特定の微生物による化学物質の変換方法等があり，後者②の例としては，特定の生物によるアミノ酸，有機酸，酵素，抗生物質，生理活性ポリペプチド等の製造方法が挙げられます。

　なお，微生物を利用した発明においては，それに使用した特定の微生物が必ずしも分類学上新規な微生物である必要はなく，分類学上公知な微生物であってもよいとされています。要はその微生物を利用した点に新規性があれば特許性のある発明となります。

193

第2章◇戦略的ツールとしての知的財産制度
第2節◇技術を保護する知的財産制度

2 特許手続上の寄託制度とは

(1) 寄託制度の趣旨

　特許手続上の寄託制度とは，微生物や動植物に係る発明について特許出願を
しようとする者が，所定の寄託機関にその微生物等を寄託しておき，特許出願
の際に，その寄託の事実を明らかにするとともに，所定の時以後一定の条件下
で第三者にその微生物等を分譲する制度です。

　第三者等が微生物等を入手できないために発明を実施することができないと
したら，発明者に独占権を付与して発明の保護を図ると同時に，第三者に発明
を公開してその活用促進を図るという特許制度の趣旨に反するため，本制度が
設けられました。

　したがって，微生物を使用する発明において，明細書の発明の詳細な説明
に，当業者がその微生物を作れるように記載することができない場合や，当業
者が容易に入手できない場合には，第三者において発明の再現を可能とすべ
く，これを寄託する必要があります。

(2) 寄託手続の流れ

　(a) 寄託機関（現在はNITEですので，以後，寄託機関をNITEとしてこの項目は説明
します）は申請書及びサンプルの審査を行い，受領を決定した後，受領書を発
行します。

　(b) NITEは，受領後，生存確認試験を行います。生存確認試験には一定の
日数を要します。どの程度の日程を要するかは，NITEのホームページにて確
認することができます。

　生存確認試験の結果が肯定的な場合，NITEは手数料にかかる請求書を発行
します。

　他方，試験結果が否定的な場合（否定的な場合とは，微生物が生存していない又は
他の微生物による汚染があった場合を指します），NITEは「受託証不交付通知書」を
交付し，申請書類を寄託者に返却し，微生物はNITEにて廃棄します。「受託
証不交付通知書」が交付された場合，受領番号は失効します。かかる通知に対
する補正手続等は予定されておらず，寄託を希望する場合は，再度，寄託申請

第 1 款◇特許制度
Q23◆微生物特許

を行う必要があります。

　(c)　寄託者による請求書に基づく手数料の納付が確認できた場合，NITEは寄託者に対し，「受託証」及び「生存に関する証明書」を交付します。「受託証」には微生物の受託番号と受託日（微生物を受領した日）が記載されています。

(3)　特許出願手続と寄託手続の関係

　(a)　出願人は，特許庁長官の指定する寄託機関や，特許手続上の微生物の寄託の国際的承認に関するブダペスト条約の国際寄託当局に微生物を寄託し，かつ，その受託番号を出願当初の明細書に明示するとともに，その事実を証明するために，受託証の写しを出願の願書に添付しなければなりません。

　もっとも，出願の時点で，受託証が交付されていない場合，出願人は，出願当初の明細書に受領番号等を明示して特許出願をすることができます。その場合，受託証が交付されたときは，速やかに受託証の写しを特許庁に提出しなければなりません。

　なお，生存試験の結果が否定的なために，受託証が交付されなかった場合には，受領日における寄託はなかったものとなるので，通常，実施可能要件等を満たさない出願となります。

　(b)　日本では，上記のような寄託機関として，独立行政法人製品評価技術基盤機構（NITE）が微生物の受託を行っています。

　寄託された微生物は，特許権の設定登録と同時に分譲可能な状態とされます。そして，寄託された微生物は，少なくともその微生物に係る発明の特許権が存続する期間は，その微生物の分譲が可能な状態にあるように，その寄託が維持されなければなりません。

　なお，特許出願後に寄託を取り下げた場合，実施可能要件を欠くとして，特許出願の拒絶理由や特許異議申立て・特許無効の理由となります。

(4)　国内寄託制度と国際寄託制度

　寄託制度には，国内寄託制度と国際寄託制度が存在します。

(a)　国内寄託制度

　国内寄託制度は，昭和45年に特許法施行規則27条の 2 （微生物の寄託）の規程の創設及びその後昭和56年の同施行規則の改正並びに同施行規則の27条の 3 （微生物の試料の分譲）の創設に基づくものです。

195

第2章◇戦略的ツールとしての知的財産制度
第2節◇技術を保護する知的財産制度

図表1　微生物の寄託と特許出願の関係

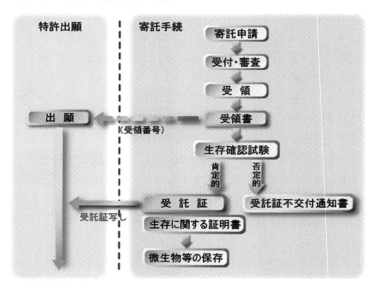

(資料出所)独立行政法人製品評価技術基盤機構(NITE)(https://www.nite.go.jp/nbrc/patent/deposit/index.html)

(b)　**国際寄託制度**

　国際寄託制度は，わが国が昭和56年に「特許手続上の微生物の寄託の国際的承認に関するブタペスト条約」(以下「ブタペスト条約」といいます)に加入したことにより採用されている制度です。

　この制度の採用により，NITEは，ブタペスト条約上の国際寄託機関として指定されており，わが国の微生物に係る発明を外国に特許出願しようとする場合，ブタペスト条約上の微生物の国際寄託機関として，NITEを使用することができるようになりました。この条約の利点は，自国の国際寄託当局に寄託すれば，それが他国においても特許手続上有効なものとして承認されることにあります。

(c)　**国際寄託と国内寄託の違い**

　国際寄託と国内寄託の基本的な違いですが，国際寄託は寄託を取り下げられませんが，国内寄託は寄託者の意思に基づいて寄託の取下げができます。

第1款◇特許制度
Q23◆微生物特許

また，国際寄託の保管手数料は30年間分の一括前納ですが，国内寄託の保管手数料は年ごとに納付ができます。

さらに，国内寄託は国際寄託に移管できますが，国際寄託は国内寄託への移管はできません。

日本を含め外国まで出願するのであれば，国際寄託をせざるを得ませんが，国内にしか出願の予定がない場合には，上記の相違に鑑み，国内寄託が有利といえるでしょう。

(5) 寄託機関で受け付ける微生物の範囲について

(a) 微生物の寄託が必要な場合

一般論として，当該発明を再現するために明細書に記載している特定の微生物が必要となるものについては，その微生物を寄託しなければなりません。ただし，技術的な理由から寄託機関において保管できない微生物，及び，当業者が容易に入手できる微生物は除かれます（寄託の必要がありません）。また，一部の遺伝子工学における発明のように，その発明を当業者が容易に実施できるように明細書に記載できる場合は微生物の寄託が必要ではありません。

ここで，容易に入手できる微生物とは，その微生物が文献に掲載され，かつ販売カタログ等に明記されている微生物で，誰もが一定の手続により容易に入手できる微生物を指します。

したがって，例えば，文献公知の微生物であっても当業者が容易に入手できない微生物や，市販微生物であっても変異させることによって容易に入手できない微生物となった場合は，その微生物を寄託する必要があります。

(b) 寄託可能な微生物の範囲

寄託が必要な微生物について，一般論は上記のとおりです。しかし，寄託機関が寄託の必要性があるすべての微生物を受理するわけではありません。受理する微生物は，細菌，放線菌，アーキア，糸状菌，酵母，動物細胞，バクテリオファージ，プラスミド，植物細胞，藻類，種子等となっており，一定の範囲に限定されています。詳細はNITEのホームページに記載されていますので確認してください。

また，受理可能な微生物に含まれるとしても，①NITEバイオテクノロジーセンターが定めるバイオセーフティレベル（BSL）が3又は4の微生物，②「感

197

第2章◇戦略的ツールとしての知的財産制度
第2節◇技術を保護する知的財産制度

染症の予防及び感染症の患者に対する医療に関する法律」6条20項から22項に
規定する一種病原体等，二種病原体等及び第三種病原体等，③「研究開発等に
係る遺伝子組換え生物等の第二種使用等に当たってとるべき拡散防止措置等を
定める省令」（平成16年文部科学省・環境省令第1号）4条に規定する拡散防止措置
のうち，P3，P3A又はP3Pの取扱いを必要とする遺伝子組換え生物は寄託する
ことができません。

　結論としては，寄託できるかどうかの判断は，自分でせずに，事前に寄託機
関と相談することをお勧めします。

〔網谷　　拓〕

========●参考文献●========

　(1)　農水知財基本テキスト。

24　存続期間

(1)　特許権はいつまで存続するのでしょうか。
(2)　特許がまだ登録されていない出願審査中の段階でも，第三者が出願発明を無断で実施することから保護される手立てはあるのでしょうか。
(3)　農薬について，特許権の存続期間を延長することができますか。

(1)　特許権の存続期間は，特許出願の日から20年です（特67条1項）。ただし，出願から登録までに一定以上の期間を要したときは，存続期間を延長できる場合があります。
(2)　出願審査中の段階では，差止請求を行うことはできませんが，特許出願が公開されていれば，警告を行うことにより，設定登録後に補償金請求をすることができます（特65条）。
(3)　農薬については，一定の場合に最大5年間，存続期間を延長できる制度があります（特67条4項）。

☑キーワード
　特許権存続期間，特許権存続期間の延長制度，補償金請求権

第2章◇戦略的ツールとしての知的財産制度
第2節◇技術を保護する知的財産制度

解　説

1　特許権の存続期間と延長

(1)　特許権の存続期間

　特許権の存続期間は，特許出願の日から20年をもって終了するとされています（特67条1項）。特許出願手続において，出願から登録までに一定の期間を要しますが，その場合でも，特許権の存続期間は，「設定登録の日」からではなく，「出願日」から20年となる点に注意が必要です。

(2)　特許権の存続期間の延長制度

　環太平洋パートナーシップに関する包括的及び先進的な協定（以下「TPP11」といいます）の発効に伴い，特許出願後権利化までに生じた不合理な遅滞について，特許期間の延長を認める制度の導入が義務付けられました。そこで，わが国においても，国内法としての特許法の改正が行われ，特許法67条2項及び3項が新設されました。これにより，特許権の設定の登録が，「特許出願の日から起算して5年を経過した日又は出願審査の請求があつた日から起算して3年を経過した日のいずれか遅い日」以後にされたときは，延長登録の出願により，登録が遅れた期間について，特許権の存続期間を延長することができるようになりました。

　なお，この場合は，「特許権の設定の登録の日から3月以内」に延長登録の出願を行うことが必要です（特67条の2第3項）。

(3)　農薬や医薬品等についての特許権存続期間の延長制度

　農薬や医薬品のように，安全性等の観点から登録や承認までに長期間を要するものについては，実質的な特許権者による特許発明の実施期間が侵食されるのを防ぐため，存続期間の延長制度が設けられています。

　これについては，後記**3**で詳述します。

200

第1款◇特許制度
Q24◆存続期間

2 特許出願審査中の出願人に対する保護

(1) 補償金請求権

　特許出願中に，第三者がその特許出願に係る発明を実施した場合であって
も，特許権の設定登録がなされるまでは，特許権に基づく差止請求等を行うこ
とはできません。

　しかし，出願公開がなされた後であれば，特許出願に係る発明の内容を記載
した書面を提示して警告をしたときは，その警告後特許権の設定の登録前に業
としてその発明を実施した者に対し，その発明が特許発明である場合にその実
施に対し受けるべき金銭の額に相当する額の補償金の支払を請求することがで
きるとされています（特65条1項）。なお，警告をしていない場合であっても，
「出願公開がされた特許出願に係る発明であることを知つて特許権の設定の登
録前に業としてその発明を実施した者」に対しては，同様に補償金の請求が可
能です。

　補償金請求については，特許権侵害に関する規定が準用されますので（特65
条6項），未だ特許権そのものは発生していませんが，基本的には特許権侵害の
場合と同様の枠組みで行われることになります。

(2) 警　　告

　特許発明を実施した者が，それが出願公開された発明であることを知ってい
た場合，すなわち悪意である場合には，警告を行っていなくても，補償金を請
求することが可能です。

　ただし，この悪意については，過失の推定規定（特103条）が準用されていな
いため（特65条6項），出願人において立証する必要がありますが，一般的には
その立証は困難であることが多いと考えられるため，補償金請求を行うに際し
ては，速やかに警告を行っておくことが重要です。

　警告においては，出願公開番号，出願公開の年月日，特許出願番号，特許請
求の範囲に記載されている発明が当業者に理解できる程度にその内容を記載し
た上で，特許権の設定登録後に，警告から登録までの期間になされた特許発明
の実施行為である製造，販売等について，実施料相当額を請求する旨を通知す

201

第２章◇戦略的ツールとしての知的財産制度
第２節◇技術を保護する知的財産制度

ることになります。

⑶　請求できる金額

補償金請求によって請求できる金額は，「その発明が特許発明である場合にその実施に対し受けるべき金銭の額に相当する額」です。

これは，特許法102条３項の「その特許発明の実施に対し受けるべき金銭の額に相当する額」をそのまま補償金の額としているものと解されています（中山＝小泉編・新注解特許〔第２版〕（上）1092頁）。具体的事案における補償金額としては，販売価格等の2.4％〜10％程度で算定された裁判事例が存在します（中山＝小泉編・前掲1093頁）。

⑷　早期公開制度

前述のとおり，補償金請求を行うためには，出願公開がなされていることが必要です。特許出願については，出願日から１年６ヵ月を経過したときに行われます（特64条）が，それ以前に早急に公開をした上で補償金請求を行いたいという場合は，出願公開の請求を行うことができます（特64条の２第１項）。

ただし，この出願公開の請求は，いったん行うと取下げができませんので，注意が必要です（同条２項）。

3　農薬や医薬品等についての特許権存続期間延長制度

⑴　延長制度の内容

特許発明の実施について，「安全性の確保等を目的とする法律の規定による許可その他の処分であつて当該処分の目的，手続等からみて当該処分を的確に行うには相当の期間を要するものとして政令で定めるもの」については，特許権存続期間の延長を行うことができるとされています（特67条４項）。そして，この「政令で定めるもの」について，特許法施行令２条で，農薬取締法に基づく登録等や，医薬品，医療機器等の品質，有効性及び安全性の確保等に関する法律（以下，「薬機法」といいます）に基づく承認が規定されています。

農薬や医薬品については，安全性の観点等から，製品として製造・販売するには，これらの登録や承認を得なければなりませんが，そのためには，相当長期間を有するのが一般的です。そうすると，これらの手続が完了するまでの間

202

第 1 款◇特許制度
Q24◆存続期間

は，特許権者は，特許権を有していても現実的には特許発明を実施できないことになり，実質的に特許権の存続期間が侵食されることになります。このような結果は，特許権者に対しても，研究開発に要した費用を回収することができなくなるなどの不利益を被らせるほか，開発者，研究者に対しても，研究開発のためのインセンティブを失わせることになります。

そこで，このような不利益を回復するため，5年を限度として，延長登録の出願により特許権の存続期間を延長することができるものとされています（特67条4項）。

(2) 延長の手続

この延長の手続は，特許権の「存続期間の満了前6月の前日まで」に，存続期間の延長の登録出願を行うことが必要です（特67条の6）。

(3) 延長される期間

延長される期間は，当該「政令で定める処分」を受けるために必要であった期間となります。

(4) 延長登録の拒絶事由

延長の登録出願については，以下の事由があるときは，拒絶されることになります（特67条の7第1項）。

① その特許発明の実施に特許法67条4項の政令で定める処分を受けることが必要であったとは認められないとき（同項1号）

② その特許権者又はその特許権についての専用実施権若しくは通常実施権を有する者が特許法67条4項の政令で定める処分を受けていないとき（同項2号）

③ その延長を求める期間がその特許発明の実施をすることができなかった期間を超えているとき（同項3号）

④ その出願をした者が当該特許権者でないとき（同項4号）

⑤ その出願が特許法67条の5第4項において準用する同法67条の2第4項に規定する要件を満たしていないとき（同項5号）

これらのうち，①については，医薬品について，有効成分と用途が同一の医薬品がすでに承認を得ている場合に，用法・用量が異なる後発医薬品に関しては，独立して承認を得る必要がなく，したがって，①に該当し，存続期間の延

203

第2章◇戦略的ツールとしての知的財産制度
第2節◇技術を保護する知的財産制度

長が認められないのではないかという論点があります。

　この論点について，最高裁は，「延長登録出願に係る特許発明の種類や対象に照らして，医薬品としての実質的同一性に直接関わることとなる審査事項について両処分を比較した結果，先行処分の対象となった医薬品の製造販売が，出願理由処分の対象となった医薬品の製造販売を包含すると認められるとき」には，同号の拒絶事由があると判断しています[1]。

　したがって，本制度に基づく特許存続期間の延長登録出願を行うに際しては，先行する承認や登録に当該特許発明の実施品が包含されるか否かを検討する必要があるといえます。

〔田中　雅敏〕

■判　例■

☆1　最判平27・11・17民集69巻7号1912頁〔ベバシズマブ（アバスチン）事件〕。

25 市場に流通する特許製品の利用

(1) 特許方法で製造された遺伝子組換え大豆を購入して大豆を栽培した際，収穫した大豆から翌年栽培するための大豆をとっておくことは，特許権侵害となるのでしょうか。
(2) 最近は，普通の大豆と思って購入しても遺伝子組換え大豆が混ざっていると聞きます。普通の大豆と思って購入して栽培した場合でも，特許方法で製造された遺伝子組換え大豆が混ざっていたときは，特許権侵害となるのでしょうか。

(1) 一般的に，特許権者は，販売した「特許方法で製造された遺伝子組換え大豆（特許大豆）」を用いて，大豆を栽培することは認めていると思われますが，栽培した大豆を用いて，翌年，特許大豆と同一の大豆を栽培することは許容していないと思われます。よって，購入した特許大豆から収穫した大豆を用いて，翌年，特許大豆と同一の大豆を栽培することは，特許の消尽の範囲を超え，特許権侵害となると考えます。
(2) 普通の大豆と思って購入して栽培した場合でも，その中に特許方法で製造された遺伝子組換え大豆（特許大豆）が混ざっていた場合，購入した大豆を栽培したときは，特許大豆を使用した場合に該当し，形式的には特許権侵害となると考えます。もっとも，購入した大豆の販売経路が一般的な場合，特許大豆を栽培する意思がない生産者を特許権侵害とすると，生産者の大豆栽培を不当に制限することになるように思われます。よって，そのようなやむを得ない場合は，特許権者の権利行使は，権利濫用として許されないと考えます。前例となる裁判例などがなく，具体的な要件などは明確ではありませんので，今後の裁判例の蓄積やガイドラインの策定が望まれるところです。

第2章◇戦略的ツールとしての知的財産制度
第2節◇技術を保護する知的財産制度

☑キーワード

消尽，新たな生産，権利濫用

解　説

1　消尽と新たな生産

(1)　消　　尽

　特許権者は，業として特許発明を実施する権利を専有していますが（特68条），特許権者（「特許権者から許諾を受けた実施権者」を含みます）が，わが国において特許製品を譲渡した場合には，当該特許製品については，特許権はその目的を達成したものとして，当該特許製品の使用，譲渡等には及ばず，特許権者は，当該特許製品について特許権を行使することは許されないとされています☆1。これを，特許権の「消尽」と呼んでいます。

　すなわち，特許方法で製造された遺伝子組換え大豆（以下「特許大豆」といいます）を購入した者が，購入した特許大豆を転売（譲渡）したとしても，特許権侵害となることはありません。また，特許大豆が栽培のために販売されているとすれば，購入した特許大豆を用いて大豆を栽培する行為も，特許権侵害となることはありません。

(2)　消尽の限界（新たな生産）

　では，特許大豆を栽培して収穫した大豆を用いて，翌年，特許大豆と同一の大豆を栽培する行為は，許されるのでしょうか。

　この点，前述の消尽の考え方では，いったん特許権者が市場で販売した以上，その後，当該特許大豆をどのように使用しても特許権侵害にならないとも考えられます。しかしながら，特許権者は，販売した特許大豆を用いて生産者が大豆を栽培することは許容していたとはいえ，収穫した大豆を用いて，翌年以降も特許大豆と同一の大豆を栽培することを許容していない場合が多いと思

206

第1款◇特許制度
Q25◆市場に流通する特許製品の利用

われます。また，特許大豆の販売価格も，何世代もの栽培を前提にしたものではないと思われます。

そこで，自己増殖するような特許製品について，消尽の範囲を拡大するのは特許権者の権利を過度に制限するものと批判されています。

(3) 消尽の範囲

前述☆3の最高裁判決は，特許権者（「特許権者から許諾を受けた実施権者」を含みます）がわが国において譲渡した特許製品につき加工や部材の交換がされ，それにより当該特許製品と同一性を欠く特許製品が新たに製造されたものと認められるときは，特許権者は，その特許製品について，特許権を行使することが許されると判断しました。

前述の最高裁判決では，プリンタ用のインクタンクの特許権について，特許権者が販売した当該特許品を使い終わった後に，再度インクを充填してインクタンクを販売した業者に対し，特許権者が，特許権侵害を主張した事案について，「上告人製品の製品化の工程における加工等の態様は，単に費消されたインクを再充てんしたというにとどまらず，使用済みの本件インクタンク本体を再使用し，本件発明の本質的部分に係る構成（構成要件H及び構成要件K）を欠くに至った状態のものについて，これを再び充足させるものであるということができ，本件発明の実質的な価値を再び実現し，開封前のインク漏れ防止という本件発明の作用効果を新たに発揮させるものと評せざるを得ない。」として，特許権者の権利行為を認めました。

(4) 自己増殖する特許大豆を翌年栽培する行為について

本件では，特許大豆が自己増殖するという性質を利用して，特許発明の実質的な価値を再び実現して，新たな特許大豆を生産することを目的として所持していると判断されますから，生産者によって「収穫された大豆」を用いて特許大豆と同一の大豆を栽培することは，特許大豆が，物の発明に基づく特許製品である場合には「新たな生産」として，物を生産する方法の発明に基づく特許製品である場合には「その方法により生産した物の使用」として，いずれも特許権侵害となると考えます。

(5) モンサント事件（Bowman v. Monsanto co. et al：米国最高裁2013.5.13判決）☆2

本件と類似の事件について，2013年5月13日，米国の最高裁は，穀物倉庫業

第2章◇戦略的ツールとしての知的財産制度
第2節◇技術を保護する知的財産制度

者から購入した大豆から選択的に特許大豆と同一の大豆だけを増殖した行為を特許権侵害と判断しました。

モンサント事件の概要は，以下のとおりです（**図表1**参照）。

モンサント社は，自己が保有する特許発明の実施品である遺伝子組換え大豆（ラウンドアップレディー大豆）を，特別なライセンス契約を締結した農業家にのみ販売していました。当該ライセンス契約では，購入した種は1シーズンだけ栽培することが許可されており，収穫された大豆は，消費するか，一般的な方法（通常は穀物倉庫業者に販売）で販売することのみが許され，収穫した大豆を翌年の作付用に保存することや，作付目的の他者に販売することは禁止されていました。

ラウンドアップレディー大豆は，モンサント社が販売するグリホサート系の除草剤「ラウンドアップ」に耐性を有するもので，この特性は第二世代以降も維持され，ラウンドアップレディー大豆を作付して収穫した大豆は，モンサント社の特許発明の技術的範囲に属するものでした。

モンサント社は，上記のライセンス契約のもと，契約農業家に，ラウンドアップレディー大豆を販売し，契約農業家はこれを栽培して穀物倉庫業者に販売しましたが，穀物倉庫業者とモンサント社の間には何ら契約がないため，穀物倉庫業者が取り扱う作付用の大豆には，多くのラウンドアップレディー大豆が含まれる結果になっていました。

Bowman氏は，穀物倉庫業者から，「一般商品として販売されている大豆（commodity soybeans）」を購入し，自らの畑で栽培しました。彼は，栽培に際し

図表1　モンサント事件関係図

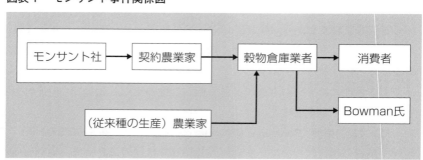

第1款◇特許制度
Q25◆市場に流通する特許製品の利用

て，グリホサート系の除草剤を利用した結果，収穫された大豆のほとんどが，新しいラウンドアップレディーの特性をもった大豆，すなわち，モンサント社の特許技術を利用した大豆と同一のものでした。そして，Bowman氏は，取れた大豆を，2回目のシーズンに植えるために保存し，この方法で8年収穫しました。毎年，彼は，前年に保存しておいた種を作付し，グリホサート系の除草剤を散布し，雑草（と他の耐性のない大豆）を駆除し，グリホサートに耐性のある大豆，すなわちラウンドアップレディー大豆を作り出していました。

　この行為に対し，モンサント社は，同社の特許権を侵害するとして，差止めと損害賠償を請求しました。

　上記に対し，米国最高裁は，Bowman氏の消尽の主張に対して，Quanta Computer, Inc. v. LG Electronics, Inc., 553 U.S.617, 625（2008），及び，United States v. Univis Lens Co., 316 U.S.241, 249-250（1942）などを引用し，特許権者の権利が消尽するとの理論は，販売した「特定の製品（particular article）」に対するものであって，特許された機械の「再生産」は，特許法154条の「to exclude others from making」に該当し，特許権を侵害する，と判示しました。上記判断の理由付けについて，最高裁は，「特定の製品に関する特許法の目的は，特許権者がその製品を販売して利益を得た時点で達成されたとする。この目的が達成されたら，特許法はその販売された製品の（その後の）使い途を制限する根拠にはならないと判示し，特許権者は販売した現実の実施品については対価を得ているが，再生産したものについては対価を得ていない点を重視しました。

　そして，Bowman氏の行為について，新しい製品を生産する行為であり，自らモンサント社の特許発明品を繁殖させたため，消尽理論によって守られず，特許権侵害に該当すると判示しました。

　本件において，Bowman氏は，新たな特許の実施品（ラウンドアップレディー大豆）は，自らが繁殖（self-replicate）したのであり，Bowman氏が生産したわけではないと主張しましたが，裁判所は，8年間も継続した再生産を繰り返したことから，再生産したのは，Bowman氏のコントロールによるものであり，同氏の再生産であると判示し，自己繁殖の抗弁を斥けました。

209

第2章◇戦略的ツールとしての知的財産制度
第2節◇技術を保護する知的財産制度

2　わが国で生じると思われる問題

(1)　特許植物の混入

　わが国では，遺伝子組換え（GM）農作物と非GM農作物の分別生産流通管理が行われていますが，かかる分別生産流通管理が適切に行われた場合であっても，意図せざる遺伝子組換え農産物又は非遺伝子組換え農産物の一定の混入の可能性は否定できないとされています。食品表示基準3条でいう「一定の混入」とは，非遺伝子組換え大豆の場合で遺伝子組換え大豆の混入率が5％以下であることとするとされていますので，数％の混入は分別生産流通管理を行っていても混入し得ることが想定されているといえます。

　農林水産省の資料によれば，国際アグリ事業団の平成29年の報告書において，平成29年における世界の遺伝子組換え（GM）農作物の栽培面積は，約1億9000万ヘクタール（日本の農地面積の約43倍）に達しているとされています。よって，わが国に輸入された農作物にGM農作物が混入したり，作付けされた農産物にGM農産物が混入している可能は高いと思われます。

(2)　過失による特許権侵害

　特許権侵害に基づく差止請求では，侵害者の故意過失を要件としておらず，また，損害賠償請求についても，特許法103条が侵害者の過失を推定する結果，生産者の過失の有無にかかわらず，混ざっていた特許方法で製造された遺伝子組換え大豆（特許大豆）を用いて，特許大豆と同一の大豆を栽培する行為は，特許権侵害となるのが原則です。

(3)　意図せぬ侵害者を保護する必要性

　しかしながら，前述のとおり，非GM農作物とされるものにも，意図せずにGM農作物が混入しているという現実を考えた場合，生産者が，通常の販売経路で大豆を購入した場合，それに混入している特許大豆を栽培する意思がない場合であっても特許権侵害となるとすると，生産者の大豆栽培を不当に制限することになるように思われます。

　よって，そのようなやむを得ない場合は，特許権者の権利行使は，権利濫用として許されないと考えます。もっとも，特許権者と生産者の利益較量を十分

第1款◇特許制度
Q25◆市場に流通する特許製品の利用

に行う必要がありますので，どのような場合に特許権者の権利行使が権利濫用
となるかについて，具体的な裁判例の蓄積やガイドラインの策定が期待される
ところです。

(4)　米国での動向

GM農作物の作付けが進んでいる米国では，上記の問題がすでに訴訟で争い
になった事例があります。

前述のモンサント事件で問題となった特許大豆について，米国では2008年の
段階で，すでに全作付面積の92％が遺伝子組換え大豆（大多数がラウンドアップレ
ディ一大豆）と同様除草剤耐性品種となっていました。そのため，米国では，
「作付用の従来種」として流通している大豆にも，相当の割合で遺伝子組換え
大豆が混入していました。そのため，特許大豆を栽培したくないと考えている
生産者は，大豆の栽培を断念せざるを得ないこととなりかねませんでした。

そこで，遺伝子組換え大豆の栽培を希望しない生産者の団体が，モンサント
社を相手取って，従来種（とされている）作付用の大豆種を使用した栽培につい
て，仮にモンサント社の特許実施品が含まれていたとしても「特許権侵害行為
に該当しない」ことの確認を求めた訴訟を提起しました。

この事件では，裁判所は，モンサント社が，故意的に特許権侵害をしていな
い農業家に対しては特許権侵害訴訟を提起しないと主張したことから紛争が存
在せず当事者間に確認の利益がないとして，生産者側の主張を却下する判断を
しています。

〔井上　裕史〕

■判　例■

☆1　最判平19・11・8民集61巻8号2989頁〔プリンタ用インクタンク上告審事件〕。
☆2　モンサント事件（Bowman v. Monsanto co. et al：米国最高裁2013.5.13判決）。

●参考文献●

(1)　農林水産省2018年10月「遺伝子組換え農作物の管理について」。

第2章◇戦略的ツールとしての知的財産制度
第2節◇技術を保護する知的財産制度

《 第2款　実用新案制度 》

 実用新案制度の概要

実用新案法とはどのような目的の法律で，基本的な保護の枠組みはどうなっているのですか。

(1) 実用新案法の目的は，「物品の形状，構造又は組合せに係る考案の保護及び利用を図ることにより，その考案を奨励し，もつて産業の発達に寄与すること」(実1条)です。
(2) 実用新案は原則として無審査で登録ができるので，特許権と比較して早期の実用新案権登録が可能ですが，第三者に対する権利行使をする場合には，条文上は実用新案技術評価書を提示することが求められています(実29条の2)。具体的な保護の範囲は特許権の保護範囲と似ており，使用差止め，損害賠償請求が主たる保護の枠組みであるといえます。

☑キーワード
　実用新案，考案

第2款◇実用新案制度
Q26◆実用新案制度の概要

解 説

1 実用新案と他の知的財産との違い

(1) 実用新案と特許

　実用新案は,「物品の形状, 構造又は組合せに係る考案」を保護することが
目的なので, 同じく物の「発明」を保護するための特許とどう違うのかという
疑問があると思います。

　この点,「発明」とは, 自然法則を利用した技術的思想の創作のうち高度の
ものをいい (特2条1項),「考案」とは, 自然法則を利用した技術的思想の創作
をいうとされています (実2条1項)。

　また, 発明については,「特許出願前にその発明の属する技術の分野におけ
る通常の知識を有する者が前項各号に掲げる発明に基いて容易に発明をするこ
とができたときは, その発明については, 同項の規定にかかわらず, 特許を受
けることができない」(特29条2項) とされているのに対し, 考案は,「実用新案
登録出願前にその考案の属する技術の分野における通常の知識を有する者が前
項各号に掲げる考案に基いてきわめて容易に考案をすることができたときは,
その考案については, 同項の規定にかかわらず, 実用新案登録を受けることが
できない。」(実3条2項) とされており,「容易に」と「きわめて容易に」との
違いがあります。

　これらの規定をみると, 特許権よりも緩やかな基準で実用新案権が認められ
るといえます。

　もっとも, 平成16年の実用新案法の改正までは, 実用新案と特許は, ほとん
ど同じような申請手続がとられており, 特許権がとれるのであれば, 実用新案
権は不要ともいわれていました。そこで, 実用新案をより利用しやすくするた
めに, 平成16年に実用新案法が改正され, 特許と比較してより早く, かつ原則
として無審査で実用新案権の登録ができるようになりました。また, いったん
実用新案権として登録された後に, 特許権の出願をすることも可能となり, 権

213

第2章◇戦略的ツールとしての知的財産制度
第2節◇技術を保護する知的財産制度

図表1　改正実用新案制度の概要

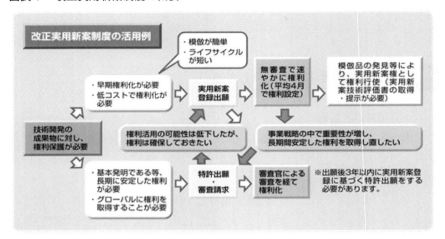

（資料出所）特許庁ホームページ（https://www.jpo.go.jp/system/patent/gaiyo/seidogaiyo/document/chizai04/01.pdf）

利保護の手段が多様化したともいえます。

　特許と実用新案との違いをわかりやすく説明した資料として，改正実用新案制度の概要（特許庁ホームページ）があり，**図表1**はこの概要の一部を抜粋したものです。また，農水知財基本テキスト第2章115頁も参照してください。

　なお，紙幅の関係で，改正後の実用新案と特許との異同，方法と実用新案，登録実用新案の技術的範囲の確定，新・旧実用新案制度の違い，権利行使する際に必要とされている実用新案技術評価書についての詳細についてはここで説明することができないので，これらの詳細な説明については，小松ほか編・特実の法律相談Ⅰ・ⅡQ139～Q143及び本書**Q27**を参照してください。

(2)　**実用新案とその他の知的財産権**

　実用新案は，物品の形状，構造又は組合せに係る考案を保護する制度ですが，物品の形状という観点から考えると，物のデザインを保護する意匠と似ているところがあります。

　「意匠」とは，「物品（物品の部分を含む。第8条を除き，以下同じ。）の形状，模様若しくは色彩又はこれらの結合であつて，視覚を通じて美感を起こさせるも

第2款◇実用新案制度
Q26◆実用新案制度の概要

のをいう」（意2条1項），とされています（なお，意匠法は令和元年に改正され，建物の外観や内装デザインも意匠法で保護されるようになりました）。

　したがって，例えば農水産物が，輸送中に物理的に損傷することを防止するために考案した包装・輸送容器について，その形状・デザインも保護したいということであれば，意匠登録をするという選択肢もあります。

　また，意匠登録のためには，特許庁において，類似デザインがないか等について審査が行われ，登録後，すぐに権利行使ができますので，権利行使の前に技術評価書の取得が必要な実用新案よりも，登録された時点で権利保護が図りやすいという利点があるといえるでしょう。

　そこで，出願コスト等も検討する必要がありますが，「考案」を保護するか，「デザイン」を保護するのかについても十分に検討しておく必要があるでしょう。

　なお，意匠権，著作権，商標権に関する詳しい説明は，本書**Q28**ないし**Q47**及び農水知財基本テキスト第2章145頁以下も参照してください。

2 具 体 例

　ここでは，実用新案制度の詳細ではなく，農林水産業ではどのような実用新案権が登録されているかを概観しながら，特許との違いを踏まえて，農林水産業で活用できる可能性が高い「物品の形状，構造又は組合せに係る考案」とは，具体的にはどのようなものかを説明したいと思います。

　なお，比較参照のために，特許登録や実用新案登録がなされている具体例をあげていますが，特定の権利を推奨しているわけではありませんので，誤解のないようお願いします。

　ここでは，国立研究開発法人農業・食品産業技術総合研究機構（農研機構）が出願・登録した特許と実用新案を比較してみます。

215

第2章◇戦略的ツールとしての知的財産制度
第2節◇技術を保護する知的財産制度

■**特許の例**（特開2010−168083）

(57)【要約】
【課題】輸送時におけるイチゴ等の内容物の損傷を防止する。
【解決手段】箱状の容器本体1と，容器本体1内に装填され，且つ，イチゴ5，5……等の内容物を載置収納するための収納凹部4が複数形成されたトレー2と，容器本体1に開閉可能に設けられた箱状の透明カバー6とから成る包装容器8であって，該透明カバー6の下面開口部に伸縮性フィルムシート7が内容物に弾性的に接触するように張設され，伸縮性フィルムシート7による弾性的な接触圧（弾接力）により，イチゴ5，5……等の内容物の動きを抑止できるように構成した。又，透明パック1の底面には，トレー2の位置ずれを規制すべく突起部3，3を設け，イチゴ5，5…等の内容物の動きを拘束する。
【選択図】図2

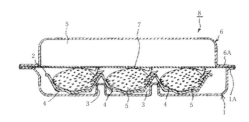

このイチゴの包装容器は，イチゴの輸出等のための輸送中の物理的損傷発生を75％軽減できるとされています。輸送中の損傷があると，小売店が納品時に受取りを拒否したり，値下げを要求されることも多いようですから，そのような問題が発生しないようにするための，新規性，進歩性等がある包装容器として権利出願したものです。

■**実用新案の例**（実登3129972）

(57)【要約】　（修正有）
【課題】簡単にブドウ等の花冠（花かす）を取り除くことができる花冠取り器を提供する。
【解決手段】花冠取り器は，上方が開口した容器1の上部内側の周囲にブラシ3の毛体32の先端が容器中心に向くようにブラシが配置されて構成されている。ブラシ3の毛体32により花冠（花かす）5を取り除き，容器1内に入れた薬液4によりジベレリン処理を行う。
【選択図】図3

第2款◇実用新案制度
Q26◆実用新案制度の概要

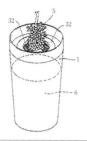

■実用新案の例（実登3218806）

(57)【要約】　　（修正有）
【課題】ぶどう等の花冠（花かす）落としの作業を効率よく行うことができる花冠除去器を提供する。
【解決手段】リング形状の枠体3と，枠体3の内周側に設けられているブラシ部7であって，その内周側に先端方向に開口部7aが形成されるように配置された弾性を有するブラシ部7を有し，枠体3とブラシ部7とに枠体3の外周部から開口部7aまで連通する切れ込み部11が設けられている。切れ込み部11は，ぶどうの穂軸を通す通路として機能する。
【選択図】図1A

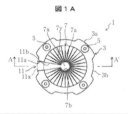

　これら2つの実用新案は，主としてぶどう等の花冠落としの作業を効率よく行うことができるように考案されたものです。
　特許の「発明」と実用新案の「考案」との違いをイメージすることができましたでしょうか。
　日頃の作業における，ちょっとした工夫が「考案」に該当する可能性がありますので，自らの作業内容や日頃困っていることを検討し，他の人が気づいていない物の形状や構造に工夫をすることで問題点が解消できるのであれば，実用新案として登録することで権利保護がしやすくなることを理解していただきたいと思います。

217

第２章◇戦略的ツールとしての知的財産制度
第２節◇技術を保護する知的財産制度

3 権利保護の内容

(1) 実用新案技術評価書

実用新案登録がなされただけでは，条文上権利行使ができません。

実用新案権が侵害されているとして，第三者に対し権利行使するためには，実用新案技術評価書を提示することが求められています（実29条の２）。これは，実用新案が形式的審査しかされずに登録されることとのバランス上，権利行使するためには実体的要件を満たしているか否かについて当事者間で判断がつかない場合も予想されることから，新規性，進歩性等の有無の判断のための客観的判断材料が必要と考えられたからです。詳しい説明は**Q27**を参照してください。

なお，前記２つの実用新案ですが，いずれも実用新案技術評価書が作成されており，前者の各請求項に関する評価は１（新規性なし）又は２（進歩性なし）ですが，後者の各請求項に関する評価は６（新規性等を否定する先行技術文献を発見できない）とされています。

(2) 権利保護方法

実用新案権の具体的な保護の範囲は特許権の保護範囲と似ており，差止め，損害賠償請求が主たる保護の枠組みであるといえます。

差止めについては，「自己の実用新案権又は専用実施権を侵害する者又は侵害するおそれがある者（以下「侵害者等」という。）に対し，その侵害の停止又は予防を請求することができる」（実27条１項）とされており，特許法100条１項とほぼ同じ内容となっています。

また，損害賠償請求も可能であり，損害の額の推定等（実29条）についても，特許法102条とほぼ同じ内容となっています。

権利保護の具体的内容や行使方法については，特許法とほぼ同じといえますから，詳細は**Q20**も参照してください。

〔中村　直裕〕

27 実用新案技術評価書

実用新案権は、出願さえしたら登録されて権利がもらえるようなので、いろいろ出願して、ライバル会社に対する牽制に使えないかとも思うのですが、実用新案権を行使するときに何か注意すべきことがあれば教えてください。

　実用新案権を行使するには、実用新案技術評価書を相手方に提示して警告をした後でなければなりません。実用新案技術評価は、特許庁の審査官が、先行技術文献に基づいて新規性・進歩性などの実体的要件を満たすか否かについて判断します。新規性等を否定する先行技術文献が発見できなかった場合には、実用新案技術評価書にその旨（権利の有効性について肯定的な評価）が示されます。評価の対象となる考案に無効原因がある場合は、権利の有効性について否定的な評価が示されます。肯定的な評価が示された実用新案技術評価書を提示して警告することは、相手方の過失を立証し、権利者の損害賠償責任を回避する点からも、実務上重要です。

☑キーワード
　実用新案技術評価書、実用新案権の侵害者の過失の立証、実用新案権者の損害賠償責任

第２章◇戦略的ツールとしての知的財産制度
第２節◇技術を保護する知的財産制度

解　説

1　実用新案技術評価

　実用新案制度では，特許とは異なり，基礎的要件及び方式上の要件の審査のみが行われ，新規性・進歩性等の実体的要件の審査は行わない，無審査制度が採用されています。これは，無効事由を含んだ瑕疵のある実用新案権が，多数存在している可能性があることを意味します。権利が有効であるか否かの判断は原則として当事者間の判断に委ねられていますが，この判断には高度の技術性・専門性を必要とし，また，当事者間の判断だけでは不測の損害が生じることも想定されます。

　そこで，実用新案では，特許庁の審査官が実用新案の有効性を評価する実用新案評価制度が設けられ，実用新案技術評価書（以下「技術評価書」と略します）を提示して警告した後でなければ，権利を行使することができないことになっています（実29条の２）。この制度によって，権利者の濫用を防止するとともに，相手方は技術評価書の記載を参考にしてどのように対応するか判断，選択できるようにしています。

2　実用新案技術評価の請求

　技術評価書を取得するには，特許庁長官宛に実用新案技術評価請求書を提出し，実用新案技術評価を請求します（実12条１項，実施規８条）。実用新案の出願中でも登録後でも請求することができ，請求項が複数ある場合には請求項ごとに請求することができます。実用新案権が消滅した後でも請求することができますが，無効審判によって無効にされた後は請求することができません（実12条２項）。また，登録された実用新案に基づいて特許出願をした場合も，請求をすることはできません（実12条３項）。実用新案技術評価請求書を提出する際には，所定の手数料を納付します（実54条２項，別表）[*1]。

220

後記**7**(1)で解説しますが，実用新案技術評価で否定的な評価を受けた場合には，その評価を争って是正する手段がありません。そこで，審査官が引用しそうな先行技術文献が予測できるような場合には，実用新案技術評価請求書に【請求人の意見】の欄を設け，当該先行技術文献との対比で考案が新規性・進歩性を有している旨の意見を具体的に記載するという対策が考えられます。

3　実用新案技術評価

　実用新案技術評価は，特許庁の審査官が行います（実12条4項）。審査官は，先行技術文献を調査し，先行技術文献からみた考案の有効性に関する評価を行います。

　評価結果は，評価の対象となる請求項ごとに，**図表1**の「評価1」ないし「評価6」から選択され，評価についての説明が付されます。

　「評価1」ないし「評価5」は，新規性・進歩性の欠如等の無効原因が存在するので，権利の有効性について否定的な評価となります。「評価6」は，権利の有効性について肯定的な評価となります。ただし，「評価6」には，請求項の記載が著しく不明瞭であったり，請求項に技術思想たる考案に該当しないものが記載されていたりすること等を理由として，有効な調査を行うことができなかった場合を含みます[*2]。

　実用新案技術評価請求書を提出してから技術評価書が発送されるまでには，数ヵ月以上要するケースが多いようです[*3]。権利行使を具体的に検討し始めたら，速やかに実用新案技術評価請求を行い，なるべく早く技術評価書を取得するようにしましょう。

　技術評価書の典型的な記載例は，**図表2**のとおりです（特許庁調整課審査基準室『実用新案技術評価書作成のためのハンドブック』（平成25年12月））。

4　実用新案技術評価書の提示と警告

　権利行使をする前に，相手方に技術評価書を提示して警告をする必要があります（実29条の2）。なお，技術評価書の提示と警告とは，同時でかまいませ

第２章◇戦略的ツールとしての知的財産制度
第２節◇技術を保護する知的財産制度

図表１　実用新案技術評価

評価１	新規性なし
	請求項に係る考案について，引用文献の記載からみて，新規性がない旨の評価を行う場合（実３条１項３号）
評価２	進歩性なし
	請求項に係る考案について，引用文献の記載からみて，進歩性がない旨の評価を行う場合（実３条２項（ただし，実３条１項３号に掲げる考案に係るものに限る））
評価３	拡大先願
	請求項に係る考案について，その出願の日前の出願であって，その出願後に実用新案公報の発行又は特許公報の発行若しくは出願公開がされた出願の願書に最初に添付した明細書，実用新案登録請求の範囲若しくは特許請求の範囲又は図面に記載された考案又は発明と同一である旨の評価を行う場合（実３条の２）
評価４	先願同一
	請求項に係る考案について，その出願の日前の出願に係る考案又は発明と同一である旨の評価を行う場合（実７条１項又は３項）
評価５	同日出願同一
	請求項に係る考案について，同日に出願された出願に係る考案又は発明と同一である旨の評価を行う場合（実７条２項又は６項）
評価６	新規性等を否定する先行技術文献等を発見できない
	請求項に係る考案について，新規性等を否定する先行技術文献等を発見できない場合（記載が不明瞭であること等により，有効な調査が困難と認められる場合も含む）

ん。例えば，相手方に警告書を内容証明郵便で送付するとともに，技術評価書は警告書とは別便で送付する方法によって，技術評価書の提示と警告を行うことが考えられます。

5　損害賠償請求における侵害者の故意又は過失の立証

　実用新案法では，特許法（特103条）とは異なり，権利侵害者の過失の推定規定がありません。これは，実用新案権に基づいて損害賠償請求をする場合には，一般の不法行為に基づく損害賠償請求と同様に，侵害者の故意又は過失を権利者が立証しなければならないことを意味します。

　実用新案における侵害者の過失の有無に関しては，「相手方が，実用新案権

第2款◇実用新案制度
Q27◆実用新案技術評価書

図表2 技術評価書の記載例

<table>
<tr><td colspan="2" align="center">実用新案法第12条の規定に基づく実用新案技術評価書</td></tr>
</table>

1. 登録番号　　　　　　　　　　3012345
2. 出願番号　　　　　　　　　　実願2006－092345
3. 出願日　　　　　　　　　　　平成18年5月1日
4. 優先日／原出願日
5. 考案の名称　　　　　　　　　寝具付きぬいぐるみ
6. 実用新案登録出願人／実用新案権者
　　　　　　　　　　　　　　　実用　太郎
7. 作成日　平成18年9月1日
8. 考案の属する分野の分類　　　A63H　3／02
　　（国際特許分類）　　　　　　A63H　3／00
　　　　　　　　　　　　　　　A63H　3／04
　　　　　　　　　　　　　　　A47J　9／08
9. 作成した審査官　　　　　　　俵　香志代　（9136　3L）
10. 考慮した手続補正書・訂正書

11. 先行技術調査を行った文献の範囲
　　●文献の種類　　　　　　　日本国特許公報及び実用新案公報
　　　分野　　　　　　　　　　国際特許分類
　　　　　　　　　　　　　　　A63H　3／00－3／04
　　　　　　　　　　　　　　　A47G　9／00－9／08
　　　時期的範囲　　　　　　　～平成18年9月1日
　　●その他の文献　　　　　　・○○○○編「生活百科（収納編）」（平成3年5月6日
　　　　　　　　　　　　　　　　発行）○○社
　　　　　　　　　　　　　　　・特開昭62－123456号
　　　　　　　　　　　　　　　・特開昭63－246734号
　　　　　　　　　　　　　　　・実願昭63－134587号（実開平01－023464号）のマイ
　　　　　　　　　　　　　　　　クロフィルム

（備考）
『日本国特許公報及び実用新案公報』は，日本特許庁発行の公開特許公報，公表
特許公報，再公表特許，特許公報，特許発明明細書，公開実用新案公報，公開実
用新案明細書マイクロフィルム等，公表実用新案公報，再公表実用新案，実用新
案公報及び登録実用新案公報を含む。

第2章◇戦略的ツールとしての知的財産制度
第2節◇技術を保護する知的財産制度

12．評価
・請求項　1及び2
・評価　1
・引用文献等　1
・評価についての説明
　　引用文献1の第3頁右下欄第2～5行目には，「本願発明は，……特に，子供用の玩具に変形可能で，その際には，寝袋の本体が玩具の詰め物となる様に構成された子供用の寝袋に関するものである。」と記載されている。
　　引用文献1に記載されたものにおける「寝袋」は，本願の請求項1及び2に係る考案における「寝具」に相当する。また，引用文献1の図1には，玩具として犬の形状のものが示されており，引用文献1に記載されたものにおける「玩具」は，本願の請求項1及び2に係る考案の「ぬいぐるみ」に相当する。
　　したがって，引用文献1には，「寝具とぬいぐるみを一体化したもの」及び「寝具とぬいぐるみを一体化したものにおいて，寝具をぬいぐるみの中に収容できるように構成したもの」が記載されている。

・請求項　3
・評価　2
・引用文献等　1及び2
・評価についての説明
　　引用文献1に記載された考案の認定については，請求項1及び2の評価についての説明のとおりである。
　　引用文献2の第12図には，寝具等を収納する袋において開口部をファスナーで開閉するものが記載されている。引用文献1に記載されたものにおけるボタンと，引用文献2に記載されたものにおけるファスナーとは，同様の機能を有するものである。したがって，引用文献1に記載されたものにおいて，そのボタンをファスナーに置換することは当業者がきわめて容易に想到し得たことである。

・請求項　4
・評価　6
・引用文献等　1,2及び3（一般的技術水準を示す参考文献）
・評価についての説明
　　有効な調査を行ったが，新規性等を否定する先行技術文献等を発見できない。

引用文献等一覧

1．特開昭59－54321号公報
2．○○○○編「生活百科（収納編）」（平成3年5月6日発行）○○社
3．特開昭59－23456号公報

の存在を知っていたとしても，すでに第三者に対する警告において提示された
技術評価書を知っている等の特段の事情がない限り，相手方において，直ちに
当該実用新案権の侵害について過失があるということはできない」と言及した
うえで，商品に小さく「PAT.PEND」の文字が刻まれ，配布書類に「P.T」，
「pat.p」との表示がされ，口頭で登録出願中であることを聞いた可能性がある
ことなどを認定しつつ，特段の事情を認めずに被告の過失を否定した判
例☆1があります。また，業界紙で実施品が紹介され，記事中に「実用新案登
録製品」と記載されていたことなどを認定しつつ，やはり特段の事情を認めず
に被告の過失を否定した判例☆2があります。

　一方，権利の有効性について肯定的な技術評価書を提示して警告した場合で
は，「侵害者は，当該実用新案権に係る考案の内容を知るとともに，当該実用
新案登録が有効である可能性が高いことを知ったのであるから，警告後の侵害
行為については，自らの行為が当該実用新案権の侵害となる可能性の有無を検
討した上で，侵害回避に向けて注意義務を尽くしたと認められる事情がない限
り，過失を認めるのが相当である。」として，技術評価書を提示して警告した
後の侵害者の過失を認めた判例☆3があります（上記判例☆2も，技術評価書を提示
して警告した後については，侵害者の過失を認めています）。

　したがって，権利の有効性について肯定的な評価が示された実用新案技術評
価書の提示は，侵害者の故意又は過失の立証という観点からも，実務上必要と
考えられます。

6 実用新案権者の損害賠償責任

　実用新案権の権利者が，侵害者等に対しその権利を行使し，又はその警告を
した場合，実用新案権を無効にすべき旨の審決が確定したときは，権利者は相
手方に与えた損害を賠償する責任が発生します（実29条の3第1項本文）。ただ
し，権利者が権利の有効性について肯定的な評価が示された実用新案技術評価
に基づいて権利を行使し，又はその警告をしたとき，その他相当の注意をもっ
てその権利を行使し，又はその警告をしたときは，損害賠償責任を免れること
ができます（実29条の3第1項ただし書）。

第2章◇戦略的ツールとしての知的財産制度
第2節◇技術を保護する知的財産制度

7　否定的評価の場合

(1)　否定的評価の争い方

　実用新案技術評価で権利の有効性について否定的な評価を受けた場合，否定的な評価に対し反論して覆す手段はありません。実用新案技術評価は，特許庁の審査官が先行技術文献からみた考案の有効性に関する評価を行うものですが，権利の効力を左右するものではないので，法的性格としては鑑定に近いものと考えられているためです。実用新案技術評価の取消しを求めた裁判で，上記と同様の理由から請求を棄却した判例[☆4]があります。

(2)　請求の範囲の訂正

　否定的な評価を受けた場合には，技術評価書の送達から2ヵ月以内であれば，実用新案登録請求の範囲等の訂正を，一回に限りすることができます（実14条の2第1項1号）。この訂正は実用新案登録請求の範囲の減縮，誤記の訂正，明瞭でない記載の釈明等に限られており（実14条の2第2項1号ないし4号），請求の範囲を拡張したり，変更したりする訂正は認められません（実14条の2第4項）。訂正が認められた場合には，再度実用新案技術評価を請求します。

(3)　否定的な評価が示された実用新案技術評価に基づく権利行使

　実用新案法29条の2は，技術評価書の評価内容については規定していません。つまり，実用新案技術評価で否定的な評価がなされたとしても，その否定的な技術評価書を提示して権利行使することは可能です。

　しかし，否定的な技術評価書を提示し警告したとしても，少なくともそれだけでは侵害者の過失を立証することはできないでしょう。また，無効審判によって実用新案権の無効が確定した場合の権利者の損害賠償責任は，相当の注意をもって権利行使又は警告したことを立証できた場合には免れることができますが（実29条の3第1項ただし書），相当の注意の立証は一般的に困難と思われます。

　したがって，否定的な評価を受けた技術評価書に基づいて権利行使する場合は，弁護士又は弁理士に相談し，技術評価書の誤りを立証できる他の証拠を準備する等したうえで，権利行使に伴うリスクを十分認識しておく必要があるで

しょう。

　なお，否定的な技術評価書を提示しないで取引先等に対して実用新案権侵害の通知をした行為について，不正競争防止法上の信用棄損行為（不競2条1項21号）に該当するとして，権利者に対する損害賠償請求等を認めた判例[5]があります。

〔池田　幸雄〕

=== ■判　例■ ===

☆1　大阪地判平18・4・27判タ1232号309頁。
☆2　大阪地判平19・11・19裁判所ホームページ。
☆3　大阪地判平28・3・17裁判所ホームページ。
☆4　東京高判平12・5・17裁判所ホームページ。
☆5　大阪地判平27・3・26判時2271号113頁。

=== ■注　記■ ===

＊1　請求1件につき4万2000円に加えて，評価の対象とする請求項の数に1000円を掛けた金額を納付します（平成31年3月1日時点）。最新の手数料は特許庁ホームページ等で確認してください。
＊2　技術評価書の「評価についての説明」で，有効な調査を行うことができなかった旨とその理由が記載されます。この場合は「評価6」であったとしても，権利の有効性について必ずしも肯定的な評価とはいえないことに注意を要します。
＊3　実用新案技術評価に要する期間について平成31年1月に特許庁に問い合わせたところ，現状では概ね3ヵ月程度を要し，請求書に不備があった場合や審査状況によってはさらに時間を要する場合があるとの回答を得ました。なお，独立行政法人工業所有権情報・研修館『実用新案登録出願書類の書き方ガイド』（2018年10月）15頁には，図中に4ヵ月程度要する旨の記載があります。

第2章◇戦略的ツールとしての知的財産制度
第3節◇デザインや表示を保護する知的財産制度

第3節　デザインや表示を保護する知的財産制度

《　第1款　意匠登録制度　》

28　　制度の趣旨，目的

(1)　意匠法とはどのような目的の法律で，基本的な保護の枠組みはどうなっているのですか。

(2)　全体意匠，部分意匠，関連意匠とはどのような制度ですか。どのような場合に活用するメリットがあるか教えてください。

(1)　意匠法は，工業的方法により量産可能な物品のデザインを，「意匠」として出願及び登録することを認める制度であり，一定期間，登録意匠及びこれに類似する意匠を意匠権者に独占させることにより，意匠の保護と利用を図り，もって，意匠の創作を奨励し，産業の発展に寄与することを目的とする法律です。意匠権は，新商品を企画した際，特許権と比較すると，比較的，安価，簡略に登録を得ることができる産業財産権であることが特徴です。農林水産関係での登録意匠の例としては，工業上利用できる意匠であることが必要であり，主に，包装用袋，農耕機具，魚礁，育苗用ポット，果樹用結束機の工具等での物品の意匠に活用がなされていますが，新規な美感であることが必要であるため，登録数としては少ないものの，一部，加工食品の意匠にも利用さ

第1款◇意匠登録制度
Q28◆制度の趣旨，目的

れています。
(2) 全体意匠とは，通常の意匠出願の対象である物品全体の意匠を意味します。意匠は，市場で流通する動産に成立するものですが（令和元年改正により，店舗内装や建築物，及び画像のデザインを意匠として保護する途が開けました），物品の全体から物理的に切り離せない部分（部品は独立して市場で流通する限り，別の物品として出願することもできます）にデザイン上の特徴がある場合，物品の全体で意匠出願しても，その特徴部分の評価が埋没してしまいます。このような場合に利用するのが部分意匠です。特徴としては，物品の部分の意匠をもって意匠の類否判断がされるため，類似と判断できる意匠の範囲が広くなる点があります。関連意匠は，意匠の創作において，1つのデザイン・コンセプトで相互に類似する複数の意匠が創作される実態があるため，同一出願人であることを条件として，本意匠の出願とともに，また，出願後一定期間（令和元年改正により，この期間が大幅に延長されました），関連意匠出願時に本意匠等以外の他の意匠に類似しない等の登録要件を満たす限り，関連意匠としての登録を認める制度です。関連意匠制度の意義は，第三者に対して，先に出願した本意匠等の基礎意匠に類似する意匠の範囲を明らかにして紛争を実効的に解決するツールとして活用できるとともに，関連意匠にのみ類似する意匠にもその独占が及びますので，出願後，一定期間に限り，出願人の創作した意匠の効力を拡張する効果を認める点にあります。

キーワード

意匠適格性，意匠要件，部分意匠，関連意匠，令和元年改正

第２章◇戦略的ツールとしての知的財産制度
第３節◇デザインや表示を保護する知的財産制度

解　説

1　意匠権の特徴

(1)　意匠としての適格性

　意匠は，デザイン，又はインダストリアル・デザインともいわれ，農林水産業の分野では，主にパッケージのデザインで意匠法上の意匠としての保護が検討されてきました。

　意匠という言葉は初代特許庁長官高橋是清がdesignの訳語として使用したのが最初といわれていますが，工業製品を中心とするデザインの保護を図る意匠法の発展とともに，デザインという一般的な語感と異なる意匠法特有の意味があることに注意する必要があります。

　登録を受けられる意匠であるためには，①物品性，②形態性，③視覚性，④美感性を有するデザインであることが必要で（意２条１項），さらに，⑤工業上の利用可能性（意３条１項柱書）があることが，農林水産関係で重要となります。

　まず，①の物品性とは，有体物のうち，市場で流通する動産を意味し，アームの伸縮や変形玩具といった物品の形状の変わる動的意匠や，ティーセットや工具セットといった物品の組み合わせによる組物意匠（意８条）は保護されますが，ショーウィンドウのディスプレイ，ホログラフィック，花火等のデザインは物品性に欠けるため，意匠登録できません。

　農林水産関係では，例えば，畑の効率的で美しい区画等のデザインは，物品性を欠くため意匠登録できませんが，農林水産業に使用される工具は，当然に物品性が満たされます。

　なお，令和元年改正により，物品以外の建築物（その部分を含む）と，画像（機器の操作の用に供されるもの及び機器がその機能を発揮した結果として表示されるものに限り，画像の部分を含む）とが新たに意匠としての適格性が認められるようになり，物品以外のこれらのデザインにもその適格性が拡張されたことで，温室等の管理装置の操作画面や魚群探知機の表示画面のアイコン等の部分に意匠登録の可

230

第1款◇意匠登録制度
Q28◆制度の趣旨，目的

能性が出てきました。

②の形態性は，意匠が長く物品の形状，模様若しくは色彩又はこれらの結合物と定義されてきましたので，意匠が物品自体の形状等であることを意味します。

例えば，蝶ネクタイの商品形状に固定化されたデザインは意匠ですが，ネクタイを一時的に結んでできたデザインは物品の形状でないため保護されません。

物品自体の形状等である限定は，上記のように，令和元年改正法において，建築物と画像とを加えたことで，特に，画像の意匠については，形態性の限定が緩やかになっていますので，今後，新たな意匠法の活用が期待されます。

③の視覚性は，視覚に訴えるデザインでなければ意匠として保護されず，農林水産関係では，例えば，非常に粒度の揃ったそば粉ができたとしても，そば粉の粒の（美しい）形状は視認できませんので，本来，意匠にはなりません。

ただし，拡大写真や拡大図をカタログ等で表示して取引するのが通常の物品に関しては，物品の形態を視認できるかという視認性要件も緩やかに解釈する場合があります☆1。

④の美感性は，意匠が1つの美感として把握される必要があることを意味し，例えば，作用効果を主目的とした形態や，複雑な構成で煩雑な感じを与えるだけであるものは，意匠法上の美感とは認められません。

他方，左右対称のシンメトリカルなデザインや繰り返しにより一定の模様等を把握できるデザイン等は，インダストリアル・デザインとして一般的にも美感性が認められやすいものであり，農林水産業では，例えば，鶏卵容器（意匠登録第1609527号），育苗用ポット（意匠登録第1351297号），人工魚礁（意匠登録第1478067号），魚網（意匠登録第1455049号），特定の模様が連続する海苔（意匠登録第1500766号）等では，美感性が肯定されて意匠として活用されています。

最後に，⑤の工業上の利用可能性の要件ですが，その意味は工業的方法で量産可能であるとの意味で，農具は農業に使用されるものですが，農具自体は工業的方法で量産されますので，工業上の利用可能性を満たします。

例えば，夕張メロンのような新種の網目模様に特徴のある果物を開発しても，その果物の形態は工業的方法で量産可能でなく，意匠として登録を得るこ

第2章◇戦略的ツールとしての知的財産制度
第3節◇デザインや表示を保護する知的財産制度

とはできませんが，他方，変わった例ではありますが，型枠中で育成すること
で人面形状に成長させた西瓜の形態は，工業的方法で量産可能であるとして意
匠登録された例があります（意匠登録第1304011号）。

　意匠審査の実務では，まず対象となっている意匠が再現性をもって量産可能
であるかが検討されますが，自然石をそのまま使用した置物のように，自然物
を意匠の主たる要素とするデザインや，純粋な絵画等の美術品は，再現性を
もった量産可能な意匠ではないとして意匠適格性に欠けるものであり，農林水
産業の生産物で注意が必要です（ただし，今後の実務次第ですが，これまで工業上で
の利用可能性が認められなかった美感についても，令和元年改正によって，コンピュータ画
面の壁紙等の画像に活用された場合は，他の意匠登録要件を満たす限り，意匠登録の可能性
が出てきています）。

(2)　意匠登録要件

　以上，創作されたデザインが意匠法上の「意匠」となる意匠適格性を検討し
てきましたが，創作法として意匠を保護する意匠法としては当然ですが，登録
意匠となるためには，その他に，①新規性，②創作非容易性，③先願，④拡大
先願等の実体要件を充足することが必要です。

　新規性とは，公然知られた意匠（意3条1項1号），刊行物記載意匠（同項2号。
これら2つを「公知意匠」といい，特許法2条1項と異なり，公然実施意匠を区別して記載
していません），及びこれらの公知意匠に類似する意匠（同項3号）は，登録でき
ず（意17条1号），誤って登録されても無効理由となります（意48条1項1号。以下
の実体要件は同様）。

　創作非容易性とは，公知意匠と同一又は類似ではなくても，形状，模様若し
くは色彩，又はその結合から当業者が創作容易な意匠は，意匠登録できないこ
とを意味します。

　例えば，意匠出願されたチョコレート菓子が公知意匠である電卓と同じ形状
であれば，類否判断では，両者が物品として異なるため，両意匠が類似しない
と判断されることになりますが，チョコレート菓子の業界では工業製品の形状
を利用したチョコレート菓子を作るのが通常であると考えられるため，創作容
易として意匠登録できません。

　先願（意9条）とは，ダブルパテント（デザイン）の登録を許さないとの要件

第1款◇意匠登録制度
Q28◆制度の趣旨，目的

であり，同一又は類似の意匠出願があったとき，先の出願の意匠のみを登録意匠とする要件で，後記関連意匠がその例外となります。

拡大先願（意3条の2）とは，先行意匠出願に添付の図面，写真，ひな形又は見本の一部と同一又は類似の意匠出願は，先行の意匠出願が登録意匠等として公報が発行された場合，いずれにせよ，これらの意匠は先行意匠出願により公知になるのですから，当該意匠出願には新しい意匠を公けにした意義がなく，登録意匠公報等が発行される前で公知意匠でなかったにせよ，登録されません。

意匠出願の場合，デザインの模倣が容易であるため，登録等までは公報が発行されないため，特許庁に係属している未公表出願の有無は登録実務で重要です。

その他，公序良俗に反する意匠でないこと（意5条1号），他人の業務に係る物品と混同を生ずるおそれがある意匠でないこと（同条2号），物品の機能を確保するために不可欠な形状のみからなる意匠でないこと（同条3号）といった要件を満たす必要があります。

⑶　意匠出願手続

意匠は，特許出願のように，特許発明を特定する特許請求の範囲，発明の詳細な説明を行う明細書，及び図面等の添付を必要とする出願と異なり，出願人及び創作者の氏名・住所等，意匠に係る物品又は建築物若しくは画像の用途，及び必要な場合，意匠に係る物品又は建築物の材質又は大きさ等の意匠の説明を記載する願書とともに提出すべき必要性がある書面は，図面，写真，ひな形又は見本で足りるため（意6条），出願書類として簡略化されています。

また，出願費用や登録料も低廉に抑えられています。

このため，産業財産権の出願分野では，単に出願するためだけであれば，商標出願と並んで本人出願が多い分野でもあります。

ただし，強く有効な意匠をとるためには，意匠の物品の特定，意匠を具体的に把握するための六面図の図面（物品の形態を示すため，通常，正面図，背面図，平面図，底面図及び左右側面図）でどのように製図したほうがいいか*1，これに変わる写真，ひな形又は見本を添付した場合に，どのような権利範囲になるかの判断，出願時での登録可能性や他社の出願状況の分析，意匠の創作者と職務意

233

第2章◇戦略的ツールとしての知的財産制度
第3節◇デザインや表示を保護する知的財産制度

匠の取扱い，出願に対する特許庁の拒絶理由通知等の審査への対応，及び後記
の関連意匠や部分意匠等の出願の要否といった事項は，高度に専門的な知見を
必要としますので，重要な意匠の出願を行う場合は，専門家に相談して行うこ
とをお勧めします。

2 意匠権の効力

　登録意匠権者又はその専用実施権者は，他の産業財産権と同様，一定の期
間，登録意匠及びこれに類似する意匠を実施する権利を独占し（意23条），許諾
を得ていない等の実施権を有しない者による実施（侵害）又はそのおそれのあ
る場合には，その差止請求権を有し（意37条1項），差止請求を実効あらしめる
ために必要な場合，これとともに侵害製品，その半製品，金型等のその設備の
廃棄除却請求権を有するとともに（同条2項），損害賠償請求権（民709条）等の
金銭支払，必要性のある場合に限られますが，謝罪広告等の信用回復措置（意
41条，特106条）を求めることができます。

　意匠権の存続期間については，TRIPS協定の国際条約でも登録から10年以上
とするだけで，特に定めがあるわけでなく，昭和34年法で登録時から10年が15
年に引き上げられて以降，大きな変動もありませんでしたが，デザイン保護の
重要性から，近年，存続期間を延長してきた経緯があり，平成18年改正法によ
り，登録から20年と改められた上，欧州主要国の最長延長期間とあわせて，令
和元年改正により，出願から25年と改正されています（意21条1項）。

　意匠権は財産権であり，譲渡（後記関連意匠については，本意匠等の基礎意匠ととも
に移転する必要があります。意22条1項）やライセンス等の契約による処分もでき
ますし，質権等の担保権設定もできます（意35条1項）。

　農林水産関連では，農協，漁協等の出入り業者，農具，漁具等の提供業者
が，産業財産権としての独占や他の競合会社と差別化を図るため，登録例のよ
うな意匠出願を活用してきていますし，競合会社間での訴訟等の紛争もありま
す。

　農林水産業者として気を付けておかなくてはいけないのは，これら事業者が
客先である農協や漁協，農林水産業の従事者に対して，意匠権の権利行使を行

第1款◇意匠登録制度
Q28◆制度の趣旨，目的

うことが実務的に稀であるとはいえ，特許発明等と同様，意匠に係る物品（建築物，画像）の使用も，その侵害行為となり，独立して被告になり得る点です。

例えば，事業者から購入済みの農耕機具や漁業器具に関して，目に見える箇所における消耗品等のメンテナンス部品をコスト関係等から他事業者に特注品を発注した場合，いったん，適正に流通におかれた物品に関しては，意匠権が消尽した等の理論の適用があるとはいえ，結果的に新たな生産であるとして，当該製品の補修や使用が意匠権侵害になる場合があります。

特に，令和元年改正により間接侵害規定（意38条）を多機能型部品にまで拡大していますので，注意が必要です。

意匠権の契約による利用，登録意匠に類似する又はしない，意匠権が消尽する又はしない，登録意匠の無効原因の有無等の判断は，専門的な知見を必要とする事項ですので，仮に，このような権利活用をする場合又はこのような紛争に巻き込まれた場合，専門家に相談することをお勧めします。

3 全体意匠，部分意匠，関連意匠等のその余の特殊な意匠出願について

(1) 全体意匠と部分意匠

意匠は，前述した物品性や形態性の要件がありますので，市場で独立して流通におかれる一物品ごとに一意匠一出願をすることが原則となります（組物を除きます）。

しかしながら，意匠の特徴とすべき箇所が物品の形状の一部に存在する場合，仮に，物品全体の形態についてのみ意匠出願が可能となれば，特徴のある部分の意匠の特徴が全体の意匠の中に埋没してしまう可能性があります。

この場合，競合者は，意匠の特徴のある部分を模倣する一方，ありふれたその余の物品の意匠を変更することで，全体の意匠としては非類似な競合品を市場に出すことが可能となり，また，両者の意匠の類否の解釈をめぐって紛争も生じやすくなります。

このため，平成10年改正において，物品として一体不可分であっても（分離可能な部品は，例えば，車のタイヤは車から分離独立して市場で流通可能な物品ですので，車の意匠と別に独立したタイヤの全体意匠の出願が可能です），当該特徴的な部分を部

235

第2章◇戦略的ツールとしての知的財産制度
第3節◇デザインや表示を保護する知的財産制度

分意匠として出願，登録をすることを可能としました。

このため，部分意匠と異なる物品全体の形態に係る従前からの意匠について，逆に部分意匠と区別して全体意匠と呼ばれるようになったものです。

部分意匠を出願する場合，物品全体の形態を図面上で点線や破線で特定するとともに，部分意匠として登録を得たい部分については，実線でこれを特定することが必要で，全体意匠と異なる部分意匠を意匠として具体的に特定するテクニックが必要ですので，全体意匠に比べて専門性の高い出願といえます。

実際，部分意匠の類否判断は，全体の物品の同一性，類似性，部分の用途及び機能の同一性（例えば，ジョッキグラスの把手部分の部分意匠の場合であれば，把手としての用途及び機能としての同一性，類似性を有することが部分意匠の類似性に必要です），意匠である形状，模様若しくは色彩，又は組み合わせの同一性，類似性が検討されるだけでなく，物品全体の中で部分意匠の位置関係等がありふれた範囲であるかについても検討する必要がありますので*2，全体意匠の類否判断以上に専門的な要素が加わります。

(2) 関連意匠

関連意匠とは，通常，デザインの創作に当たっては，1つのデザイン・コンセプトの下で複数のバリエーションがあるのが通常であるため，同一の出願人が出願した本意匠（令和元年改正後は基礎意匠）にのみ類似する意匠については，本意匠出願後も一定期間は，関連意匠として出願，登録することを認める制度を意味するものであり，本意匠とは別に関連意匠にのみ類似する意匠についてもその独占権が及ぶ等，ある意味，本意匠出願後に権利範囲を拡張する効力が認められている意匠出願です。

関連意匠は，平成10年改正において導入され，それまで，意匠の類似範囲を確定することが実務的に難しいこともあって，本意匠の意匠にのみ類似する範囲を確定することを1つの目的として本意匠にのみ類似すべき範囲を確認する意匠登録を認めていた類似意匠制度に替わって導入された制度となります。

関連意匠が導入される前の類似意匠制度は，デザイン・コンセプトの保護とは別に，実務的には，例えば，本意匠出願後に登場した競合品が類似する意匠であるか否かを簡易に判断するため，模倣品の意匠を本意匠の類似意匠として出願することを通じて，特許庁の見解を簡易な鑑定意見として利用したり，私

第1款◇意匠登録制度
Q28◆制度の趣旨，目的

人間の交渉で利用する目的（実際は，競合品がすでに市場で出回っているため，本意匠以外に類似する公知な意匠がありますので類似意匠自体は無効意匠となります☆2）で頻繁に利用されていましたが，類似意匠に替わり用意された関連意匠の場合，平成10年改正の導入当時は本意匠の出願と同時に，平成18年改正後は，本意匠の登録意匠公報が発行される前日までに出願する必要性があったため（改正前意10条1項），その利用頻度は類似意匠制度に比べ活発ではありませんでした。

このような実態もあったため，令和元年改正では，本意匠にのみ類似する意匠だけでなく，関連意匠の中から選択した基礎意匠にのみ類似する意匠（本意匠に類似しない意匠であっても，関連意匠にのみ類似する意匠）も，関連意匠として出願，登録することを認め（改正意10条4項），本意匠の効力の拡張のみならず，関連意匠を通じてその効力の拡張を認めるとともに，関連意匠が出願できる期間について，本意匠を含む基礎意匠の出願から10年（改正意10条1項及び5項）として，大幅な延長を認めて，その活用を図っています。

関連意匠は，本意匠から独立した意匠権の効力があるとはいえ，本意匠（基礎意匠）から分離して譲渡できず（意22条1項），その存続期間についても基礎意匠出願から25年とされているように（意21条2項），本意匠（基礎意匠）と一体性を有する意匠制度ですが，今後，益々の活用が期待されています。

〔小池　眞一〕

■判　例■

☆1　知財高判平18・3・31判時1924号84頁〔コネクター接続端子事件〕。
☆2　大阪地判平15・4・15裁判所ホームページ〔荷崩れ防止ベルト事件〕。

■注　記■

＊1　意匠法施行規則及び意匠登録令施行規則の一部を改正する省令（平成31年経済産業省令第49号）により，意匠を明確に表していることを前提に六面図すべての提出を必要としなくなり，ハーグ条約出願との整合性がとられるようになりました。
＊2　意匠審査基準第7部「個別の意匠登録出願」第1章「部分意匠」71.4.2以下等参照。

第2章◇戦略的ツールとしての知的財産制度
第3節◇デザインや表示を保護する知的財産制度

 意匠の登録要件

　当社でも，新しく開発した農機具の形状について意匠権がとれればと思っているのですが，どういう要件が整えば意匠登録してもらえるのでしょうか。

> 　意匠登録を受けるためには，①工業上利用することができる意匠であること，②新規性を有すること，③創作非容易性を有すること，④先願意匠の一部と同一又は類似でないこと，のすべての要件を満たす必要があります。そのほかにも，意匠登録を受けることができない意匠に該当しないこと等も要件となります。

キーワード
　　意匠の登録要件，意匠の類似，創作非容易性

解　説

1　工業上利用可能性

　意匠として登録されるには，その意匠が工業上利用することができる意匠でなくてはなりません（意3条1項柱書）。「工業上利用することができる」とは，工業的（機械的，手工業的）な生産過程を経て，反復して量産できることを意味します。現実に工業上利用されていることまでは必要ではなく，その可能性を

有していれば足ります。

農機具は，農業に使用されるものであり工業用途ではありませんが，工業的な生産過程を経て反復量産することができるので，「工業上利用することができる」といえます。したがって，ご質問のように農機具の形状について意匠権を取得しようとする場合には，工業上利用可能性の要件が問題になることは少ないでしょう。

2 新 規 性

意匠登録を受けるためには，意匠が新規であることを要し，次に掲げる意匠については意匠登録を受けることができません（意3条1項1号ないし3号）。

なお，意匠登録出願前に意匠が公開された事実がある場合には，仮にその意匠が自ら創作したものであったとしても，公開された意匠は新規性がないものと判断されます。新規性喪失の例外については，後記**5**で解説します。

(1) **意匠登録出願前に日本国内又は外国において公然知られた意匠（意3条1項1号）**

「公然知られた意匠」とは，不特定の者に秘密でないものとして現実にその内容が知られた意匠のことをいいます。

(2) **意匠登録出願前に日本国内又は外国において，頒布された刊行物に記載された意匠又は電気通信回線を通じて公衆に利用可能となった意匠（意3条1項2号）**

「頒布」とは，刊行物が不特定の者が見得るような状態に置かれることをいい，現実に誰かがその刊行物を見たという事実を必要としません。「刊行物」とは，文書，図面，その他これに類する情報伝達媒体（CD-ROM，意匠公報，書籍，雑誌，新聞，カタログ，パンフレットなど）をいいます。公開的であることを要するので，印刷物の内容を秘密にしているものや私文書は，ここでいう刊行物には当たりません。

「電気通信回線を通じて公衆に利用可能」とは，例えばインターネットのような双方向に通信可能な伝送路で，リンクが張られたり，サーチエンジンに登録されていたり，あるいはURLが新聞・雑誌等に掲載されたりしており，な

第2章◇戦略的ツールとしての知的財産制度
第3節◇デザインや表示を保護する知的財産制度

図表1　類似の意匠

		物品		
		同一	類似	非類似
形態	同一	同一の意匠	類似の意匠	非類似の意匠
	類似	類似の意匠	類似の意匠	非類似の意匠
	非類似	非類似の意匠	非類似の意匠	非類似の意匠

おかつ，公衆からのアクセス制限がなされていない場合をいいます。これも，現実に誰かがアクセスしたという事実を必要としません。

(3)　上記(1)(2)に掲げる意匠に類似する意匠（類似意匠）（意3条1項3号）

意匠法3条1項1号又は2号に掲げる意匠と同一の意匠だけでなく，これらの意匠に類似する意匠も新規性の要件を欠くことになります。物品が同一で形態が類似する場合，形態が同一で物品が類似する場合，物品及び形態が類似する場合は，いずれも類似の意匠となります（図表1参照）。

(a)　類否判断の主体

意匠が類似しているか否かの判断（類否判断）は，登録意匠の範囲について規定した意匠法24条2項と同様に，需要者の視覚を通じて起こさせる美感に基づいて行われます。判断主体は需要者であり，需要者には取引者も含みます。意匠創作者の主観的な視点が排除されており，需要者が観察した場合の客観的な印象で判断されます。

(b)　類否判断の手法

意匠の審査では，下記の観点から類否判断が行われます。

(ア)　対比する両意匠の意匠に係る物品の認定及び類否判断　　意匠に係る物品の使用の目的，使用の状態等に基づき，両意匠の，意匠に係る物品の用途（使用目的，使用状態等）及び機能を認定します。物品の用途及び機能に共通性がない場合には，意匠は類似しないと判断されます。

(イ)　対比する両意匠の形態の認定　　意匠に係る物品全体の形態（意匠を大づかみに捉えた際の骨格的形態，基本的構成態様ともいいます）及び各部の形態を認定します。観察は肉眼による視覚観察を基本とし，意匠に係る物品を観察する際に通常用いられる観察方法により行います。例えば，購入の際にも使用時にも実際に手に持って視覚観察する物品の意匠の場合には，意匠全体を同じ比重で

240

第1款◇意匠登録制度
Q29◆意匠の登録要件

観察しますが，通常の設置状態では背面及び底面を見ることがない物品の場合
は，主に正面，側面，平面方向に比重を置いて観察します。

　㈦　形態の共通点及び差異点の認定　　両意匠の，意匠に係る物品全体の形
態（基本的構成態様）及び各部の形態における共通点及び差異点を認定します。

　㈢　形態の共通点及び差異点の個別評価　　各共通点及び差異点における形
態に関し，その形態を対比観察した場合に注意を惹く部分か否かの認定及びそ
の注意を惹く程度の評価と，先行意匠群との対比に基づく注意を惹く程度の評
価を行います。各共通点及び差異点における形態が上記の観点からみてどの程
度注意を惹くものなのかを検討することにより，各共通点及び差異点が意匠全
体の美感に与える影響の大きさを判断します。

　共通点及び差異点の一般的な評価ポイントとしては，①見えやすい部分は相
対的に影響が大きい，②ありふれた形態の部分は相対的に影響が小さい，③常
識的な範囲内の大きさの違いや色彩や材質のみの違いについてはほとんど影響
を与えない，ことなどが挙げられます。

　㈣　意匠全体としての類否判断　　両意匠の形態における各共通点及び差異
点についての個別評価に基づき，意匠全体として両意匠のすべての共通点及び
差異点を総合的に観察した場合に，需要者（取引者を含みます）に対して異なる
美感を起こさせるか否かを判断します。

3　創作非容易性

⑴　創作非容易性とその判断

　意匠登録出願前に，その意匠の属する分野における通常の知識を有する者
が，日本国内又は外国において公然知られ，頒布された刊行物に記載され，又
は電気通信回線を通じて公衆に利用可能となった形状等又は画像に基づいて容
易に意匠の創作をすることができたときは，その意匠については意匠登録を受
けることができません（令和元年改正意3条2項）。容易に創作された意匠に対し
て意匠権を与えることは，産業の発達の妨げとなる可能性があることから，公
知の意匠等に基づいて容易に創作できる意匠は，意匠登録を受けることができ
ないとされています。

241

第2章◇戦略的ツールとしての知的財産制度
第3節◇デザインや表示を保護する知的財産制度

　創作非容易性を判断する主体は，「その意匠の属する分野における通常の知識を有する者」（当業者）です。当業者とは，その意匠に係る物品を製造したり販売したりする業界において，意匠登録出願の時点で，その業界の意匠に関して通常の知識を有する者をいいます。

　「公然知られた」とは，不特定の者に秘密でないものとして現実にその内容が知られたことをいいます。

　創作非容易性の判断の基礎となる資料は，日本国内又は外国において公然知られた形状等です。公然知られた意匠も，創作非容易性の判断の基礎となる資料になります。

(2)　容易に創作することができる意匠と認められるものの例（特許庁『意匠審査基準』第2部第3章23.5)

(a)　置換の意匠

　置換とは，意匠の構成要素の一部を他の意匠に置き換えることをいいます。公然知られた意匠の特定の構成要素を，当業者にとってありふれた手法により他の公然知られた意匠に置き換えて構成したにすぎない意匠は，容易に創作することのできた意匠と認められます（**図表2**参照)。

(b)　寄せ集めの意匠

　寄せ集めとは，複数の意匠を組み合わせて一の意匠を構成することをいいます。複数の公然知られた意匠を当業者にとってありふれた手法により寄せ集めたにすぎない意匠は，容易に創作することのできた意匠と認められます（**図表3**参照)。

(c)　配置の変更による意匠

　公然知られた意匠の構成要素の配置を，当業者にとってありふれた手法により変更したにすぎない意匠は，容易に創作することのできた意匠と認められます（**図表4**参照)。

(d)　構成比率の変更又は連続する単位の数の増減による意匠

　公然知られた意匠の全部又は一部の構成比率又は公然知られた意匠の繰り返し連続する構成要素の単位の数を，当業者にとってありふれた手法により変更したにすぎない意匠は，容易に創作することのできた意匠と認められます（**図表5**参照)。

242

第1款◇意匠登録制度
Q29◆意匠の登録要件

図表2　置換の意匠の例——スピーカーボックス

図表3　寄せ集めの意匠の例——スピーカーボックス

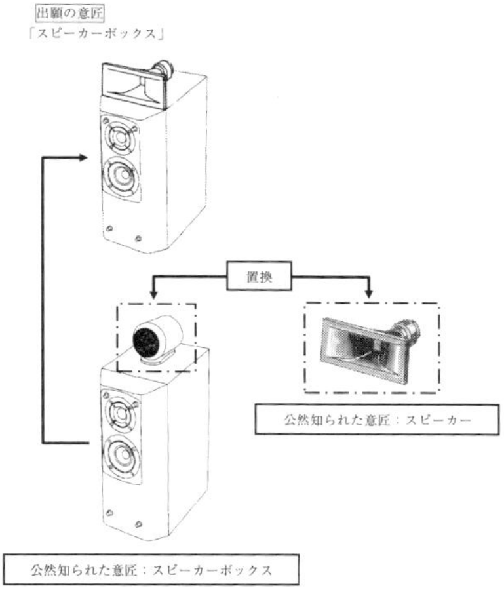

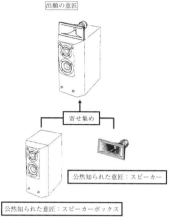

（出典）特許庁「意匠審査基準」第2部第3章23.5.1

（出典）特許庁「意匠審査基準」第2部第3章23.5.2

図表4　配置の変更による意匠の例
　　　　——イコライザー付増幅器

図表5　連続する単位の数の増減による意匠の例
　　　　——回転警告灯

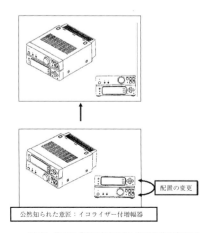

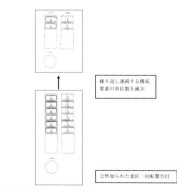

（出典）特許庁「意匠審査基準」第2部第3章23.5.3

（出典）特許庁「意匠審査基準」第2部第3章23.5.4

243

第2章◇戦略的ツールとしての知的財産制度
第3節◇デザインや表示を保護する知的財産制度

（e）その他

公然知られた形状，模様若しくは色彩又はこれらの結合をほとんどそのまま表したにすぎない意匠や，商慣行上の転用による意匠についても，容易に創作することのできた意匠と認められます。

4 先願意匠の一部と同一・類似でないこと

意匠登録出願に係る意匠が，当該意匠登録出願の日前の他の意匠登録出願であって当該意匠登録出願後に意匠公報に掲載されたものの願書の記載及び願書に添付した図面，写真，ひな形又は見本に現された意匠の一部と同一又は類似であるときは，その意匠については意匠登録を受けることができません（意3条の2本文）。先に出願された意匠の一部と同一又は類似する意匠は，先に出願された意匠公報が発行される前に出願されたとしても，もはや新しい意匠を創作したものとはいえないために，意匠登録を受けることができないとされています。

ただし，①当該意匠登録出願の出願人と，先に出願された意匠の出願人とが同一の者であって，②意匠法20条3項の規定による先の意匠登録出願の意匠公報の発行の日よりも前に，当該意匠登録出願があったときは，この限りではありません（意3条の2ただし書）（**図表6**参照）。なお，上記②の意匠公報には，秘密にすることを請求した意匠に係る意匠公報であって，願書の記載及び願書に添付した図面等の内容が掲載されたものが除かれています（意3条の2ただし書かっこ書）。つまり，秘密意匠における図面等が掲載されていない公報が発行された日以降に出願された出願は，同一人による出願であっても意匠法3条の2本文が適用されます。

5 新規性の喪失の例外

意匠登録を受ける権利を有する者の意に反して，意匠法3条1項1号又は2号の公知の意匠に該当するに至った意匠（公開意匠）は，その該当するに至った日から1年以内に意匠登録出願した場合には，新規性及び創作非容易性の要

244

図表6　意匠法3条の2ただし書の規定の適用の判断

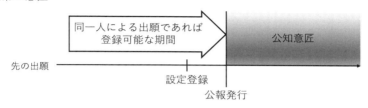

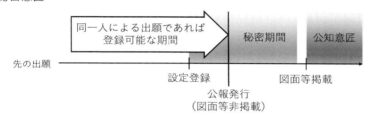

件の判断において，当該公開意匠は公知の意匠ではないとみなされます（意4条1項）。

　意匠登録を受ける権利を有する者の行為に起因して公開意匠となった意匠（発明，実用新案，意匠又は商標に関する公報に掲載されたことにより公開意匠となったものは除きます）も，公開意匠となるに至った日から1年以内に意匠登録出願し，所定の要件を満たした場合には，新規性及び創作非容易性の要件の判断において，当該公開意匠は公知の意匠ではないとみなされます（意4条2項）。

　意匠法4条2項の適用を受けるためには，その旨を記載した書面を意匠登録出願と同時に特許庁長官に提出し（通常は意匠登録出願の願書にその旨を記載します），公開意匠が意匠法4条2項の規定の適用を受けることができる意匠であることを証明する書面を意匠登録出願の日から30日以内に特許庁長官に提出しなければなりません（意4条3項）。

　新規性の喪失の例外は，あくまで例外規定です。創作した意匠に係る製品を，展示会で発表したり，写真や動画をホームページに掲載したりして公開するのは，原則として意匠登録出願をした後にすべきです。出願担当者は，日頃

第2章◇戦略的ツールとしての知的財産制度
第3節◇デザインや表示を保護する知的財産制度

から広報やマーケティング部門と連携し，出願や公開のスケジュールを調整しておくとよいでしょう。

6 その他の要件

(1) 意匠登録を受けることができない意匠に該当しないこと

新規性，創作非容易性などの要件を満たしていても，下記に該当する意匠は，公益上の理由から意匠登録を受けることができません。

① 公の秩序又は善良の風俗を害するおそれがある意匠（意5条1号）

② 他人の業務に係る物品，建築物又は画像と混同を生ずるおそれがある意匠（令和元年改正意5条2号）

③ 物品の機能を確保するために不可欠な形状若しくは建築物の用途にとって不可欠な形状のみからなる意匠又は画像の用途にとって不可欠な表示のみからなる意匠（令和元年改正意5条3号）

(2) 他人よりも早く出願したこと（先願）

同一又は類似の意匠について二以上の出願があったときは，最先の出願の意匠のみがその意匠登録について意匠登録を受けることができます（意9条1項）。出願が同日の場合は出願人の協議によって定めた出願人が意匠登録を受けることができ，協議不成立や協議不能のときはいずれも意匠登録を受けることができません（意9条2項）。

出願人が同じ出願は，関連意匠として認められる場合があります（**Q28 3**(2)参照）。

(3) 一意匠一出願

令和元年改正前意匠法では，意匠登録出願は，物品の区分により意匠ごとにしなければなりませんでした（令和元年改正前意7条）。

令和元年改正法では，複数の意匠の一括出願が認められ，また，物品の名称を柔軟に記載できることとするため，物品の区分が廃止されました（令和元年改正意7条）。

〔池田　幸雄〕

30 意匠権侵害

(1) 意匠権侵害とは，どのような場合に成立するのでしょうか。意図的ではなく，うっかり他社の登録意匠と似た商品を作ってしまった場合でも責任を負うことになるのでしょうか。
(2) 意匠権を侵害すると，どのような責任を負うことになるのでしょうか。

(1) 登録意匠と同一又は類似の意匠を，登録意匠に係る物品と同一又は類似の物品に対して使用した場合，意匠権侵害となります。また，実際に使用していなくても，これら意匠権侵害品の製造にのみ用いる物を生産，譲渡等したり，意匠権侵害物品を業としての譲渡，貸渡し又は輸出のために所持する行為も，同様に意匠権侵害となります（2019年5月の法改正によりさらに侵害となる範囲が広がります。後述）。

なお，意匠権侵害については過失が推定されますので，「知らずにうっかり」侵害してしまった場合であっても，原則として意匠権侵害となります。
(2) 意匠権侵害をした場合，差止請求を受けるほか，損害賠償の支払，謝罪広告などの信用回復措置の実施などの義務が課せられることがあります。また，刑事責任（10年以下の懲役又は1000万円以下の罰金）を追及されることもあり得ます。

☑キーワード
　独占的効力，排他的効力，間接侵害，過失の推定，損害額の推定等

第２章◇戦略的ツールとしての知的財産制度
第３節◇デザインや表示を保護する知的財産制度

解　説

1　意匠権侵害となる行為

(1)　意匠権の独占的効力と排他的効力

　意匠権者は，業として登録意匠及びこれに類似する意匠の実施をする権利を専有する（意23条本文）とされており，登録意匠と同一又は類似の意匠を実施する権利を専有します。ただし，意匠権者が，その意匠権について専用実施権を設定したときは，意匠権者は，その範囲について，意匠の実施をすることができなくなります（意23条ただし書）。

　また，意匠権者又は専用実施権者は，自己の意匠権又は専用実施権を侵害する者又は侵害するおそれがある者に対し，その侵害の停止又は予防を請求することができるとされています（意匠権の排他的効力。意37条１項）。

　このように，意匠権者又は専用実施権者は，登録意匠と同一又は類似の意匠を，登録意匠に係る物品と同一又は類似の物品について実施する行為に対して，意匠権侵害として，権利行使を行うことができることになります。

(2)　直接侵害と間接侵害

　意匠権侵害となる行為については，直接侵害と間接侵害があります。

　業として登録意匠及びこれに類似する意匠を実施する行為を直接侵害といい，意匠権者又は専用実施権者の占有権を侵害するものとして，意匠権侵害を構成します。

　一方，このような直接侵害となる登録意匠又は類似する意匠の実施行為そのものではなくても，次のような，直接侵害の予備行為あるいは幇助行為となる一定の行為については，意匠権侵害とみなすこととしています（意38条）。これを間接侵害といいます。

　①　業として，登録意匠又はこれに類似する意匠に係る物品の製造にのみ用いる物の生産，譲渡等（譲渡及び貸渡しをいい，その物がプログラム等である場合には，電気通信回線を通じた提供を含む。以下同じ）若しくは輸入又は譲渡等の

248

申出（譲渡等のための展示を含む。以下同じ）をする行為

②　登録意匠又はこれに類似する意匠に係る物品を業としての譲渡，貸渡し又は輸出のために所持する行為

③　業として，登録意匠又はこれに類似する意匠に係る物品の製造に用いる物品又はプログラム等記録媒体等（これらが日本国内において広く一般に流通しているものである場合を除く）であって当該登録意匠又はこれに類似する意匠の視覚を通じた美感の創出に不可欠なものにつき，その意匠が登録意匠又はこれに類似する意匠であること及びその物品又はプログラム等若しくはプログラム等記録媒体等がその意匠の実施に用いられることを知りながら，業として行う次のいずれかに該当する行為

（i）　当該製造に用いる物品又はプログラム等記録媒体等の製造，譲渡，貸渡し若しくは輸入又は譲渡若しくは貸渡しの申出をする行為

（ii）　当該製造に用いるプログラム等の作成又は電気通信回線を通じた提供若しくはその申出をする行為

（※③については，2019年意匠法改正により追加）

(3)　権利の制限

意匠権侵害に該当するように見える場合であっても，意匠権の制限がある場合は，意匠権侵害は成立しません。意匠権の制限については，以下のようなものがあります。

(a)　意匠法36条が準用する特許法69条1項及び2項に該当しないこと

試験又は研究のためにする実施（特69条1項），日本国内を通過するにすぎない船舶若しくは航空機又はこれらに使用する機械，器具，装置その他の物（同条2項1号），特許出願の時から日本国内にある物（同項2号）については，意匠権の効力は及びません。

(b)　他人との関係に由来する制限に該当しないこと

契約や職務創作（意15条3項，特35条），先使用（意29条），先出願（意29条の2），意匠権移転登録前の実施（意29条の3），無効審判の請求登録前の実施（意30条），意匠権等の存続期間満了後の通常実施権（意31条・32条），再審により回復した意匠権についての通常実施権（意56条）などにより使用が認められる場合は，意匠権侵害とはなりません。

第2章◇戦略的ツールとしての知的財産制度
第3節◇デザインや表示を保護する知的財産制度

(c) **判例法上の制限に該当しないこと**

判例法上で認められている権利の消尽・用尽，公知意匠の抗弁，権利の濫用などに該当する場合は，意匠権侵害は認められません。

(d) **権利行使制限の抗弁がないこと**

意匠法41条が準用する特許法104条の3により，当該意匠権が無効にされるべきものと認められるときは，意匠権の行使ができません。

2 意匠の同一又は類似

(1) 意匠の類似の判断基準

前出の意匠権の独占的・排他的効力は，同一の意匠のみならず類似の意匠にも及びます（意23条・37条1項）。実務上は，イ号製品が登録意匠と「同一」であるという場合は少なく，むしろどの程度の相違があっても「類似」といえるのか，その類否判断が問題となる場合が多いといえます。

意匠の類否判断は，「一般需要者に対して登録意匠と類似の美感を生ぜしめる」[1]か否かという観点から，全体として観察することとなります。この類否判断においては，意匠を全体として観察した上で，需要者・取引者の注意を最も惹く部分を要部とし，その要部において構成態様を共通にしているか否かを判断するというのが判例実務となっています。

裁判例としては，「両意匠の構成を全体的に観察したうえ，取引者，需要者が最も注意を惹く意匠の構成，すなわち要部がどこであるかを当該物品の性質，目的，用途，使用態様等に基づいて認定し，その要部に現れた意匠の形態が看者に異なった美感を与えるか否かによって判断すべきものである」[2]等とされています。

(2) 具体的な類否判断の手順

具体的な類否判断に当たっては，以下のような手順で行われます。

① 両意匠の意匠に係る物品の認定及び類否判断
② 両意匠の基本的構成態様，具体的構成態様の認定
③ 基本的構成態様，具体的構成態様の共通点の認定
④ 基本的構成態様，具体的構成態様の差異点の認定

250

第1款◇意匠登録制度
Q30◆意匠権侵害

⑤　両意匠の要部認定
⑥　両意匠の構成態様の共通点，差異点の個別評価
⑦　意匠全体としての類否判断

　基本的には，要部において構成態様が共通する場合は両意匠は類似し，異なる場合は類似しないと考えられます。ただし，構成態様に差異がある場合であっても，当該意匠の美感に与える影響が小さい場合には，なお両意匠は類似とされます。

3　物品の同一又は類似

(1)　物品の類似の判断要素
　物品が類似するか否かは，当該意匠に係る物品と，イ号製品の物品との，「用途」及び「機能」を考慮して判断されることになります。
　裁判例上も，「本件物品は増幅器付スピーカー，原告製品は増幅器であり，両物品は同一ではないから，両物品の用途・機能等から，それらの類似性を検討すると，本件物品は，増幅器及びスピーカーという，2つの機能を有する，いわゆる多機能物品であるところ，増幅器の機能において，原告製品と機能を共通にするものであり，両物品は類似すると解される」[3]とし，用途と機能を分析して，物品が類似か否かが判断されています。

(2)　物品の類似の判断基準
　物品が類似するか否かの判断に当たっては，判断主体は「一般需要者」を基準とすることになります。この点は，裁判例上も，「意匠の類否は，一般需要者を基準とし，登録意匠と類似の美感を生じさせ，両意匠に混同を生じさせるおそれがあるか否かによって決すべきものであることにかんがみると，意匠に係る物品の類否も，一般需要者を基準とし，両物品が同一又は類似の用途，機能を有すると解される結果，両物品間に混同を生じさせるおそれがあるか否かという観点からこれを決すべきものと解される。」[4]としており，一般需要者を基準にして判断すべきものと判示しています。
　また，物品の類似を判断するに当たっては，願書の記載及び願書に添付した図面のみならず，インターネットや刊行物などによって一般需要者に知られた

第2章◇戦略的ツールとしての知的財産制度
第3節◇デザインや表示を保護する知的財産制度

用途や機能などがあれば，それも考慮して判断することになります。この点，裁判例上も，「願書の記載等の意義を解釈するに当たって，他の資料を参酌することは当然に許されるところと解される」☆5と判示しています。

4 過失の推定

(1) 過失の推定

意匠権侵害をした者は，その意匠権侵害行為について過失があったものと推定されます（意40条本文）。これは，意匠権は意匠登録原簿又は意匠公報によって公示されているものであるので，業として意匠を利用する者に対して調査義務を課しても酷ではないとの趣旨です。

したがって，当該意匠が秘密意匠（意14条1項）の場合には，過失の推定は及びません（意40条ただし書）。

(2) 意匠公報未公刊時期における過失の推定

意匠公報の発行又は意匠登録原簿への登録がされる前になされた侵害行為についても過失が推定されるかについては，肯定例☆6及び否定例☆7が分かれています。

5 意匠権侵害に対する救済

(1) 差止請求

権利者は，意匠権侵害行為の差止めを請求することができます（意37条）。この差止めの態様としては，次の3つがあります。なお，③については，①又は②とともに行うことになります。

① 侵害行為をする者に対するその行為の停止の請求

② 侵害のおそれのある行為をする者に対する侵害の予防の請求

③ 侵害行為を組成した物の廃棄，侵害の行為に供した設備の除却その他の侵害の予防に必要な措置の請求

ただし，侵害された登録意匠が秘密意匠である場合は，侵害者又は侵害するおそれのある者に対し，差止請求に先立ち，登録意匠の内容を提示して警告を

行う必要があります（意37条3項）。

(2) 損害賠償請求

権利者は，意匠権を侵害した者に対して，損害賠償請求を行うことができます。本来は，損害額についても権利者が立証しなければなりませんが，意匠法上，以下のような損害額の推定等の規定が設けられています（意39条）。

(a) 侵害者の譲渡数量及び単位数量当たりの権利者利益による損害額の推定（意39条1項）

侵害者がその侵害物品を譲渡したときは，その譲渡した数量に，その譲渡がなければ権利者が販売することができた物品の単位数量当たりの利益の額を乗じた額を，権利者の実施能力を超えない範囲において，権利者の損害とすることができます。

(b) 侵害者利益による損害額の推定（同条2項）

侵害者がその侵害によって利益を受けているときは，その利益の額は権利者の損害の額と推定されます。

(c) 実施料相当額の請求（同条3項）

権利者は，侵害者に対し，ライセンス料相当額を損害賠償として請求することができます。

(3) 信用回復措置請求

意匠権者の業務上の信用を害した者に対しては，裁判所は，意匠権者の請求によって，信用を回復するための措置を命じることができます（意41条，特106条）。具体的には謝罪広告などを行うこと等が命じられることになります。

(4) 不当利得返還請求

意匠権者は，侵害者に対して，不当利得返還請求（民703条・704条）を行うことも可能です。

(5) 刑事責任

意匠権を故意に侵害した者に対しては，10年以下の懲役若しくは1,000万円以下の罰金に処し，又はこれを併科するとされています（意69条）。また，間接侵害を故意に行った者に対しても，5年以下の懲役若しくは500万円以下の罰金に処し，又はこれを併科するとされています（意69条の2）。

第 2 章◇戦略的ツールとしての知的財産制度
第 3 節◇デザインや表示を保護する知的財産制度

(6) 税関に対する輸入差止めの申立て

　意匠権侵害物品が輸入されようとしているときは，税関に対して輸入差止めの申立てを行い，輸入を差し止めることができます（関税69条の13，関税令62条の17）。

〔田中　雅敏〕

=== ■判　例■ ===

☆ 1　最判昭49・ 3 ・19民集28巻 2 号308頁〔可撓伸縮ホース事件〕。

☆ 2　東京高判平 7 ・ 4 ・13判時1536号103頁。

☆ 3　東京地判平19・ 4 ・18判タ1273号280頁。

☆ 4　大阪地判平17・12・15判時1936号155頁〔化粧用パフ事件〕。

☆ 5　大阪高判平18・ 5 ・31（平18（ネ）184号）裁判所ホームページ〔化粧用パフ事件控訴審〕。

☆ 6　名古屋地判昭54・12・17無体集11巻 2 号632頁。

☆ 7　大阪地判昭47・ 3 ・29無体集 4 巻 1 号137頁，大阪地判平 5 ・ 8 ・24知財集26巻 2 号470頁，大阪高判平 6 ・ 5 ・27知財集26巻 2 号447頁，大阪地判平14・ 2 ・26（平11（ワ）12866号）裁判所ホームページ。

第２款◇著作権制度（主としてデザインの観点より）
Q31◆概　　説

《　第２款　著作権制度（主としてデザインの観点より）》

 概　　説

(1)　著作権というのは，どのような権利ですか。どのようなものについて著作権が成立するのでしょうか。
(2)　脱サラして新規就農して頑張る若手の農業従事者30名程度に対し，トマト栽培の長年の経験をまとめた「トマト栽培の秘伝」という配布資料を作成して，それに基づいて講義をしたところ，その受講者の１人が，私の許可もなく，その講義内容を自分なりの言葉で文章にして本にして出版しました。これは著作権で保護されますか。こういった秘伝を限られた者で共有するということは，法律的には難しいことなのでしょうか。
(3)　他人の著作物を利用する場合に気をつけておくべき点があれば，教えてください。

(1)　著作権とは，著作物を創作した者に対して認められる著作物の利用形態に応じた複製権や公衆送信権，譲渡権，翻案権等の複数の権利の束（集合体）のことをいいます。著作権の保護対象となるのは，著作物ですが，著作物とは，①「思想又は感情を」表現したものであること，②思想又は感情を「表現したもの」であること，③思想又は感情を「創作的に」表現したものであること，④「文芸，学術，美術又は音楽の範囲」に属するものであること，という要件を満たすものとして定義されています。
(2)　アイディアやノウハウそれ自体は著作権の保護対象とはなりません。一方，アイディアやノウハウを文章化するなどして表現し

255

第2章◇戦略的ツールとしての知的財産制度
第3節◇デザインや表示を保護する知的財産制度

> た資料や，それに基づく講義については保護対象となり得ます。
> ノウハウを保護したい場合には，著作権による保護ではなく，契約を締結したり，営業秘密としての保護を受けたりすることが考えられます。
> (3) 他人の著作物を利用する場合には，きちんと利用許諾を得ておくことが望ましいです。

☑キーワード

著作権，著作物

解　説

1 著作権の保護対象とは

　著作権とは，著作物を創作した者に対して認められる著作物の利用形態に応じた複数の権利（支分権）の束（集合体）のことをいいます。例えば，書籍をコピーする行為には複製権（著21条），画像をウェブサイトにアップロードする行為には公衆送信権（著23条），絵画を販売する行為には譲渡権（著26条の2第1項），小説を映画化する場合には翻案権（著27条）が関わります。これらの複製，公衆送信，譲渡などを著作物の「利用」といい，そうした利用をするための権利の束が著作権です。著作物を利用する場合，著作権者以外の第三者は原則として著作権者の許諾が必要となります（著17条1項・63条1項・2項）。

　著作権の保護対象となるのは，著作者によって創作された著作物です。著作物とは何かについては，著作権法2条1項1号において，「思想又は感情を創作的に表現したものであつて，文芸，学術，美術又は音楽の範囲に属するものをいう」と定義されています。すなわち，①「思想又は感情を」表現したものであること，②思想又は感情を「表現したもの」であること，③思想又は感情を「創作的に」表現したものであること，④「文芸，学術，美術又は音楽の範

囲」に属するものであること，の４つの要件を満たすものが著作物であるといえます。これら要件を満たすことを，「著作物性」を有する，ということもあります。著作物には著作者の著作権が成立します。

まず，①「思想又は感情を」表現したものであるため，例えば，単なるデータといったものは保護対象から除かれることになります。

次に，②思想又は感情を「表現したもの」であることから，アイディア等の思想又は感情「そのもの」については，保護対象ではありません。また，同じ思想又は感情について異なった表現をした場合は，著作権侵害とならない，ということになります。

加えて，③思想又は感情を「創作的に」表現したものであることから，他人の作品をただ真似しただけのものは保護対象ではない，ということになります。なお，この要件を「創作性」の要件と呼びますが，創作性といっても，非常にオリジナリティにあふれている，といったような高いレベルの創作性を求められているわけではありません。

また，④「文芸，学術，美術又は音楽の範囲」に属するものであることから，「工業製品」については，原則として保護対象から除かれ，応用美術として別途の考慮が必要となります（この点は**Q35**や**Q37**も参照してください）。

著作物については，著作権法10条１項で言語の著作物（１号），音楽の著作物（２号），写真の著作物（８号）やプログラムの著作物（９号）などが例示として列挙されていますが，これはあくまで例示であり，これ以外にも著作物はありますし，ここで例示されたもののうち，複数の著作物に該当することもあります。

2 ノウハウの保護について

(1) 著作権侵害となるか

設問(2)における，トマト栽培の長年の経験をまとめた「トマト栽培の秘伝」というノウハウそれ自体，ノウハウを実際に記載した配布資料及び資料をもとに行った講義は，著作権での保護対象とされるでしょうか。

この点，トマト栽培の長年の経験に基づくトマト栽培のノウハウ自体につい

第2章◇戦略的ツールとしての知的財産制度
第3節◇デザインや表示を保護する知的財産制度

ては，思想又は感情を「表現したもの」ではありません。したがって，「トマト栽培の秘伝」の配布資料に記載されたノウハウそれ自体については，著作物には当たらず，著作権の保護対象ではありません。

そのため，講義を受けた若手の農業従事者30名が，実際に配布資料の内容や講義の内容に忠実に従ってノウハウを生かしたトマト栽培を行ったとしても，それ自体は著作権の問題を生じません。

一方で，「トマト栽培の秘伝」という配布資料については，トマト栽培に関する長年の経験をもとにしたノウハウという「思想又は感情を」配布資料において文章や図などで「表現したもの」であり，トマト栽培の長年の経験を自分の言葉で資料にしたものですから「創作性」もあるものといえます。「文芸，学術，美術又は音楽の範囲」については，文芸や学術の範囲に属するものと考えられます。

そうすると，「トマト栽培の秘伝」という配布資料については，著作物性を有しており，「著作物」に当たるものといえます。

したがって，例えば，配布資料をそのままコピーするような行為は，配布資料を作成した講師が有する著作権の侵害（複製権侵害）に当たり得ますし，配布資料をスキャンしてインターネット上にアップロードするような行為や，コピーした配布資料を誰かに配布するような行為も，配布資料を作成した講師が有する著作権のうち，それぞれ，公衆送信権，譲渡権といった権利の侵害に当たり得ます。

また，「トマト栽培の秘伝」という配布資料に基づいてした講義についても，講義における配布資料をもとにした説明内容それ自体（例えばトマト栽培に適した土の成分など）は「表現」に当たらず著作物性を有しないものの，講義における配布資料をもとにした説明の仕方（例えば話の組み立て方など）については，著作物性を有するものといえます。

もっとも，本問における受講者の1人が出版した本については，講義内容を「自分なりの言葉で」文章にして書籍化した，とのことですから，配布資料や講義での説明の仕方とは，思想や感情（ここでは伝えようとするノウハウの内容）は同じであっても，その表現が異なるものと考えられます。

そうすると，受講者の1人が出版した本については，相談者の著作権を侵害

258

第2款◇著作権制度（主としてデザインの観点より）
Q31◆概　説

しないことになります。ただし，講義の進め方が配布資料に記載された説明の
文章をただ読み上げているような場合（例えば，違いは単に「ですます調」にしただ
けの場合）には，講師が話した内容を録取した文章は，元の配布資料の文章表
現を翻案したものにすぎないとされて，元の配布資料の文章についての著作権
侵害ともなり得ます。また，講義内容を多少語尾だけ変えて同じ説明の仕方を
しているような場合は「自分なりの言葉で」文章にしたとはいえませんから，
同じく著作権侵害となり得ます。そのため，人の講義内容を（一部でも）その
まま本にすることは，ある程度リスクがあります。

　なお，仮に，他の受講者が無断で配布資料をそのまま流用したリーフレット
を作成して配布したとか，配布資料をそのまま使って説明の仕方も講義とほぼ
同じだった，というような場合には，配布資料についての複製行為や譲渡行
為，口述行為に該当し，複製権（著21条），譲渡権（著26条の2第1項）や口述権
（著24条）を侵害することとなります。

(2)　参考となる裁判例

　折り紙作家が自らの書籍に掲載された折り紙の折り図について，テレビ局が
無断で自らの運営するテレビ番組のホームページに掲載したとして，著作権侵
害等を争った事件においては，裁判所は，それぞれの折り図における具体的な
表現態様を対比した上で，著作権侵害を否定しました[1]。

(3)　著作権以外での保護

　本問における「トマト栽培の秘伝」のような，経験に基づき得られたノウハ
ウを保護する場合，ノウハウについて伝授を受ける者（今回でいえば，講義を受け
る若手の農業従事者30名）との間で，秘密保持契約等の契約を締結し，栽培ノウ
ハウを秘密情報として伝授し，無断で栽培ノウハウを開示・漏えいすることを
禁止するといった秘密保持義務を課し，自らがトマトを栽培する行為以外での
秘伝の使用を禁止するといった，目的外使用の禁止の義務も課すことが考えら
れます。

　第三者にノウハウを開示する場合には，きちんと秘密保持契約を締結し，栽
培ノウハウ自体もきちんと秘密として管理するなどした場合には，不正競争防
止法上の営業秘密としての保護を受けられる可能性があります。営業秘密に関
しては，第5節第1款も参照してください。

第２章◇戦略的ツールとしての知的財産制度
第３節◇デザインや表示を保護する知的財産制度

3　他人の著作物を利用する場合に気をつけておくべき点

　前述のとおり，著作物を利用する場合，著作権者以外の第三者は原則として
著作権者の許諾が必要となります（著17条１項・63条１項・２項）。したがって，
著作権者の許諾を得ることなく著作物を利用すると，きちんとルールを守った
引用（著32条）など，一定の著作権が制限される場合を除いては，著作権侵害
となりますから注意が必要です。

　例えば，農業の書籍を購入した後，書籍の一部又は全部をコピーし，そのコ
ピーを他の農業家に配布した，という場合は，書籍の複製行為と，譲渡行為に
該当し，書籍の著作者から許諾を得ていない場合，複製権と譲渡権を侵害する
こととなります。

　また，他人のウェブサイトに載っていた写真を一部加工してパンフレットに
掲載する場合には翻案行為，そのままホームページに掲載した場合は公衆送信
行為に該当し，それぞれ，許諾を得なければ翻案権と公衆送信権を侵害するこ
ととなります。

　他の例としては，インターネット上で公開されていた動画について，公民館
のスクリーンを借りてお金をとって上映するような場合は，映画の上映行為に
該当し，上映権を侵害することとなります。

　したがって，他人の著作物を利用する場合には，まずその著作物の権利者
（著作者・著作権者）が誰であるのかを確認したうえで，上記引用の場合など，
著作権者の許諾を必要としない場合に当たるかといった利用方法を検討した上
で，あらかじめ利用が自由であることがはっきりしているような場合を除き
（ただし，著作権者以外の人が「利用はご自由に」と言っていても駄目なので，注意が必要
ですが），著作権者の許諾を得てから利用すべきことに注意しなければなりませ
ん。

　さらに，著作物の利用許諾を受けられるとしても，その許諾がどういった利
用方法について，どういった条件の範囲内でされているか（著63条２項参照）に
ついて把握をして，その利用方法が許諾された条件の範囲内での利用であるか
について，気をつけておくべきです。

260

第2款◇著作権制度（主としてデザインの観点より）

Q31◆概　　説

　例えば，ある写真について事業用のパンフレットに掲載することの許諾を受けたとしても，それがあくまで事業用のパンフレットへ写真をそのまま掲載することを許諾したものであるなら，パンフレットに掲載する際に写真を大幅に加工したり，ウェブサイトに掲載したりすることは，許諾を受けた利用方法ではありません。

　また，書籍のコピーについて，同じ町内の農業家に限り，本年の年末までの間は配布してよい，という条件で許諾を受けていた場合には，例えば別の県の農業家へと書籍のコピーを配布したり，翌年の夏に書籍のコピーを配布したりするような行為は，もはや許諾に係る条件の範囲外，ということになります。

　以上のように，他人の著作物を利用する場合には，著作者・著作権者が誰であるか，許諾を受けなくても利用できるような利用方法であるのか，許諾を受けなければならない場合は，どういった利用方法と条件の範囲内で許諾を受けられるか，ということが気をつけておくべき点，といえます。

〔大堀　健太郎〕

===== ■判　例■ =====

☆1　知財高判平23・12・26（平23（ネ）10038号）〔吹きゴマ事件〕。

第2章◇戦略的ツールとしての知的財産制度
第3節◇デザインや表示を保護する知的財産制度

 32　著作者人格権

(1) 著作者人格権という用語を聞いたことがあるのですが，著作権とは違う権利なのですか。
(2) 著作者人格権とはどのような権利なのでしょう。

(1) 著作者人格権は，著作権とは違う権利です。
　　著作者人格権は，著作者の人格的利益を客体とするものである一方，著作権は，著作者の財産的利益を客体とするものです。
　　このような法的性質の違いから，権利の譲渡，相続などの場面で，両者の違いが特に表れます。
(2) 著作者人格権とは，著作権法に定められた複数の権利の総称であり，「著作者人格権」という1つの権利があるわけではありません。
　　具体的には，著作物を公表するかどうかを決められる公表権（著18条），著作者の氏名を表示するか表示しないか，表示する場合，本名でするか筆名等でするかを決められる氏名表示権（著19条），著作物やその題号を著作者の意に反して改変されないことを内容とする同一性保持権（著20条）の3つが明文で規定されています。加えて，著作者の名誉・声望を害する方法による著作物の利用が，著作者人格権を侵害する行為とみなされます。

☑キーワード
　著作者人格権，著作権，公表権，氏名表示権，同一性保持権

第２款◇著作権制度（主としてデザインの観点より）
Q32◆著作者人格権

解　説

1　人格権と財産権

　一般的に，権利について，人格権と財産権という分類方法があります。

　人格権とは，人間が個人として人格の尊厳を維持して生活する上で有する，その個人と分離することのできない人格的利益を客体とする権利です。

　具体的なものとしては，民法では，生命（民711条），身体，自由，名誉が挙げられています（民710条）。ただし，民法に定められているもの以外は認められないわけではなく，プライバシー☆1，貞操，肖像☆2，氏名☆3，信用等も含まれます。近時，顧客吸引力を排他的に利用する権利（パブリシティ権）が人格権に由来する権利の一内容を構成するものであるとした最高裁判決が出されました☆4。

　人格権の特徴は，人格的利益がその個人と分離することができないものであることから，譲渡ができないという点（一身専属性）です。

　したがって，人格権を譲渡する契約を締結しても，公序良俗違反となり，その契約は無効となります（民90条）。また，相続の対象ともならず（民896条ただし書），信託の設定もできません（信託２条３項）。

　一方，財産権は，財産的利益を内容とするものであり，社会的活動や経済的活動において，当然，その譲渡が予定されているものです。

　民法には，「財産権」という文言が使用されていますが（民163条〔取得時効〕・166条２項〔消滅時効〕・205条〔準占有〕・264条〔準共有〕・362条１項〔権利質〕・424条２項〔詐害行為取消権〕・555条〔売買〕・710条〔損害賠償〕など），その定義規定はありません。

　民法起草者の１人である梅謙次郎によると，財産権とは，処分することができる利益を目的とする権利をいい，具体例として，物権，債権，著作権，特許権，意匠権，商標権が挙げられています*1。明治維新直後からわが国の知的財産法制の整備が開始されていますが（**Q16**の**1**参照），知的財産法の存在が民

263

第2章◇戦略的ツールとしての知的財産制度
第3節◇デザインや表示を保護する知的財産制度

法起草者にも影響を与えていることが窺えます。

2 著作者人格権と著作権

　著作物の創作により，いかなる方式の履行もすることなく（無方式主義），著作者人格権と著作権が発生し，著作者が享有します（著51条1項・17条2項）。

　著作者人格権は，その名のとおり，人格権の一種であり，著作権は，民法起草者の梅謙次郎も述べているとおり，財産権に属します。

　したがって，著作者人格権は，著作者の一身に専属し，譲渡することができません（著59条）。

　一方で，著作権は財産権ですので，その全部又は一部を譲渡することができ（著61条1項），さらに利用許諾（著63条）や出版権の設定（著79条）をすることもできます。

　著作権が譲渡された場合，1つの著作物について著作者人格権は著作者が，著作権はそれを譲り受けた者が保有します。著作権は一部譲渡も可能であり（著61条1項），譲り受けた者が必ず一人であるとも限りません。翻案権（著27条）が譲渡された場合（著61条2項），その著作物を改変利用しようとするときには，翻案権者の許諾ばかりでなく，同一性保持権（著20条1項）を有する著作者の同意も必要となることに注意してください。

　著作者人格権は，著作者の一身に専属し，相続の対象とならず，著作者の死亡とともに消滅すると解されます。ただし，著作物を公衆に提供等する者は，その著作物の著作者が存しなくなった後においても，著作者が存しているとしたならばその著作者人格権の侵害となるべき行為をしてはいけません（著60条）。それに反し，著作者の死後，著作者が存しているとしたならば著作者人格権を侵害する行為をする者に対しては，遺族等が差止請求を行うことができます（著116条）。

　著作権には存続期間があり，原則として，著作者の死後70年経過すると満了となり，著作権は消滅します（著51条2項）。

　著作者人格権，著作権は，それぞれ1つの権利ではなく，複数の権利の総称です。具体的な権利の名称等やこれまで述べてきたことを**図表1**にまとめます。

264

第２款◇著作権制度（主としてデザインの観点より）
Q32◆著作者人格権

図表１

	著作者人格権	著作権
権利の種類	・公表権（著18条） ・氏名表示権（著19条） ・同一性保持権（著20条） ※著作者の名誉又は声望を害する方法によりその著作物を利用する行為は，その著作者人格権を侵害する行為とみなす（著113条7項）。	・複製権（著21条） ・上演権・演奏権（著22条） ・上映権（著22条の2） ・公衆送信権等（著23条） ・口述権（著24条） ・展示権（著25条） ・頒布権（著26条） ・譲渡権（著26条の2） ・貸与権（著26条の3） ・翻訳権，翻案権等（著27条） ・二次的著作物の利用に関する原著作者の権利（著28条）
発　生	著作物の創作時（著51条1項）	
譲　渡	不可能（著59条）	可能（著61条1項）
相　続	不可能（著59条，民896条ただし書）	可能（民896条）
消　滅	著作者死亡時 ※ただし，著作者死亡後も，遺族等に差止請求権（著116条）	著作者の死後70年経過（著51条2項）など

3　著作者人格権

(1)　公表権

　著作者は，その著作物でまだ公表されていないもの（その同意を得ないで公表された著作物を含みます）を公衆に提供・提示する権利を有し（著18条1項），これを公表権といいます。

　公表権といいますが，著作物を公表しないことも，また，公表するとして，いつどのように行うかということも，著作者が決められます。

　ベルヌ条約には公表権に関する規定はありません。旧著作権法にも，公表権を定める規定はありませんでした。ただし，旧著作権法17条が，未発行著作物の原本とその著作権は債権者のために差押えを受けないと規定していたことから，著作物の公表については著作者がコントロールすべきであるということが

第2章◇戦略的ツールとしての知的財産制度
第3節◇デザインや表示を保護する知的財産制度

強く意識されていました。

「公表」を正面から定義する規定はありませんが，著作物が発行され，又は上演権・演奏権（著22条），上映権（著22条の2），公衆送信権等（著23条），口述権（著24条），展示権（著25条）の保有者等によって上演・演奏，上映，公衆送信，口述，展示の方法で公衆に提示された場合は公表されたものとされます。また，「発行」については，その性質に応じ公衆の要求を満たすことができる相当程度の部数の複製物が，複製権（著21条）の保有者等によって作成され，頒布された場合において，発行されたものとされます。

未公表著作物の著作権を譲渡した後，その著作権の行使によりその著作物を公衆に提供・提示する場合などは著作者が公表に同意したものと推定されます（著18条2項）。また，未公表著作物を行政機関に提供した後，行政機関情報公開法の規定により行政機関の長が当該著作物を公衆に提供・提示する場合などは，著作者が公表に同意したものとみなされます（著18条3項）。さらに，行政機関情報公開法の規定により行政機関の長が未公表著作物を公衆に提供・提示するときなどは，公表権の適用除外となります（著18条4項）。

公表権の侵害行為とは，同意なく未公表の著作物を公表されることですが，この公表の方法は，許諾なく著作物を複製，上映・演奏，上映，公衆送信等，口述，展示することであり，著作権侵害行為でもあります。公表権がなくとも，著作者は，著作権侵害による差止請求等を行うことができます。

公表権侵害が単独で問題となるのは，著作権をすべて譲渡した後に，第三者が著作者の同意も譲受人の許諾もなく著作物の公表，複製等を行い，何らかの理由で著作権者である譲受人がその行為に対し差止請求等をしない場合など，非常に狭い範囲となります。

(2) 氏名表示権

著作者は，その著作物の原作品に，又はその著作物の公衆への提供・提示に際し，その実名あるいは変名を著作者名として表示し，又は著作者名を表示しないこととする権利を有し（著19条1項），これを氏名表示権といいます。

ベルヌ条約では，著作物の創作者であることを主張する権利として規定され（ベルヌ条約6条の2第(1)項），旧著作権法では，他人の著作物を発行等する場合に著作者の同意なくして著作者の氏名称号を変更・隠匿してはいけないと規定さ

第2款◇著作権制度（主としてデザインの観点より）
Q32◆著作者人格権

れていました（旧著18条1項）。

　行政機関情報公開法，独立行政法人等情報公開法，情報公開条例により行政機関の長，独立行政法人等，地方公共団体の機関や地方独立行政法人が著作物を公衆に提供・提示する場合において，その著作物につき既にその著作者が表示しているところに従って著作者名を表示するとき，逆に省略するときなどは，氏名表示権の適用が除外されます（著19条4項）。

(3)　同一性保持権

　著作者は，その著作物及びその題号の同一性を保持する権利（同一性保持権）を有し，その意に反してこれらの変更，切除その他の改変を受けないものとされています（著20条1項。この規定から，題号は著作物ではないことが導かれる点に注意してください）。

　旧著作権法では，他人の著作物を発行等する場合に著作者の同意なくしてその著作物に改竄その他の変更を加えることや，その題号を改めることはできないと規定されていました（旧著18条1項）。

　ベルヌ条約では，著作物の変更，切除その他の改変又は著作物に対するその他の侵害で自己の名誉・声望を害するおそれのあるものに対して異議を申し立てる権利として規定されています（ベルヌ条約6条の2第(1)項）。

　名誉・声望を害するおそれがなくとも，著作者の意に反する場合は同一性保持権侵害となり，わが国においては，ベルヌ条約以上に著作者に有利な規定となっています。

　同一性保持権の適用が除外される場合があります。

　学校教育の目的上やむを得ないと認められる改変，建築物の増改築・修繕・模様替えによる改変，プログラムの著作物を電子計算機において実行できるように，又は，より効果的に実行できるようにするために必要な改変に加え，著作物の性質並びにその利用の目的及び態様に照らしやむを得ないと認められる改変は，著作者の同意が不要とされます（著20条2項）。

　ただし，上述のように，同一性保持権の適用が除外される範囲も広いものではなく，また，翻案権の譲渡が改変の同意を推定する，又は，同意とみなすといった規定もない現行法においては，著作物の利用が進まず，デジタル技術やインターネットの発展が著しい現在に合わない規定となっているという指摘も

267

第 2 章◇戦略的ツールとしての知的財産制度
第 3 節◇デザインや表示を保護する知的財産制度

あります。

　そこで，やむを得ない改変を広く考えるべきであるという主張もなされています。

(4)　名誉・声望を害する方法による著作物の利用

　著作者の名誉・声望を害する方法によりその著作物を利用する行為は，著作者人格権を侵害する行為とみなされます（著113条7項）。

　同項はみなし規定ですが，ベルヌ条約6条の2第(1)項の「著作物の変更，切除その他の改変又は著作物に対するその他の侵害で自己の名誉・声望を害するおそれのあるものに対して異議を申し立てる権利」をわが国において実現しているのは，同一性保持権よりもこちらのほうであると解されます。

　著作者の名誉・声望とは，著作者がその品性，徳行，名声，信用等の人格的価値について社会から受ける客観的な評価，すなわち社会的声望名誉を指します[5]。著作権法113条7項の著作者人格権侵害の成否は，他人の著作物の利用態様に着目して，著作物利用行為が，社会的に見て，著作者の名誉又は声望を害するおそれがあると認められるような行為であるか否かによって決せられます[6]。

4　著作者人格権と農林水産物

　農林水産物と直接関係する種苗法や地理的表示法と異なり，著作者人格権が農林水産物と全面的に関係する場面というのは想定し難いところです。生産された農林水産物が著作物（著2条1項1号）に該当するとは考えられず，その結果，農林水産物の生産者が著作者となることもないため，著作者人格権も発生しません。

　しかし，生産者が農林水産物やその生産についてレポートなどの著作物を創作することは珍しいことではないかもしれません。その場合，著作者人格権の知識があれば，的確な主張ができます。また，他人の著作物を利用しようとするときにも適切な権利処理が可能となります。

　近時，農林漁業の6次産業化ということが盛んにいわれています。農林水産省によれば，農林漁業の6次産業化とは，1次産業としての農林漁業と，2次

第2款◇著作権制度（主としてデザインの観点より）
Q32◆著作者人格権

産業としての製造業，3次産業としての小売業等の事業との総合的かつ一体的
な推進を図り，農山漁村の豊かな地域資源を活用した新たな付加価値を生み出
す取組みです。

　6次産業化において，生産，加工，販売，広告宣伝などの場面で，例えば，
とても美味しそうに写っている果物の写真やその果物の説明文をネットで見つ
けたとしても，他人が撮影・記述したものである場合，許諾なく，その写真や
説明文をそのままパッケージやチラシに使用すれば複製権の侵害☆7，ウェブ
サイトにアップすれば送信可能化権や公衆送信権の侵害となります。さらに，
その写真や説明文を改変・修正すれば同一性保持権と翻案権の侵害となりま
す。同一性保持権者と翻案権者とが別の人である場合もあり，それぞれ個別の
同意・許諾が必要になることはすでに述べました。さらには，氏名表示権の侵
害にも該当するでしょう。

　安易に他人の写真や文章を利用するべきではなく，どうしてもそれらを利用
した場合には，著作人格権及び著作権の同意・許諾を得なければならないこと
に注意を払ってください。

〔諏訪野　大〕

■判　例■

☆1　東京地判昭39・9・28下民集15巻9号2317頁。
☆2　最〔1小〕判平17・11・10民集59巻9号2428頁。
☆3　最〔3小〕判昭63・2・16民集42巻2号27頁。
☆4　最〔1小〕判平24・2・2民集66巻2号89頁。
☆5　最〔2小〕判昭61・5・30民集40巻4号725頁。
☆6　東京高判平14・11・27判時1814号140頁。
☆7　知財高判平18・3・29判タ1234号295頁。

■注　記■

＊1　梅謙次郎『訂正増補民法要義巻之一総則編』（有斐閣，2001年）414頁。なお，本
　　書は1911年（明治44年）に発行されたものの復刻版です。

第2章◇戦略的ツールとしての知的財産制度
第3節◇デザインや表示を保護する知的財産制度

 複製と翻案

(1) 他人の作品を参考にして，そこから新しい作品を作ろうかと思うときがあるのですが，このようなことは許されないものでしょうか。「翻案」という概念が，今ひとつ理解できないのですが。
(2) 翻案された著作物を利用する場合には，誰の許諾を得る必要があるのでしょうか。

(1) 「翻案」とは，著作権法上，既存の著作物の表現上の本質的な特徴部分の同一性を維持しつつ，具体的表現に修正等を加えて，新たに創作的な表現をすることを意味すると考えられています。簡単にいえば，他の著作物を真似して類似する新しいものを作ることです。また，類似のものではなく，実質的に同一のものを作ることを「複製」といいます。他人の作品を参考にして新たな作品を作る行為は，複製又は翻案に該当するのであれば，複製権（著21条）又は翻案権（著27条）を侵害する可能性がありますので，この場合は，著作権者の許諾を得ない限り，許されません。
　さらに，複製権や翻案権の侵害が問題となるような事案では，同一性保持権（著20条）等の著作者人格権を侵害することもあり得るところです。もし著作者人格権を侵害するような行為を伴うのであれば，著作者の許諾を得ない限り，許されません。
(2) 翻案された著作物のことを二次的著作物といいますが（著2条1項11号），二次的著作物の利用には，当該二次的著作物の著作権者の同意のほか，元となった原著作物の著作権者（厳密には著作権法28条の権利を有する者）の許諾が必要となります。また，著作者人格権も侵害する場合には，原著作物及び二次的著作物の著作者の許諾も必要です。

270

第 2 款◇著作権制度（主としてデザインの観点より）
Q33◆複製と翻案

☑キーワード

複製権，翻案権，複製と翻案，二次的著作物の利用権，著作者人格権

解　説

1　は じ め に

(1) 他人の作品を参考にしても，著作権の侵害とならない場合

　他人の作品を参考にして，そこから新しい作品を作るという場合でも，当該他人の作品が著作物に当たらないのであれば，著作権侵害の問題は生じません[☆1]。

　また，他人の作品が著作物だとしても，これとはまったく別の表現内容の作品を作るのであれば，著作権侵害とはなりません。著作権法の保護対象である著作物は，表現そのものであり（著2条1項1号），著作権で保護されるのは，あくまで具体的な表現の利用です。表現に至る前提にすぎない単なるアイディアは，保護の対象となっていないので，他人の作品のアイディアを模倣したとしても，具体的な表現がまったく別のものとなっているのであれば，著作権侵害の問題は生じません[☆2]。例えば，参考とした他人の作品との間で「野菜を擬人化した愛らしいキャラクターを作る」というアイディアは共通していたとしても，結果として，見た目のまったく違うキャラクターを作ったのであれば，それは，著作権侵害とはなりません。

(2) 著作権の問題となる場合

　以上とは異なり，既存の著作物と新たな作品との間に表現の共通性がある場合には，複製権（著21条），翻案権（著27条）及び同一性保持権等の著作者人格権（著18条～20条）の侵害が問題となります。

　また，翻案された著作物（二次的著作物）を利用する場合は，二次的著作物の著作権のほか，その元となった原著作物の二次的著作物の利用権（著28条）の侵害が問題となり，さらには，原著作物及び二次的著作物の著作者の著作者人

271

第2章◇戦略的ツールとしての知的財産制度
第3節◇デザインや表示を保護する知的財産制度

格権（著18条～20条）の侵害も問題となります。

少し複雑な法律関係となりますので，以下，基本的部分から解説します。

2 著作者と著作権者

まず，著作物とは，思想又は感情を創作的に表現したものであって，文芸，学術，美術又は音楽の範囲に属するものをいい（著2条1項1号），小説，論文，音楽，絵画，映画，写真等が典型例となります（著10条。**Q31**参照）。パッケージ，取扱説明書，マスコットキャラクター等といった商品に付されるものや商品のデザインも著作物と評価される場合があります（**Q35**，**Q37**参照）。ここで著作物該当性判断の中心的ともいうべき要件は，「創作」性です。創作性は，ある程度緩やかな要件であると考えられており，創作性ありと判断されるのは，一般に，学術的，芸術的に優れていることまでは必要なく，また，特許発明のようにこの世で初めてのもの（新規性）であることも必要ではなく，作品に作者の個性が何らかの形で現れていればよいと考えられています。

そして，この著作物を創作した者を「著作者」といい（著2条1項2号。ただし，職務著作に関する著15条及び映画の著作物に関する著16条は例外。**Q36**参照），著作物が創作されることによって，著作者には，当該著作物についての著作権が帰属します（著17条1項及び2項）。

また，著作権のうち，著作権法21条から28条に規定の権利を総称して著作（財産）権（狭義の著作権）といい，著作権法18条から20条に規定の権利を総称して著作者人格権といい，このうち著作（財産）権を有する者を「著作権者」といいます。上記のとおり，著作者には，著作物が創作された時点で著作権（著作財産権と著作者人格権）が帰属しますので，著作物の創作当初は，著作者＝著作権者ということになります（ただし，映画の著作物に関する著29条は例外）。

著作権のうち著作（財産）権については，第三者に譲渡等が可能であり（著61条1項），著作者により著作権が譲渡等された場合は，著作者と著作権者は違う者（著作者≠著作権者）となります。他方，著作者人格権は，譲渡等ができず（著59条），常に著作者に帰属することとなります（**図表1**参照）。

第2款◇著作権制度（主としてデザインの観点より）
Q33◆複製と翻案

図表1　著作者と著作権者

> 著作物を創作した時：著作物を創作した者＝著作者・著作権者
> 著作財産権の譲渡後：著作物を創作した者＝著作者
> 　　　　　　　　　　著作権の譲受人＝著作権者

3　複製と翻案について

(1)　著作（財産）権の全体像

著作（財産）権には，複製権（著21条），上演権及び演奏権（著22条），公衆送信権等（著23条），口述権（著24条），展示権（著25条），頒布権（著26条。ただし，映画の著作物のみ），譲渡権（著26条の2），貸与権（著26条の3），翻案権（著27条），二次的著作物の利用権（著28条）があります。

このうち，既存の著作物から新たな物を作成することに関する権利としては，複製権と翻案権があります。

(2)　複製権の概要

複製権における複製とは，「印刷，写真，複写，録音，録画その他の方法により有形的に再製すること」と定義されており（著2条1項15号），要するに，著作物を具体的に存在する他の物（有形的に）に固定する（再製する）こと，さらにいえば，同一のものを作ることを意味します。

ここで，元となった著作物と新たに作成された物とが，表現形式が同一である場合のほか，例えば，テープで録音した講演内容を一字一句テープ起こしによって文章にする場合等，表現形式が異なる場合も，表現内容が同一となっていれば複製に該当します。

また，複製は，書籍等を複写してまったく同じ物を作る場合（著作物A→A）のほか，両者が実質的に同一（著作物A→A'）と評価できる場合を含みます。具体的には，著作物の表現形式上の本質的特徴を維持しつつ，修正部分について，新たな創作性が付与されたとは評価できない場合をいい，例えば，書籍のほんの一部の明らかな誤記を修正して複写したという場合は，後述する翻案ではなく複製と判断されます。判例☆3も，「複製というためには，第三者の作品

273

が漫画の特定の画面に描かれた登場人物の絵と細部まで一致することを要するものではなく，その特徴から当該登場人物を描いたものであることを知り得るものであれば足りるというべきである。」とし，複製には，完全に同一の場合のほか，実質的に同一の場合も含むことを明らかにしています。

さらに，例えば，小説の一部を自己の作品にとり入れる場合のように，著作物の一部の有形的な再製も，その部分に元の著作物の表現形式上の本質的な特徴部分がある限り，複製となります。

(3) 翻案権の概要

翻案権における翻案について，著作権法では具体例として翻訳，編曲，変形，脚色，映画化が規定されているのみ（著27条）で具体的な定義規定はありませんが，実務上☆4，「既存の著作物に依拠し，かつ，その表現上の本質的な特徴の同一性を維持しつつ，具体的表現に修正，増減，変更等を加えて，新たに思想又は感情を創作的に表現することにより，これに接する者が既存の著作物の表現上の本質的な特徴を直接感得することのできる別の著作物を創作する行為をいう。」と考えられています。

要するに，元となった著作物の本質的な特徴Aを維持しつつ，新たに創作的表現Bが付加されたA＋Bを作成することであり（著作物A→A＋B），古典作品の現代化，漫画のアニメ化，論文の要約等が典型例となります（**図表2**参照）。

また，複製と同様に，著作物の一部の修正等も，その部分に元の著作物の表

図表2　複製と翻案

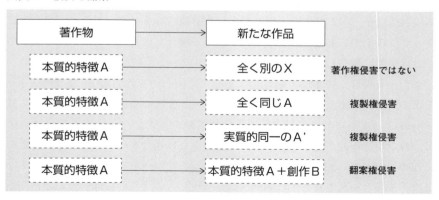

第 2 款◇著作権制度（主としてデザインの観点より）
Q33◆複製と翻案

現形式上の本質的な特徴部分がある限り，翻案となり得ます。

(4) 複製又は翻案に該当しても著作権侵害とならない場合

他人の作品を参考にして，そこから新しいものを作った場合に，複製又は翻案に当たるとしても，著作権法30条以下の著作権の制限規定が適用される場合には，複製権侵害又は翻案権侵害とはなりません。

例えば，個人的に又は家庭内その他これに準ずる限られた範囲内において使用することを目的として複製又は翻案する場合には，一定の例外がありますが，複製権侵害又は翻案権侵害とはなりません（著31条1項・47条の6第1項1号）。

また，公表された著作物は，公正な慣行に合致するものであり，かつ，報道，批評，研究その他の引用の目的上正当な範囲内で行われるものであれば，引用することができ，この場合は，複製権侵害とはなりません（著32条1項）。なお，引用に当たっては，元となる著作物の出所を，その複製又は利用の態様に応じ合理的と認められる方法及び程度によって，明示しなければなりません（出所明示義務。著48条1項1号）。

4 著作者人格権

既存の著作物の複製又は翻案となるような場合には，同時に，著作者人格権の侵害も問題となります。

すなわち，既存の著作物が未公表の著作物である場合において，これを複製又は翻案し，公衆に提示・提供すると，公表権（著18条）を侵害する可能性があります。また，既存の著作物を複製又は翻案した作品に，既存の著作物の著作者の氏名表示を変更し，又は，そのような氏名表示がないのに新たに氏名を付して公衆に提示・提供すると，氏名表示権を侵害する可能性があります（著19条）。さらに，既存の著作物の複製又は翻案に当たり，当該著作物又はその題号について，著作者の意に反するような改変をしてしまうと，同一性保持権を侵害する可能性があります（著20条）。

そして，著作者人格権は，「著作者」に帰属するものであり，複製権又は翻案権を侵害する事案において，さらに著作者人格権をも侵害する場合には，著作権者から著作物の利用許諾を得るだけでなく，著作者から著作者人格権を行

275

第2章◇戦略的ツールとしての知的財産制度
第3節◇デザインや表示を保護する知的財産制度

使しない旨の許諾を得る必要があります。

　この著作者人格権の詳細については，**Q32**を参照してください。

5　二次的著作物の利用について

(1)　二次的著作物の利用権について

　既存の著作物を翻案した作品，すなわち，二次的著作物は，元となった原著作物からさらに新たな創作性が付与されることから，この二次的著作物自体に固有の著作権が発生します。

　そして，著作権法28条は，「二次的著作物の原著作物の著作者は，当該二次的著作物の利用に関し，この款に規定する権利で当該二次的著作物の著作者が有するものと同一の種類の権利を専有する。」と規定しており，これを二次的著作物の利用権といいます。すなわち，二次的著作物を利用する場合には，当該二次的著作物の著作権を侵害するだけでなく，原著作物の二次的著作物利用権も侵害することとなるのです。

　この点，二次的著作物利用権に関して，原著作物の創作性のある部分を利用しない場合にまで，原著作物の著作権者の承諾を得る必要があるかという問題があります。例えば，原著作物である小説（A）をアニメ化した二次的著作物（A＋B）があるとして，アニメに登場したキャラクターのイラストを複製する場合に，当該イラスト自体は，小説における創作性のある部分が再現されたとはいえないので，このような場合にまで，小説Aの著作権者の許諾を得る必要があるのかという問題です。この点については，有力な反対説もありますが，判例は，このような場合でも，原著作物の著作権者の許諾を得る必要があるという立場を採用しています☆5。

　したがって，二次的著作物を利用する場合には，原著作物の創作性のある部分を利用するか否かを問わず，二次的著作物の著作権者のほか，原著作物の著作権者（厳密には，著作財産権のうち二次的著作物利用権を有する者）の許諾を得る必要があると考えられます。

　なお，二次的著作物ではなく，単なる複製物を利用する場合は，当該複製物固有の著作権は発生しないため，原著作物の著作権者の許諾を得れば足りるこ

276

第2款◇著作権制度（主としてデザインの観点より）
Q33◆複製と翻案

図表3　承諾が必要な相手方

二次的著作物の利用
→　二次的著作物の著作権者の許諾が必要。
　　著作者人格権に抵触する場合には，二次的著作物の著作者の許諾も必要。
→　原著作物の著作権者の許諾が必要。
　　著作者人格権に抵触する場合には，原著作物の著作者の許諾も必要。

複製物の利用
→　原著作物の著作権者の許諾が必要。
　　著作者人格権に抵触する場合には，原著作物の著作者の許諾も必要。

ととなります。複製も翻案も，著作権者の承諾がなければ原則として禁止され，差止めや損害賠償の対象となる点では同じですが，このように，複製物を利用する場合と翻案された物（二次的著作物）を利用する場合のそれぞれについて，許諾を得なければならない相手が異なることから，両者を区別する実益があると考えられます（**図表3**参照）。

(2)　**著作者人格権の問題**

また，二次的著作物の利用が著作者人格権を侵害するような場合には，二次的著作物の著作者と原著作物の著作者の双方の許諾を得る必要があります。

〔山崎　道雄〕

■判　例■

☆1　ただし，著作物ではなくても，例えば，他人が多大な時間と費用を費やした作品をそのままそっくりそのまま真似て完全な模倣品を作成し販売等する場合には，一般不法行為として，損害賠償責任（民709条）の問題が生じる場合があります（知財高判平17・10・6（平17（ネ）10049号）裁判所ホームページ，京都地判平元・6・15判時1708号146頁，東京高判平3・12・17知財集23巻3号808頁，東京地（中間）判平13・5・25判時1327号123頁）。
☆2　東京地判平11・12・21（平11（ワ）20965号）裁判所ホームページ。
☆3　最判平9・7・17民集51巻6号2714頁。
☆4　最判平13・6・28民集55巻4号837頁。
☆5　最判平13・10・25裁判集民事203号285頁。

第2章◇戦略的ツールとしての知的財産制度
第3節◇デザインや表示を保護する知的財産制度

 34　著作権の侵害

(1)　著作権を侵害するというのは，どのような行為をしたらそのように言われてしまうのでしょうか。たまたま他人の図案や文章と似てしまった場合でも責任を問われるのでしょうか。
(2)　著作権を侵害したら，どのような法的責任が生じるのでしょうか。

(1)　著作権の侵害とは，著作権者の許諾を得ないで著作物を利用することです。なお，各権利に関する制限規定等（著30条以下）があるため一定の場合には許諾を得なくても侵害とならない場合があります。また，著作者人格権についても著作者の意に反して著作物の改変等を行った場合には権利侵害行為となります。
　　では，たまたま他人の図案や文章と似てしまった場合に責任を問われるのでしょうか。著作権侵害が問題となるのは，第三者の著作物に依拠して権限なく利用した場合ですので，他人の著作物とは無関係に創作された著作物を利用する行為は著作権侵害とはなりません。
　　農林水産業と著作権は，あまり縁がないように思われるかもしれませんが，例えば農林水産業関係の書籍も多数存在します。事業を紹介するホームページや法人のイメージキャラクターの製作にも著作権が関わってきます。また，著作権法上の著作物には，小説などの言語の著作物のほかに，プログラムの著作物もあります（著10条1項9号）。農地の水の管理のプログラムなどは保護の対象となりますので，著作権法も農林水産業と関わりのある法律といえます。
(2)　著作権等が侵害された場合には，権利者は侵害者に対して差止請求（著112条），損害賠償請求（民709条）等の民事上の救済を求めることができます。また，侵害者には刑事罰（著119条ないし124条）の適用もあります。

278

第２款◇著作権制度（主としてデザインの観点より）
Q34◆著作権の侵害

☑キーワード

依拠，差止請求，損害賠償請求，名誉回復請求，刑事罰

解　説

1　依　　拠

　著作権法２条１項15号は，「複製」を「印刷，写真，複写，録音，録画その他の方法により有形的に再製すること」と定義しています。著作権侵害の主張立証に当たり，被告の侵害行為の請求原因としては，①被告が，原告の著作物を有形的に再製したこと，②被告の著作物は，原告の既存の著作物に依拠して作成されたものであること，③被告の著作物が，原告の著作物の表現上の本質的な特徴と同一性を有すること，が挙げられます。

　複製権や翻案権侵害の事件では，「依拠」の要件が問題となります。

　依拠とは，既存の著作物と自己の作品に利用することであり，既存の著作物と同一性のある作品が存在しても，それが既存の著作物に依拠して再製されていない場合には，既存の著作物の存在を知らなかったことについて過失があったとしても，依拠性が否定されて非侵害となります。

　ワン・レイニーナイト・イン・トーキョー事件[1]では，「著作物の複製とは，既存の著作物に依拠し，その内容及び形式を覚知させるに足りるものを再製することをいう」と述べた上で，「既存の著作物と同一性のある作品が作成されても，それが既存の著作物に依拠して再製されたものでないときは，その複製をしたことにはあたらず，著作権侵害の問題を生ずる余地はない」とされています。

　また，翻案の場合ですが，江差追分事件[2]では，「言語の著作物の翻案（著作権法27条）とは，既存の著作物に依拠し，かつ，その表現上の本質的な特徴の同一性を維持しつつ，具体的表現に修正，増減，変更等を加えて，新たに思

279

第2章◇戦略的ツールとしての知的財産制度
第3節◇デザインや表示を保護する知的財産制度

想又は感情を創作的に表現することにより，これに接する者が既存の著作物の表現上の本質的な特徴を直接感得することのできる別の著作物を創作する行為をいう」と判示しています。

2　著作権侵害・侵害とみなす行為 （著113条）

　著作権侵害とは，著作権者の許諾を得ないで著作物を利用することをいいます。また，著作者人格権については，著作者の意に反して著作物を改変等すること（著20条）をいいます。

　著作権を侵害された著作者等に実質的な保護を与えるため，著作権や著作者人格権を侵害する行為以外にも，著作権法では一定の行為について侵害とみなすと規定されています（著113条）。なお，みなし侵害行為についても刑罰規定の適用があります（著119条2項3号・4号・120条の2第3号・4号）。

(1)　頒布目的での海賊版の輸入 （著113条1項1号）

　「国内において頒布する目的をもつて，輸入の時において国内で作成したとしたならば著作者人格権，著作権，出版権，実演家人格権又は著作隣接権の侵害となるべき行為によつて作成された物を輸入する行為」は侵害とみなされます。

(2)　情を知った頒布等 （著113条1項2号前段）

　「著作者人格権，著作権，出版権，実演家人格権又は著作隣接権を侵害する行為によつて作成された物（1号の輸入に係る物を含む。）を，情を知つて，頒布し，頒布の目的をもつて所持し，若しくは頒布する旨の申し出をする行為」は侵害とみなされます。「情を知つて」とあるため，頒布については頒布の時に，頒布の対象が侵害品であることを知っている必要があります。

(3)　頒布目的での海賊版の輸出等 （著113条1項2号後段）

　「著作者人格権，著作権，出版権，実演家人格権又は著作隣接権を侵害する行為によつて作成された物（1号の輸入に係る物を含む。）を，情を知つて，業として輸出し，若しくは業としての輸出の目的をもつて所持する行為」は，侵害とみなされます。

第 2 款◇著作権制度（主としてデザインの観点より）
Q34◆著作権の侵害

⑷ **侵害行為によって作成された複製物を業務上電子計算機によつて使用する行為**（著113条 2 項）

「プログラムの著作物の著作権を侵害する行為によつて作成された複製物を業務上電子計算機において使用する行為」は，これらの複製物を使用する権原を取得した時に情を知っていた場合に限り，著作権を侵害する行為とみなされます。

⑸ **技術的利用制限手段の回避を行う行為**（著113条 3 項）

「技術的利用制限手段の回避を行う行為」は，技術的利用制限手段に係る研究又は技術の開発の目的上正当な範囲内で行われる場合その他著作権者等の利益を不当に害しない場合を除き，当該技術的利用制限手段に係る著作権，出版権又は著作隣接権を侵害する行為とみなされます。

⑹ **権利管理情報の故意の付加・除去・改変**（著113条 4 項）

権利管理情報（著 2 条 1 項22号）として故意に，虚偽の情報を付加する行為（ 1 号），及び権利管理情報を除去，改変する行為（ 2 号）は，当該著作者人格権，著作権，実演者人格権又は著作隣接権を侵害するものとみなされます。また，これらの行為（ 1 号・ 2 号）が行われた著作物若しくは実演等の複製物を，情を知って，頒布し，若しくは頒布の目的をもって輸入し，若しくは所持し，又は当該著作物若しくは実演等を情を知って公衆送信し，若しくは送信可能化する行為も同様です。

⑺ **音楽レコードの還流防止措置**（著113条 6 項）

国外頒布目的商業用レコードを，国内での頒布目的で輸入，又は国内での頒布若しくは国内での頒布目的で所持する行為のうち，一定の要件を満たす場合にも著作権又は著作隣接権侵害とみなされます。

⑻ **名誉・声望を害する方法により著作物を利用する行為**（著113条 7 項）

著作者の名誉又は声望を害する方法によりその著作物を利用する行為は，その著作者人格権を侵害する行為とみなされます。

3 　差止請求（著112条）

著作者，著作権者，出版権者，実演家又は著作隣接権者は，その著作者人格

281

第2章◇戦略的ツールとしての知的財産制度
第3節◇デザインや表示を保護する知的財産制度

権，著作権，出版権，実演家人格権又は著作隣接権を侵害する者又は侵害する
おそれがある者に対し，その侵害の停止又は予防を請求できます（著112条1
項）。また，その請求をするに際し，侵害の行為を組成した物，侵害の行為に
よって作成された物，又は専ら侵害の行為に供された機械若しくは器具の廃棄
その他の侵害の停止又は予防に必要な措置を請求できます（著112条2項）。

差止請求の場合は，侵害者の故意又は過失の要件は不要であり，この点は損
害賠償請求と異なります。また，2項の請求は，「差止請求をするに際し」と
されており，差止請求と別に請求することはできません。

2項の廃棄請求の具体例としては，言語の著作物の複製物と認められる書籍
の廃棄等が考えられます

4 　損害賠償請求 （民709条等）

故意又は過失により権利を侵害した者に対しては，権利者がこれによって生
じた損害の賠償を請求することができます。なお，侵害の立証や損害額の立証
責任軽減のため損害額の推定（著114条）等の規定が設けられています。共同著
作物等は，各著作者又は各著作権者は，他の著作者又は他の著作権者の同意を
得ないで，自己の持分に応じた損害賠償請求をすることができます（著117条）。

5 　不当利得返還請求 （民703条等）

権利者は，権利侵害行為により損害を受けたときは，その行為により利益を
得た侵害者に対し，利益の返還を請求することができます。共同著作物等につ
いては，損害賠償請求と同様に，自己の持分に応じて請求ができます（著117
条）。

6 　名誉回復等の措置 （著115条等）

著作者又は実演家は，故意又は過失により著作者人格権又は実演家人格権を
侵害した者に対し，損害の賠償に代えて，又は損害の賠償とともに著作者又は

282

第2款◇著作権制度（主としてデザインの観点より）
Q34◆著作権の侵害

実演家であることを確保し，又は訂正その他著作者若しくは実演家の名誉若しくは声望を回復するために適当な措置を請求することができます。

なお，著作者又は実演家の死後においては，その遺族（死亡した著作者又は実演家の配偶者，子，父母，孫，祖父母又は兄弟姉妹をいいます）等が，人格的利益の保護のための措置をとることができます（著116条）。

7　刑　事　罰（著119条等）

著作権，出版権，著作隣接権を侵害した者は，10年以下の懲役若しくは1000万円以下の罰金，又はこれを併科されます（著119条1項）。なお，法人の場合には3億円以下の罰金が科されます（著124条1項）。

著作者人格権又は実演家人格権を侵害した者は，5年以下の懲役若しくは500万円以下の罰金，又はこれを併科されます（著119条2項1号）。このほか，自動複製機器の提供者，技術的保護手段回避装置等の製造等を行った者，業として技術的保護手段の回避を行った者，営利を目的として権利管理情報の改変等を行った者，著作者名を偽って著作物の複製等を頒布した者，著作者名を偽って著作物の複製物を頒布した者，外国原盤商業用レコードの無断複製等を行った者，出所明示の義務違反者についても罰則の対象となっています。

また，著作者が存しなくなった後，著作者が存しているとしたならば著作者人格権侵害となるべき行為をした者（著60条）など死後の著作者・実演家人格権侵害（著120条）などについて刑罰規定があります。

〔松田　光代〕

====　■判　例■　====

☆1　最〔1小〕判昭53・9・7民集32巻6号1145頁・裁時750号2頁・判タ371号71頁・判時906号38頁・金判560号3頁〔ワン・レイニー・ナイト・イン・トーキョー事件〕。

☆2　最〔1小〕判平13・6・28民集55巻4号837頁・裁時1294号1頁・判タ1066号220頁・判時1754号144頁〔江差追分事件〕。

第 2 章◇戦略的ツールとしての知的財産制度
第 3 節◇デザインや表示を保護する知的財産制度

●参考文献●

(1) 中山信弘『著作権法〔第 2 版〕』（有斐閣，2014年）。

(2) 髙部眞規子『実務詳説　著作権訴訟』（金融財政事情研究会，2012年）。

(3) 髙部眞規子編『著作権・商標・不競法関係訴訟の実務〔第 2 版〕』（商事法務，2018年）。

(4) 渋谷達紀『著作権法の概要』（経済産業調査会，2013年）。

第2款◇著作権制度（主としてデザインの観点より）
Q35◆パッケージデザイン等

 パッケージデザイン等

(1) 商品のパッケージデザインは著作権法で保護されますか。
(2) 野菜を擬人化したキャラクターデザインを制作しましたが，どのように保護されますか。

(1) パッケージデザインが，何らかの形で美的鑑賞の対象となり得るような美的特性を備えている場合には，著作物として著作権法で保護される可能性があると考えられます。

パッケージに印刷される平面のデザインについては，例えば，ワインのラベルに描かれている絵画やイラストのようなものは，それ自体が美的鑑賞の対象となり得るものであり，著作物性が認められやすいと思われます。実用的観点から選択されたにすぎない表現については美的鑑賞の対象とはなりませんので，商品説明・商品イメージが中心のデザインについては著作物性が否定されやすいと考えられます。色や模様を組み合わせたデザインについては，他のパッケージデザインには見られない美的な特徴を備えている場合には著作物として保護される可能性がありますが，保護される範囲（類似と認められる範囲）については比較的狭く解される可能性があります。

パッケージの形状については，その実用的な機能ゆえに，創作者の個性を発揮できる幅は平面のデザインよりも狭くなると考えられますが，他に見られない美的な特徴が備わっている場合には，著作物性が認められる可能性があります。

なお，パッケージデザインについては，著作権法以外にも，意匠法，商標法，不正競争防止法による保護が考えられます。

(2) 野菜を擬人化したキャラクターデザインについては，イラストやアニメーションのような形で具体的に表現されていれば，美術の著作物として著作権法上保護されます。具体的に表現された

285

第2章◇戦略的ツールとしての知的財産制度
第3節◇デザインや表示を保護する知的財産制度

> キャラクターデザインの著作権に基づいて権利行使をするために
> は，相手方が当該キャラクターデザインに依拠して同一又は類似
> のものを作成したことを立証する必要があります。また，キャラ
> クターデザインを商標登録することも考えられますし，周知又は
> 著名なキャラクターデザインについては不正競争防止法による保
> 護も考えられます。

☑️ キーワード

パッケージデザイン，応用美術，キャラクターデザイン

解　説

1 パッケージデザインの保護

(1) 実用に供されるという性質

　パッケージデザインには，パッケージに印刷される平面のデザインやパッ
ケージの形状がありますが，いずれも絵画や彫刻のような純粋美術と異なり，
実用に供され，あるいは産業上利用されるという性質を有しています。

　実用に供され，あるいは産業上利用される美的な創作物，いわゆる応用美術
については，意匠法による保護を受けることができるため，著作権法でどこま
で保護すべきか従来から議論されてきました（実用品のデザイン保護について**Q37**
参照）。

　意匠法と著作権法では，制度趣旨，権利の及ぶ範囲，保護期間が異なってお
り，権利関係の調整を図る必要があることから，現行著作権法の立法過程にお
いては，応用美術については，実用品のデザイン保護を目的とする意匠法によ
る保護を原則とし，それが純粋美術としての性質をも有するときは，美術の著
作物として著作権法上の保護も受けるものと整理されました（文部省「著作権法
審議会答申」3頁（昭和41年4月），文部省「著作権法審議会答申説明書」7頁以下（昭和

286

第2款◇著作権制度（主としてデザインの観点より）
Q35◆パッケージデザイン等

41年7月））。

　現行著作権法の立法過程において上記のような基本的な考え方が示されましたが，著作権法の条文としては，美術工芸品（壺や壁掛けなどの一品制作の美的実用品のことをいうと解されています）を美術の著作物に含むとする著作権法2条2項の規定以外に応用美術について規定しているものはなく，応用美術の著作物性については，これまでに多くの裁判で争われてきました。

　(2)　従来の裁判例

　従来の多くの裁判例において，応用美術に著作物性が認められるためには，「純粋美術と同視し得る程度」の美的創作性を備えている必要があるとされていました。

　(a)　東京地判平20・12・26〔黒烏龍茶事件〕☆1

　本事案では，烏龍茶のペットボトル容器のラベルデザインの著作物性が争われ，結論として著作物性が否定されました。

【応用美術の著作物性】

　「意匠法等の産業財産権制度との関係から，著作権法により著作物として保護されるのは，純粋な美術の領域に属するものや美術工芸品であって，実用に供され，あるいは，産業上利用されることが予定されている図案やひな型など，いわゆる応用美術の領域に属するものは，鑑賞の対象として絵画，彫刻等の純粋美術と同視し得る場合を除いて，これに含まれない」

【当該ラベルデザインについて】

　「商品名，発売元，含有成分，特定保健用食品であること，機能等を文字で表現したものが中心で，黒，白及び金の三色が使われていたり，短冊の形状や大きさ，唐草模様の縁取り，文字の配置などに一定の工夫が認められるものの，それらを勘案しても，社会通念上，鑑賞の対象とされるものとまでは認められない。」

　(b)　知財高判平25・12・17〔シャトー勝沼事件〕☆2

　本事案では，ワイナリーの案内看板のデザインの著作物性が否定されました。

【応用美術の著作物性】

　「応用美術に著作物性を認めるためには，客観的外形的に観察して見る者の

287

第2章◇戦略的ツールとしての知的財産制度
第3節◇デザインや表示を保護する知的財産制度

審美的要素に働きかける創作性があり，純粋美術と同視し得る程度のものでなければならないと解するのが相当である。」

【当該デザインについて】

「ワイナリーの広告としてワイングラス自体が用いられること自体は珍しいものではない上に，図柄が看板の大部分を占めている点も，ワイナリーの広告としてありふれた表現にすぎない。そして，本件図柄を全体的に観察すると，上記ワイングラスの大きさや形状に加えて，控訴人の商号及びワイナリーや工場の見学の勧誘文言が目立つような文字の配置と配色がなされていることが特徴的であるが，これも，一般的な道路看板に用いられているようなありふれた青系統の色と補色に近い黄色ないし白色のコントラストがなされているにとどまる。そうすると，本件図柄には色彩選択の点や文字のアーチ状の配置など控訴人なりの感性に基づく一定の工夫が看取されるとはいえ，見る者にとっては宣伝広告の領域を超えるものではなく，純粋美術と同視できる程度の審美的要素への働きかけを肯定することは困難である。」

（c）**京都地判平元・6・15〔佐賀錦袋帯事件〕** ☆3

本事案では，帯の図柄の著作物性が争われ，著作物性が否定されました。

【応用美術の著作物性】

「帯の図柄のような実用品の模様として利用されることを目的とする美的創作物については，原則としてその保護を意匠法等工業所有権制度に委ね，ただそれが同時に純粋美術としての性質をも有するものであるときに限り，美術の著作物として著作権法により保護すべきものとしているものと解される」

【当該帯の図柄について】

「全体として帯の柄としては簡単な素材でありながら，表現力，考案性が高いとはいえるけれども，帯の図柄としての独創性は主として組合せの点にある」

「帯の図柄としてはそれなりの独創性を有するものとはいえるけれども，帯の図柄としての実用性の面を離れてもなお一つの完結した美術作品として美的鑑賞の対象となりうるほどのものとは認め難い。」

（d）**東京地判昭56・4・20〔アメリカTシャツ事件〕** ☆4

本事案では，Tシャツにプリントされたデザインの著作物性が認められまし

た。

【応用美術の著作物性】

「応用美術については……客観的，外形的にみて，実用目的のために美の表現において実質的制約を受けることなく，専ら美の表現を追求して制作されたものと認められ，絵画，彫刻等の純粋美術と同視しうるものは美術の著作物として保護しているものと解するのが相当である。」

【当該デザインについて】

「下方に花の模様を，左右両側にイルカの躍動的な動きを配置し，中心に波にのまれそうになりながらバランスをとろうとしているサーファーの瞬間的な姿を描いたもので，全体として十分躍動感を感じさせる図案であり，思想又は感情を創作的に表現したものであつて，客観的，外形的にみて，ティーシャツに模様として印刷するという実用目的のために美の表現において実質的制約を受けることなく，専ら美の表現を追求して制作されたものと認められる。」

(3) 応用美術に関する近時の裁判例

(a) 知財高判平27・4・14〔TRIPP TRAPP事件〕[☆5]

上記のとおり，パッケージデザインに関する事案も含め，従来の多くの裁判例では，応用美術の著作物性について「純粋美術と同視し得る程度」の美的創作性が求められていましたが，知財高判平27・4・14では，応用美術であるからといって一律に高い創作性を求めることは相当ではないとされました。

本事案は，幼児用椅子の形態的な特徴についての著作物性が争われた事案ですが，同判決は，「応用美術は，装身具等実用品自体であるもの，家具に施された彫刻等実用品と結合されたもの，染色図案等実用品の模様として利用されることを目的とするものなど様々であり，表現態様も多様であるから，応用美術に一律に適用すべきものとして，高い創作性の有無の判断基準を設定することは相当とはいえず，個別具体的に，作成者の個性が発揮されているか否かを検討すべきである。」と判示し，幼児用椅子の形態の一部について創作者の個性が発揮されているとしてその著作物性を認めました（結論としては，類似性を認めず，著作権侵害は否定されました）。

(b) 知財高判平28・12・21[☆6]

ゴルフシャフトのデザインについての著作物性が争われた事案において，知

第2章◇戦略的ツールとしての知的財産制度
第3節◇デザインや表示を保護する知的財産制度

財高判平28・12・21は、「（応用美術の）著作物性を肯定するためには、それ自体が美的鑑賞の対象となり得る美的特性を備えなければならないとしても、高度の美的鑑賞性の保有などの高い創作性の有無の判断基準を一律に設定することは相当とはいえない」と判示しました。

　同判決は、応用美術の著作物性について高度の美的鑑賞性を一律に設定することは相当でないとした点において前掲知財高判平27・4・14と同様ですが、応用美術について「それ自体が美的鑑賞の対象となり得る美的特性を備えなければならない」と述べている点は注目されます。応用美術の著作物性について、高度の美的鑑賞性までは不要であるとしても、美術の著作物の問題である以上、美的鑑賞の対象となり得るような何らかの美的特性は必要であろうと思われます。

　さらに、同判決は、「もっとも、応用美術は、実用に供され、あるいは産業上の利用を目的とするものであるから、美的特性を備えるとともに、当該実用目的又は産業上の利用目的にかなう一定の機能を実現する必要があり、その表現については、同機能を発揮し得る範囲内のものでなければならない。応用美術の表現については、このような制約が課されることから、作成者の個性が発揮される選択の幅が限定され、したがって、応用美術は、通常、創作性を備えているものとして著作物性を認められる余地が、上記制約を課されない他の表現物に比して狭く、また、著作物性を認められても、その著作権保護の範囲は、比較的狭いものにとどまることが想定される」と述べ、ゴルフシャフトのデザインについて、「デザイン上の制約としては、例えば、シャフトという物品上で表現し得るものであることに加え、印象に残る色彩の使用や製品名・製造者名等の記載などが求められることが想定される。」と述べました。この点は、パッケージデザインの著作物性を検討するに当たっても参考となります。

　同判決は、当該ゴルフシャフトデザインについては、「本件シャフトデザイン等を縞模様とし、縞の幅を変化させ、縞の色として赤、黒及びグレーを選択したことは、ありふれている。」、「ブランドロゴをトルネード模様の上に配置したことに関しては、シャフトのデザインに製品等のロゴを目立つように配置することは、他のゴルフクラブのシャフトにも頻繁に見られる表現であり、細長いシャフトに文字を大書して目立たせる配置をすることの選択の幅は狭い」

等の理由から，著作物性を否定しました。

(c) **知財高判平28・10・13**☆7

幼児用練習箸の形状についての著作物性が争われた事案において，知財高判平28・10・13は，「実用品であっても美術の著作物としての保護を求める以上，美的観点を全く捨象してしまうことは相当でなく，何らかの形で美的鑑賞の対象となり得るような特性を備えていることが必要である（これは，美術の著作物としての創作性を認める上で最低限の要件というべきである）。」と判示しました☆8。

当該練習用箸の形状については「いずれも実用的観点から選択された構成ないし表現にすぎず，総合的に見ても何ら美的鑑賞の対象となり得るような特性を備えるものではない。」と述べて，著作物性を否定しました。

(d) **地裁判決**

前掲☆5・知財高判平27・4・14以降の地裁判決では，応用美術については「実用的な機能を離れて見た場合に，それが美的鑑賞の対象となり得るような創作性を備えている場合」に著作物性を認めるとするものが見られます☆9。

(4) **パッケージデザインの著作物性の判断**

従来の裁判例では，応用美術の著作物性について，純粋美術と同視し得る程度の美的創作性が求められており，烏龍茶のラベルデザインの著作物性を否定した前掲☆1・東京地判平20・12・26でも，「鑑賞の対象として絵画，彫刻等の純粋美術と同視し得る場合」という判断基準が用いられました。

前掲☆5・知財高判平27・4・14以降の近時の裁判例では，応用美術の著作物性についての統一的な判断基準は示されていませんが，従来の裁判例のように純粋美術と同視し得る程度の美的創作性を求めるものはみられません。また，上記のとおり，知財高判平27・4・14は「作成者の個性が発揮されているか否かを検討すべき」と述べ，美的鑑賞性については言及していませんが，その他の裁判例は，何らかの形で美的鑑賞の対象となり得るような美的特性が備わっていることが必要であり，その判断に当たり実用的な機能からくる表現上の制約を考慮するという点で共通しているものと思われます。

パッケージデザインの著作物性判断においても，純粋美術と同視し得る程度の美的創作性までは必要とされず，何らかの形で美的鑑賞の対象となり得るような特性を備えていれば，著作物性が認められる可能性はあると考えられま

第2章◇戦略的ツールとしての知的財産制度
第3節◇デザインや表示を保護する知的財産制度

す。そして，美的鑑賞の対象となり得るような特性が備わっているかどうかの判断に当たっては，実用的な機能からくる表現上の制約が考慮され，実用的観点から選択された構成ないし表現については，美的鑑賞の対象とはならないと考えられます[10]。

パッケージデザインにもいろいろな種類がありますが，パッケージに印刷される平面のデザインについては，例えば，ワインのラベルに描かれている絵画やイラストのようなものは，それ自体が美的な鑑賞の対象となり得るものであり，著作物性が認められやすいと思われます。

商品名・商品説明が中心のデザインや商品イメージが中心のデザイン（例えば，野菜ジュースのパッケージに原材料の野菜の絵や写真を用いる場合など）については，実用的観点から選択されたにすぎない表現であるとして著作物性が否定されやすいと思われます。

色や模様を組み合わせたデザインについては，他のパッケージデザインには見られない美的な特徴を備えている場合には著作物性が肯定される可能性がありますが，権利行使を広く認めると，パッケージに使用できる色や模様が限定されすぎてしまうおそれがあるため，著作物性が認められたとしても，創作性が高くない場合にはその保護の範囲（類似と認められる範囲）は狭くなる可能性があります[11]。

また，パッケージの形状については，その実用的な機能ゆえに，創作者の個性を発揮できる幅は平面のデザインよりも狭くなると考えられますが，その種のパッケージの形状として他にみられない美的な特徴が備わっている場合には，著作物性が認められる可能性があると考えられます。

なお，例えばディズニーのキャラクターをパッケージに使用する等，既存の著作物を商品パッケージに使用した場合には，既存の著作物についての著作権が及ぶことになります。

(5) **著作権法以外による保護**

パッケージデザインについては，意匠法による保護が考えられます（**Q28**～**Q30**参照）。

当該デザインが，その者の商品又は役務を表示するものとして周知又は著名なものとなった場合や，パッケージの形状がデッドコピーされた場合には，不

第2款◇著作権制度（主としてデザインの観点より）

Q35◆パッケージデザイン等

正競争防止法による保護も考えられます（不競2条1項1号・2号，**Q50**参照。不競2条1項3号，**Q49**参照）。

また，パッケージの形状が，自他商品識別力を備えるに至った場合には，立体商標としての登録が認められる可能性もあります（**Q42**参照）。

2 キャラクターデザインの保護──設問(2)について

(1) 著作権法による保護

野菜を擬人化したキャラクターが，イラストやアニメーションのような形で具体的に表現されているのであれば，美術の著作物として，著作権法により保護されます。

最判平9・7・17〔ポパイ・ネクタイ事件〕☆12では，漫画としてではなくキャラクターが独自の著作物として保護されるかが問題となりましたが，同判決は「当該登場人物が描かれた各回の漫画それぞれが著作物に当たり，具体的な漫画を離れ，右登場人物のいわゆるキャラクターをもって著作物ということはできない。けだし，キャラクターといわれるものは，漫画の具体的表現から昇華した登場人物の人格ともいうべき抽象的概念であって，具体的表現そのものではなく，それ自体が思想又は感情を創作的に表現したものということができないからである。」と述べて，具体的な表現を離れたキャラクター自体の著作物性を否定しました。ポパイというキャラクターが無断で使用されているので著作権侵害であるという主張は認められないので，漫画の中で描かれているキャラクターの絵を特定して，その絵についての著作権侵害を主張することになります。

設問のケースでは，野菜を擬人化したキャラクターが，例えばパッケージや広告等のイラストとして具体的に表現されている場合には，イラストを特定し，そのイラストの著作権に基づいて権利行使をすることになります。ポーズが異なる等デザインが複数存在する場合には，相手方のデザインに最も近いものを選んで主張することも考えられますし，複数のイラストに基づいて主張することも考えられます。

野菜を擬人化したキャラクターが描かれたイラストの著作権に基づいて，権

293

第2章◇戦略的ツールとしての知的財産制度
第3節◇デザインや表示を保護する知的財産制度

利行使をするためには，相手方が当該イラストに依拠して，その内容及び形式を覚知させるに足りるものを再製し（複製），又は表現上の本質的な特徴を直接感得することができる別の著作物を創作したこと（翻案）を立証する必要があります☆13。

相手方の使用しているキャラクターデザインから，権利者のキャラクターデザインにおける表現上の本質的な特徴を直接感得することができることを立証する必要がありますが，実務上，自己のキャラクターデザインと相手方のデザインとを対比して，共通する部分，特にキャラクターデザインの特徴的な部分における共通部分を列挙していくことになります。野菜を擬人化したキャラクターの場合，その野菜が通常備えている特徴（色や形など）についての共通点を並べてもあまり意味はなく，擬人化するに当たっての創作者の個性が表れている特徴的な表現についての共通点を主張立証することが重要です。

依拠とは，他人の著作物に現実にアクセスし，参考にすることをいいます。依拠性の立証は，様々な間接事実を積み上げて立証していくことになります。相手方が当該キャラクターデザインに触れる機会があったこと（例えば，当該キャラクターデザインが使用されている商品の販売数量や販売期間や販売地域，当該キャラクターデザインを使用した宣伝広告の内容や期間等）のほかに，デザイン自体がどれほど似ているかということも重要な間接事実となります。類似点が多いほど，特にキャラクターデザインの特徴的な部分についての類似点が多いほど，当該デザインにアクセスしなければここまで似ることはないだろうとの事実上の推定が働きます。

(2) 著作権法以外による保護

著作権法以外では，キャラクターデザインを図形商標として，商標登録出願することが考えられます。商標登録されれば，商標権の存続期間は10年ごとに更新することが可能ですので（商標19条1項・2項），著作権の存続期間満了後も商標権が及ぶ範囲においてキャラクターデザインを保護することが可能となります。

また，当該キャラクターデザインが，その者の商品又は役務を表示するものとして周知又は著名なものとなった場合には，不正競争防止法による保護も考えられます（不競2条1項1号・2号）。

第2款◇著作権制度（主としてデザインの観点より）
Q35◆パッケージデザイン等

〔沖　　達也〕

════ ■判　例■ ════

☆ 1　東京地判平20・12・26判時2032号11頁〔黒烏龍茶事件〕。

☆ 2　知財高判平25・12・17裁判所ホームページ〔シャトー勝沼事件〕。

☆ 3　京都地判平元・ 6 ・15判時1327号123頁〔佐賀錦袋帯事件〕。

☆ 4　東京地判昭56・ 4 ・20無体集13巻 1 号432頁〔アメリカTシャツ事件〕。

☆ 5　知財高判平27・ 4 ・14判時2267号91頁〔TRIPP TRAPP事件〕。

☆ 6　知財高判平28・12・21判時2340号88頁。

☆ 7　知財高判平28・10・13裁判所ホームページ。

☆ 8　知財高判平30・ 6 ・ 7 裁判所ホームページも同旨（糸半田供給機（半田フィー
　　　ダ）の形状についての著作物性を否定）。

☆ 9　大阪地判平27・ 9 ・24裁判所ホームページ（大阪城等のピクトグラムについて著
　　　作物性を肯定）,大阪地判平29・ 1 ・19裁判所ホームページ（婦人服のデザインに
　　　ついて著作物性を否定）。

☆10　前掲☆ 6 ・知財高判平28・12・21,前掲☆ 7 ・知財高判平28・10・13参照。

☆11　前掲☆ 6 ・知財高判平28・12・21参照。

☆12　最判平 9 ・ 7 ・17民集51巻 6 号2714頁〔ポパイ・ネクタイ事件〕。

☆13　キャラクターデザインの事案に関して,前掲☆12・最判平 9 ・ 7 ・17,大阪地判
　　　平21・ 3 ・26判時2076号119頁〔マンション読本事件〕。

第2章◇戦略的ツールとしての知的財産制度
第3節◇デザインや表示を保護する知的財産制度

 職務著作

(1) 会社の仕事としてデザインした図案は，誰が著作権をもつことになるのでしょうか。
(2) 誰が権利者かということは，どうすればわかるのでしょうか。
(3) 発明や意匠を創作した場合とは，取扱いが異なるのでしょうか。

(1) 会社の従業員が，その会社における自己の職務としてデザインした図案であり，会社の名義で公表するものについては，契約や勤務規則等に別段の定めがない限り，会社が著作者となり，会社が著作権を有することになります（著15条1項）。デザインを他社や外部のデザイナーに外注した場合には，通常は外注先が著作者となり，外注先が著作権を有することになりますので，委託元の会社がデザインを利用するためには，外注先から著作権の譲渡を受けたり，利用許諾を受ける必要があります。
(2) 著作権法では，権利の取得について届出や登録は必要とされていないので，権利者を知るための確実な方法はありません。著作物の現作品や書籍の奥付，CDのジャケット等の著作者名の表示，商品やパッケージに付されている©表示等が，権利者を知るための手掛かりとなります。
(3) 従業者等が，会社の業務範囲に属し，かつ，その従業者等の現在又は過去の職務に属する発明や意匠を創作した場合（職務発明，職務創作）は，職務著作の場合と異なり，特許を受ける権利や意匠登録を受ける権利を会社に原始的に帰属させるためには，これらの権利を会社に帰属させることについて，勤務規則等においてあらかじめ定めておく必要があります（特35条3項，意15条3項）。また，これらの権利について会社に原始的に帰属させた場合，従業者等は，相当の利益を受ける権利を取得することが特許法,意匠法に規定されています（特35条4項,意15条3項）。

296

第2款◇著作権制度（主としてデザインの観点より）
Q36◆職務著作

☑キーワード

職務著作，デザインの外注，職務発明，職務創作

＿＿＿＿＿＿＿＿＿＿＿＿＿＿＿＿＿＿＿＿＿＿＿＿＿＿＿＿＿＿＿＿＿＿＿＿

解　説

1　職務著作——設問(1)について

(1)　著作権法15条

　著作権法上，会社の従業員や役員が，会社の発意に基づいて職務上作成した著作物については，原則として，会社がその著作物の著作者となります（著15条）。その結果，当該著作物についての著作権及び著作者人格権は，会社に原始的に帰属することとなります。

　著作権法2条1項2号は，「著作者」について「著作物を創作する者」と定義しており，著作物を現実に創作した自然人が著作者となるのが基本ですが，会社等の使用者の資源を利用して，使用者の責任において著作物の創作活動が行われた場合には，使用者を著作者とし，著作権及び著作者人格権を使用者に原始的に帰属させるのが合理的であり，また著作物の利用・流通の促進という観点から権利を使用者に集中させる必要があることから，著作権法15条1項は，「法人その他使用者（以下この条において『法人等』という。）の発意に基づきその法人等の業務に従事する者が職務上作成する著作物（プログラムの著作物を除く。）で，その法人等が自己の著作の名義の下に公表するものの著作者は，その作成の時における契約，勤務規則その他に別段の定めがない限り，その法人等とする。」と規定しています。

(2)　「法人等の発意に基づき」

　「法人等の発意に基づき」とは，単に法人等が企画を立てたというだけではなく，著作物の創作についての意思決定が法人等の判断にかかっていること，著作物の完成に至るまでの全体の創作行為について使用者がコントロールして

297

第2章◇戦略的ツールとしての知的財産制度
第3節◇デザインや表示を保護する知的財産制度

いることを意味します[1]。会社からの具体的な命令がない場合であっても，会社の職務として創作をしたとみられる場合には，この要件を充足するものと考えられます。

(3) 「法人等の業務に従事する者」

「法人等の業務に従事する者」とは，典型的には法人等と雇用関係にある者（会社の役員も含むと考えられます）です。派遣労働者についても，派遣先の具体的な指揮監督下において業務を行うという実態からすれば，派遣先の業務に従事する者と考えてよいと思われます[2]。

この要件について争われた事案として，アニメーション制作会社と外国籍のデザイナーとの間で，アニメーション作品のキャラクターとして用いるための図画の著作者性が争われたRGBアドベンチャー事件があります。

最判平15・4・11[☆1]は，「雇用関係の存否が争われた場合には，同項（著15条1項）の『法人等の業務に従事する者』に当たるか否かは，法人等と著作物を作成した者との関係を実質的にみたときに，法人等の指揮監督下において労務を提供するという実態にあり，法人等がその者に対して支払う金銭が労務提供の対価であると評価できるかどうかを，業務態様，指揮監督の有無，対価の額及び支払方法等に関する具体的事情を総合的に考慮して，判断すべきものと解するのが相当である。」と判示しました。

委任や請負関係にある場合には「法人等の業務に従事する」とはいえませんが[3]，契約の形式だけで判断するのではなく（例えば業務請負契約という形をとっていたとしても），同判決が示すような諸般の事情を考慮して，法人等との間に雇用関係に類似するような指揮命令，監督関係があると認められる場合には，「法人等の業務に従事する者」に該当することになります。

(4) 「職務上作成する著作物」

「職務上作成する」とは，自分に与えられた仕事として著作物を作成することをいい，従業員として期待される創作行為であれば，この要件を満たすものと考えられます[4]。

(5) 「その法人等が自己の著作の名義の下に公表するもの」

法人等がその著作物についての社会的責任を負うということを対外的に明らかにする必要があることから，法人等の著作名義で公表するものであることが

第2款◇著作権制度（主としてデザインの観点より）

Q36◆職務著作

求められています。

公表「した」ものではなく，公表「する」ものと規定されており，未公表であっても，法人等の著作名義で公表が予定されているものや，仮に公表するとすれば法人等の著作名義で公表されるべきものも含まれると解されています☆2。

なお，プログラムの著作物については，条文上この要件は不要とされています（著15条2項）。

(6) 「その作成の時における契約，勤務規則その他に別段の定めがない限り」

上記の4要件を充足すれば，原則として，法人等が著作者となりますが，当該著作物の作成時点における契約，勤務規則その他に別段の定めがある場合には，従業者が著作者となります。

(7) 設問のケース

設問のケースでは，会社と雇用関係にある従業員がその会社における自己の職務としてデザインした図案であり，会社の名義で公表するものについては，契約や勤務規則等に別段の定めがない限り，会社が著作者となり，会社が著作権を有することになります。

デザインを他社や外部のデザイナーに外注した場合には，通常は，具体的な創作活動についての裁量は外注先にあり，外注先の資材を使って創作活動が行われるなど外注先の独立性が強く，業務についての具体的な指揮監督があるとはいえないので，「法人等の業務に従事する者」の要件を満たしません。

この場合，外注先が著作者となり，外注先が著作権を有することになりますので，委託元の会社がデザインを利用するためには，外注先から著作権の譲渡を受けたり，利用許諾を受ける必要があります。デザインを外注する際の業務委託契約書等に，成果物についての著作権を委託元に譲渡する旨の規定を設けておくことが多いです。なお，委託元の立場からすると，著作権の譲渡を受けるに当たっては，著作権法27条及び28条の権利を含む旨を明記しておくことや（著61条2項），著作者人格権については譲渡ができないことから（著59条），著作者人格権の不行使特約を設けておく必要があります。

299

第2章◇戦略的ツールとしての知的財産制度
第3節◇デザインや表示を保護する知的財産制度

2 著作権法上の権利者を知る方法——設問(2)について

　著作権や著作者人格権は，著作物が創作されたときに著作者に帰属し，権利の取得について届出や登録をする必要はないため（著17条2項），権利者を知るための確実な方法はありません。

　著作物の原作品に著作者名が表示されている場合（絵画や彫刻の原作品に著作者のサインが入っている場合等）や，著作物の公衆への提供若しくは提示の際に著作者名が表示されている場合（書籍の奥付，CDのジャケット，映画のクレジット等に著作者名が表示されている場合）には，表示されている者が著作者であると推定されます（著14条1項）。表示されている者が真実の著作者であるとは限らず，訴訟により推定が覆される可能性もありますが，そのようなケースは稀であり，これらに表示されている者が，真実の著作者であることが通常であろうと思われます。ただし，著作権の譲渡により，著作者と著作権者が異なる場合もあるので注意が必要です。

　また，商品やパッケージ等に©表示が付されていることがあります。©表示とは，©の記号，著作権者名，最初の発行年の3点をまとめて表示したものです。上記のとおり，わが国の著作権法においては，著作権の発生に何らの方式も要しませんが（無方式主義），著作権の発生に登録や著作権表示等何らかの方式を要する制度（方式主義）を採用している国もあります。©表示は，万国著作権条約で設けられた制度であり，©表示を付しておけば，方式主義を採用する国においても無方式主義を採用する国の著作物が保護されるという意義があります。©表示は，著作権者を示す表示ですので，そこに表示されている者が，当該著作物の著作権者であろうとの事実上の推定が働きます。

　また，著作権法上の制度として，無名又は変名で公表された著作物についての実名の登録制度（著75条）や，著作権の譲渡等の権利移転についての登録制度（著77条）というものがありますが，登録事例はあまり多くありません。

300

第 2 款◇著作権制度（主としてデザインの観点より）
Q36◆職務著作

3 **職務発明，職務創作との違い──設問(3)について**

(1) 職務発明，職務創作

特許法においても，従業者等が「その性質上当該使用者等の業務範囲に属し，かつ，その発明をするに至つた行為がその使用者等における従業者等の現在又は過去の職務に属する発明」（職務発明）をした場合について，特別の規定が設けられています（特35条。意15条 3 項が同条を準用しています）。

特許法や意匠法においても，職務発明についての特許を受ける権利や職務創作についての意匠登録を受ける権利について，会社に原始的に帰属させる制度がありますが（特35条 3 項，意15条 3 項），これらの権利を会社に帰属させることについて，勤務規則等においてあらかじめ定めておく必要がある点において，職務著作の場合と異なります。

特許法35条 3 項は，「従業者等がした職務発明については，契約，勤務規則その他の定めにおいてあらかじめ使用者等に特許を受ける権利を取得させることを定めたときは，その特許を受ける権利は，その発生した時から当該使用者等に帰属する。」と規定しています（意匠法15条 3 項がこの規定を準用しています）。

実務上，就業規則や職務発明規程において，「職務発明については，その発明が完成した時に，会社が特許を受ける権利を取得する。」と定めておくことが多いです。例えば，「会社が職務発明に係る権利を取得する旨を発明者に通知したとき」のような条件を記載してしまうと，会社への原始帰属について定めたことにならないので注意が必要です。

会社に原始帰属させる旨の定めがない場合には，職務発明についての特許を受ける権利や職務創作についての意匠登録を受ける権利は，発明や意匠を創作した従業者等に帰属しますが，当該発明について特許を受けた場合や当該意匠について意匠登録がされた場合には，使用者等は，当然に通常実施権を有するものとされています（特35条 1 項，意15条 3 項）。

(2) 発明者に対する補償

また，職務著作の場合，著作物を創作した従業員への補償については，著作権法に何ら規定されていませんが，特許法35条 4 項は，「従業者等は，契約，

301

第 2 章◇戦略的ツールとしての知的財産制度
第 3 節◇デザインや表示を保護する知的財産制度

勤務規則その他の定めにより職務発明について使用者等に特許を受ける権利を取得させ……たときは，相当の金銭その他の経済上の利益（次項及び第 7 項において「相当の利益」という。）を受ける権利を有する。」と規定し，発明補償について明記しています（意匠法15条 3 項はこの規定も準用しています）。

　平成27年の特許法改正前は，「相当の対価」と規定されており，発明補償は金銭に限られていましたが，平成27年改正により，相当の金銭その他の経済上の利益（相当の利益）とされ，例えば会社の費用負担での留学の機会やストックオプションの付与，昇進や昇格等，金銭以外による補償も可能となりました。

　実務上は，職務発明規程等において「相当の利益」の内容についての基準を示しておくことが多いですが，この基準については「基準の策定に際して使用者等と従業者等との間で行われる協議の状況，策定された当該基準の開示の状況，相当の利益の内容の決定について行われる従業者等からの意見の聴取の状況等を考慮して，その定めたところにより相当の利益を与えることが不合理であると認められるものであつてはならない。」とされています（特35条 5 項）。

〔沖　　達也〕

　　■判　例■

☆ 1　最判平15・4・11裁判集民事209号469頁〔RGBアドベンチャー事件〕。
　　　　なお，同判決は，制作会社がその作業内容，方法等について指揮監督をしていたかどうかを確定することなく，直ちに 3 回目の来日前における雇用関係の存在を否定した原判決には，著作権法15条 1 項にいう「法人等の業務に従事する者」の解釈適用を誤った違法があるとして，原判決を破棄して差し戻しました。差戻後の控訴審判決（東京高判平16・1・30裁判所ホームページ）では，制作会社とデザイナーとの間の雇用関係が認められ，制作会社が著作者であると認定されました。
☆ 2　東京高判昭60・12・4 判時1190号143頁〔新潟鉄工事件〕。

　　■注　記■

＊ 1　加戸守行『著作権法逐条講義〔六訂新版〕』146頁，中山信弘『著作権法〔第 2 版〕』207頁，半田正夫＝松田政行編『著作権法コンメンタール 1〔第 2 版〕』728頁〔作花文雄〕。
＊ 2　加戸・前掲＊ 1・147頁，中山・前掲＊ 1・209頁。
＊ 3　加戸・前掲＊ 1・147頁。

第2款◇著作権制度（主としてデザインの観点より）
Q36◆職務著作

＊4　加戸・前掲＊1・147頁，中山・前掲＊1・212頁，半田ほか・前掲＊1・734頁。

第2章◇戦略的ツールとしての知的財産制度
第3節◇デザインや表示を保護する知的財産制度

 実用品のデザイン保護

　当社では，観光果樹園を運営しており，子供達が楽しめるように，野菜や果物の形をモチーフにした斬新な子供用の椅子を開発しました。とても評判になっているので，家具メーカーから一般販売したらどうかという話もありますが，このような特徴的な子供用の椅子のデザインについても，著作権で保護されるものなのでしょうか。
　椅子に限らず，量産されるような実用品の特徴的なデザインについて，著作権は成立するものなのでしょうか，簡単でかまいませんので教えてください。

　「子供用椅子の野菜や果物の形をモチーフにした特徴的なデザイン」や「量産されるような実用品の特徴的なデザイン」については，伝統的には，「その実用面および機能面を離れて，それ自体として，完結した美術作品としてもっぱら美術鑑賞の対象とされるもの」がなければ著作物として保護されません。ただし，最近では，「美的鑑賞の対象となる美的特性」があれば著作権法で保護され得るとか，「実用目的に必要な構成と分離して，美的鑑賞の対象となり得る美的特性」があれば著作権法で保護され得る，との判例もあります。ただ，実際問題としては，著作権法で保護される可能性は低いと考えられます。

☑キーワード

　応用美術，純粋美術，美術工芸品，美的鑑賞の対象となる美的特性，実用目的に必要な構成と分離

1 応用美術は著作権で保護されるのか——意匠権と著作権の関係の伝統的な考え方

まず、本問の「子供用椅子の野菜や果物の形をモチーフにした特徴的なデザイン」や「量産されるような実用品の特徴的なデザイン」については、応用美術（美術を日用品や行事などへ応用したもの）のうちの製品デザインと分類されています。

そもそも、美術は純粋美術と応用美術に分類されますが、著作権法で保護される美術には、純粋美術と、応用美術のうちの美術工芸品（実用性を備えかつ鑑賞性を重視した美術品）とが含まれることに争いはありません（著2条1項1号・2項）。問題は、美術工芸品以外の応用美術、例えば製品デザインが著作権法で保護されるかです。応用美術は、工業的に量産され実用品として日常的に使用されるものも多いことから、鑑賞性よりも実用性・機能性を重視する傾向があるので、この問題は難問です。

この点、まず、伝統的な考え方を検討しましょう。

かつて、にせ「ファービー人形」（図表1参照）が著作権法違反で摘発されたことがあります。この刑事事件では、著作権と意匠権の関係が問題となりました（ファービー人形事件）。仙台高裁は、次のとおり著作物に当たらないとして無罪としました☆1。

すなわち、まず、応用美術は、原則として著作権法の対象とならず、意匠法

図表1　ファービーと、にせファービー（ポーピィ）

第2章◇戦略的ツールとしての知的財産制度
第3節◇デザインや表示を保護する知的財産制度

等産業財産権制度による保護に委ねられていると解すべきであり，ただ，そうした応用美術のうちでも，純粋美術と同視できる程度に美術鑑賞の対象とされると認められるものは，美術の著作物として著作権法上保護の対象となるとされました。そして，「ファービー」の形態には純粋美術と同視できるほどの審美性は備わっておらず著作権によっては保護されないとされました。その理由は，「ファービー」のデザイン形態は，当初から工業的に大量生産される電子玩具のデザインとして創作されたもので，「ファービー」の最大の特徴は，あたかもペットを飼育しているかのような感情を抱かせることを目的に，各種の刺激に反応して各種の動作をするとともに言葉を発することにあって，そのため，そうした特徴を有効に発揮させるための形状，外観が見られ，このような形態には，電子玩具としての実用性及び機能性保持のための要請が濃く表れているので，これは美感をそぐものであり，その形態は，全体として美術鑑賞の対象となるだけの審美性が備わっておらず，純粋美術と同視できないから，としました。

いわゆる「応用美術」の著作物性については，従来の下級審判例の主流は，意匠法との制度間調整論や立法者意思等を根拠として，その著作物性を限定的にしか認めない立場から，「その実用面および機能面を離れて，それ自体として，完結した美術作品としてもっぱら美術鑑賞の対象とされるもの」を著作物性の基準としていました（意匠制度を優先させる立場）。この点，上記仙台高裁判決のように「純粋美術」と同視できるとの要件を要求する判決や「高度の創作性」の要件を要求する判決もありました。これが伝統的な考え方です。

2 **応用美術と著作権——意匠権制度を優先させない最近の判例の立場**

しかし，幼児用椅子をめぐるTRIPP TRAPP事件において，知財高裁は，異なる見解を示しました☆2。すなわち，従来の判断基準の論拠を否定し，創作性を「選択の幅」と捉えた上で，著作物性判断基準に一元化し，美的判断を排除しました。すなわち，「美術工芸品」に該当しない応用美術であっても，著作物性の要件を充たすものについては，「美術の著作物」として保護されるとしたのです。さらに，控訴人（原告）らの主張に係る控訴人製品の形態的特徴

図表2　控訴人製品と被控訴人製品

は，①「左右一対の部材A」の2本脚であり，かつ，「部材Aの内側」に形成された「溝に沿って部材G（座面）及び部材F（足置き台）」の両方を「はめ込んで固定し」ている点，②「部材A」が，「部材B」前方の斜めに切断された端面でのみ結合されて直接床面に接している点及び両部材が約66度の鋭い角度を成している点において，作成者の個性が発揮されており，「創作的」な表現というべきであるとしました（**図表2**参照）。ただし，このように著作物性を認定しつつも，被控訴人製品との類似性を否定して，著作権侵害を否定しました。これは，画期的な判例です[*1]。同判決以降の判例動向は，この判決の流れを汲みつつ，「美的鑑賞の対象となる美的特性」を要求するもの（非区別説）と，「実用目的に必要な構成と分離して，美的鑑賞の対象となり得る美的特性」を要求するもの（分離可能性基準説），があります。次に，これら判例動向をみてみましょう。

3　最近の関連判例──非区別説と分離可能性基準説

(1)　「美的鑑賞の対象となる美的特性」を要求するもの（非区別説）

(a)　デラックストレーニング箸事件[☆3]

本判決は，実用品であっても美術の著作物としての保護を求める以上，美的観点をまったく捨象してしまうことは相当でなく，何らかの形で美的鑑賞の対象となり得るような特性を備えていることが必要としつつ，具体的には，控訴人（原告）が主張する2点（①キャラクターが表現された円形部材により最上部で結合

第2章◇戦略的ツールとしての知的財産制度
第3節◇デザインや表示を保護する知的財産制度

図表3　控訴人製品

図表4　控訴人製品

された連結箸である点，②1本の箸に人差し指と中指を入れる2つのリングを有し，かつ，他方の箸に親指を入れる1つのリングを有して，合計3つのリングが設けられている点）は，いずれも実用的観点から選択された構成ないし表現にすぎず，総合的に見ても何ら美的鑑賞の対象となり得るような特性を備えるものではないとして著作物性を否定しました（図表3参照）。

(b)　加湿器事件☆4

本判決は，応用美術につき著作物性を肯定するためには，それ自体が美的鑑賞の対象となり得る美的特性を備えなければならないとしても，高度の美的鑑賞性の保有などの高い創作性の有無の判断基準を一律に設定することは相当とはいえず，著作権法所定の著作物性の要件を充たすものについては著作物として保護されるとしつつ，具体的には，控訴人（原告）製品は，アイディアをそのまま具現したもの及び個性が発揮されたものとはいえないものを除くと，著作物性を検討する余地があるのは，①リング状パーツを用いたこと，②吸水口の形状，③噴霧口周辺の形状の3点であるが，いずれも，平凡な表現手法又は形状であって，個性が顕れているとまでは認められないとして著作物性を否定しました（図表4参照）。

(c)　ゴルフシャフト事件☆5

本判決は，応用美術の著作物性を肯定するためには，それ自体が美的鑑賞の対象となり得る美的特性を備えなければならないとしても，高度の美的鑑賞性の保有などの高い創作性の有無の判断基準を一律に設定することは相当とはいえず，著作権法所定の著作物性の要件を充たすものについては，著作物として

第２款◇著作権制度（主としてデザインの観点より）
Q37◆実用品のデザイン保護

図表５　控訴人製品

保護されるとしつつ，具体的には，控訴人（原告）製品のうち，①本件シャフトデザイン等はありふれており，②「Tour AD」のブランドロゴ等は個性的なものとは認められず，③ブランドロゴをトルネード模様の上に配置したことは個性的な表現とはいえず，本件シャフトデザイン等に，創作的な表現は認められないとして著作物性を否定しました（**図表５**参照）。

(2)　**「実用目的に必要な構成と分離して，美的鑑賞の対象となり得る美的特性」を要求するもの**（分離可能性基準説）

　この考え方をとるものとして，花柄衣装デザイン事件☆6があります。本判決は，応用美術は，実用的な機能を離れて見た場合に，それが美的鑑賞の対象となり得るような創作性を備えている場合に初めて著作権法上の「美術の著作物」として著作物に含まれ得るとし，具体的には，①原告商品２の花柄刺繍部分の花柄のデザインは，それ自体，美的創作物といえるが，５輪の花及び花の周辺に配置された13枚の葉からなるそのデザインは婦人向けの衣服に頻用される花柄模様の一つのデザインという以上の印象を与えるものではなく，少なくとも衣服に付加されるデザインであることを離れ，独立して美的鑑賞の対象となり得るような創作性を備えたものとは認められず，また，②同部分を含む原告商品２全体のデザインについて見ても，その形状が創作活動の結果生み出されたことは肯定できるとしても，両脇にダーツがとられ，スクエア型のネックラインを有し，襟首直下にレース生地の刺繍を有するというランニングシャツの形状は，専ら衣服という実用的機能に即してなされたデザインそのものというべきであり，前記のような花柄刺繍部分を含め，原告商品２を全体としてみても，実用的機能を離れて独立した美的鑑賞の対象となり得るような創作性を備えたものとは認められないとして著作物性を否定しました（**図表６**参照）。

第2章◇戦略的ツールとしての知的財産制度
第3節◇デザインや表示を保護する知的財産制度

図表6　原告商品2

4　ま と め

　以上によれば，本問の製品デザイン（応用美術の一種）は，伝統的には，「その実用面および機能面を離れて，それ自体として，完結した美術作品としてもっぱら美術鑑賞の対象とされるもの」がなければ著作物として保護されません。ただし，最近では，「美的鑑賞の対象となる美的特性」があれば著作権法で保護され得る，あるいは，「実用目的に必要な構成と分離して，美的鑑賞の対象となり得る美的特性」があれば著作権法で保護され得る，との判例もあります。ただ，実際問題としては，これが著作権法で保護される可能性は低いと考えられ，仮に，著作物性を肯定されたとしても，創作性が認められないことが多いからです。

〔末吉　亙〕

━━━■判　例━━━

☆1　仙台高判平14・7・9判時1813号145頁。
☆2　知財高判平27・4・14判時2267号91頁。
☆3　知財高判平28・10・13（平28（ネ）10059号）。
☆4　知財高判平28・11・30判時2338号96頁。
☆5　知財高判平28・12・21判時2340号88頁。
☆6　大阪地判平29・1・19（平27（ワ）9648号ほか）。

第2款◇著作権制度（主としてデザインの観点より）
Q37◆実用品のデザイン保護

■注　記■

＊1　TRIPP TRAPP事件の背景には，AIPPI（国際知的財産保護協会）の2012年総会・決議議題231・最終決議が影響しているとも考えられます（「著作権と意匠権の両方による，工業製品に対する重畳的な保護（cumulative protection）は，認められるべきである。」など。AIPPI58巻1号（2013年）49頁以下参照）。ただ，同事件，加湿器事件及びゴルフシャフト事件の裁判長が同一であるなど，まだ，方向性は明確ではありません。なお，その後，デラックストレーニング箸事件と同一の裁判長が，糸半田供給機事件（知財高判平30・6・7（平30（ネ）10009号））で同趣旨を判示しました。

●参考文献●

⑴　シンポジウム「応用美術－保護と限界－」著作権研究43号（2016年）。

第 2 章◇戦略的ツールとしての知的財産制度
第 3 節◇デザインや表示を保護する知的財産制度

38　インターネットと著作権

(1)　当農園のウェブサイトに，ネット上にあった素敵な野菜や果物の写真を貼り付けたいのですが，ウェブサイト上にいろいろ他人の解説文や写真，動画を，そのまま貼り付けたり，写真を加工したりして使うようなことも，著作権の問題となるのでしょうか。

(2)　他のウェブサイトにリンクを張ることも，そのサイト運営者の許諾が必要ですか。

(1)　他人のウェブサイト上で公開されている解説文や写真，動画については，それぞれ，創作性があれば，言語の著作物，写真の著作物，映画の著作物ですので，自らのウェブサイトにそのまま貼り付ければ送信可能化権（公衆送信権）の侵害になり得ますし，写真を加工して使うような場合は，翻案権の侵害になり得ます。解説文や写真，動画等が掲載されているウェブサイトのコンテンツ利用条件を確認し，必要な利用許諾を得ましょう。

(2)　自らのウェブサイトで，他のウェブサイトに「リンクを張る」行為は，基本的には著作権侵害にはならず，そのサイト運営者の利用許諾は不要です。ただし，リンクについてのルールを記載しているウェブサイトでは，そのルールに従わない形でのリンクをした場合に，トラブルとなる可能性があります。なお，そのウェブサイト自体が著作権侵害のコンテンツを含むような場合には注意が必要です。

☑キーワード
　公衆送信権，翻案権，送信可能化，自動公衆送信

第2款◇著作権制度（主としてデザインの観点より）
Q38◆インターネットと著作権

解　説

1　ウェブサイトに他人の著作物を掲載することについて

(1)　公衆送信権とは

　ウェブサイトに文章，写真，動画といったコンテンツを掲載する行為については，著作権法では「自動公衆送信」（著2条1項9号の4）の場合の「送信可能化」（同項9号の5）に当たり，「公衆送信」の一種として定義付けられています（同項7号の2）。「自動公衆送信」，「送信可能化」，「公衆送信」については聞きなれない言葉かも知れませんので，その内容を以下に説明します。

　ウェブサイトへのコンテンツの掲載の仕組みは，概ね次のとおりです。①まず，htmlファイルや画像ファイル，動画ファイルなどのファイルをウェブサーバーにアップロードして保存します。②アップロードしたファイルは，インターネットに接続されたサーバーにおいて，特定のURL（アドレス）と紐付けられています。③アップロード後，ユーザーがそのURLが示すウェブサイトへとアクセスすると，自動でユーザーの端末へとデータが送信されて，ウェブサイトが表示されることになります。

　ここで，著作権法上，ウェブサーバーは「自動公衆送信装置」，ファイルは「著作物」，アクセスするユーザーが「公衆」に当たります。①のアップロードは「送信可能化」（著2条1項9号の5）に当たり，③でユーザーにデータが自動で送信されることが「自動公衆送信」（著2条1項9号の4）に当たります。

　とりあえずは，冒頭のとおり，ウェブサイトに文章，写真，動画といったコンテンツを掲載する行為は，「送信可能化」に当たるということを知っていただければかまいません。その上で，著作権者は，「自動公衆送信」について「公衆送信権」を有するだけでなく，著作物を送信できる状態に置く「送信可能化」行為について「送信可能化権」を有します（著23条1項。「送信可能化権」を含めて，「公衆送信権等」と呼ぶことがあります）。したがって，他人の著作物を勝手に自らのウェブサイトに掲載する行為は，送信可能化権の侵害となります。

313

第2章◇戦略的ツールとしての知的財産制度
第3節◇デザインや表示を保護する知的財産制度

本問における他人の手による解説文，写真，動画は，それぞれ創作性を有していれば，言語の著作物，写真の著作物，映画の著作物に該当するものと考えられます。そうすると，それらの著作物を著作権者の許諾なくそのまま自らのウェブサイトに掲載する（貼り付ける）行為は，送信可能化権の侵害となります。

(2) 他人の著作物の加工

他人の著作物を加工することについては，著作権法上，著作物の翻案と呼びます。著作物の翻案について，著作者は「翻案権」を有します（著27条）。したがって，他人の著作物を勝手に加工する行為は，翻案権の侵害となります。

本問においても，他人の言語の著作物，写真の著作物，映画の著作物を著作権者の許諾なく加工する行為は，翻案権の侵害となります。

また，著作物を翻案して新たな著作物が創作された場合，その新たな著作物を，二次的著作物といいます（著2条1項11号）。元となった著作物を二次的著作物との関係では原著作物といいますが，二次的著作物の利用については，原著作物の著作者は，二次的著作物の著作者が有するのと同一の種類の権利を有するとされています（著28条）。

したがって，加工後の二次的著作物を自らのウェブサイトに掲載する場合にも，やはり原著作物の著作者の許諾を得なければ，送信可能化権の侵害となります（なお，加工の程度が二次的著作物を創作するに至らないような加工物については，原著作物をウェブサイトに掲載しているのと同様であり，やはりこれを自らのウェブサイトに掲載する行為は，送信可能化権の侵害となります）。

加えて，他人の著作物の加工をする場合，著作者人格権の侵害となる可能性もあります。すなわち，著作者の意に反するような形で著作物を改変してしまうと，同一性保持権（著20条1項）の侵害となります。また，著作者名が表示されていたのにもかかわらず，加工の過程において著作者名を削除してしまうような場合，氏名表示権（著19条1項）の侵害となります。

(3) コンテンツの利用規約や利用ルールを確認すること

他人のウェブサイトに掲載されているコンテンツを利用しようとする場合，以上のように著作権侵害，著作者人格権侵害となるおそれがありますから，まずは，そのコンテンツを利用しようとする場合にどういった許諾を得なければいけないかを確認しましょう。

第2款◇著作権制度（主としてデザインの観点より）
Q38◆インターネットと著作権

ウェブサイトにおいては，コンテンツ（著作物）についての利用条件が，「利用規約」や「サイトポリシー」，「このホームページについて」などのウェブページで記載されていることが珍しくありません。利用条件の記載がされている場合には，その利用条件に従って条件の範囲内において解説文，写真，動画などを利用しましょう。

　もし，利用条件が特に記載されていない場合は，サイト運営者に確認をとって許諾を得て利用するほうが無難であるといえます。

2　他のウェブサイトにリンクを張ることについて

(1)　基本的にはリンクを張っても著作権侵害にはならない

　自らのウェブサイトで，他のウェブサイトに「リンクを張る」というのは，行為としてはリンク先のウェブページの所在を示すURLを，自らのウェブサイト中のページに書き込むことで，自らのウェブサイトにアクセスしたユーザーが，リンク先のページを表示できるようにすることを意味します。すなわち，リンクを張ったとしても，リンク先のウェブサイトの解説文や写真，動画等のコンテンツを，自らのウェブサーバーに複製して蓄積するわけではなく，それらコンテンツを自らのサーバーを経由してユーザーに対して送信しているわけでもありません。そのため，リンクを張ったとしても「複製」，「自動公衆送信」，「送信可能化」に当たる行為には当たらないため，基本的には他のウェブサイトにリンクを張ったとしても，著作権侵害にはなりません。そのため，著作権法上はそのサイト運営者の利用許諾は不要です。

　もっとも，著作権法を離れて，リンクについてのルールを記載しているウェブサイト（例えば，「トップページにのみリンク可」と書いてあるページで，トップページ以外に掲載された画像に直接リンクするような場合）では，そのルールに従わない形でのリンクをした場合に，トラブルとなる可能性があることはあり得るので，その点には留意してください。

(2)　他人の著作権を侵害するコンテンツへリンクを張ること

　本問を離れて，他人の著作権を侵害するコンテンツへとリンクを張った場合はどういった問題があるでしょうか。例えば，Aさんが著作者である画像aに

第 2 章◇戦略的ツールとしての知的財産制度
第 3 節◇デザインや表示を保護する知的財産制度

ついて，Ｂさんが無断で自らのウェブサイトにその画像 a を掲載しているとき
に，Ｃさんはｂさんのウェブサイトの画像 a にリンクをするような場合です。
Ｂさんは，画像 a についてＡさんが有する公衆送信権や送信可能化権を侵害す
るものと考えられます。

　まず，仮にそれが公衆送信権等の侵害に該当するコンテンツであると知って
いながらＣさんがＢさんのウェブサイトにリンクした場合，Ｃさんには，公衆
送信権侵害の幇助による不法行為が成立する可能性があります☆1。

　また，例えば著作者である他人の利用許諾を受けていない著作権侵害に当た
る画像コンテンツに，自らのウェブサイトでリンクし，自らのウェブサイト内
でオリジナルの画像と異なるサイズでリンク先画像を表示させた（インラインリ
ンク）場合，同一化保持権侵害や氏名表示権侵害など，著作者人格権の侵害と
なるおそれがあります☆2。

　また，リンクの態様により著作者の名誉声望が害されるような場合には，著
作者人格権の侵害（著113条 7 項）となる可能性もあります。例えば，自らのウェ
ブサイトが違法なコンテンツばかりのウェブサイトであるような場合で，リン
ク先のコンテンツもその一部であると捉えられてしまうような場合です。

(3)　リンクに関する法改正の可能性

　他のウェブサイトへのリンクについては，今後，法改正がなされる可能性が
あります。特に，著作権侵害コンテンツ等の違法なコンテンツを含む複数の
ウェブサイトへのリンクを張るウェブサイト（リーチサイト）について，今後，
法的規制がなされる可能性があります。法改正がなされた場合，どういった要
件で法的規制がなされるかについて，注視が必要です。

〔大堀　健太郎〕

■判　例■

　☆1　大阪地判平25・6・20判時2218号112頁。
　☆2　知財高判平30・4・25判時2382号24頁。

第2款◇著作権制度（主としてデザインの観点より）
Q39◆保護期間

 保護期間

(1) 著作権や著作者人格権は，いつまで保護されるのでしょうか。
(2) 他人の著作物を利用する場合に，その保護期間が終わっていると思って利用したものの，実際にはまだ保護期間内であったという場合でも著作権侵害になるのでしょうか。
(3) 著作者や著作権者から利用許諾を受けたくても，誰が権利者なのか，よくわからないことがあるのですが，そういうときには，どうすればよいのでしょうか。

(1) 著作権の保護期間は原則として著作者の死後70年です（著51条2項）。その例外として，無名又は変名の著作物，法人その他団体名義の著作物及び映画の著作物の保護期間については，当該著作物の公表（又は創作）時から70年とされています（著52条1項・53条1項及び54条1項）。他方，著作者人格権については一身専属的なものであり（著59条），相続もされませんので，著作者の死亡によって消滅しますが，著作権法は，死後においても著作者の人格的利益につき一定の保護を与えています（著60条本文）。
(2) 保護期間が満了していると誤信していたとしても，他人の著作物を著作権を侵害する態様で無断利用すると，著作権侵害が成立します。もっとも，不法行為に基づく損害賠償請求については，侵害者の故意又は過失が要件であり（民709条），過失が否定される場合には，損害賠償責任を免れる可能性があります。ただし，裁判例で，著作権侵害の成立を認めながら過失を否定したものは少なく，保護期間につき誤信したことを理由に過失が否定されるのは，弁護士等の専門家に依頼して十分な調査を尽くした等という例外的な場合に限られると思われます。
(3) 公表され（又は相当期間にわたり公衆に提供・提示され）ている

第2章◇戦略的ツールとしての知的財産制度
第3節◇デザインや表示を保護する知的財産制度

> 著作物は，著作権者の不明等の理由により相当な努力を払っても
> その著作権者と連絡することができない場合には，文化庁長官の
> 裁定を受け，補償金を供託して利用することができます（著67条
> 1項）。

☑キーワード

著作権，保護期間，過失，権利者不明，裁定

解　説

1　著作権・著作者人格権の保護期間

(1)　著作権の保護期間

(a)　保護期間の原則

著作権の保護は，後記(b)の例外を除き，原則として創作の時に始まり（著51条1項），著作者（共同著作物については，最終に死亡した著作者）の死後70年を経過するまでの間，存続します（同条2項）。

保護期間の計算については，暦年主義が採用されており，保護期間は，著作者の死亡の日（後記(b)の例外の場合には，公表又は創作の日）が属する年の翌年1月1日から計算します（著57条，民143条）。これは，著作者の死亡や公表・創作の日を具体的に特定することが困難な場合が多いことから，計算を簡略化する趣旨です。

(b)　保護期間の例外

(ｱ)　無名又は変名の著作物　　上記(a)の原則に対する例外として，無名又は変名の著作物については，著作者が不明で，その死亡日を特定することが困難な場合が多いことから，著作権の保護期間は，当該著作物の公表後70年とされています（著52条1項本文）。

もっとも，①公表後70年が経過する前に著作者の死後70年が経過していると

第2款◇著作権制度（主としてデザインの観点より）
Q39◆保護期間

認められる場合（同項ただし書），②変名が誰のものであるか周知の場合（同条2項1号），③公表後70年が経過するまでの間に実名登録があった場合（同項2号），④無名・変名の著作物に，著作者が，実名又は周知の変名を表示して公表した場合（同項3号）には，上記のような趣旨が妥当しないため，原則に戻り，保護期間は，著作者の死後70年が経過するまでとなります。

(イ)　**法人その他団体名義の著作物**　また，法人その他の団体名義の著作物の保護期間も，公表後70年（創作後70年以内に公表されない場合は，創作後70年）とされています（著53条1項）。法人その他の団体名義の著作物については，法人等が著作者となる場合と自然人が著作者となる場合とが考えられますが，前者については著作者の死亡が観念できず，また，後者については，著作者が誰で，いつ死亡したかを特定することが困難な場合が多いことを考慮したものです。

そのため，いったん団体名義で公表された著作物であっても，公表後70年が経過するまでの間に，実際の著作者である個人が実名又は周知の変名を著作者名として表示してその著作物を公表したときは，上記の趣旨が妥当しないため，原則に戻り，著作者の死亡時から保護期間が計算されることになります（同条2項）。

なお，職務上作成するプログラムの著作物については，法人等の著作名義の下で公表するか否かにかかわらず，法人等が著作者とされていることから（著15条2項），著作物の著作名義がどのようなものであっても，当該団体が著作名義を有するものとして，著作権法53条1項が適用されるものとされています（著53条3項）。

(ウ)　**映画の著作物**　さらに，映画の著作物についても，著作者が誰かということが明確でない場合が多いこと等から，保護期間の終期は，公表後70年（創作後70年以内に公表されない場合は，創作後70年）とされています（著54条1項）☆1。

また，映画の著作物の保護期間が満了し，映画の著作権が消滅した場合には，原作，脚本等の当該映画の著作物の利用に関する著作権は，当該映画の利用に関する限り，映画の著作物の著作権とともに消滅したものとされます（同条2項）。このようにしないと，映画の著作物の著作権が消滅しても，原著作物

319

第2章◇戦略的ツールとしての知的財産制度
第3節◇デザインや表示を保護する知的財産制度

の著作権が存続している限り，当該映画の著作物を自由に利用できないためで
す。

　(エ)　**継続的刊行物等の公表時**　　上記(ア)ないし(ウ)の著作物については，公表
時が保護期間の起算点となります。この公表時について，新聞や雑誌のよう
に，冊・号・回を追って公表される継続的刊行物については，毎冊・毎号・毎
回の公表時が起算点となり，他方で，連載小説や連載漫画のように，一部ずつ
が逐次公表されて最終回に完成する著作物（逐次刊行著作物）については，最終
部分の公表時が起算点となります（著56条1項）。ただし，逐次刊行著作物につ
いて，直近の部分の公表から3年を経過しても続きが公表されないときは，直
近の公表部分が最終の公表部分とみなされることになります（同条2項）。

　これによれば，一話完結形式の連載漫画については，継続的刊行物として，
各漫画ごとに個別にその保護期間が進行することになりますが，例えば，第1
話から継続的に登場するキャラクターに係る著作権の保護期間はどのように考
えるべきでしょうか。判例は，後続の漫画のうち先行する漫画とは別個の著作
物として保護されるのは新たに付与された創作的部分のみであるとし，漫画の
キャラクターの著作権の保護期間について，「後続の漫画に登場する人物が，
先行する漫画に登場する人物と同一と認められる限り，当該登場人物について
は，最初に掲載された漫画の著作権の保護期間によるべき」としています☆2。

　(オ)　**外国を本国とする著作物**　　以上に対し，外国を本国とする著作物につ
いては，ベルヌ条約に基づき相互主義が採用されています。すなわちベルヌ条
約の加盟国，WIPO著作権条約の締約国，WTO加盟国である外国を本国とす
る著作物（これらの国で最初に発行された著作物又はこれらの国の国民の未公表の著作物）
について，その本国における著作権の保護期間が著作権法51条から54条までの
期間より短いときは，その本国の保護期間によるものとされています（著58
条）*1。

(2)　著作者人格権の保護期間

　他方で，著作者人格権は一身専属的なものであり（著59条），相続もされませ
んので，著作者の死亡によって消滅しますが，著作権法は，「著作物を公衆に
提供し，又は提示する者は，その著作物の著作者が存しなくなつた後において
も，著作者が存しているとしたならばその著作者人格権の侵害となるべき行為

第2款◇著作権制度（主としてデザインの観点より）
Q39◆保護期間

をしてはならない。」（著60条本文）として，死後においても著作者の人格的利益
につき一定の保護を与えています。

　この規定により，著作者が生存していれば著作者人格権の侵害となるような
行為や，著作者人格権の侵害とみなされる，名誉声望を害する方法での利用行
為が禁止されています。ただし，著作者が生存しているときと異なり，①禁止
されるのは，著作物を公衆に提供し，提示する場合のみであり，公衆の目に触
れないところで行われる行為については対象となりません。また，②「その行
為の性質及び程度，社会的事情の変動その他によりその行為が当該著作者の意
を害しないと認められる場合」には，禁止の対象にならないとされています
（同条ただし書）☆3。

　この死後の人格的利益の保護に違反する行為をする者に対しては，配偶者又
は二親等内の遺族が，差止請求（著116条1項前段・112条）又は名誉回復等措置請
求（著116条1項後段・115条）できるものとされています。また，著作者人格権自
体は消滅しているため，著作者の人格的利益が害されたことを理由に損害賠償
を請求することはできませんが，遺族自身の名誉感情が害されたと認められる
場合には，遺族固有の損害賠償請求ができるとされています☆4。

　著作権法60条による人格的利益の保護については期間制限がありませんが，
著作者が法人の場合には，解散すると請求権者がおらず，また自然人の場合に
は，上記のとおり，請求権者が配偶者又は二親等内の遺族に限られている結果
（著116条1項）*2，一定期間の経過により請求権者がいなくなり，その後は事実
上消滅するに等しいこととなります*3。

2　保護期間についての誤信

　著作権の保護期間が満了していると誤信していたとしても，著作権侵害の成
否は客観的に判断されますので，著作権制限規定の適用がないのに，他人の著
作物を著作権を侵害する態様で無断利用すると，著作権侵害が成立してしまい
ます。

　もっとも，不法行為に基づく損害賠償請求権の成立には，侵害者の故意又は
過失が要件であり（民709条），過失が否定される場合には，損害賠償責任を免

321

第2章◇戦略的ツールとしての知的財産制度
第3節◇デザインや表示を保護する知的財産制度

れる可能性があります*4。審査・登録を要せず当然に発生し，その有効性を
公示する登録制度が存在しない著作権法には，特許法103条のような過失の推
定規定はなく，侵害者に過失があったか否かは，一般不法行為の原則に従い，
権利侵害の予見可能性があるのに，必要な回避措置をとらなかった（結果回避
義務違反）といえるかどうかによって判断されることになります。

　しかしながら，一般に，他人の著作物を利用するに当たって，著作権を侵害
しないよう注意を払うべきことは当然と考えられるため，著作権侵害の成立が
認められるにもかかわらず，著作権の保護期間が満了していると誤信していた
という理由で，過失が否定される場合は少ないと考えられます。実際，設例の
ようなケースで，「（保護期間が満了したと信じる根拠となる）公的見解，有力な学
説，裁判例があったこともうかがわれない」として，侵害者が保護期間が満了
したと誤信していたことにつき過失を認めた最高裁の判例があります☆5。

　そのため，著作権侵害が認められながら，保護期間につき誤信したことを理
由に過失が否定されるのは，弁護士等の専門家に依頼して，公的な見解，有力
な学説，裁判例等につき十分な調査を尽くし，相当な根拠をもって誤信した等
という例外的な場合に限られると思われます。

3　著作者・著作権者不明の著作物の利用

　利用者が相応の努力を払っても，権利者又はその所在を知ることができない
権利者不明の著作物（孤児著作物）は少なくなく，近年の情報化社会の下で，こ
のような権利者不明著作物が増大し，その利用が世界的に大きな課題となって
います。わが国の著作権法では，この問題に対処するため，文化庁長官の裁定
を受けて利用を認める制度が設けられています（著67条）。

　すなわち，①公表された著作物（又は相当期間にわたり公衆に提供・提示されてい
ることが明らかな著作物）について，②著作権者の不明その他の理由により，相
当な努力を払っても著作権者と連絡をすることができない場合，であることを
要件に，文化庁長官の裁定を受けて，文化庁長官が通常の使用料に相当する額
として定めた額の補償金を供託することで，適法に利用できるものとされてい
ます（著67条1項）。

322

第2款◇著作権制度（主としてデザインの観点より）
Q39◆保護期間

②の「相当な努力を払ってもその著作権者と連絡することができない場合」については，著作権法施行令に定められており，権利者情報を掲載した資料の閲覧，権利者情報を保有していると認められる者への照会，日刊新聞紙等への掲載が必要とされています（著施令7条の5第1項）。この「相当な努力」に係る閲覧や照会の具体的な方法についても，年々簡易化が図られており*5，また，平成21年著作権法改正で裁定申請中に暫定的に利用を認める制度も創設される等し（著67条の2），裁定制度の利用件数も増加しています*6が，権利者不明著作物の活用を促進するため，より一層の簡易化，安価化が望まれます。

〔大住　　洋〕

==■判　例■==

☆1　映画の著作物について，一律に公表時から保護期間を起算する現行著作権法と異なり，旧著作権法（明治32年法律第39号）では，他の著作物と同様に，映画の著作物の保護期間に関しても，著作者の死亡時を基準とする規定と団体名義での公表時を基準とする規定がいずれも存在しました。そのため，自然人が創作した映画の著作物に，団体の著作名義が表示されているような場合には，いずれの保護期間が適用されるのかが問題になりました。この点について，最判平21・10・8判時2064号120頁〔チャップリン事件〕は，団体の著作名義の表示があったとしても，「自然人が著作者である旨が実名をもって表示され，当該著作物が公表された場合には，それにより当該著作者の死亡の時点を把握することができる以上，仮に団体の著作名義の表示があったとしても，（団体名義での公表時を基準とする）旧法6条ではなく（著作者の死亡時を基準とする）旧法3条が適用され（る）」と判示しました。その結果，例えば1952年に公開された映画について，少なくとも2022年12月31日まで著作権が存続するものとされています。
☆2　最判平9・7・17民集51巻6号2714頁〔ポパイネクタイ事件〕。
☆3　著作権法60条ただし書の適用例として，工事が公共目的であることや，著作物の原状を可能な限り復元するものであることを理由に，著作者の意を害しないと判断した東京地判平15・6・11判時1840号106頁〔ノグチルーム事件〕等があります。
☆4　東京地判昭61・4・28判時1189号108頁〔豊後の石風呂事件〕等。
☆5　最判平24・1・17判時2144号115頁〔暁の脱走事件〕。

==■注　記■==

＊1　その他，第2次世界大戦中の連合国との関係では，連合国民の著作権が戦時中に

第2章◇戦略的ツールとしての知的財産制度
第3節◇デザインや表示を保護する知的財産制度

　　　　保護されていなかったものとして，サンフランシスコ平和条約に基づき，戦時加算
　　　　（開戦からサンフランシスコ平和条約発効の前日までの期間を保護期間に加算する）
　　　　がされることになっています（連合国及び連合国民の著作権の特例に関する法律4
　　　　条）。
＊2　　なお，遺言により遺族以外の者を請求権者として指定することもできますが，そ
　　　　の場合にも，著作者の死後70年が経過し，配偶者又は二親等内の遺族も死亡する
　　　　と，以後は請求できなくなります（著116条3項）。
＊3　　著作権法60条違反行為については刑事罰も規定されており（著120条），非親告罪
　　　　であるため（著123条），理論上，刑事罰を受ける可能性は残ることとなりますが，
　　　　著作者が死亡して相当期間が経過し，請求権者がいなくなった後に処罰されるとい
　　　　うことは現実には考えにくいと思われます。
＊4　　ただし，過失が否定されても，利用料相当額につき不当利得返還請求（民703条）
　　　　を受ける可能性はあり，一切の金銭請求を免れるということではありません。
＊5　　具体的な内容については，文化庁長官官房著作権課「裁定の手引－権利者が不明
　　　　な著作物等の利用について」（平成31年1月）〈http://www.bunka.go.jp/seisaku/
　　　　chosakuken/seidokaisetsu/chosakukensha_fumei/pdf/saiteinotebiki.pdf〉を参照。
＊6　　文化庁ホームページの裁定実績データベースによると，平成20年頃までは年に数
　　　　件あるかないか程度でしたが，平成24年以降は毎年30件以上（多い年は70件以上）
　　　　の裁定がなされており，平成31年3月31日現在で，累計441件の裁定がなされてい
　　　　ます。

《 第3款　商標登録制度 》

　商標登録制度の概説

(1) 商標法はどのような目的の法律で，基本的な保護の枠組みはどうなっているのですか。
(2) 新たに開発した植物の新品種を品種登録するに当たって，ユニークな品種名称を考えたのですが，その名称を商標登録しておくほうがよいのでしょうか。そもそも商標登録が可能なのでしょうか。

(1) 商標とは辞書によれば，「自己の生産・販売・取り扱い等であることを表すために，商品につける，その営業者独特の標識，トレードマーク」などといわれて企業活動の上で重要な役割を果たしているものですが，商標法はこれを保護し，規律化する法律であります。詳しくは後記の解説によることとします。
(2) 念のために申し上げておきますが，この設問は種苗法に基づく新品種の名称は，一般的に商標登録の対象になり得ないのではないかという疑問の提起を意味するものではありません。政令で定める指定商品及び指定役務の国際分類表によれば，第31類の「生及び半加工の穀物及び種子」，「球根，苗及び種まき用の種子」，「麦芽」等の記載があり，実際にばらの品種名とか種の品種名を指定商品とした商標が登録されていますから，新品種の名称が商標登録の対象になり得ることは明らかです。
　つまり設問は，品種の名称はたとえ登録されたとしても，設問(1)で述べたような商標登録商標に与えられる独占排他的権利を維持できるだろうかという疑問の提起と捉えるべきだと思います。
　上記のように商標法によれば，明らかに種苗法上の品種名の登

第2章◇戦略的ツールとしての知的財産制度
第3節◇デザインや表示を保護する知的財産制度

録は可能なのですが，それが種苗法に基づく登録であるがために，独占排他的効力を与えられないとすると，せっかくの新品種の登録も意味がないことになります。しかし，なぜそのような問題を考えなければならないのか，理由は後記の解説で述べることにして，ご質問に対する回答をまず申し上げます。

あなたの品種登録に関するビジネスが，品種の再生，貸与，譲渡，販売等にとどまるならば，商標登録の必要はなく，品種から生み出される加工品，例えば新品種のリンゴ，バラ，米等のビジネスに関与されようとするならば，種苗法出願に当たって新品種名を当該ユニークな商標ではなく，ごく普通の名称にしておいて，ユニークな商標は加工品を指定商品，あるいは加工品に関する役務を指定役務とする商標出願をしたらどうでしょうか。

☑キーワード

商標権，標章，専用権と禁止権，類似と混同，育成者権

解　説

1　商標法の目的と基本的な保護の枠組み

(1)　商標法の目的とその位置付け

(a)　商標法1条と特許法等3つの法律の各1条の共通点

商標法1条は，その目的について「商標の使用をする者の業務上の信用の維持を図り，もって産業の発達に寄与し，あわせて需要者の利益を保護することを目的とする」と述べています。

産業の発達に寄与するとは，商標が単なる個人的財産ではなく，国や社会の公的財産として役に立つのだから，これを保護しなければならないということを示しているのだと思います。

この点は，例えば知的財産法の代表的法律というべき特許法，実用新案法及び意匠法の各1条もその文言を同一にし，「もつて産業の発達に寄与すること

第3款◇商標登録制度
Q40◆商標登録制度の概説

を目的とする。」といって、その文章を結んでいます。

また、商標法1条は冒頭の「この法律は商標を保護することにより」に始まりますが、特許法1条は「発明の保護」、実用新案法1条は「考案の保護」、意匠法1条は「意匠の保護」を図るという文言を用いている点で共通しています。

(b) 商標法1条と特許法等3つの法律の1条の相違点

ただし、そこに至る前提の文章を見ると、特許法は「この法律は、発明の保護及び利用を図ることにより、発明を奨励し」、実用新案法は「この法律は、物品の形状、構造又は組合せに係る考案の保護及び利用を図ることにより、その考案を奨励し」、意匠法は「この法律は、意匠の保護及び利用を図ることにより、意匠の創作を奨励し」と記載されています。これら3つの法律においては発明等それぞれの対象を「奨励し」といっていますが、商標法は「商標の使用をする者の業務上の信用の維持を図り」といっています。

私はこれら3法と商標法との文言の差違に、商標法の特徴を見ることができると思います。

(2) 基本的な保護の枠組み

(a) 商標法が採用する諸原則

(㋐) 排他的独占権の付与　　商標法25条は本文で「商標権者は、指定商品又は指定役務について登録商標の使用をする権利を専有する。」と規定し、また36条1項は「商標権者又は専用使用権者は、自己の商標権又は専用使用権を侵害する者又は侵害するおそれがある者に対し、その侵害の停止又は予防を請求することができる。」と規定しています。

(㋑) 登録主義先願出願　　商標法18条1項は、「商標権は、設定の登録により発生する。」と規定しています。この規定により、日本法は登録主義を採用しているといえます。

ただし、世界の商標法制度を二分する大きな制度があります。それは登録主義と使用主義です。使用主義制度の代表国のアメリカでは、実際に商標を使用した者に排他的独占権を与えるという制度です。

登録主義の最も大きな特徴といえば、商標出願及び審査を経た登録の時点で、必ずしも当該商標の使用の事実を必要としないということです。

327

第2章◇戦略的ツールとしての知的財産制度
第3節◇デザインや表示を保護する知的財産制度

　すなわち，日本商標法の出願手続に関する規定の中に，使用の事実を要件と
する文章はありません。また，先に出願手続をした者が，後に出願する者に優
先するという先願主義という規定があります（商標8条1項）。ただし商標とい
うものは，前述したようにそれが商品や役務に関して使用されてこそ，その効
用を発揮するものでありますから，出願人において，使用の意思が存在するこ
とが前提です。その意味で明らかに商品や役務に使用する意思がないのに，単
に登録を得て，これで他人の営業を妨害しようとか高く売りつけようとするよ
うな出願は登録を許されません。この点で，商標法3条1項の本文で次のよう
に規定をしています。「自己の業務に係る商品又は役務について使用をする商
標については，次に掲げる商標を除き，商標登録を受けることができる。」。こ
の規定について，逐条解説〔第20版〕1402〜1403頁は，「指定商品又は指定役務
に係る自己の業務が現在又は将来において存在しないのに自己の業務に係る商
品又は役務についてその商標の使用をすることは論理的にありえない。……指
定商品又は指定役務に係る自己の業務を開始する具体的な予定がなければなら
ないと考えられる。」と述べ，また「『使用をする』とは現在使用をしているも
の及び使用をする意思があり，かつ，近い将来において信用の蓄積があるだろ
うと推定されるものの両方を含む。」と述べています。ただ，このような将来
の使用に係る意思の存否を判断することはなかなか難しいことであり，特許庁
では『商標審査基準』及び『商標審判便覧』で審査・審判に当たっての判断基
準を公開しています。

　また，登録後3年の間に使用の事実がなければ，その商標に対し取消しの審
判を請求できるという規定もあります（商標50条）。

　㋒　権利主義，審査主義　　商標を商品又は役務に使用しようとする者は，
誰でも出願することができ，国家機関はそれが適法であれば，商標権を与えな
ければならないという制度です。

　世界の多くの国がこの原則を採用していますが，日本でも憲法29条1項で
「財産権は，これを侵してはならない」，2項で「財産権の内容は，公共の福祉
に適合するやうに，法律でこれを定める。」と規定しており，これを受けて商
標法16条は「審査官は，政令で定める期間内に商標登録出願について拒絶理由
を発見しないときは，商標登録をすべき旨の査定をしなければならない。」と

第3款◇商標登録制度
Q40◆商標登録制度の概説

しています。

　また商標法は，商標登録の要件について種々規定しますが，その要件の成否について，審査の手続を第3章「審査」，第4章の2「登録異議の申立て」，第5章「審判」，第6章「再審及び訴訟」において詳細に規定しています。

　㈤　国際性　　商品や役務の流通はますます国際化しつつある時代において，商標制度もまた国際化していくことは，自然の成り行きというべきでありましょう。

　先に世界には登録主義と使用主義と2つの大きな制度の相違があると述べましたが，現在ではお互いの制度をうまく採り入れて，完全な登録主義とか，使用主義というものは存在しません。

　また，それぞれの制度の違いの調整を図るための，いくつかの国際協定が締結されています。

　例えば，指定商品及び指定役務は，出願に当たって「政令で定める商品及び役務の区分に従ってしなければならない。」(商標6条)のですが，その内容はわが国が加盟しているニース協定で定められた国際分類に従って平成4年4月1日以来施行されています。

　さらに第7章の2は，68条の2から68条の39まで「マドリッド協定の議定書に基づく特例」と題して，国際登録に関する規定としています。

　本章は，わが国がマドリッド協定に加入するために従来の法律を改訂し，平成12年3月14日より施行しているものですが，国際登録を希望する者が締約国(本国といいます)の出願又は登録を基礎として，当該本国の官庁を通じて，保護の拡張を求める締約国を指定(指定国といいます)する手続をWIPO(世界知的所有権機関)の国際事務局に行います。国際事務局は，国際登録簿に当該国際登録出願を登録し，その日が国際登録の日となります。そして，国際事務局は指定国の担当官庁にこの旨を通知します。商標法68条の9は，わが国が指定国中に含まれている場合は，この指定が国際事務局の登録簿に記載された日にわが国の商標法5条による商標登録出願があったものとされ，わが国の商標法による審査がされることを規定しています。そして，わが国の特許庁が当該日から18ヵ月以内に拒絶理由を国際事務局に通知しなければ，国際登録の日を発効日として当該指定国と同一の保護を受けることができます。

329

第2章◇戦略的ツールとしての知的財産制度
第3節◇デザインや表示を保護する知的財産制度

(b) 登録要件に関する諸規定

(ア) **一般的登録要件と具体的登録要件**　　商標法の諸規定の多くは，商標権の取得を願う者に対する手続上及び実体上の要件をクリアすることを要求し，また審査をする官庁側にもいろいろな義務を課しています。

そこで，商標法は3条及び4条において，登録に価するための実体的要件を規定しています。3条は商標が自他の商品や役務を識別するという機能を発揮できないような態様で構成されている場合を登録できないとし，4条は他者の標章や商標と抵触する場合を登録阻害理由として19例を示しています。3条を一般的登録要件，4条を具体的登録要件と名付けて区別をしています。

(イ) **商標法3条の登録要件**　　次に掲げる商標を除き，登録を受けることができると規定しています。

(i) **普通名称と慣用商標**（商標3条1項1号及び2号）　　例えば，指定商品饅頭に商標としてまんじゅう又は饅頭を出願しても，その饅頭が他の生産者・販売者による饅頭と識別することはできないから，そのような商標が登録できないのは当然です。

また慣用商標とは，ある程度の商品や役務について，同業者間に慣用的に自由に使用されている標章をいいます。

例えば，指定商品「清酒」について「正宗」，指定商品「弁当」に「幕の内」，指定役務「宿泊設備の提供」について「観光ホテル」などです。

これも普通名称と同様に，商標がもっているべき識別機能が働かないのですから，登録に価しないのは当然というべきです。

(ii) **商品又は役務の産地や品質等の内容を説明するのにすぎないような標章を普通に用いられる方法で表示する商標**（商標3条1項3号）　　いわゆる記述的商標といわれていますが，これらは通常商品又は役務を流通過程又は取引過程に置く場合に使われる表示として，何人も使用する必要があり，何人も使用を欲するものですから，一私人に独占させるのは妥当ではありません。また，自他商品又は自他役務の識別力を認めることはできないという理由にもよるわけです。しかしながら，現実の判断は微妙なところがあって，例えばいわゆる暗示的商標などは商品の品質を暗示することにより，取引者，需要者にアピールをしたり記憶しやすくするというメリットもあるのですが（成功例として

330

第3款◇商標登録制度
Q40◆商標登録制度の概説

「調味料」につき「味の素」,「歯痛薬」につき「ケロリン」等),それが品質表示として拒絶される危険性もあるわけです。指定商品「滑り止め付き建築又は建築専門用材料」につきスベラーヌは,これに接する取引者,需要者は一般に「滑らぬ」の概念を想起させられると同時に,右商品が「滑らない」品質,効能を有することを連想させるもの」と判旨されて登録が否定されました☆1。

(iii) ありふれた氏又は名称を普通に用いられる方法で表示する標章のみからなる標章（商標3条1項4号）　例えば,中村です。指定商品・役務とかかわりなくそれ自体により登録が認められません。

(iv) 極めて簡単で,かつ,ありふれた標章のみからなる商標（商標3条1項5号）　指定商品・役務とかかわりなく適用されます。

特許庁の示す商標審査基準（第1の七）は,本号に該当する場合を,数字,ローマ字,仮名文字,ローマ字又は数字から生ずる音を併記したもの,ローマ字と数字を組み合わせたもの,図形,立体的形状及び簡単な輪郭内に記したもの等に分けて,具体例を示しています。例えば数字については,原則として,本号に該当するとしています。

(v) 前各号に掲げるもののほか,需要者が何人かの業務に係る商品又は役務であることを認識することができない商標（商標3条1項6号）　本号の「需要者が何人かの業務に係る商品又は役務であることを認識できる」のが,商標の識別性とか識別力ということの意味です。

この識別性という言葉は,事業者が商標を自己の商品又は役務に付する等として使用し,他人の商品又は役務と区別するという,商標の本質を目的機能に基づき示す大切なキーワードというべきですが,3条はその他に,地名等の表示については,個人の独占的使用を許さないという考え方,すなわち独占適用性という判断基準があります。識別性と並んで侵害の場合等にも登場する大切な言葉です。

(vi) 使用による識別性の取得（商標3条2項）　3条2項は,1項の「第3号から第5号までの商標であつても,使用をされた結果需要者が何人かの業務に係る商品又は役務であることを認識することができるものについては,同項の規定にかかわらず,商標登録を受けることができる。」とあります。

これは3号から5号の商標は使用の結果識別性を取得すれば商標登録をする

331

第2章◇戦略的ツールとしての知的財産制度
第3節◇デザインや表示を保護する知的財産制度

ことがあるが，普通名称，慣用商標にそれはあり得ず，6号は登録性の判断の時期において「識別性がないのは駄目だ」といっているのです。

　(ウ)　地域団体商標

　　(i)　地域ブランドの保護規定　　日本では古くから地名と商品名が結合された表示からなる農水産物のブランド（例えば「関さば」とか「越前がに」のように）があります。しかしながら，これらのブランドを商標登録の可能性の面から見ると，3条の一般的登録要件を満たしていないとして拒絶されるおそれが多いと思われます。

　一方で，このような地域ブランドは，これにかかる事業者の信用の維持を図り，地域ブランドの保護によるわが国の産業競争力の強化及び地域経済の活性化をもたらすわけですから，これを保護育成すべきだという考え方も大切だと思われます。このような観点から，平成17年の通常国会で商標法の一部の改正案7条の2が成立し，平成18年4月1日から受付が開始されました。

　　(ii)　地域団体商標制度の特徴　　すでに述べた商標法3条の規定によれば，地名＋普通名称，あるいは地名＋慣用商標は，登録を認められない典型的形態です。にもかかわらず，それが登録を許されることになる商標法7条の2とはどんな規定なのでしょうか。条文が長いので，要点を選んで検討をします。

　　①　主体要件　　事業協同組合その他の特別の法律により設立された組合等又は外国人の法人（広く「団体」といいます）が，出願人すなわち登録人（商標権者）となります。

　また団体の規則として，構成員の加入と脱退の自由が確保されていること，構成員の業務にかかる商品又は役務に関して使用する権利を有することがあります。

　　②　地域との密着関連性　　商標法7条の2第2項は，「地域の名称」とは，「自己若しくはその構成員が商標登録出願前から当該出願に係る商標の使用をしている商品の産地若しくは役務の提供の場所その他これらに準ずる程度に当該商品若しくは当該役務と密接な関連性を有すると認められる地域の名称又はその略称をいう。」と規定します。

　したがって，例えば地域団体商標「前橋牛」の出願に当たって，指定商品を

第3款◇商標登録制度
Q40◆商標登録制度の概説

群馬県産の牛肉とすることは，出願人又は構成員の生産の場所と密接な関連性を有すると認められないので，「群馬県前橋市産の牛肉」というように地域を限定する必要があります（農水知財基本テキスト184頁参照）。

　③　周知性の獲得　　商標法7条の2第1項本文で「その商標が使用をされた結果自己又はその構成員の業務に係る商品又は役務を表示するものとして需要者の間に広く認識されているときは，第3条の規定……にかかわらず，地域団体商標の商標登録を受けることができる。」と規定しています。

　この点につき，知的財産高等裁判所の判断を示した喜多方ラーメン事件があります☆2。

　福島県喜多方市のラーメン店が加入する協同組合が，特許庁に対し地域団体商標として「喜多方ラーメン」の登録出願をしました。特許庁は周知性の要件を満たしていないとして登録を拒絶しました。出願人はこの審決を不服として，裁判所に審決取消訴訟を提起しました。結果は喜多方市内でラーメンを提供する店のうち，出願人の構成員は半数に満たず，喜多方市外でも出願人の構成員でない者が長期間にわたって「喜多方ラーメン」の表示が使われていたという事実は，裁判所でも「福島県及びその隣接県に及ぶ程度の需要者において広く認識されているとまでいうことはできない。」と判断されました。

　④　権利の移転等　　以上の地域団体商標は，登録されれば後に述べる独占排他的効力をもちますが，その特殊性を考えると合併等包括承継の場合を除いて，権利そのものを譲渡することはできず，また専用使用権の設定も認められません。

　㈡　4条の登録要件

　（ⅰ）　個別的登録要件──私益的事由と公益的理由　　上述した3条の登録要件のほかに商標法は，さらに「商標登録を受けることができない商標」として4条を規定しています。

　この規定は，個別的に出願商標の登録を阻却するような，他者の商標とか，公的標章が存在するような場合の規定で，19の場合が列記されています。その阻却事由には公益的事由と私益的な事由があり，4条1項8号と10号から15号までと17号は私益的な事由に基づく不登録事由といわれていますが，この場合は不登録事由に基づく無効審判の主張は当該商標の登録設定の日から5年を経

333

第2章◇戦略的ツールとしての知的財産制度
第3節◇デザインや表示を保護する知的財産制度

過した後にはできなくなります (商標47条。除斥期間)。また，11号は登録主義，先願主義の帰結ともいうべき規定で，先に出願あるいは登録された商標と商標そのものは類似する商標であって，指定商品並びに指定役務において同一若しくは類似のものがある場合は，登録を許されません。この点に関し，ことに類否の判断につき多くの議論があります。

　公益的事由による場合とは，1号に規定されるような「国旗，菊花紋章，勲章，褒章又は外国の国旗と同一又は類似」の商標とか，7号の「公の秩序又は善良の風俗を害するおそれがある商標」とか，16号の「商品の品質又は役務の質の誤認を生ずるおそれがある商標」等がありますが，私益的理由とは，8号の「他人の肖像又は他人の氏名若しくは名称若しくは著名な雅号，芸名若しくは筆名若しくはこれらの著名な略称を含む商標 (その他人の承諾を得ているものを除く)」とか，11号に規定する場合は，その典型例といえます。

　商標実務，すなわち登録を得るための出願手続あるいは登録商標の権利行使の手続の上で，質的にも量的にも重要な条文としてとり上げられるのが，この11号における類似の判断をめぐる争いです。その判断基準について多くの適用される判断基準として，公正客観性，普遍性を重んじる考え方と，個々のケースの実態を尊重する考え方が分かれるところです。

　特に，登録事件が争点となる審査，審判，審決取消訴訟における類否の判断基準と，侵害の成否が争点となる事件の類否の判断は，制度上の差違からしても，考慮に入れるべき実情，いわゆる取引の実情が異なってくるのではないかという説がある一方，最近の裁判例では両者は同様の判断基準が採用されているように思われます。

　(ⅱ)　周知未登録商標による登録阻却　　また，10号では「他人の業務に係る商品若しくは役務を表示するものとして需要者の間に広く認識されている商標又はこれに類似する商標であつて，その商品若しくは役務又はこれらに類似する商品若しくは役務について使用をするもの」，15号では「他人の業務に係る商品又は役務と混同を生ずるおそれがある商標」が登録の有無にかかわらず，登録阻却理由として規定されています。

　(ｵ)　**登録商標の独占排他的効力**

　(ⅰ)　侵害排除　　すでに述べたように，25条の専有権は，「商標権者は，

第3款◇商標登録制度
Q40◆商標登録制度の概説

指定商品又は指定役務について登録商標の使用をする権利を専有する。」と規定し，この専有するという意味は，専有権という独占的支配領域に無断で侵入した者に対してそれを排除する権限であり，差止請求権となります。したがって，侵害者の故意過失を問わない，原状回復のための権利です。

　そこで法は，第4章第2節において権利侵害の節を設け，まず36条で商標権又は専用使用権者の差止請求権として，侵害に対し侵害の停止，予防及び侵害組成物の廃棄等の請求権を与え，次に37条1項1号において商標権者の商標及び指定商品・役務の類似範囲に属する商標の使用を権利の侵害とみなし（禁止権といわれています），なお同条2号から8号までは，例えば2号で「指定商品又は指定商品若しくは指定役務に類似する商品であつて，その商品又は商品の包装に登録商標又はこれに類似する商標を付したものを譲渡，引渡し又は輸出のために所持する行為」といっているような本来的な侵害行為の予備的な行為である「所持」の段階を捉え，それが譲渡・引渡しの目的でなされれば侵害とみなすことにしています（これらを間接侵害といいます）。侵害に対しては差止請求権のほかに損害賠償の算定に関する規定（商標38条），また業務上の信用を害された場合に業務上の信用を回復するために謝罪公告等必要措置を命ずる規定（商標39条による特106条の準用），さらには罰則として侵害の罪として，10年以下の懲役若しくは10万円の罰金又は併科（商標78条）と規定され，法人が関与した場合，行為者とともに法人が罰金を科せられる場合があります（商標82条）。

　　(ii)　商標権の効力が及ばない範囲

　　①　商標法26条による制限　　本条1項の柱書は，「商標権の効力は，次に掲げる商標（他の商標の一部となつているものも含む。）には，及ばない。」と規定しています。

　ここで「次に掲げる商標」に「及ばない」「商標権の効力」とは，当然前記登録商標の独占排他的効力を示すと考えるべきですから，この規定の意義は，そのような独占排他的効力の行使を受けた第三者は，対抗手段としてわざわざ商標法3条や4条に基づいて，登録無効の無効審判などを申請しなくても，直接に本条による反論ができるという点にあります。特に前述したように，無効理由が除斥期間を経過した後は，無効審判の手続はできなくなっているわけですから，本条項は大きな救済手段というべきです。

335

第2章◇戦略的ツールとしての知的財産制度
第3節◇デザインや表示を保護する知的財産制度

　本条によれば，次に掲げる商標とは，本条1項1号に規定する商標は4条1項8号に規定する商標に該当し，本条1項2号ないし4号に規定する商標は3条1項1号ないし4号に規定する商標に該当し，さらに本条1項5号に規定する商標は4条1項18号に規定する商標に該当するので，いずれも登録商標を受けられないはずであるのに特許庁の過誤による場合が該当するといわれています。

　②　商標的使用と独占適用性の法理　　上記①による商標権の効力による制限は，条文の規定による明確なものですが，その他に商標の特質に基づいた登録商標権の独占排他権の行使が認められない2つの法理があります。

　それが，商標的使用と独占適用性です。

　ⓐ　商標的使用　　形式的には商標の使用に該当しても，実質的には商標の使用に該当しない場合，例えば「POPEYE」及び「ポパイ」の文字と漫画を子供用のアンダーシャツの胸部のほとんど全面にわたって大きく画いている場合，そのような表示は，商品を識別する機能を果たしていないから，商標の使用ではないとして，侵害を否定した判決があります☆3。

　ⓑ　独占適用性　　たとえ識別性のある商標であっても，ある特定の者に独占させるべきではない標章があります。例えば「昭和」という元号とか，産地表示といえないような府県名等については，商標法3条1項3号に照らして識別力があると認められるようなものでも，多数人が使用する可能性が強く特定人に独占させるべきではない標章があります。このような標章の一般的使用の自由を保持するのが，独占適用性の法理です。

　第4類「せっけん類，歯みがき，化粧品，香料類」を指定商品として「ワイキキ」を商標出願の件につき「産地・地名等は取引に際し必要な表示であるから特定人による独占使用は公益上適当ではなく，一般に使用されるものであるから自他商品識別力を欠く」として，登録を否定した判決があります☆4。

2　新品種の名称の商標登録

(1)　種苗法における品種名に関する規定

　種苗法20条1項の本文は，「育成者権者は，品種登録を受けている品種（以

第 3 款◇商標登録制度
Q40◆商標登録制度の概説

下「登録品種」という。）及び当該登録品種と特性により明確に区別されない品種
を業として利用する権利を専有する。」と規定しています。

　ここで専有権の内容というのは，品種登録を受けている品種及びこれと特性
により明確に区別されない品種を業として利用することであって，品種の名称
については言及していません。

　すなわち，商標のように登録されれば専用権や禁止権が与えられるものでは
ありません。他方，品種の名称については，5条の品種登録出願の必要的記載
事項であり，4条1項において，次のような制限が設けられ，これに該当する
出願は認められないことになっています。すなわち，①1つの出願品種につき
1つでないとき，②出願品種の種苗に係る登録商標又は当該種苗と類似の商品
に係る登録商標と同一又は類似のものであるとき，③出願品種の種苗又は当該
種苗と類似の商品に関する役務に係る登録商標と同一又は類似のものであると
き，④出願品種に関し誤認を生じ，又はその識別に関し混同を生ずるおそれが
あるとき（②，③を除きます），等です。また，種苗法22条によれば登録を受け
た品種の種苗を業として販売する場合は，当該品種の名称以外の名称を使用し
てはならないし（1項），また登録品種が属する種類又はこれと類似の種類とし
て，農林水産省令で定めるものに属する当該登録品種以外の品種の種苗を業と
して販売する場合には，当該登録品種の名称を使用をしてはならないと規定し
ています（2項）。この22条の規定は，前記4条1項1号の一品種一名称の規定
と相俟って，種苗法は育成者権者に登録品種名称を独占させることにあるので
はなく，普通名称化を促進させることにあるとする見解があります。

　いずれにしても，種苗法で登録を受ける新品種なるものは，従来存在しない
新しいものでなければなりません。その新しいものを呼ぶ称呼が1つであると
すると，それは商標についてすでに述べた識別機能をもたず，新品種だけを特
定する称呼にすぎなくなるわけですから普通名称になります。もともと商標が
登録の要件として使う指定商品又は指定役務は普通名称です。

　したがって，もし従来存在しない新しい物質を商品として売り出すために商
標をつけたい場合は，その新物質の普通名称を作り，それとは別に商標の機能
を備えた標章を考えるのが必要な原則です。

337

第 2 章◇戦略的ツールとしての知的財産制度
第 3 節◇デザインや表示を保護する知的財産制度

(2) ユニークな名称を品種名に使うことのデメリット

　もともと種苗法登録の出願の記載事項として，必要な品種の名称は，本体である新品種の特定のためであって，商標法で保護される商標のような識別性をもつものではありません。

　また，上記(1)で述べたように，種苗法の諸規定は，品種名が普通名称化しようとするようにできているとすれば，せっかく商標出願すれば登録を得る可能性のある標章を，品種登録のために使うことによって無価値なものにしてしまうことは注意しなければならないと思います。

〔小林　十四雄〕

■判　例■

　☆1　東京高判昭59・1・30（昭56（行ケ）138号）判工2621の61頁〔スベラーヌ事件〕。
　☆2　知財高判平22・11・15（平21（行ケ）10433号）判時2111号109頁〔喜多方ラーメン事件〕。
　☆3　大阪地判昭51・2・24（昭49（ワ）393号）無体集 8 巻 1 号102頁〔ポパイ事件〕。
　☆4　最判昭54・4・10（昭53（行ツ）129号）判時927号233頁〔ワイキキ事件〕。

41　商標の類否

　わが社の登録商標と，ライバル会社が使用している文字と図形の組み合わせからなる商標とが似ているかどうかというのは，どのような観点から判断されるのでしょうか。

(1)　商標の類否判断は，対比される両商標が同一又は類似の商品に使用された場合に，商品の出所につき誤認混同を生ずるおそれがあるか否かによって決すべきとされています。具体的には，「外観，観念，称呼等によって取引者に与える印象，記憶，連想等を総合して全体的に考察すべく，しかもその商品の取引の実情を明らかにしうるかぎり，その具体的な取引状況に基づいて判断するのを相当とする。」とされています。また，商標の外観，観念又は称呼の類似が認められる場合でも，商品の出所に誤認混同を来すおそれがない場合には，これを類似商標と解すべきではないとされています。

(2)　文字と図形の結合商標については，取引の実情を前提に，結合商標のいずれの部分が，取引者，需要者に対して商品の出所の識別標識として強く支配的な印象を与えるかを考慮して判断することとなります。

☑キーワード

　商標の類似，外観，称呼，観念，立体商標

第 2 章◇戦略的ツールとしての知的財産制度
第 3 節◇デザインや表示を保護する知的財産制度

解　説

1　商標の種類

　「商標」には，文字や図形などで平面的に構成されている商標（平面商標），立体的形状などで構成されている商標（立体商標），音などで構成されている商標（いわゆる「新しいタイプ商標」）などがあり，それぞれの商標の場合で類否判断は異なります。

　本問では「ライバル会社が使用している文字と図形の組み合わせからなる商標」が問題になっていますので，平面商標と立体商標の場合について説明します。なお，新しいタイプの商標については，**Q44**「新しいタイプの商標」を参照してください。

2　商標の類否が問題となる場面

　商標の類否は，商標権を取得する場面（商標 4 条 1 項10号など）と，商標権侵害を判断する場面（商標37条 1 項 1 号など）とで問題となります。本問では，登録商標とライバル会社が使用している文字と図形の組み合わせからなる商標とが似ているという事例ですから，商標権侵害を判断する場面の問題ですが，商標権を取得する場面でも，商標権侵害を判断する場面でも，商標の類否判断の手法や判断基準に大きな違いはありません。いずれも商品の出所についての誤認混同を回避するという同一の趣旨を根拠としているからです。

3　商標の類否判断

　商標の類否判断について，最判昭43・ 2 ・27〔氷山印事件〕[1]は，「商標の類否は，対比される両商標が同一または類似の商品に使用された場合に，商品の出所につき誤認混同を生ずるおそれがあるか否かによって決すべきであるが，

340

第3款◇商標登録制度
Q41◆商標の類否

それには，そのような商品に使用された商標がその外観，観念，称呼等によって取引者に与える印象，記憶，連想等を総合して全体的に考察すべく，しかもその商品の取引の実情を明らかにしうるかぎり，その具体的な取引状況に基づいて判断するのを相当とする。」としています。また，「商標の外観，観念または称呼の類似は，その商標を使用した商品につき出所の誤認混同のおそれを推測させる一応の基準にすぎず，従って，右三点のうちその一において類似するものでも，他の二点において著しく相違することその他取引の実情等によって，なんら商品の出所に誤認混同をきたすおそれの認めがたいものについては，これを類似商標と解すべきではない。」とも判示しています。

　この最高裁判決は，商標権の取得に関する判例ですが，侵害事件でも繰り返し引用されており[☆2]，判断基準としては確立したものとなっています。

　特許庁は，前記の最高裁判決やその後の裁判例を集積し，『商標審査基準』（以下単に「審査基準」といいます）を公表しています。審査基準は，法的な規範ではありませんが，豊富な具体例が掲載されており有益な指標であるとともに，現在の裁判実務とも整合するものです。それによると，商標の類否判断は，下記のとおり判断されるものとされています[*1]。

(1) 外観，観念，称呼等による総合判断

(a) 「外観」とは，商標に接する需要者が，視覚を通じて認識する外形をいいます。外観の類否は，商標に接する需要者に強く印象付けられる両外観を比較するとともに，需要者が，視覚を通じて認識する外観の全体的印象が，互いに紛らわしいか否かを考察するとされています。

(b) 「観念」とは，商標に接する需要者が，取引上自然に想起する意味又は意味合いをいいます。観念の類否は，商標構成中の文字や図形等から，需要者が想起する意味又は意味合いが，互いにおおむね同一であるか否かを考察するとされています。

(c) 「称呼」とは，商標に接する需要者が，取引上自然に認識する音をいいます。称呼の類否は，比較される両称呼の音質，音量及び音調並びに音節に関する判断要素のそれぞれにおいて，共通し，近似するところがあるか否かを比較するとともに，両商標が称呼され，聴覚されるときに需要者に与える称呼の全体的印象が，互いに紛らわしいか否かを考察するとされています。

341

第2章◇戦略的ツールとしての知的財産制度
第3節◇デザインや表示を保護する知的財産制度

(d) 類否判断における総合的観察

前掲☆1の最高裁判決も指摘するように，商標の類否は，商品の出所につき誤認混同を生ずるおそれがあるか否かで判断されるものですから，商標が使用される指定商品や指定役務の主たる需要者層（例えば，専門的知識を有するか，年齢，性別等の違い）その他指定商品や指定役務の取引の実情（例えば，日用品と贅沢品，大衆薬と医療用医薬品などの商品の違い）を考慮して，需要者が通常有する注意力を基準として判断するものとされています。

(2) 具体的な取引状況の考慮

商標の呼称を抽象的に対比すれば必ずしも類似するとはいえない場合であっても，世界的に著名となっているなどの具体的取引事情の下では，両商標は呼称が類似するものと判断した事案などがあります☆3。なお，商標の類否判断に当たり考慮することのできる取引の実情とは，その指定商品全体についての一般的，恒常的なそれを指すものであって，当該商標が現在使用されている商品についてのみの特殊的，限定的なそれを指すものではないとされています☆4。

(3) 出所の誤認混同のおそれ

出所の誤認混同のおそれについては，商品自体が取引上誤認混同のおそれがあるかどうかだけで判断されるわけではありません。裁判例では，それらの商品が通常同一営業主により製造又は販売されている等の事情により，それらの商品に同一又は類似の商標を使用するときは同一営業主の製造又は販売にかかる商品と誤認されるおそれがある認められる関係にある場合には，たとえ，商品自体が互いに誤認混同を生ずるおそれがないものであっても，誤認混同のおそれがあると判断された事例があります☆5。

4 平面商標の類否判断

(1) 文字商標

文字商標とは，文字（漢字・ひらがな・ローマ字など）のみからなる商標をいいます。文字商標では，称呼が明確であることから，称呼の類否が重視される事例が多いように思われます。称呼類似については，審査基準に詳細な判断基準

342

第3款◇商標登録制度
Q41◆商標の類否

の分析があります＊2。

(2) 図形商標

図形商標とは，図形からなる商標をいいます。図形商標は，称呼が特定されない場合が多く，外観により判断される事案が多いと思われます。外観類似についても，審査基準に詳細な判断基準の分析があります＊3。もっとも文字を図案化した商標（いわゆる「モノグラム商標」）については，元になる文字が認識される場合には，称呼や観念が生じることになり，これらも類似判断の基礎となり得ると考えられます。

(3) 結合商標

結合商標とは，異なる観念の文字や図形，記号等が結合した商標をいいます。結合商標の類否は，結合商標のいずれの部分が，取引者，需要者に対して商品の出所の識別標識として強く支配的な印象を与えるかを考慮して判断されるとされています☆6。

具体的には，①指定商品又は指定役務との関係から，普通に使用される文字，慣用される文字又は商品の品質，原材料等を表示する文字，若しくは役務の提供の場所，質等を表示する識別力を有しない文字を有する結合商標は，原則として，それが付加結合されていない商標と類似するとされています。また，②指定商品又は指定役務について需要者の間に広く認識された他人の登録商標と他の文字又は図形等と結合した商標は，その外観構成がまとまりよく一体に表されているもの又は観念上のつながりがあるものを含め，原則として，その他人の登録商標と類似するものとするとされています。

(4) 本問の場合

ライバル会社が使用している文字と図形の組み合わせからなる商標は，結合商標ですから，前述のとおり，取引の実情を前提に，結合商標のいずれの部分が，取引者，需要者に対して商品の出所の識別標識として強く支配的な印象を与えるかを考慮して判断することとなります。

343

第２章◇戦略的ツールとしての知的財産制度
第３節◇デザインや表示を保護する知的財産制度

5　立体商標の類否判断

(1)　立体商標の類否判断の概要

　立体商標とは，立体的な形状を商標とするものであり，平成８年の商標法改正により，商標として登録することができるようになりました。

　前述の平面商標の類否の判断基準は，立体商標においても同様にあてはまるものとされていますが，立体商標は，立体的形状又は立体的形状と平面標章との結合により構成されるものであり，見る方向によって視覚に映る姿が異なるという特殊性を有し，実際に使用される場合において，一時にその全体の形状を視認することができません。しかし，需要者がこれを観察する場合には，主として視認するであろう一又は二以上の特定の方向（所定方向）からこれを見たときに需要者の視覚に映る姿の特徴によって商品又は役務の出所を識別することができるものと考えられます。

　そのため，立体商標においては，その全体の形状のみならず，所定方向から見たときに視覚に映る姿が特定の平面商標と同一又は近似する場合には，原則として，当該立体商標と当該平面商標との間に外観類似の関係があるというべきであるとされています。また，そのような所定方向が二方向以上ある場合には，いずれか一方向の所定方向から見たときに視覚に映る姿が特定の平面商標と同一又は近似していればこのような外観類似の関係があるというべきであるとされています。

　そして，いずれの方向が所定方向であるかは，当該立体商標の構成態様に基づき，個別的，客観的に判断されるべき事柄であるというべきと思われます[7]。

(2)　立体商標と文字などとの結合商標

　立体商標が，立体的形状と文字などの結合からなる場合には，文字部分のみに相応した称呼又は観念も生じ得ることとなり，取引の実情に応じて，結合商標のいずれの部分が，取引者，需要者に対して商品の出所の識別標識として強く支配的な印象を与えるかを考慮して判断することとなります。

〔井上　裕史〕

第3款◇商標登録制度
Q41◆商標の類否

■判　例■

☆1　最判昭43・2・27民集22巻2号399頁〔氷山印事件〕。

☆2　最判平9・3・11民集51巻3号1055頁〔小僧寿し事件〕，最判平4・9・22裁判集民事165号407頁〔大森林事件〕など。

☆3　最判昭35・10・4民集14巻12号2408頁は，「シンカ」と「シンガー」の類否判断において，「『シンガーミシン』がその呼称で世界的に著名な裁縫機械として取引されているという具体的取引事情ををを背景として考えれば，『シンガー』と『シンカ』は紛らわしいこととなり……両商標は呼称が類似する」と判示しています。

☆4　最〔1小〕判昭49・4・25取消集昭49年443頁参照。東京地判平30・12・27裁判所ホームページ〔ランプシェード事件〕では，ランプシェードと照明器具は商品としての関連性が極めて強いとして，類似すると判示しています。

☆5　最〔3小〕判昭36・6・27民集15巻6号1730頁は，「橘正宗」と「橘焼酎」について，同一営業主の製造又は販売にかかる商品と誤認されるおそれがあると認められる関係にあるとして，類似であると判断しています。

☆6　最〔2小〕判平5・9・10民集47巻7号509頁は，「SEIKO」の部分が，わが国における著名な時計等の製造販売業者の取扱商品等を表示するものであるとの認定を前提として，「SEIKOEYE」との商標について，「指定商品である眼鏡に使用された場合には，『SEIKO』の部分が取引者，需要者に対して商品の出所の識別標識として強く支配的な印象を与えるから，それとの対比において，眼鏡と密接に関連しかつ一般的，普遍的な文字である『EYE』の部分のみからは，具体的取引の実情においてこれが出所の識別標識として使用されている等の特段の事情が認められない限り，出所の識別標識としての称呼，観念は生じず，『SEIKOEYE』全体として若しくは『SEIKO』の部分としてのみ称呼，観念が生じるというべきである」と判示しています。

☆7　東京地判平26・5・21裁判所ホームページ〔バーキン事件〕では，ハンドバックの立体商標について，正面部が所定方向であるとして，商標の類否を判断しています。

■注　記■

＊1　商標審査基準〔改訂第14版〕第3の十。

＊2　商標審査基準〔改訂第14版〕第3の十3(2)。

＊3　商標審査基準〔改訂第14版〕第3の十3(1)。

345

第 2 章◇戦略的ツールとしての知的財産制度
第 3 節◇デザインや表示を保護する知的財産制度

  立体的形状（立体商標）

(1) 立体商標とはどのような制度ですか。
(2) 立体商標はどのように審査されますか。
(3) 商品の容器や包装あるいは事業活動のシンボルとなるキャラクターではなく，商品の形態自体も登録されるものなのでしょうか。

(1) 立体商標制度とは，自己の業務に係る商品又は役務について使用している立体的形状について，商標登録を受けることをいいます。
　そして，立体商標は，商品若しくは商品の包装の形状等，役務の提供の用に供するものの形状等，商品若しくは役務に関する広告の形状等の 3 種類に分類されます。
(2) 商品等に期待される機能をより発揮するため，又は，美感を優れたものにする目的により選択されることが多いため，その商品等の形状のほとんどが，「普通に用いられる方法」として，商標法 3 条 1 項 3 号に該当することが多いです。
　そのため，立体商標の審査においては，識別力が問題となることがほとんどです。
　そこで，特許庁は，商標審査便覧により識別力の有無を判断するための基本的な考え方を作成しています。
　また，商品等の形状が立体商標等により権利として保護されていなくても，不正競争防止法により保護される場合もあります。
(3) 商品の形態自体も登録されますが，登録されるための要件（自他識別性の判断）が厳格です。
　したがって，商標法 3 条 2 項により，立体商標が商標登録を受ける事例が増えてきました。

346

第 3 款◇商標登録制度
Q42◆立体的形状（立体商標）

☑キーワード

商標審査便覧，商標法 3 条 1 項 3 号，識別力，商標法 3 条 2 項，自他識
別性，商品等表示

解　説

1　立体商標の制度──小問(1)

　　自己の業務に係る商品又は役務について使用をする商標については，法律上
禁止されている場合（商標 3 条 1 項各号）を除いて，商標登録を受けることがで
きるとされています。

　　そして，商標とは，標章であること，及び商品又は役務について業として使
用するものを指します（商標 2 条 1 項）。

　　ここで，標章とは，「人の知覚によつて認識することができるもののうち，
文字，図形，記号，立体的形状若しくは色彩又はこれらの結合，音その他政令
で定めるもの」と定義されています（商標 2 条 1 項本文）。

　　このように，立体的形状も標章に含まれています。

　　そして，立体商標とは，

　①　商品若しくは商品の包装の形状等

　②　役務の提供の用に供するものの形状等

　③　商品若しくは役務に関する広告の形状等

の 3 種類に分類されます。

2　立体商標における審査の取扱い──小問(2)

⑴　はじめに

商標法 3 条 1 項各号は，商標登録の要件が定められており，このうち普通に

347

第2章◇戦略的ツールとしての知的財産制度
第3節◇デザインや表示を保護する知的財産制度

用いられる方法で表示する標章のみからなる商標については，商標登録を受けることはできません（商標3条1項3号）。

　ただし，商標法3条1項3号に該当した場合であっても，商標法3条2項により「使用をされた結果需要者が何人かの業務に係る商品又は役務であることを認識できるものについては」，「商標登録を受けることができる。」とされており，標章が使用された結果，識別力（使用による識別力）を有するに至った場合には，商標登録が認められることとされています。

　この点，立体的形状（商品等の形状）は，多くの場合，商品等に期待される機能をより発揮するため，又は，美感を優れたものにする目的により選択されることが多いため，その商品等の形状のほとんどが，「普通に用いられる方法」として，商標法3条1項3号に該当することが多いため，その立体商標の審査においては，識別力が問題となることが多いです。

　そのため，特許庁は『商標審査便覧』の中で立体商標のうち「立体商標の識別力に関する審査の具体的な取扱いについて」と定め，立体商標のうち，特に識別力に対する考え方を規定しています（41.103.04）。

　この取扱いの中では，立体商標の識別力が問題となる場面を3つの類型に分け，それぞれの基本的な考え方の指針を示しています。

(2) 立体商標の識別力が問題となる場面1

> 1．商品（商品の包装を含む。）又は役務の提供の用に供する物（以下，「商品等」という。）の形状そのものの範囲を出ないと認識されるにすぎない立体商標について

(a) 基本的な考え方

「1．立体的形状が，商品等の機能又は美感に資する目的のために採用されたものと認められる場合は，特段の事情のない限り，商品等の形状そのものの範囲を出ないものと判断する。

　2．立体的形状が，通常の形状より変更され又は装飾が施される等により特徴を有していたとしても，需要者において，機能又は美感上の理由による形状の変更又は装飾等と予測し得る範囲のものであれば，その立体的形状は，商品等の機能又は美感に資する目的のために採用されたものと認めら

第3款◇商標登録制度
Q42◆立体的形状（立体商標）

れ，特段の事情のない限り，商品等の形状そのものの範囲を出ないものと
判断する。

3．商品等の形状そのものの範囲を出ない立体的形状に，識別力を有する文
字や図形等の標章が付されている場合（浮彫又は透彫により文字や図形等が付
されている場合を含む。）は，商標全体としても識別力があるものと判断する。

　ただし，文字や図形等の標章が商品又は役務の出所を表示する識別標識
としての使用態様で用いられているものと認識することができない場合に
は，第3条第1項第3号又は第6号に該当するものと判断する。」

とされています。

(b)　基本的な考え方の解説

　まず，1について，商品等の形状を選択する目的が，多くの場合，機能をよ
り効果的に発揮させたり，美感をより優れたものとしたりするために採用され
ることが多く，自他商品・役務を識別させることを特に目的としているわけで
はないという実情に照らして，原則として識別力を有しないと判断されます。

　次に，2について，立体商標の形状が，特徴的な変更又は装飾等が施された
ものであっても，その商品又は役務の取引業界において採用し得る範囲での変
更，又は装飾等と認識するにとどまる場合は，その立体商標の全体を観察して
も指定商品又は指定役務に係る商品等の形状の範囲を出ないものと判断される
ので，原則として識別力を有しないものと判断されます。

　最後に，3について，商品等の形状，特に容器（瓶）等，に文字や図形等を
付す場合（例えば，瓶や缶などの包装容器に企業名や商品名が記載されている場合）に
は，商品又は役務の出所を識別させるために，消費者の目にとまりやすいよう
に付されるのが一般的です。

　そのため，標章中に表示された文字や図形等は，その商品又は役務の出所を
表示するものとみるのが取引における経験則です。

　したがって，そのような文字や図形等が付されている立体商標の全体の識別
力に関する審査においては，原則として，立体的形状に付された標章中に表示
された文字や図形等について，それらが平面商標として出願された場合の審査
方法に従い判断することとなります。

第2章◇戦略的ツールとしての知的財産制度
第3節◇デザインや表示を保護する知的財産制度

(3) 立体商標の識別力が問題となる場面2

> 2．極めて簡単で，かつ，ありふれた立体的形状の範囲を超えないと認識される形状のみからなる立体商標について

識別力を有しないとされます。

なお，場面2の，極めて簡単で，かつ，ありふれた立体的形状とは，例えば，単純な球形，立方体，直方体，円柱等をいい，また，ローマ字1字若しくは2字，又は数字に単に厚みをもたせたにすぎない立体的形状等を指します。

(4) 立体商標の識別力が問題となる場面3

> 3．立体的形状に文字や図形等が付されているが，その本来表示すべきと思われる構成，態様の全体が描かれていない場合，そのような文字や図形等の表示の取扱いについて

立体的形状に文字や図形等が付されているものの，その文字や図形等の一部が表示されていないことから，その構成，態様の全体が把握し得ない場合のことを指します。

この場合，文字や図形等の全体が表示された場合の構成，態様を，出願人の名称等から推認して，識別力の有無又は商標の類否に関して判断の対象とすることは，原則的には適当とは認められません。

ただし，例えば表示されている文字や図形等の立体的形状への付され方からみて，その全体の構成，態様を把握することはできなくても，表示されている部分の外観上の特徴から，容易に周知ないし著名な商標の一部と認められる場合，又は特定の称呼，観念が明らかに生ずるものと認められる場合は識別力を有するものとします。

3 不正競争防止法による保護——小問(2)

(1) はじめに

これまで立体的形状が保護される場面として，立体商標を中心的に検討しました。

第3款◇商標登録制度
Q42◆立体的形状（立体商標）

しかし，立体的形状が保護されるのは，立体商標として登録商標されている場合だけではありません。

例えば，不正競争防止法によっても保護される可能性があります。

不正競争防止法は，不正競争行為という行為の違法性に着目し，その規制を手段とすることで，事業者間の公平な競争を確保しようとするものです。

不正競争防止法は，事業者間の公正な競争を確保する目的から，規制（禁止）対象とすべき不正競争行為を列挙し（不競2条1項1号〜22号），不正競争行為によって利益を害された者に対し，差止請求権，損害賠償請求権等の救済を認めています（不競3条・4条）。

この救済を受けるためには，必ずしも，商標権，意匠権等の権利が設定されていることは要件とされていません。

したがって，商標権等の権利の設定の有無を問わず保護が可能となります。

(2) 商品等表示について

商号や商標等（以下「商品等表示」といいます）は，使用され続けていくうちに，それに対する需要者の信用が醸成されていき，それとともに表示自体がその商品又は営業の広告宣伝媒体となり，ブランドとしての価値を確立することがあります。

不正競争防止法は，事業者がこのようにして築き上げた成果を別の事業者が不当に利用しようとすることを禁止しています。

この「商品等表示」とは，商品の出所又は営業の主体を示す表示をいい，具体的には人の業務に係る氏名，商号，商標等をいいますが，商標法，商法に基づく登録，登記の要件を備えることは必要とされていません。

また，商品の形態（立体的形状）も，他の同種商品とは異なる顕著な特徴を有しており出所表示機能を有するに至り，需要者間で広く認識された場合には「商品等表示」として認められます。

(3) 周知表示混同惹起行為

不正競争防止法2条1項1号は，他人の商号や商標等（以下「商品等表示」といいます）として周知のものと同一のもの若しくは類似のものを使用し，又はそのような商品等表示を使用した商品の譲渡若しくは輸出入等を行って，その他人の商品や営業と混同を生じさせる行為（周知表示混同惹起行為）を禁止して

351

第2章◇戦略的ツールとしての知的財産制度
第3節◇デザインや表示を保護する知的財産制度

います。

　商品の形態（立体的形状）について，他の同種商品とは異なる顕著な特徴を有
しており出所表示機能を有するとして，「商品等表示」として認められた事例
として，時計（カルティエ事件☆1，ロレックス事件☆2），パソコン（iMac事件☆3）
の形態について，「商品等表示」として保護されたケースがあります。

　もっとも，同種の商品に共通してその特有の機能及び効用を発揮するために
不可避的に採用せざるを得ない商品形態は，「商品等表示」として保護されま
せん。

(4)　著名表示冒用行為

　不正競争防止法2条1項2号は，他人の「著名な」商品等表示と同一のもの
若しくは類似のものを自己の商品等表示として使用し，又はそのような商品等
表示を使用した商品の譲渡若しくは輸出入等を行う行為（著名表示冒用行為）を
禁止しています。

　不正競争防止法2条1項2号は，同項1号（周知表示混同惹起行為）の要件と
されている「混同」が生じない場合であっても，著名表示を冒用する行為に
よって著名表示の有している顧客吸引力を利用し，著名表示のもつイメージを
毀損することを防止するため設けられた規定です。

4　商品の形態自体として保護されるか（具体的な事例の検討）──小問(3)

　設問(2)で検討したように，商品等の形状は，多くの場合，商品等に期待され
る機能をより効果的に発揮させることや，商品等の美観をより優れたものとす
るなどの目的で選択されるため，形状そのものが，商標として自他識別機能を
果たす場面は少ないです。

　そこで，商品等の形状は，特段の事情のない限り，商品等の形状を普通に用
いられる方法で使用する標章のみからなる商標として，商標法3条1項3号に
該当すると判断されることが多いです。

　この点，チョコレート等を指定商品とする4種類の魚介類の形を表した板状
のチョコレートの形状について，商標法3条1項3号該当性を否定し自他識別
性を肯定した事例がありますが，極めて稀有な事例です（ギリアンチョコレート

352

第3款◇商標登録制度
Q42◆立体的形状（立体商標）

図1　ギリアンチョコレート事件

図2　マグライト事件

図3　コカ・コーラ事件

図4　ヤクルト事件

図5　Yチェア事件

事件☆4）（図1参照）。

　ギリアンチョコレート事件では，4種の図柄の選択・組合せ，及び配列の順序並びにマーブル色の色彩が結合している点において新規であり，これと同一ないし類似した標章の存在を認めることはできず，指定商品の購入ないし非購入を決定するうえでの標識とするに足りる程度に十分特徴的であると判断されました。

　また，商標法3条1項3号該当性を肯定しながら，商標法3条2項の使用による識別力により取得を認めた例として，懐中電灯のマグライトの形状（マグライト事件☆5）（図2参照），コカ・コーラの瓶の形状（コカ・コーラ事件☆6）（図3参照），ヤクルトの容器の形状（ヤクルト事件☆7）（図4参照），椅子のYチェアの形状（Yチェア事件☆8）（図5参照）等々が挙げられます。

　Yチェア事件においては，使用に係る商標ないし商品等の形状は，原則として，出願に係る商標と実質的に同一であり，指定商品に属する商品であることを要するというべきである，としたうえで，もっとも，商品等は，技術の進歩

353

第2章◇戦略的ツールとしての知的財産制度
第3節◇デザインや表示を保護する知的財産制度

や社会環境，取引慣行の変化等に応じて，品質や機能を維持するために形状を変更することが通常であるから，使用に係る商標ないし商品等にごく僅かな形状の相違，材質ないし色彩の変化が存在してもなお，立体的形状が需要者の目につきやすく，強い印象を与えるものであったかなどを総合勘案したうえで，立体的形状が独立して自他識別力を獲得するに至っているか否かを判断すべきである，との基準が採用されました。

　そして，Yチェアの立体的形状に関する商標は，形状における特徴のゆえに，自他識別力があると解するのが相当であるから，使用された木材の材質や色彩，座面の色彩にバリエーションがあったとしても，商品の出所に対する需要者の認識が大きく異なるとはいえず，本願商標に係る形状が自他識別力を獲得していると認定することの障害になると解することはできないと判断されました。

　使用による識別力を有するか否かは，商品の形状，使用開始時期，使用期間，使用地域，商品の販売数量，広告宣伝のされた期間・地域及び規模，当該形状に類似した他の商品等の存否などの諸事情を総合考慮して判断するのが相当である，とされています。

　このように，総合判断であるため，事例ごとに事実を積み重ねて使用による識別力を備えるに至ったか，判断していくしかありません。

　商標法3条2項の適用により，立体商標として登録を受ける事例が増えてはいますが，慎重に検討することが大切です。

〔春田　康秀〕

===== ■判　例■ =====

☆1　東京地判平16・7・28判時1878号129頁〔カルティエ事件〕。
☆2　東京地判平18・7・26判タ1241号306頁〔ロレックス事件〕。
☆3　東京地判平11・9・20判時1696号76頁〔iMac事件〕。
☆4　知財高判平20・6・30判時2056号133頁〔ギリアンチョコ事件〕。
☆5　知財高判平19・6・27判時1984号3頁〔マグライト事件〕。
☆6　知財高判平20・5・29判時2006号36頁〔コカ・コーラ事件〕。
☆7　知財高判平22・11・16判時2113号135頁〔ヤクルト事件〕。
☆8　知財高判平23・6・29判時2122号33頁〔Yチェア事件〕。

地域団体商標

(1) 地域団体商標は、一般的な商標とどのような相違点がありますか。
(2) 地域団体商標の商標権侵害が問題となった紛争事例というのは実際にあるのでしょうか。

　　地域団体商標制度は、通常、地域の名称と商品又はサービスの普通名称等を組み合わせた文字商標の登録に必要となる特別顕著性の要件（商標3条2項）を、地域産業の振興のために緩和し、一定の組合等の団体がその構成員に使用させるこのような商標については、特別顕著性の獲得前であっても、周知性、密接関連性等の要件の下に登録を認める制度です。地域団体商標では、このように登録要件が緩和された代わりに出願人の範囲が限定されている関係で、当該商標と出願人の関係が重視されるため、その権利内容にも一般の商標とはやや異なる特性があります。地域団体商標の出願や権利行使の際には、出願人又は権利者である団体以外の第三者との間で緊張関係が生じやすく、裁判例でもこうした「アウトサイダー」との関係が問題となっています。

☑キーワード
　地域団体商標，周知性，アウトサイダー

第2章◇戦略的ツールとしての知的財産制度
第3節◇デザインや表示を保護する知的財産制度

解　説

1　地域団体商標の概要

　近年，地域ブランドによる地域産業の振興に注目が集まっています。地域の特産品や特有のサービスなどを，その地域の複数の事業者が共通して用いることにより，他の地域の商品やサービスとの差別化を図り，付加価値を高めていく取組みです。

　このような地域ブランドとして想定される，地域の名称と商品又はサービスの普通名称等を組み合わせた文字商標（例：大阪いちご）は，通常，需要者が出所を識別できない（出所識別力がない），一事業者による独占に馴染まない（独占適応性がない）といった理由から，原則として商標登録を行うことができず（商標3条1項3号・6号），商標登録を受けるためには，それが長期間継続的かつ独占的に使用されるなどして，特定の出所を示すものとして全国的な周知性を獲得する必要がありました（同条2項，特別顕著性）。しかし，複数の事業者で厳しい品質管理の下にこのような地域ブランドを立ち上げようとしても，特別顕著性の獲得前の段階で地域内外の他事業者による便乗使用をまったく排除できず，特別顕著性の獲得に至らないなど弊害が多い状況でした。そこで，地域産業の振興のために，未だ特別顕著性を獲得していない地域ブランドでも，周知性等の緩和された要件の下で登録が受けられるよう，平成17年の商標法改正によって新設されたのが地域団体商標の制度です☆1。

　地域団体商標としては，平成30年末時点で645件が登録されています。また，登録された地域団体商標については，平成30年1月に特許庁により作成された「地域団体商標マーク」を付すことができます。

2　地域団体商標の登録要件

　地域団体商標については，前記**1**のとおり，特別顕著性が求められない点に

356

おいて一般の商標よりも登録要件が緩和されていますが，その代わりに通常の登録要件（商標3条1項（3号から6号を除く）・4条1項）に加えて，以下の固有の登録要件（商標7条の2）の充足が必要です。

(1) **客体要件——商標の構成が，次のいずれかに該当する「文字のみからなる」ものであること**（商標7条の2第1項各号）

① 地域の名称＋商品・サービスの普通名称（同項1号）（登録例：有田みかん・宇治茶・越前がに・吉野杉・京表具）

② 地域の名称＋商品・サービスの慣用名称（同項2号）（登録例：近江牛・瀬戸焼・博多織・草津温泉・鴨川納涼床）

③ 上記①又は②の文字＋商品の産地又はサービスの提供の場所を表す慣用文字（同項3号）（登録例：一色産うなぎ・灘の酒・京都名産千枚漬・本場結城紬・横濱中華街）。ただし，「特選」「元祖」「本家」「高級」など，産地と関係のない文字を含めることはできません。

前記のとおり，従来，こうした文字商標の登録は，商標法3条1項3号や6号を根拠に拒絶されていましたが，地域団体商標に関しては同項3号から6号の適用が排除されています（商標7条の2第1項柱書）。

(2) **主体要件——一定の「組合等」の団体がその構成員に使用させる商標であること**（商標7条の2第1項柱書）

地域団体商標の出願人となり得るのは，事業協同組合・農業協同組合・漁業協同組合等の特別法により設立された組合・商工会・商工会議所・NPO法人，又はこれらに相当する外国の法人であって，設立根拠法上，構成員の加入の自由が保障されているものに限られます。加えて，いわゆる地域未来投資促進法による商標法の特例措置が平成29年7月31日に施行され，一定の条件で一般社団法人も出願可能となっています。この要件は，前記(1)のような文字商標には本来的に一事業者による独占適応性がないことが考慮されたものです。

(3) **周知性要件——商標が使用をされた結果，自己又はその構成員の業務に係る商品・サービスを表示するものとして「需要者の間に広く認識」されていること**（商標7条の2第1項柱書）

前記のとおり，地域団体商標の登録には，特別顕著性（商標3条2項）までは必要ありませんが，少なくとも自己又はその構成員の業務に係る出所として周

357

第2章◇戦略的ツールとしての知的財産制度
第3節◇デザインや表示を保護する知的財産制度

知性を獲得していることが求められています。これは，地域団体商標が登録されると，権利者たる団体の構成員でない第三者（アウトサイダー）による自由な商標の使用が制限されることになるため，かかる制限をしてまでも保護に値する程度にまで，あるいはアウトサイダーによる便乗使用のおそれが生じ得る程度に，出願人の信用が蓄積されている商標であるか否かを判断するための要件です☆2。

　地域団体商標における周知性（商標7条の2第1項柱書）は，実際に使用している商標及びサービス，使用開始時期，使用期間，使用地域，営業の規模（店舗数，営業地域，売上高等），広告宣伝の方法及び回数，一般紙，雑誌等の掲載回数並びに他人の使用の有無等の事実を総合的に勘案して判断されますが（前掲☆2），上記特別顕著性において求められる需要者の広さよりも狭く，それに必要な認知度よりも低いもので足ります。需要者の広がりについては，商品・サービスの種類，需要者層，取引の実情等の個別事情にもよりますが，少なくとも商品を生産・販売する地域やサービスを提供している地域が属する一都道府県内ないし隣接都道府県に及ぶ程度の範囲における多数の需要者に認識されていることが必要とされます（商標審査基準第7の一6では，商品・サービスの種類及び流通経路等に応じた類型別に必要とされる周知性の程度が記載されています）。

　ただし，裁判例において，このような周知性要件の緩和は，出所識別力の程度（需要者の広がりと認知度）の緩和であり，地域団体商標について，需要者からの当該商標と特定の団体又はその構成員の業務に係る商品・サービスとの「結び付きの認識」の要件まで緩和したものではないとされていることには注意が必要です（前掲☆2）。そもそも出願商標がアウトサイダーの商標として周知である場合や登録されている場合は，商標法4条1項10号・11号により登録が拒絶されますが，そこまででなくても出願商標がアウトサイダーの商品・サービスとの関係でも知られていると，需要者においてそれが出願人又はその構成員の出所表示であるとの「結び付きの認識」がないことも多いと考えられ，このような場合には，周知性要件を満たさず登録を受けることができません。喜多方ラーメン事件（前掲☆2）では，喜多方市内外のアウトサイダーが出願商標「喜多方ラーメン」の文字を含む商標を相当長期間にわたって使用していること等を考慮して周知性要件の充足を否定し，その登録を認めませんでした。し

たがって，出願商標と同一又は類似の商標を使用している有力なアウトサイダーがある場合は，それらの者を含むような出願人の構成を検討すべきでしょう。

(4) **密接関連性要件——商標に含まれる「地域の名称」が商標登録出願前から商品・サービスと「密接な関連性」を有していること**（商標7条の2第2項）

この要件は，単に地域の名称がもつイメージを利用しただけで，実際には当該地域と関連しない商品・サービスに関して地域団体商標が登録されることを排除するためのものです。地域と商品・サービスの関連性については，商品の産地・サービスの提供地のほか，これらに「準ずる程度に」密接な関連性を有している場合も含まれ，主要な原材料の産地や商品の製法が由来する地なども，これに該当するとされています。

3 地域団体商標の権利の特性

地域団体商標については，前記**2**のとおり，特別顕著性が求められない点において一般の商標よりも登録要件が緩和されている代わりに出願人の範囲が限定されており，当該商標と出願人との関連性が重視されるため，その登録後の権利内容についても，以下の点で一般の商標とは異なる特性があります。

(1) **権利移転の制限**（商標24条の2第4項）

団体の合併等の一般承継の場合を除き，地域団体商標の権利を他の団体等に移転（譲渡）することはできません。

(2) **使用権（ライセンス）設定の制限**（商標30条1項ただし書）

他の団体等に対して通常使用権を設定することはできますが，設定行為で定めた範囲内において商標権者も使用できなくなる専用使用権を設定することはできません。

(3) **先使用権**（商標32条の2）

地域団体商標が出願される前から，不正競争の目的なく，継続して同一又は類似の商標を使用している者は，引き続きその商標を使用することができます。ただし，地域団体商標の商標権者は，先使用権を有する者に対し，混同防止のための適当な表示を付すよう請求することができます。

第 2 章◇戦略的ツールとしての知的財産制度
第 3 節◇デザインや表示を保護する知的財産制度

4 　地域団体商標の商標権侵害が問題となった紛争事例

　地域団体商標の商標権侵害に関しては，まだそれほど多くの裁判例があるわけではありませんが，この点が問題となった裁判例として，博多織事件と小田原かまぼこ事件が挙げられます。

(1)　博多織事件（前掲☆1）

　具体的な市町村名レベルで産地を特定した絹織物等を指定商品とする地域団体商標「博多織」の商標権者である，博多織の製造業を営む中小企業から構成される工業組合が，上記産地内のアウトサイダーによる帯製品や季刊誌での「博多帯」なる標章の使用が商標権を侵害するなどとして，その使用差止め，損害賠償等を請求した事件です。原審では，商品の普通名称等に商標権の効力が及ばない旨を規定した商標法26条1項2号の適用を認めて商標権者の請求を棄却しましたが，控訴審では，地域内アウトサイダーの保護としては出願人における加入自由性の担保（商標7条の2第1項柱書）や先使用権（商標32条の2）の制度があることを前提に，たとえ地域内アウトサイダーが地域団体商標を使用する場合であっても，出所識別機能を害する態様での使用には商標法26条1項2号は適用されないとしました。ただし，控訴審も，地域団体商標について，一般的な商標の類否判断手法☆3を用いて，地域内アウトサイダーの標章「博多帯」が登録商標「博多織」とは類似しないとし，また，加入自由性が担保されている前提で登録を受けた商標権者が，正当な理由なく地域内アウトサイダーの加入を拒否した上で権利行使に及んだことは権利濫用に当たると判断して，結論としては商標権者の請求を棄却しています。

(2)　小田原かまぼこ事件☆4

　指定商品を「小田原産のかまぼこ」とする地域団体商標「小田原蒲鉾」及び「小田原かまぼこ」の商標権者である，小田原市内でかまぼこ製造業を営む小規模事業者から構成される協同組合が，小田原市外の周辺地域におけるアウトサイダーによる地域団体商標の使用が商標権を侵害するなどとして，その使用差止め，損害賠償等を請求した事件です。裁判所は，まず，地域団体商標制度が導入された趣旨に照らせば，先使用者の「不正競争の目的」の有無を検討す

360

る前提として，地域団体商標の指定商品又は指定役務と同一又は類似の商品又は役務に当該地域の名称を付すことのできる地域の範囲を判断する際には，先使用者の商品又はサービスが，当該地域と同様の自然，歴史，文化，社会等のつながりを有しているかを考慮すべきであり，これらのつながりは必ずしも行政区分に限定されるものではないとの一般論を示しました。その上で，指定商品「小田原産のかまぼこ」にいう「小田原」には小田原市のみならずその周辺地域を含むとし，そのような周辺地域に所在する被告が「小田原産のかまぼこ」の製法に関する知見や技術を有すること，長年にわたり他地域のかまぼこ商品と区別して付加価値を高めようとしてきたこと等も考慮して，被告の「不正競争の目的」を否定し，その先使用権を認めました。報道によると，その後，知財高裁で和解が成立したようです。

〔松井　保仁〕

■判　例■

☆1　福岡高判平26・1・29判時2273号116頁〔博多織事件〕。
☆2　知財高判平22・11・15判時2111号109頁〔喜多方ラーメン事件〕。
☆3　最判昭43・2・27民集22巻2号399頁〔しょうざん事件〕及び最判平9・3・11民集51巻3号1055頁〔小僧寿し事件〕参照。
☆4　横浜地小田原支判平29・11・24・2017WLJPCA11246002〔小田原かまぼこ事件〕。

●参考文献●

(1)　特許庁総務部総務課制度改正審議室編『平成17年商標法の一部改正　産業財産権法の解説－地域ブランドの商標法における保護・地域団体商標の登録制度』（発明協会，2005年）。
(2)　農水知財基本テキスト178頁。
(3)　小野＝三山編・新注解商標（上）645頁。

第2章◇戦略的ツールとしての知的財産制度
第3節◇デザインや表示を保護する知的財産制度

 44　新しいタイプの商標

(1)　新しいタイプの商標は，どのようなものがありますか。これまでの商標との違いを教えてください。日本では導入されていないもので，他国では導入されているようなものもあれば参考までに教えてください。
(2)　日本で導入された新しいタイプの商標の類否判断に際しては，これまでの文字や図形などといった伝統的な商標の判断基準がそのまま使えるものなのでしょうか。現時点で何か確立した判断基準や考え方があるのでしょうか。

(1)　新しいタイプの商標には，動き商標（文字や図形等が時間の経過に伴って変化する商標），ホログラム商標（文字や図形等がホログラフィーその他の方法により変化する商標），色彩のみからなる商標，音商標及び位置商標（図形等を商品等に付す位置が特定される商標）があります。平成26年の商標法改正前は文字列，図形，立体的形状やこれらと色彩の組み合わせが商標として保護されていましたが，わが国の状況や国際的な状況の変化に対応するために上記の新しいタイプの商標が商標法上の保護対象に加えられることになりました。日本では導入されておらず，他国では保護されている商標の例としては，においの商標があります。
(2)　新しいタイプの商標の類否判断については，現時点で確立した判断基準があるわけではありませんが，基本的にはこれまでに確立されている伝統的な商標についての類否判断の基準が妥当するものと思われます。ただし，商標を識別する要素が典型的な伝統的商標の場合「外観，観念，称呼」の3つであり，類否判断ではこの3点を観察しますが，音商標の場合は「外観」が存在しない，位置商標の場合は位置も含めて考慮するなど，新しいタイ

第3款◇商標登録制度
Q44◆新しいタイプの商標

プの商標の特徴に応じて考慮する要素が異なることはあり得ます。

☑キーワード

新しいタイプの商標，類否判断，分離観察，要部観察

解　説

---

1 平成26年の商標法改正による「新しいタイプの商標」保護制度の導入

(1) 「標章」の範囲の拡大

　商標法は2条1項で「商標」を定義しています。それによると，要するに「標章」（同項柱書）で，商品について使用されるもの（同項1号）か役務について使用されるもの（同項2号）が「商標」になります。この「標章」の典型例は，文字列や図形，あるいはそれらと色彩の組み合わせであり，もっぱらこれらの要素から構成されている商標は「伝統的商標（traditional trademark）」と呼ばれることがあります。

　わが国もかつては伝統的商標しか商標法の保護対象としていませんでしたが，平成8年の商標法改正により3次元の標章からなる商標，すなわち立体商標が保護対象に加わりました。この改正によって，2条1項柱書の標章の定義は「文字，図形，記号若しくは立体的形状若しくはこれらの結合又はこれらと色彩との結合」となりました。その後，非伝統的商標のうち，立体商標のみが保護対象であるという状況が長らく続きましたが，平成26年の商標法改正によってその他の非伝統的商標も保護されるに至っています。

　平成26年改正後の商標法（現行制度）においては，2条1項柱書の標章の定義が「人の知覚によつて認識することができるもののうち，文字，図形，記号，立体的形状若しくは色彩又はこれらの結合，音その他政令で定めるもの」

363

第2章◇戦略的ツールとしての知的財産制度
第3節◇デザインや表示を保護する知的財産制度

となり，「標章」の範囲が大幅に拡大されました。具体的には，動き商標（文字や図形等が時間の経過に伴って変化する商標），ホログラム商標（文字や図形等がホログラフィーその他の方法により変化する商標），色彩のみからなる商標，音商標及び位置商標（図形等を商品等に付す位置が特定される商標）が新たに「標章」として認められるようになりました。これらの標章からなる商標は「新しいタイプの商標」と呼ばれています。

(2) 国際的な動向と今後の対応

　この平成26年改正は，近年の改正の中では最も大規模かつ重要なものです。このような改正がなされた背景には，商品・役務の識別手段が多様化していることや，欧米や韓国等の商標法においては新しいタイプの商標が既に保護されている等の事情がありました。

　例えば，米国においては，標章の範囲についての限定がなく，自他識別力を有していると認められればどのような標章であっても登録が可能です。米国においては，古くから非伝統的商標の保護がなされてきており，動き商標，音商標や色彩のみからなる商標のほか，においについても登録が認められてきています。最近の例としては，玩具（小麦ねんど）のにおいの商標登録が認められています（米国商標登録番号5,467,089号）。

　平成26年改正の際には，保護のニーズや標章の特定方法や保護範囲の在り方等の観点から非伝統的商標のうちどの範囲のものを保護対象に追加するかの議論がなされ，その結果として，上記の新しいタイプの各商標が追加され，においについては追加が見送られました。ただし，上記のとおり，においについては外国で保護されている例もあることから，今後の状況によっては追加すべきこととなるかもしれません。平成26年改正後の標章の定義には「その他政令で定めるもの」という文言がありますが，この文言は新たな保護ニーズに迅速に対応する目的で設けられました。すなわち，今後の保護対象の追加については，法改正ではなく，政令（商標法施行令）の改正によってなされることになっており，法改正による場合よりも迅速に保護のニーズに応えられることが期待されます。なお，現時点において，政令で追加されている保護対象はありません。

2 新しいタイプの商標の類否判断

(1) 基本的な考え方

(a) 3点観察

最高裁判例[☆1,*1]によると，商標の類否判断は，「対比される両商標が同一または類似の商品に使用された場合に，商品の出所につき誤認混同を生ずるおそれがあるか否かによつて決すべきであるが，それには，そのような商品に使用された商標がその外観，観念，称呼等によつて取引者に与える印象，記憶，連想等を総合して全体的に考察すべく，しかもその商品の取引の実情を明らかにしうるかぎり，その具体的な取引状況に基づいて判断するのを相当とする」とされています。

ここで挙げられている「外観，観念，称呼」は，伝統的商標の識別要素と理解されます。つまり，通常この3要素で商標が識別され，これらのうち少なくとも1つが近似していることで混同が生じ得るため，これら3要素を観察することが類否判断において求められているものと考えられます。非伝統的商標の類否判断においては，この基準を基礎としつつ，問題の商標の識別要素といえない要素については除外して判断することになると思われます。現に，立体商標の類否について判断した侵害事件のある裁判例[☆2,*2]においては，外観のみの共通性をもって類似性が肯定されています。

(b) 結合商標の類否

複数の構成要素が結合してなる商標を「結合商標」といいます。この結合商標の構成要素の一部を取り出して観察することを「分離観察」（ないし「要部観察」）といいますが，分離観察が許されるのか（許されるのはいかなる場合か）ということについても，伝統的商標に関する複数の最高裁判例[☆3]があります。それらによると分離観察は例外的に認められるものであり，特に直近のものによると，「その部分が取引者，需要者に対し商品又は役務の出所識別標識として強く支配的な印象を与えるものと認められる場合や，それ以外の部分から出所識別標識としての称呼，観念が生じないと認められる場合などを除き」分離観察は許されないとしており，分離観察が認められる場合を特に厳しく限定して

第２章◇戦略的ツールとしての知的財産制度
第３節◇デザインや表示を保護する知的財産制度

いるかのようです。

　もっとも，上記の判例でも分離観察が認められる場合があることは肯定され
ており，実際に分離観察をしている裁判例も登録に関するもの，侵害に関する
ものともに多くあります。先述した，立体商標について類否判断をした裁判例
も，原告の登録商標（立体商標）の一部分を取り出して分離観察をしていま
す☆4。すなわち，この事件は，原告の登録商標（立体商標）がバッグの形状で
あったのに対し，被告標章が原告商品の写真を正面に張り付けたバッグの形状
であったというやや特殊な事案であったため，原告商標の主として視認される
方向（「所定方向」）から見た際の外観と被告標章の平面標章部分（写真部分）の共
通性をもって類似性を肯定しています。立体商標の所定方向から見た際の外観
を分離観察するこのような手法は，立体商標と平面商標の類否判断の際に用い
られた実績☆5もあります。

　新しいタイプの商標の類否判断においても，このような判断手法は基本的に
妥当するものと思われます。

(c)　類否判断で重視すべきでない部分

　商標の類否判断に関する基本的な判例法理は上記のとおりですが，商標の類
似範囲は，上記の観点からのみ決せられるものではありません。商標の保護が
競争を抑圧する効果をもたらさないようにする必要があるためです。具体的に
は，普通名称，慣用表示や記述的表示といった，（出所識別ではなく）商品属性
を伝達する効果をもつ標章の独占を許すと，競業者がその商品の属性を伝達す
るための選択肢を奪うことになりますし，技術的に不可避な商品属性やありふ
れた特徴の独占を許すと，競業者の商品デザインの選択肢を奪うこととなり，
競業者の生産コストを上昇させるおそれがあります。商標法26条１項２号から
５号まではこの考えを体現した規定と考えられます。

　これらの規定は問題の商標が全体として普通名称等に該当するケースについ
て定めたものですが，その趣旨を貫徹するためには，独占に適さない一部分が
共通するにすぎない場合には，侵害を否定すべきと考えられます。このような
理由から，独占に適さない標章・特徴（上述の普通名称や記述的表示，技術的に不可
避な製品属性など）は類否判断において重視されるべきでなく，もっぱらこれら
が共通するにすぎない場合には類似性は否定されるべきとの立場が有力で

366

す*3。

新しいタイプの商標の中にも，後述のとおり独占に適さない特徴を含むものがあると思われます。このような特徴が共通するにすぎない場合には類似性が否定されることになると思われます。

(2) 新しいタイプの商標への適用

(a) 音商標

音商標の識別要素は，音声と観念ですが，基本的には音声が重視されることとなると思われます。音声はさらに，メロディ，リズム等の音の要素と言語的要素（もしあれば）とに分けられます。この両者が組み合わさって音声を構成している場合には，これらを総合して判断することとなります。

この際に問題となるのが，分離観察の可否です。言語的要素が共通していて，音の要素が異なっている場合や，その逆の場合等に，共通部分をもって類似性を肯定してよいかということが問題になります。これについては，上述の判例に沿って，全体観察を基本としつつ，需要者に対して強く支配的な印象を与える要素がある場合には分離観察をすることになります。例えば，言語的要素の識別力が弱く，メロディの印象が強力な音商標の場合，対比する音商標も言語的要素の識別力が弱いのであれば，メロディの要素が共通性をもって類似性が肯定されることはあり得ます。

また，前述のとおり，両商標で共通している部分が独占適応性を欠く部分やありふれた部分である場合には，当該部分を類否判断において重視すべきではありません。例えば，言語的要素がありふれたフレーズや普通名称といえる場合には，そのような要素のみが共通していても類似にはならないと思われます。音の要素がありふれた音や技術的に不可避な音である場合も同様です。

(b) その他の新しいタイプの商標

色彩のみからなる商標には称呼は存在しないので，同商標の識別要素は外観と観念ということとなります。ただし色商標の場合，特定の観念が生じないものが多いと思われます。このような商標の場合は，当然ながら外観のみが識別要素となります。特定の観念を生ずるものであっても，基本的には外観が重視されることとなるように思われます。

動き商標の識別要素は，非伝統的商標と同じく，外観，称呼（もしあれば）及

第2章◇戦略的ツールとしての知的財産制度
第3節◇デザインや表示を保護する知的財産制度

び観念の3要素となります。外観のうち，商標審査基準*4によれば，動きそ
のものについては要部として抽出されないこととなっています。前述したよう
にそもそも全体観察の原則があることに加え，抽象的な動きのみを他の外観要
素から分離すること自体そもそも困難であると考えられることから，このよう
な扱いは妥当であるように思われます。また，技術的に不可避な動き，商品属
性としてありふれた動きについては，類否判断において重視されないこととな
ります。

　位置商標の識別要素は，付す文字・図形等の標章の識別要素（外観，称呼及び
観念）に位置を加えたものとなります。位置そのものは標章（商標2条1項柱書）
ではありませんが，（観念や音商標以外の称呼と同様に）識別要素とはいえるので，
考慮すべきものと思われます。ただし，商標審査基準によれば，位置そのもの
については要部として抽出されず，文字・図形等の標章の識別要素と併せて総
合的に判断されることになります。「位置」については標章の物品における表
示態様を特定する役割を担っているものであるため，具体的な標章を離れて位
置のみに着目するのは許されないということなのではないかと推測されます。
もちろん，標章のみでは識別力が認められず，特定の位置に表示することでは
じめて識別力が認められるというような場合も考えらますが，そのような場合
であっても位置のみに着目するのではなく，位置が同一である場合であって
も，標章が近似しない場合には類似性は否定されることになるのではないかと
思われます。

　これに対して，標章単独で識別力が認められる場合には，標章が近似する場
合には位置が異なっていても類似性を肯定すべきこととなります。このよう
に，位置商標の類否判断においては位置は外観に対する補助的な要素として考
慮されることになるように思われます。

　ホログラム商標の識別要素は，非伝統的商標と同じく外観，称呼及び観念と
いえます。見る角度によって文字が異なるホログラム商標の場合，複数の表示
面にそれぞれ異なる文字列が表示されている場合には，それらを一体としてみ
るべきか，分離して観察すべきかという問題が生じます。このような場合にお
いては，前述のとおり商標全体を観察することを原則としつつ，例外的に分離
観察を行うべきこととなります。商標審査基準もそのような立場であると思わ

第3款◇商標登録制度
Q44◆新しいタイプの商標

れます。

〔宮脇　正晴〕

=== ■判　例■ ===

☆1　最判昭43・2・27民集22巻2号399頁〔氷山印事件〕。

☆2　東京地判平26・5・21（平25（ワ）31446号）〔エルメス・バーキン立体商標事件〕。

☆3　最判昭38・12・5民集17巻12号1621頁〔リラ宝塚〕，最判平5・9・10民集47巻7号509頁〔SEIKO EYE事件〕，最判平20・9・8判時2021号92頁〔つつみのおひなっこや事件〕。

☆4　前掲☆2・東京地判平26・5・21〔エルメス・バーキン立体商標事件〕。

☆5　東京高判平13・1・31（平12（行ケ）234号）〔蛸事件〕。

=== ■注　記■ ===

＊1　この判例は商標登録要件（商標4条1項11号）の類否判断に関するものでしたが，権利侵害の場面においても，最判平9・3・11民集51巻3号1055頁〔小僧寿し事件〕が同様の基準を示しています。

＊2　なお，本件は後述のとおりやや特殊な事案でしたが，その後立体商標の同一性が肯定され侵害が肯定された裁判例（東京地判平30・12・27（平29（ワ）22543号）〔ランプシェード立体商標事件〕）も登場しています。

＊3　田村善之『商標法概説〔第2版〕』（弘文堂，2000年）120～122頁，133～134頁，宮脇正晴「商標法，意匠法及び不正競争防止法における同一性と類似性」パテ69巻別冊14号19頁（2016年3月）。

＊4　特許庁『商標審査基準』「第4条第1項第11号（先願に係る他人の登録商標）」〈https://www.jpo.go.jp/system/laws/rule/guideline/trademark/kijun/document/index/20_4-1-11.pdf〉（2019年4月29日確認）。以下，本文で言及する「商標審査基準」の出典はすべてこれと同じです。

第2章◇戦略的ツールとしての知的財産制度
第3節◇デザインや表示を保護する知的財産制度

 商標権侵害

どのような場合に商標権侵害とされて，侵害者にはどういう法的責任が発生するのでしょうか。

　一般的に，第三者が，権原なく，①指定商品又は指定役務について登録商標を使用する行為（商標25条本文参照。専用権侵害），②指定商品又は指定役務と登録商標のそれぞれに類似する商品又は役務と商標を使用する行為（商標37条1号のみなし侵害），③商標法37条2号ないし8号所定の行為をすると，商標権の侵害となります。
　商標権が侵害された場合，差止請求権（商標36条），損害賠償請求権（民709条，商標38条），信用回復措置請求権（商標39条，特106条），不当利得返還請求権（民703条・704条）が認められ得るので，侵害者にはそれに応じた法的責任が発生します。

☑キーワード

商標権侵害の要件，直接侵害，間接侵害

解　説

1　商標権侵害となる場合

商標権者は，指定商品又は指定役務について登録商標の使用をする権利を専

有しています（専用権。商標25条本文）。そのため、第三者が、権原なく、①指定商品又は指定役務について登録商標を使用する行為をすると、商標権侵害となります。

　また、登録商標の保護を強化する観点から、商標法は商標権侵害に関してみなし規定を設けています（商標37条）。

　まず、②指定商品又は指定役務と登録商標のそれぞれに類似する商品又は役務と商標を使用する行為をすると、商標権の侵害となります（禁止権。商標37条1号）。すなわち、使用に当たる行為の範囲が、類似商標と類似商品・役務にまで拡大されています。

　次に、③商標法37条2号ないし8号所定の行為（直接侵害を構成する商品を譲渡の目的で所持する行為等）をすることも、商標権の侵害となります。すなわち、商標法2条3項各号及び同条4項が定める登録商標の使用以外の、侵害行為の予備的行為も商標権侵害とみなされます。

　①及び②が直接侵害であるのに対し、③は間接侵害となります。

　なお、著名な登録商標にいたっては、禁止権の範囲をさらに拡大することができる防護標章の制度もあります（商標64条・67条）。

2　商標権侵害とならない場合

(1)　商標の非類似

　先に述べたとおり、商標が類似していなければ、商標権侵害とはなりません。

　商標の類否の判断について、裁判所は、対比される商標が同一又は類似の商品又は役務に使用された場合に、その商品又は役務の出所につき誤認混同を生ずるおそれがあるか否かによって決すべきであって、それには、使用された商標がその外観、観念、称呼等によって取引者に与える印象、記憶、連想等を総合して全体的に考察すべきであり、かつ、その商品又は役務に係る取引の実情を明らかにし得る限り、その具体的な取引状況に基づいて判断するのが相当である、との基準を設けています[1]。

　商標の類否に関する詳細は、**Q41**（商標の類否）を参照してください。

第2章◇戦略的ツールとしての知的財産制度
第3節◇デザインや表示を保護する知的財産制度

(2) 商品・役務の非類似

商品・役務が類似しない場合も，商標権侵害とはなりません。

裁判所は，商品の類否の判断について，商品自体が取引上誤認混同のおそれがあるかどうかにより判断すべきものではなく，それらの商品が通常同一営業主により製造又は販売されている等の事情により，それらの商品に同一又は類似の商標を使用するときは同一営業主の製造又は販売にかかる商品と誤認されるおそれがあると認められる関係にある場合には，たとえ，商品自体が互いに誤認混同を生ずるおそれがないものであっても，類似の商品に当たると解するのが相当である，との基準を設けています☆2。

(3) 商標を「使用」していない場合

商標の「使用」については，商標法2条3項各号（1号及び2号は商品についての使用，3号ないし7号は役務についての使用，8号は商標及び役務についての広告的使用，9号は音の商標の使用，10号は1号ないし9号に掲げるもののほか政令で定める行為）が定めており，そのいずれかに該当しなければ，商標を「使用」したことにはならず，商標権侵害が成立することはありません。

(4) 商標権侵害に対する抗弁が成立する場合

商標権侵害の実体的要件を満たしたとしても，商標権侵害の成立を否定できる場合があります。

例えば，商標権の効力は，商標法26条1項各号，3項各号に掲げる商標には及びません。「商標の使用」については，形式的には商標法2条3項各号及び同条4項に該当するように見える場合であっても，当該商標が本来の出所表示機能を有さず，「需要者が何人かの業務に係る商品又は役務であることを認識することができる態様により使用されていない」（商標26条1項6号）場合には，商標的使用に該当せず，商標権侵害は不成立となります。

ほかにも，正当な使用権原がある場合（専用使用権（商標30条2項），通常使用権（商標31条2項），先使用権（商標32条1項），中用権（商標33条）等）や，特許権等との抵触がある場合（商標29条），登録商標が無効審判請求により無効にされるべきものと認められる場合（権利行使制限の抗弁。商標39条，特104条の3），権利濫用に当たる場合（民1条3項），真正商品（正規品）の並行輸入のように実質的違法性がない場合等は商標権侵害となりません。

372

3 侵害者に発生する法的責任

商標権が侵害された場合,差止請求権(商標36条),損害賠償請求権(民709条,商標38条),信用回復措置請求権(商標39条,特106条),不当利得返還請求権(民703条・704条)が認められ得るので,侵害者にはそれに応じた法的責任が発生します。

差止請求権については,自己の商標権を侵害する者又は侵害するおそれがある者に対し,侵害行為の停止又は予防を請求することができる(商標36条1項)のみならず,この請求をするに際し,侵害行為を組成した物の廃棄,侵害行為に供した設備の除却その他の侵害の予防に必要な行為を請求できます(商標36条2項)。

なお,商標権侵害一般に関する説明の詳細は,小野ほか編・商標の法律相談ⅡQ92(245頁)〔山崎道雄〕も参照してください。

4 裁判例の紹介

参考までに,農林水産分野に関する商標権侵害訴訟事件について,知財高裁判決と,最近の地裁判決を紹介します。

(1) スーパーフコイダン事件☆3

本件は,「自然健康館」と「スーパーフコイダン」の二段併記の構成となっている本件商標(29類,32類)の商標権者である控訴人(原告)が,被控訴人(被告)に対し,その製造するモズク加工食品(被告商品)の容器・包装に上記被告各標章を付して販売しその広告にも同標章を付しているとして,上記商標権の侵害を理由に被告各標章の使用の差止め及び損害賠償金等を請求した事件で

本件商標	被告標章1	被告標章2
自然健康館 スーパーフコイダン	SUPER FUCOIDAN スーパーフコイダン	

第2章◇戦略的ツールとしての知的財産制度
第3節◇デザインや表示を保護する知的財産制度

す。

　原審は，本件商標と被告各標章とは非類似であるとして，原告の請求をいずれも棄却し，控訴審も同請求には理由がないとして控訴棄却としました。

　控訴審は，本件商標権の指定商品である「海藻エキスを主材料とする液状又は粉状の加工食品」又は「清涼飲料，果実飲料，飲料用野菜ジュース」の分野では，「スーパーフコイダン」という用語は，高品質の「フコイダン」，すなわち，高品質な，海藻類に含有される硫酸化多糖類が含有されていることを記述するにすぎず，そもそもそれ自体では出所識別力を有しておらず，これを踏まえて，「フコイダン」を名称に含む様々な健康食品が販売されている状況に照らし，本件商標は，「自然健康館」という製造元の表示と相まって初めて出所識別力が生じるというべきであり「自然健康館スーパーフコイダン」という本件商標全体が要部であると解するのが相当であるとして，本件商標と被告標章は非類似であるとした原判決を支持しています。

　本件に関する詳細は，『農水知財基本テキスト』207頁〔奥原玲子〕も併せて参照してください。

(2)　ジョイファーム事件☆4

　本件は，本件商標「ジョイファーム」（35類：加工食料品の小売又は卸売の業務において行われる顧客に対する便益の提供）の商標権者である原告が，被告に対し，被告各商品の包装に被告各標章を付する行為等が商標権を侵害するものとみな

本件商標

ジョイファーム
（標準文字）

被告標章1

被告標章2

※被告標章はいずれも丸で囲った部分です。

374

される（商標37条）と主張して，商標法36条1項に基づき，被告各標章を付した被告各商品の販売・販売のための展示の差止めを求めたところ，請求棄却となった事件です。

本件の争点は，被告各商品（シロップ，梅ジャム及びブルーベリージャム）が本件指定役務に類似するかという点でした。

裁判所は，シロップについては，第32類の「清涼飲料」に属する商品であるところ，「清涼飲料」と「加工食料品」は，いずれも一般消費者の飲食の用に供される商品であるとはいえ，取引の実情として，「清涼飲料」の製造・販売と「加工食料品」を対象とする小売等役務の提供とが同一事業者によって行われているのが通常であると認めるに足る証拠はないから，シロップに本件商標と同一又は類似の商標を使用する場合に，需要者において，シロップが「加工食料品」を対象とする小売等役務を提供する事業者の製造又は販売に係る商品と誤認されるおそれがあるとは認められる関係にはなく，シロップが本件指定役務に類似するとはいえないと判断しました。

次に，梅ジャム及びブルーベリージャムについては，いずれも「ジャム」であって，第29類の「加工野菜及び加工果実」に属する商品であり，本件指定役務において小売等役務の対象とされている「加工食料品」と関連する商品であるものの，ジャム等の加工食料品の取引の実情として，製造・販売と小売等役務の提供が同一事業者によって行われているのが通常であるとまでは認めることができず，実際の取引態様を踏まえて検討しても，梅ジャム及びブルーベリージャムに本件商標と同一又は類似の商標を使用する場合に，需要者において，梅ジャム及びブルーベリージャムが本件小売等役務を提供する事業者の製造又は販売に係る商品と誤認されるおそれがあると認められる関係にはないとして，本件指定役務に類似するとはいえないと判断しました。

ところで，原告は，『類似商品・役務審査基準』において，梅ジャム及びブルーベリージャムはいずれも「加工野菜及び加工果実」（32F04）に分類され，本件指定役務（35K03）に類似すると推定されていることから，本件指定役務と類似する旨主張しました。

しかしながら，裁判所は，同審査基準は，商標登録出願審査事務の便宜と統一のために定められたものであり，裁判所の判断を拘束するものではないか

375

第2章◇戦略的ツールとしての知的財産制度
第3節◇デザインや表示を保護する知的財産制度

ら，同審査基準において類似すると推定されているというだけで，本件指定役務と梅ジャム及びブルーベリージャムが類似するということはできず，とりわけ，商標権侵害訴訟における商品又は役務の類否の判断の際には，需要者において，商品の製造・販売者と役務の提供者の出所が誤認混同されるおそれがあるかを実際の取引態様を踏まえて具体的に検討する必要があるというべきであり，本件指定役務と梅ジャム及びブルーベリージャムが類似するということはできないと判示しています。

〔西脇　怜史〕

■判　例■

☆1　最〔3小〕判昭43・2・27民集22巻2号399頁，最〔3小〕判平9・3・11民集51巻3号1055頁。

☆2　最〔3小〕判昭36・6・27民集15巻6号1730頁。

☆3　知財高判平19・12・25裁判所ホームページ。

☆4　東京地判平30・2・14裁判所ホームページ。

46 商標ライセンス

(1) 商標のライセンスに際し，どのような事項について契約すればよいでしょうか。契約に際し，注意すべき事項を教えてください。
(2) 当社は適法に商標権者から商標のライセンスを受けて長年，当社商品に使用してきているのに，商標権者が勝手にその商標権を第三者に譲渡してしまいました。新たな商標権者からは，その商標を使用するなと警告が来たのですが，当社はもう使えないのでしょうか。

(1) 商標使用の地理的範囲・時間的制限や，対象の商品又は役務，ライセンス料（ロイヤルティ）といった基本的な事項のほか，独占的な使用を認めるのか，サブライセンスを認めるのか，権利の有効性や第三者の知的財産権を侵害していないことの保証を行うか，ライセンサーが品質管理を行うか，製造物責任に関して補償・免責を行うかなどといったことに関する条項が考えられます。登録商標の場合には，設定するライセンスを専用使用権とするのか，通常使用権とするのか，通常使用権の場合には登録義務を定めるのか，ライセンシーによる誤認混同行為の禁止といったことに関する条項が考えられます。なお，ライセンス契約においては，独占禁止法に反しないように注意する必要があります。

(2) 専用使用権又は通常使用権が登録されていれば，新たな商標権者に対しても，その商標の使用を対抗できますが，登録されていない場合には，新たな商標権者が使用を認めなければ，原則として，その商標を使用することはできません。ただし，一定の場合には，新たな商標権者による権利行使（商標の使用を認めないこと）が権利濫用に当たり許されなかったり，その商標を取り消すことができたりして，結果として，継続してその商標を使用できることになることが考えられます。なお，商標の無断譲渡によってライセンシーによる商標の使用ができなくなった場合には，も

第 2 章◇戦略的ツールとしての知的財産制度
第 3 節◇デザインや表示を保護する知的財産制度

> とのライセンサーの債務不履行責任を追及することが考えられま
> す。

☑キーワード

当然対抗，独占的使用権，サブライセンス，品質管理，専用使用権，通常
使用権，登録，不公正な取引方法，権利濫用

解　説

1　ライセンス契約において定めるべき事項

(1)　基本的事項

(a)　商標の使用範囲・対象商品等

　商標ライセンス契約においては，その商標を使用できる地理的な範囲や時間
的な制限，対象の商品又は役務を特定することが考えられます。地理的な範囲
としては，日本の登録商標であれば，基本的には日本全国で使用できるわけで
すが，それを一部の地域に限定することもできます。時間的な制限とは商標を
使用できる期間をいいます。登録商標の有効期間は10年であり，その範囲内の
期間を定めることは問題がありませんが，その後も商標の登録を有効にするた
めには登録を更新する必要がありますので，ライセンサーの更新義務や更新の
際の費用負担，更新しない場合の商標の取扱いに関する条項を定めることが考
えられます。

　また，ライセンス契約によって使用を認められる商標の対象商品や役務，用
途についても具体的に定めることで，使用範囲を特定することが考えられま
す。登録商標の場合は，その商標の指定商品又は指定役務の範囲内でライセン
スの対象商品・役務を定めます。それ以外についても対象商品・役務とするこ
とは可能ですが，その場合は，使用権の登録はできず，その商品・役務が，ラ
イセンスを受けた商標の指定商品・役務と類似する商品・役務でない限り，第

378

第3款◇商標登録制度
Q46◆商標ライセンス

三者がライセンシーと同一・類似の商品・役務について商標を無断で使用したような場合にも，その差止めをライセンサーに求めることができないことになります。また，品質の誤認や第三者の商標との混同を招くような場合には取消審判を請求されるリスクがありますので（商標53条），注意が必要です。未登録商標の場合には，そもそも指定商品・指定役務という概念がなく，どのような商品又は役務に対しても使用を許諾することが可能ですが，それによって第三者の商標権等を侵害したり，品質の誤認等を招いたりして，ライセンサー（その未登録商標）の信用を毀損することのないよう注意する必要があります。

　なお，ライセンスの範囲としては，ライセンシーがさらに第三者にその商標の使用をライセンスする，いわゆるサブライセンスを認めるかについても契約で決めることになります。

　(b)　ライセンス料

　一般的に，ライセンス契約の対価は，ロイヤルティとして定められます。ロイヤルティは，使用を認められた商品又は役務の売上高に対する一定の料率として定められることが多いですが，その料率は業界や商品・役務によって様々です。そして，ロイヤルティがそのように売上高などに応じて決まっていくものである場合には，売上高が正確に報告されているかを監査できる旨を定めることがあります。

　なお，ライセンスの対象が登録商標の場合には，商標が後に無効になったとしても既に支払われたロイヤルティを返還しない旨を定めておくことがあります。

　(2)　その他の権利義務に関する事項

　(a)　知財保証

　ライセンシーとしては，ライセンスを受ける商標が第三者の商標権や著作権などの知的財産権を侵害してしまうとその商標を使った事業ができないことになりますので，そのような場合に備えて，ライセンサーに対して，商標が第三者の知的財産権を侵害しないことを表明保証してもらうことを求めることがあります。また，登録商標の場合には，無効になってしまうと第三者の無断使用を差し止めることができなくなってしまい，その商標の価値が失われてしまうことから，その登録商標が有効であること（無効にならないこと）も合わせて表

第2章◇戦略的ツールとしての知的財産制度
第3節◇デザインや表示を保護する知的財産制度

明保証してもらうことを求めることがあります。その効果として，第三者の知的財産権の侵害が起こらなかったり，商標が無効にならなかったりするわけではありませんが，万が一そのような事態が生じた際には，ライセンサーに対して，表明保証違反を問うことができます。

これに対して，ライセンサーとしては，すべての知的財産権を調査することや，すべての無効原因をなくすことは不可能ですので，そのような義務を定めることを拒絶するのが通常であり，実際には，ライセンス契約においてこのような知財保証条項を置く例は多くありません。

(b) **品質管理義務**

商標には品質保証機能があるといわれていますが，ライセンシーがその商標を付して販売する商品や役務の品質が粗悪であったりすると，築き上げてきた商標の信用が棄損されてしまいます。その商標を保有する（多くの場合，その商標の持つ信用を維持・向上させてきた）ライセンサーとしては，そのような事態は避けたいと考えるのが通常ですので，ライセンス契約において，対象の商品や役務の品質管理義務として，ライセンサーが製品の製造工程やマニュアルを確認したり，サンプルをチェックしたりする権利を認め，ライセンシーには認められた製造工程等を維持する義務を課すことがあります。

(c) **製造物責任に関する事項**

ライセンサーは，「製造物を製造，加工，輸入した者」（製造物責任法2条3項1号）ではない場合であっても，「自ら当該製造物の製造業者として当該製造物にその氏名，商号，商標その他の表示（以下「氏名等の表示」という。）をした者又は当該製造物にその製造業者と誤認させるような氏名等の表示をした者」として，製造物責任を負う可能性があります（製造物責任法2条3項2号）。

そのため，前記(b)において述べた品質管理義務の履行を確保することと合わせて，万が一，ライセンシーの製造した商品によってライセンサーに製造物責任が認められた場合にライセンサーの損害賠償債務をライセンシーが補償する旨の条項を定めることがあります。また，このような補償義務を定めても，ライセンシーにそれだけの資力がなければ意味がありませんので，ライセンシーが製造物責任保険を付保し，その被保険者としてライセンサーも加えることを定めておくことも考えられます。

第3款◇商標登録制度
Q46◆商標ライセンス

　なお，製造物責任を生じる製品の欠陥には，設計上又は製造上の欠陥に加え，指示・警告上の欠陥もありますので，そのような欠陥の発生を防止するためには，上記の品質管理義務の一部として，又はそれに加えて，ライセンシーに対して，商品に関する適切な説明書を作成する義務を課すことが考えられます。

(3)　登録商標の場合に関連する事項

　登録商標のライセンスにおいては，専用使用権（商標30条）と通常使用権（商標31条）という2つの種類があります。

(a)　専用使用権

　専用使用権とは，ライセンシーが商標を独占的に使用できる権利であり，設定されると商標権者も使用ができず，商標権の侵害があると，それに対して差止請求権を行使できるものです。また，その効力発生要件として，特許庁への登録が必要になります（商標30条4項，特98条1項2号）。

　なお，地域団体商標に係る商標権については，その商標権者である組合等の構成員に商標を使用させることを目的とした制度であるため，専用使用権を設定することはできません（商標30条1項ただし書）。

(b)　通常使用権

　通常使用権とは，設定行為（契約）において定めた範囲内で指定商品・指定役務について登録商標の使用を認める制度です。専用使用権のように，独自に差止請求権が認められるものではなく，他にもライセンスを認めるのか，それとも，ライセンシーに独占的に使用させるのか，さらには，商標権者自体の使用を認めるのかについても，すべて契約において定めることになります。

　通常使用権においては，専用使用権と異なり，特許庁への登録は効力発生要件ではなく，対抗要件にすぎませんので（商標31条4項），ライセンサーに登録義務があるか否かについては争いがあります。ただ，登録しておかないと，商標権が譲渡された場合などに，ライセンス（通常使用権）の存在を商標権の譲受人に対抗（主張）できなくなるため，ライセンシーとしては，契約において，ライセンサーの登録義務を規定しておきたいところです（なお，特許の通常実施権に関する事案ですが，「通常実施権者は当然には特許権者に対して通常実施権につき設定登録手続をとるべきことを求めることはできないというべく，これを求めることができるの

381

第2章◇戦略的ツールとしての知的財産制度
第3節◇デザインや表示を保護する知的財産制度

はその旨の特約がある場合に限られるというべきである」との最高裁判例があります☆1）。

　また，通常使用権は，専用使用権と異なり，独自に侵害を差し止める権利はありませんので，仮に，商標権の侵害が生じた場合には，商標権者に差し止めてもらう必要があります。そのため，契約において，ライセンサーに対して侵害排除義務を定めることがあります。なお，この点に関して，ライセンサーがライセンシーにだけ使用を認める独占的通常実施権の場合には差止請求権を認める学説などがあり，侵害が生じた場合に通常実施権者の有する権利については学説上争いがありますが，確定的な結論は出ていませんので，ライセンシーとしては，万が一の場合に備えて，ライセンサーに適切な対応をしてもらえるような条項を設けておくのがよいと思われます。

(4)　独占禁止法との関係

　ライセンサーとしては，商標の信用維持等のためにライセンシーに様々な義務を課すことを考えますが，一般的にライセンサーのほうが有利な立場にありますので，過度な義務を課してしまう場合には，独占禁止法違反となってしまうことがありますので，注意が必要です。

　以下，商標のライセンス契約において，特に注意すべき事項について説明します。

(a)　原材料に関する制限

　ライセンサーとしては，前述のとおり，対象の商品の品質を維持してもらいたいと考えるものですので，そのために，その商品を構成する原材料や中間製品等の購入を義務付けたり，その調達先を限定するような義務を課したりすることも考えられます。

　しかし，このような行為は，品質保証のため，商品の安全性確保のため，秘密情報の漏洩防止のためなどの一定の合理性が認められるような例外的な場合を除き，ライセンシーの調達先の自由を制限し，また，原材料等の供給元事業者の取引の機会を排除する効果があることから，不公正な取引に該当する可能性があります。

(b)　販売に関する制限

　ライセンサーがライセンシーに対して，対象の商品の販売地域，販売数量，販売先を制限する行為は，ライセンシーの事業活動を拘束するものであり，不

第3款◇商標登録制度
Q46◆商標ライセンス

公正な取引に該当する可能性があります。

(c) ロイヤルティの計算方法

ライセンサーが，ライセンス対象の商標を付した商品や当該商標を使用した役務以外の商品・役務をロイヤルティ算定の基礎とすることは，不公正な取引方法に当たる可能性があります。

(d) 無用な商標等のライセンス

ライセンサーが，ライセンシーに対して，対象の商標以外のライセンシーが必要としているもの以外の商標等のライセンスを義務付けることは，ライセンシーの商標の選択を拘束するものですので，不公正な取引方法に該当する可能性があります。

2 商標権が譲渡された場合のライセンス契約

(1) 専用使用権の場合

ライセンスの種類が専用使用権の場合には，設定登録がなされているはずですので，後に商標権を取得した第三者に対しても専用使用権の存在を対抗することができます（商標30条4項，特98条1項2号）。

(2) 通常使用権の場合

(a) 継続使用の可否

通常使用権の場合も，その設定を登録したものは，後に商標権を譲り受けた第三者に通常使用権を対抗することができます（商標31条5項）。しかし，登録を受けていない通常使用権については，商標権の譲受人に対して対抗できず，使用の中止を求められた場合には，原則として，それに従わざるを得ません。

この点，特許権は平成23年改正において，通常実施権の登録の制度を廃止し，特段の手続なく設定後の商標権の譲受人等に通常実施権を対抗できる，いわゆる当然対抗の制度が設けられ，意匠権及び実用新案権は，この特許法の規定を準用する形で，同じ当然対抗の制度が認められましたが，この際，商標権については，同様の制度は設けられませんでした。そのため，商標権の通常使用権を設定後の商標権の譲受人等に対抗するには，引き続き，登録が必要になります。商標権について当然対抗の制度が設けられなかったのは，特許と異な

383

第2章◇戦略的ツールとしての知的財産制度
第3節◇デザインや表示を保護する知的財産制度

り，実務上，1つの製品に多数の商標ライセンス契約が締結される状況は極めて例外的であり，通常使用権を登録できない決定的な事情は見当たらないこと，また，譲受人が，意に反して通常使用権の付いた商標権を取得した場合，当該商標が出所識別等の機能を発揮できなくなるおそれがあり，通常使用権の商標権に対する制約は，特許権の場合と比較してはるかに大きいといった事情があるためとされています（産業構造審議会知的財産分科会商標制度委員会第23回資料参考資料1「特許法改正検討項目の商標法への波及について〈一覧表〉」）。

(b) **使用中止を求められた際の対応**

(ア) **商標権の譲受人に対して新たなライセンスを申し入れる**　商標権の譲受人から商標の使用中止を求められた場合には，まず，その譲受人に対して新たにライセンスを申し入れることが考えられます。譲受人が商標の使用中止を求めた目的が従前のライセンス契約の条件の改定にある場合には，交渉次第で新たに譲受人との間でライセンス契約を締結することが可能かと思われます。

(イ) **権利濫用を主張する**　上記のとおり，登録をしていない通常使用権は，商標権の譲受人に対抗できませんが，例えば，ライセンシーによる長年にわたる使用によって当該商標が一定の周知性・信用を獲得していたような場合には，譲受人の権利行使が権利濫用に当たる旨主張することが考えられます。

差止請求を受ける前から使用し，一定の周知性・著名性を得ている商標について，第三者が当該商標を出願したり，類似の登録商標を譲り受けたりして，使用者に対して行った権利行使を権利濫用と認めた裁判例もあります☆2。

(ウ) **商標権の取消審判請求を提起する**　もともとのライセンサーが同一・類似の商品又は役務について複数の商標権を有し，そのうちの1つを譲渡したという場合で，そのいずれかの商標権者が不正競争の目的で他の商標権者等と混同を生ずる行為を行ったというような事情が認められる場合には，使用の中止を求められた商標権について，取消審判請求をすることが考えられます（商標52条の2）。

元の商標権者の商品（オーリング）を示すものとして広く認識されていた複数の商標の1つについて，当該商品を販売していた会社が譲り受け，他社の商品にそれを付して販売した事案について，不正競争目的によって混同を生ずる行為を行ったとして，譲渡された商標権の取消しを認めた審決例があります（平

24・9・18審決（取消2011-300979））。

　このように商標権を取り消した場合には，ライセンシーは引き続き当該商標を使用することができますが，他方で，誰でも自由に使うことができてしまうようになるため，第三者の無断使用を差し止めることができなくなってしまいますので，最後の手段といえるかもしれません。

　（ただし，それでも，ライセンシーの使用によって，当該商標の出所識別機能として，もはやライセンシーの商標であるとの認識が広まっているような場合には，不正競争防止法2条1項1号又は同項2号に基づき第三者の使用を差し止めることができる場合があるかもしれません。）

　㈑　ライセンサーに対する債務不履行責任の追及　　以上のように，商標権の譲受人が使用の中止を求めてきた場合に考え得る手段を検討しましたが，いずれも一定の周知性を獲得しているなど例外的な場合であり，結局，ライセンシーが継続的に使用することができなくなるという結果になることが考えられます。

　その場合には，ライセンシーとしては，ライセンサーに対して，ライセンス契約上の義務違反（商標を使用させる義務の違反）として，損害賠償請求を行うことが考えられます。

　ただし，その場合の損害とは，商標の使用ができなくなったことによるものである必要があり，例えば，それによる販売の減少等による逸失利益などが考えられます。これについては，当該商標を使用していた時期と使用を中止した後とを比較して顕著に販売数が減少していた場合には，当該減少が商標の使用中止によるものであることが比較的わかりやすく現れているといえますが，そうでない場合にはその立証は容易ではありません。

　⒞　ま　と　め

　以上のとおり，商標権の通常使用権は設定登録をしていないと商標権を譲り受けた第三者に対抗できず，そのまま使用を継続できるのは例外的な場合であるといえますので，ライセンス契約を締結する際に，ライセンサーに対して通常使用権の設定登録義務を課すなどして，確実に設定登録を行うことが望ましいといえます。

〔星　　　大介〕

第2章◇戦略的ツールとしての知的財産制度
第3節◇デザインや表示を保護する知的財産制度

■判　例■

☆1　最判昭48・4・20民集27巻3号580頁。

☆2　東京地判平11・4・28判時1691号136頁〔ウィルスバスター事件〕，東京高判昭
　　30・6・28高民集8巻5号371頁〔天の川事件〕。

●参考文献●

⑴　松村信夫「第30条（専用使用権）」・南川博茂「第31条（通常使用権）」小野＝三山
　編・新注解商標（上）935〜973頁。

⑵　古関宏「第52条の2（商標権が移転された場合の取消審判請求）」・「第53条（使用
　権者の行為による取消審判請求）」小野＝三山編・新注解商標（下）1523〜1537頁。

第3款◇商標登録制度
Q47◆海外での商標保護について

 海外での商標保護について

海外で商標の保護を受けるためには，どのような注意が必要でしょうか。

A

　海外での商標の保護として，商標登録出願，冒認出願の対策及び権利行使に分けられます。海外での商標登録出願に際し，出願ルート，指定商品・役務，商標（マーク），出願国等についてそれぞれ留意が必要です。また，冒認出願対策として，和解による譲渡，不使用取消審判，無効審判等があります。さらに，権利行使として，警告状の送付，直接交渉，展示会場におけるクレーム申立て，インターネットショッピングサイトへの削除要請，行政取締り，税関差止め，訴訟等があります。

☑キーワード

　商標，海外出願，属地主義，マドリッドプロトコル

 解　説

　海外での商標の保護として，商標登録出願，冒認出願の対策及び権利行使に分けて説明します。

1　海外での商標登録出願について

387

第２章◇戦略的ツールとしての知的財産制度
第３節◇デザインや表示を保護する知的財産制度

(1) 属地主義

　日本で商標権を所有していても，外国において効力がないため海外では保護されず，また，日本で商標登録に至っても，海外では同一又は類似する先行商標がある等の理由から，登録が認められない，又は使用できない場合があります。海外に農産品等の生産物を輸出する場合や，国際的に模倣品や偽造品対策をする場合には，それぞれの国で商標を保護するための法的な根拠が求められます。

(2) 出願のルート

　海外での商標登録出願のルートとして，①各国への直接商標登録出願と，②マドリットプロトコル利用による国際登録出願があります。

　②のマドリットプロトコル利用による国際登録出願とは，マドリッド協定議定書（及びマドリッド協定）に基づく商標の国際登録であり，スイス国ジュネーブのWIPO（世界知的所有権機関）が国際事務局として管理します。日本において商標登録（出願）が存在し，その登録商標と同一のものを出願することが必要です。出願人が指定した国（事後的に指定を追加することも可能です）の官庁に対し指定があった旨の通知が送られ，各国ではそれぞれの法律に基づいて保護できるかどうか所定の審査をした上で，保護ができないときは出願人にその旨を通知します。各国は保護できない通知を送ることのできる期間が条約上限られているため，保護の予見可能性を高めることができるメリットがあります[*1]。

　また，①の各国への商標登録出願の場合は，各国別々の更新日管理をしなければなりませんでしたが，②のルートでは，国際登録の更新管理などを通じて一括管理を可能とするメリットがあります。ただし，指定国ごとに細かな留意点があり，例えば，アメリカを指定した場合には，別途，標章を使用する意思の宣言書（MM18）の提出が必要です。また，中国を指定する場合には，類似商品・役務区分表の例示商品・役務及び中国商標局の許可例として認められた商品・役務表示以外の商品・役務は，基本的に商標局に受け入れられないため，指定商品・指定役務の記載にも留意が必要です。

　いずれのルートをとるにしても，登録可能性等について，現地代理人に事前の調査を依頼することが理想的ですが，費用や調査期間に鑑みて，Madrid Monitor[*2]（世界知的所有権機関（WIPO）のデータベースでマドリットプロトコルを利

388

用した国際登録の調査が可能です），TMview＊³（欧州連合知的財産庁（European Union Intellectual Property Office）が無料で提供する商標データベース），eSearch plus＊⁴（欧州連合知的財産庁のデータベース），ASEAN TMview＊⁵を用いた簡易的な事前調査により，後々のリスク（例えば，輸出戦略上重要な国で商標登録が認められず，当該国だけ異なる商品名に変更が必要になる等）を低減することができます。

(3)　指定商品・役務に関する留意点

商標登録出願に記載する指定商品・役務について，以下のような留意点が挙げられます。

（a）　生鮮食品等の素材として出荷する場合，加工品や飲食業についても指定商品・役務に含める必要がないか慎重に検討します。

（b）　加工品を指定商品に含む場合，どの区分で指定するか検討・調査し，判断がつかなければ特許庁に事前に相談します。特に食品に関する指定商品の区分はわかりにくい場合があります。例えば，果物をゼリーとして製造，販売する場合，サプリメント等のゼリー状の加工品の場合は第5類であり，野菜・果実を原材料とする食用ゼリーの場合は第29類であり，菓子としてのゼリーの場合は第30類であり，ゼリー状の清涼飲料水の場合は第32類となります。また，これらは類似群コードにおいて非類似の関係にあるため，どれかの区分で取得しておけば，第三者が類似商品を販売した場合，カバーできると限りません。

（c）　前述の中国での商標登録出願に関する留意点のように，国ごとに分類が異なる場合があるため，事前に確認します。

(4)　商標（マーク）に関する留意点

日本で商標登録をした商標と同一の商標を外国において安全に使用するためには，まず，その外国において商標登録及び使用が可能か（第三者が同一又は類似の商標を出願，保有，使用していないか）事前に調査します。また，ローマ字で出願するか，漢字で出願するか（中国等で出願する場合，現地で解釈される漢字の意味が適切か）にも配慮し，登録可能であれば，速やかに商標登録出願をします。

(5)　出願国に対する留意点

どこの国に出願するか検討する場合，最終的な消費地のみならず，真正品の流通地（シンガポール，ドバイ等）や侵害品を生産することが予想される国，侵害品の流通が予想される国でも権利取得ができると望ましいです。なお，中国に

第2章◇戦略的ツールとしての知的財産制度
第3節◇デザインや表示を保護する知的財産制度

おける商標権の保護は，マカオ，香港に及ばないため，マカオ及び香港で商標権の保護を求める場合には，別途これらの国において商標登録出願をする必要があります。また，Solomon Island及びTuvaluは，最初に英国で商標登録をした上で拡張登録する必要がある等出願国の制度上の特徴を把握しておかないと予想外に時間を要する場合があります。

2 冒認出願対策について

　冒認出願の原因として，①正当な権利者による中国での出願手続の遅れに加え，②商品の展示会，商談，広告，インターネット等を通じ容易に外国のブランド情報を入手することができる状況があること，さらに，③「中国商標法には日本商標法4条1項19号（他人の業務に係る商品又は役務を表示するものとして日本国内又は外国における需要者の間に広く認識されている商標と同一又は類似の商標であって，不正の目的（不正の利益を得る目的，他人に損害を加える目的その他の不正の目的をいう。）をもって使用をするものを不登録事由とする）に相当する規定が存在しないことも問題の深刻化を助長している。」（宮原貴洋「模倣対策における中国商標関連制度の留意点」知管58巻5号（2008年）591頁）（日本商標法4条1項19号の引用は本稿の執筆者による）と指摘されています。例えば，三重県松阪牛協議会が「松阪牛」の商標登録出願を行ったところ，「坂」の文字は異なりますが，中国企業により，すでに「松坂牛」が出願されていることを理由の1つとして拒絶されました。

　正当な権利者の対応策として，主として「①和解による譲渡，②3年間不使用による取消審判の申立て，及び③無効審判請求の申立て」（張和伏＝遠藤誠「中国における抜け駆け登録（冒認出願）商標への対応（下）」NBL879号（2008年）57頁）のほか，④異議申立制度が挙げられます[6]。

3 権利行使について

　海外での権利行使は，主に以下の対応に分けられ，各メリット，デメリット等特徴を踏まえて，費用と効果のバランスから事案に応じて対策を織り交ぜて検討することが重要です。

第3款◇商標登録制度
Q47◆海外での商標保護について

(1) 警告状の送付，直接交渉

　侵害者に直接警告状を送付し，交渉を行う対応は，軽微な案件や侵害品か否か識別が容易な場合や，侵害が明白な場合に採用しやすいといえます。メリットとして，低コスト，短期間で解決できる，また時効中断の効果があることが挙げられます。他方，同対応は，侵害者に警告状を無視，逃亡，証拠隠滅されるリスクがあり，また，侵害しないことの確認訴訟を提起されるリスクがあります。

(2) 見本市・展示会での対策

　海外での見本市・展示会への参加，出店は，自社商品の紹介，宣伝広告の貴重な機会ですが，他社の情報を入手を目的とする参加者，来場者もいるため，出店前に関連する知的財産権の確保（登録出願）や営業秘密を伏せる工夫等が必要です。その他，開催期間中も必要以上にパンフレットを配布しない，口頭の説明も詳細にしすぎない等に留意します。

　また，中国では，他社のブースで侵害品を発見した場合に，展示会場のクレームセンターに対応を依頼できる法制度が用意されています。限られた開催期間中に対応を求めることになるため，事前に会場のクレームセンターへ提出する必要書類を確認し，証拠化の準備も重要です[*7]。

　展示会場のクレームセンターを利用するステップは，以下のとおりです。

［STEP1］　対象出展業者の知的財産権侵害に関する情報，その他必要資料（委任状，権利証書等）をもって，知的財産権侵害クレーム窓口に摘発申立てを実施

［STEP2］　申立てに基づき，知的財産権侵害クレーム窓口の担当者が，疑義業者及び疑義品に対する検査を実施して，権利侵害に該当するか否かを判断

［STEP3］　権利侵害であると認定された場合，法律に従い，現場において当局より権利侵害品を押収，あるいは，権利侵害品の撤去を要請

［ATEP4］　法律に従い，当局より，上記の権利侵害業者に処罰（権利侵害品の押収，罰則等）を下す。

　かかる見本市での対応は，証拠品の拡散を防止できるメリットがありますが，損害賠償請求を行うためには別途手続が必要です。

391

第2章◇戦略的ツールとしての知的財産制度
第3節◇デザインや表示を保護する知的財産制度

(3) インターネットショッピングサイトへの侵害品の削除等の要請

かかる対応は，侵害品の識別が容易な場合や侵害が明白な場合に有用です。メリットとしてコストが抑えられ，短期間で効果があり，拡散を防止できることが挙げられます。他方，デメリットとして損害賠償請求には別途対応が必要であること，1つのショッピングサイトから削除されても，すぐに別のショッピングサイトに出品されイタチごっこになる等が挙げられます。

(4) 行政取締り（中国の場合，工商行政管理局による取締り，ベトナム，タイ等）

かかる対応は，権利者にとって重大案件で，侵害品の識別が容易である場合に有用です。メリットとして，裁判手続よりコストが抑えられることが挙げられます。他方，期間は相当程度要するうえ，地方保護主義のリスクがあること，損害賠償請求には別途対応が必要であること，最終的に不処分になったり，刑事罰が軽度となるデメリットがあります。

(5) 税関差止め

かかる対応は，権利者にとって重大案件で，税関職員が識別できるよう侵害品の識別が容易である場合に有用であり，メリットとして，裁判手続よりコストが抑えられること，比較的短期間で決着すること，訴訟手続と比べて厳重な証拠を揃える必要がないことが挙げられます。他方，期間は相当程度要するうえ，地方保護主義のリスクがあること，損害賠償請求には別途対応が必要であること等のデメリットがあります。

(6) 裁判所における訴訟

かかる対応は，権利者にとって重大案件ですが，上述の対応のように真偽識別が容易ではない場合や侵害が明白ではない場合に有用であり，メリットとして損害賠償請求ができることが挙げられます。他方，代理人費用等コストが高くなり，長期間かかる，証明のために厳格な証拠が求められる点を考慮する必要があります[8]。

〔外村　玲子〕

――■注　記■――

＊1　参考：特許庁ウェブサイト（https://www.jpo.go.jp/system/trademark/madrid/

seido/madopro_beginner.html)

* 2　http://www.wipo.int/madrid/monitor/en/

* 3　https://www.tmdn.org/tmview/welcome

* 4　https://euipo.europa.eu/eSearch/

* 5　http://www.asean-tmview.org/tmview/welcome

* 6　中国における具体的な冒認出願対策について，「中国商標権冒認出願対策マニュ
アル2009年改訂増補版」（2009年3月　ジェトロ北京センター知的財産権部）
（https://www.jetro.go.jp/ext_images/world/asia/cn/ip/tm_misappropriati
on/2009061047400485.pdf）。

* 7　各州ごとの法制度や具体的な手順は，ジェトロの「中国の展示会出展時における
知財保護対策（2014年12月）」で詳細に説明があるため，参照されたい。

* 8　中村合同特許法律事務所編『知的財産訴訟の現在－訴訟代理人による判例評釈』
（有斐閣，2014年）621頁。

第2章◇戦略的ツールとしての知的財産制度
第3節◇デザインや表示を保護する知的財産制度

《　第4款　不正競争防止法（表示保護，商品形態保護）　》

48　不正競争防止法概説

不正競争防止法とはどのような目的の法律で，基本的な保護の枠組みはどうなっているのですか。

　　不正競争防止法は，国民経済の発展に寄与することを目的として，一定の行き過ぎた競争行為類型を「不正競争」と定義し，禁止しています。
　禁止される不正競争の例としては，他人の周知又は著名なトレードマークを無断で使用する行為（不競2条1項1号・2号），他人の商品と同じ形態の商品を販売する行為（同項3号），他人の営業秘密や限定提供データを不正に取得し又は保有者から示された営業秘密や限定提供データを第三者に不正に開示する行為（同項4号等），自己の商品の品質を有利に誤認させる表示を行う行為（同項20号），他人の信用を低下させるために第三者に虚偽の事実を告知する行為（同項21号）等があります。
　そして，不正競争防止法は，差止請求，損害賠償請求等の不正競争が行われたことにより営業上の利益を侵害された者に対する民事的救済手段について規定するとともに，一定の違法性の高い不正競争に対する刑事罰も規定しています。さらに，これら民事的救済及び刑事罰の適用は，民事訴訟手続及び刑事訴訟手続を通じて行われますが，不正競争防止法は，これらの手続において，請求者の立証の困難を緩和し又は営業秘密が公開されてしまわないようするための制度も規定しています。

第4款◇不正競争防止法（表示保護，商品形態保護）
Q48◆不正競争防止法概説

☑キーワード

不正競争防止法，不正競争，民事的救済，差止請求の請求主体，刑事罰

解　説

1　不正競争防止法の概要

⑴　不正競争防止法の目的

　不正競争防止法1条では，「この法律は，事業者間の公正な競争及びこれに
関する国際約束の的確な実施を確保するため，不正競争の防止及び不正競争に
係る損害賠償に関する措置等を講じ，もって国民経済の健全な発展に寄与する
ことを目的とする。」と規定されています。

　他人と競争を行う経済活動は，営業の自由（憲22条）として保障される憲法
上の権利です。販売する商品やサービスの内容，品質，提供方法，価格等で競
争を行うことは，まさしく営業の自由であり，公正な競争の典型例といえま
す。国民経済にとっても，より優れた商品やサービスの提供が流通することに
なるので，その発展に寄与することになります。

　これに対し，競争相手の成果を無断で利用したり，虚偽の表示を行って自分
の商品を優良に見せたり，競争相手を貶める風評を流したりすることは，いわ
ば行き過ぎた競争であり，逆に国民経済の発展を阻害することとなります。

　そこで，不正競争防止法は，一定の行き過ぎた競争行為類型を「不正競争」
として禁止し，事業者間で公正な競争が行われる社会の実現を図ることを目的
としています。

⑵　不正競争防止法の特徴

　⒜　不正競争防止法は，「およそ不公正な競争行為は禁止する」といった一
般条項は設けず，禁止される競争行為を限定列挙しています（限定列挙主義。不
競2条1項）。そのため，どのような行為が不正競争防止法により禁止されるか

395

第2章◇戦略的ツールとしての知的財産制度
第3節◇デザインや表示を保護する知的財産制度

は，この限定列挙された行為のいずれかに該当するかを検討することとなります。

(b) また，成果を冒用する行為は，不正競争防止法の不正競争に該当すれば，それだけで禁止対象となります。特許法，実用新案法，意匠法，商標法等のように，保護の対象となる成果について出願し，登録を受けておく必要はありません。

(c) さらに，不正競争防止法では，独占禁止法や景表法のような行政規制は設けられていませんが，不正競争に対する民事的救済手段と刑事罰が定められています。

この点，不正競争に対する救済手段としては，不正競争防止法によらずとも，民法による保護（民709条）もあり得るところですが，民法による救済は，損害賠償請求といった事後的なものにとどまるのが原則です。これに対し，不正競争防止法は，民法では原則として認められない差止請求も認めています。

2 どのような競争が禁止される不正競争とされているか

(1) 全体像

不正競争防止法上の不正競争には，以下のものがあります（不競2条1項）。

① 周知表示混同惹起行為（同項1号）

② 著名表示冒用行為（同項2号）

③ 商品形態模倣行為（同項3号）

④ 営業秘密に係る不正行為（同項4号～10号）

⑤ 限定提供データに係る不正行為（同項11号～16号）

⑥ 技術的制限手段無効化行為（同項17号・18号）

⑦ ドメイン名の不正取得行為等（同項19号）

⑧ 品質等誤認惹起行為（同項20号）

⑨ 信用棄損行為（同項21号）

⑩ 代理人等の商標無断使用行為等（同項22号）

(2) 成果冒用型

①～⑦及び⑩は，他人の成果を冒用するタイプの不正競争です。以下，対象

第4款◇不正競争防止法（表示保護，商品形態保護）
Q48◆不正競争防止法概説

となる成果に応じて補足します。

(a) 信用・表示（①，②）

周知表示混同惹起行為（①）及び著名表示冒用行為（②）は，いずれも他人の「商品等表示」を使用等する行為をいい，例えば，特定の地域で有名なレストランの名前を使って同じ地域でレストランを経営する行為（①），自分の商品に誰もが知る世界的に有名なブランドのロゴマークを付して販売する行為（②）が該当します（詳細は**Q50**参照）。

「商品等表示」は，不正競争防止法2条1項1号において，「人の業務に係る氏名，商号，商標，標章，商品の容器若しくは包装その他の商品又は営業を表示するものをいう。」と定義されており，簡単にいえば，商品やサービスが誰によるものなのかを示すものを意味します。

商品等表示は，商標権の対象となるような商標を含みますが，登録をすることまでは要件となっていません。もっとも，周知表示混同惹起行為（①）では，商品等表示が需要者の間に広く認識されていること（周知性）が要件となり，著名表示冒用行為（②）では，商品等表示が著名となっていること（著名性）が要件となります。

この点，「周知性」は，全国的であることは要せず，一地方において需要者に知られている程度でもよいとされているのに対し，「著名性」は，全国的にかつ市場を問わず知られていることが必要とされています。その代わり，周知性で足りる周知表示混同惹起行為（①）では，「他人の商品又は営業と混同を生じさせる行為」であることが要件となっています。

(b) 商品形態（③）

商品形態模倣行為（③）は，他人の商品の形態を模倣した商品を譲渡等する行為をいい，例えば，すでに販売されている椅子とまったく同じ形の椅子を販売する行為が該当します（詳細は**Q49**参照）。

ここで，「模倣」とは，他人の商品の形態に依拠して，これと実質的に同一の形態の商品を作り出すことをいい（不競2条5項），いわゆるデッドコピーを意味します。

商品形態の保護は，意匠権による保護も可能ですが，商品形態模倣行為においては商品形態を登録しておく必要はありません。ただし，意匠権は，登録か

397

第２章◇戦略的ツールとしての知的財産制度
第３節◇デザインや表示を保護する知的財産制度

ら20年間保護されるのに対し（意21条１項），商品形態模倣行為は，商品が最初に販売された日から３年内に行われた行為に限られます（不競19条１項５号イ）。

(c)　営業秘密（④）

営業秘密に係る不正行為（④）は，営業秘密を不正に取得し，又は，保有者から示された営業秘密を第三者に開示する行為等をいい，例えば，会社のPCに不正アクセスして顧客情報を盗んだり，対価を得るために技術担当の従業員が会社の技術ノウハウを第三者に開示する行為が該当します。

「営業秘密」とは，「秘密として管理されている生産方法，販売方法その他の事業活動に有用な技術上又は営業上の情報であって，公然と知られていないもの」（不競２条６項）と定義されており，秘密管理性，有用性，非公知性の要件が必要とされています。

そして，不正競争防止法は，

・窃取するなどの不正の手段により営業秘密を取得する行為（営業秘密不正取得行為）及び当該取得後の情報の流通過程で起こる一定の行為（４号～６号）

・営業秘密を保有者から示された後に，当該営業秘密を図利加害目的で，使用・開示する行為（営業秘密不正開示行為）及び当該開示後の情報の流通過程で起こる一定の行為（７号～９号）

・以上の行為のうち技術上の秘密を使用する行為により生じた物を譲渡等する行為（10号）

について，不正競争行為として禁止しています（詳細は**Q97**～**Q99**）。

(d)　**限定提供データに係る不正行為（⑤）**

限定提供データに係る不正行為は，平成30年改正法により追加された不正競争行為です。

限定提供データは，「業として特定の者に提供する情報として電磁的方法……により相当量蓄積され，及び管理されている技術上又は営業上の情報（秘密として管理されているものを除く。）をいう。」（不競２条７項）と定義されており，例えば，IoTを活用して蓄積・分析された農業に関するデータや消費動向データであって，商品として特定の顧客に提供されるものや，コンソーシアム内で共有されるものなどが該当し得ると考えられます。反対に，一般公衆に広く公開されている情報，紙媒体で管理されている情報，相当量蓄積されていない情

398

第4款◇不正競争防止法（表示保護，商品形態保護）
Q48◆不正競争防止法概説

報は，限定提供データには該当しません。

そして，不正競争防止法は，

・窃取するなどの不正の手段により限定提供データを取得する行為（限定提供データ不正取得行為）及び当該取得後の情報の流通過程で起こる一定の行為（11号〜13号）

・限定提供データ保有者から示された後に，当該限定提供データを図利加害目的で使用・開示する行為（限定提供データ不正開示行為）及び当該開示後の情報の流通過程で起こる一定の行為（14号〜16号）

について，不正競争行為として禁止しています（詳細は**Q100**）。

（e）その他（⑥，⑦，⑩）

技術的制限手段無効化行為（⑥）は，技術的制限手段（不競2条8項）を迂回する装置を譲渡等する行為であり，例えば，CDやDVDにかけられたコピープロテクションを迂回する装置や有料衛星生放送のスクランブル（アクセルプロテクション）を解除する装置を提供する行為が該当します。

ドメイン名の不正取得行為等（⑦）は，他人の商品等表示と同一又は類似のドメイン名を図利加害目的で取得する行為です。

代理人等の商標無断使用行為（⑩）は，パリ条約の同盟国等における商標に関する権利を有する者の代理人・代表者等が，当該商標と同一・類似の商標を無断で使用等する行為です。

（3）不当需要喚起型（⑧）

品質等誤認惹起行為（⑧）は，要するに虚偽広告又は誇大広告であり，需要者の不当な需要を喚起するタイプの不正競争です。具体的には，原産地，商品等の品質，内容，製造方法，用途若しくは数量を誤認させるような表示を行い，優良誤認させる行為をいい，例えば，新潟以外で作られた米の包装に「新潟産コシヒカリ」と表記する行為，級別の審査と認定を受けなかったため酒税法上清酒2級とされた清酒の広告に「清酒特級」の表示をする行為が該当します。

もし，真実と異なる表示によって，需用者の誤認に基づく不当な需要が喚起されると，誤認表示を行った事業者は，競争上優位に立ち，他の事業者は競争上劣位に立たされてしまうことから，不正競争防止法は，これを不正競争とし

399

第2章◇戦略的ツールとしての知的財産制度
第3節◇デザインや表示を保護する知的財産制度

て禁止しています（詳細は**Q59 ～ Q63**参照）。

(4)　競争減殺型（⑨）

　信用毀損行為（⑨）は，競争相手を貶めるタイプの不正競争です。具体的には，競争関係にある他人の営業上の信用を害する虚偽の事実を告知し，又は流布する行為をいい，例えば，ライバル会社の得意先に当該ライバル会社の商品は特許権侵害品であると嘘の通知をする行為が該当します。

　営業者にとって重要な資産である営業上の信用を虚偽の事実を挙げて害することにより，競業者を不利な立場に置くことを通じて自ら競争上有利な地位に立とうとすることは，不公正な競争行為の典型と考えられており，不正競争防止法は，これを不正競争として禁止しています。

3　民事的救済手段について

　不正競争行為に対する民事的救済手段については，不正競争防止法3条以下に規定があります。

(1)　差止請求，廃棄等請求（不競3条）

　不正競争によって営業上の利益を侵害され，又は侵害されるおそれがある者は，その営業上の利益を侵害する者又は侵害するおそれがある者に対し，その侵害の停止又は予防を請求することができ，これを差止請求といいます（不競3条1項）。また，差止請求に当たっては，侵害行為を組成した物及び侵害行為によって生じた物の廃棄，侵害行為に供した設備の除却並びにその他の侵害の停止又は予防に必要な行為を請求することができます（不競3条2項）。

　この点，差止請求等ができるのは，不正競争によって「営業上の利益を侵害され，又は侵害されるおそれがある者」に限定されています。

　ここで「営業」とは，営利目的のために同種の行為を反復継続する意思をもって行うことを意味し，「利益」とは，営業で得られる経済的価値を意味すると考えられています。差止請求ができるのは，典型的には，不正競争を行う者と競業関係にある事業者であり，このような競業関係にない一般消費者，消費者団体には，不正競争防止法上の差止請求は認められません。

第4款◇不正競争防止法（表示保護，商品形態保護）
Q48◆不正競争防止法概説

(2) 損害賠償請求（不競4条・5条・9条）

故意又は過失による不正競争により営業上の利益を侵害された者は，これによって生じた損害の賠償を請求することができます（不競4条）。

ところで，損害賠償の請求において，賠償を受けるべき損害額がいくらになるのかという点は，立証が容易ではありません。そこで，不正競争防止法5条は，損害額の立証の困難性を緩和する趣旨で，損害額の計算方法を定めており，①1項で，侵害品の譲渡数量×被侵害者の商品の単位数量当たりの利益の額を損害額とし，②2項で，侵害者の利益の額を損害額と推定し，③3項で，成果の使用に対し受けるべき金銭の額（実施料相当額）を損害額としています。

さらに，不正競争防止法9条は，損害額を立証するために必要な事実を立証することが当該事実の性質上極めて困難であるときは，裁判所は，口頭弁論の全趣旨及び証拠調べの結果に基づき，相当な損害額を認定することができるとし，損害額の立証が極めて困難な場面において，被侵害者を救済することとしています。

(3) 信用回復措置（不競14条）

不正競争行為により営業上の信用を害された者は，不正競争を行った者に対して，信用の回復に必要な措置をとらせることができます（不競14条）。信用回復措置の具体例としては，謝罪広告，取引先に対する謝罪文の送付などの方法が考えられます。

(4) その他民事上の措置

不正競争防止法は，立証の困難さを緩和すべく，技術上の秘密を取得した者の当該技術上の秘密を使用する行為等の推定（不競5条の2），具体的態様の明示義務（不競6条），文書提出義務（不競7条），計算鑑定（不競8条）といった民事訴訟法の特則規定を設けています。

また，不正競争防止法は，民事訴訟の場で，提出証拠に営業秘密が含まれている場合においても営業秘密を保護する方策として，秘密保持命令（不競10条），訴訟記録の閲覧制限（不競12条），当事者尋問等の公開停止（不競13条）の手続を定めています。

第2章◇戦略的ツールとしての知的財産制度
第3節◇デザインや表示を保護する知的財産制度

4 刑事罰について

　不正競争防止法は，一定の不正競争に対する刑事罰も定めています。

　不正競争防止法21条1項及び3項は，営業秘密に係る不正競争のうち違法性が特に高いと評価されるものを犯罪行為（営業秘密侵害罪）とし，法定刑を「10年以下の懲役」若しくは「2000万円以下の罰金」（ただし，1項の場合）・「3000万円以下の罰金」（ただし，3項の場合），又はこれらの併科としています。また，同条2項は，その他の不正競争類型のうち違法性が特に高いと評価されるものについて，犯罪行為とし，法定刑を「5年以下の懲役」若しくは「500万円以下の罰金」又はこれらの併科としています。これら刑事罰の適用がある不正競争の多くは，単なる不正競争とは異なり，「不正の利益を得る目的」，「その保有者に損害を加える目的」，「不正の目的」等の主観的要件がある点が特徴です。

　また，不正競争防止法は，直接に違反行為を実行した法人の代表者や従業員のほか，法人にも高額の罰金刑を課す両罰規定を設けています（不競22条）。

　さらに，営業秘密侵害罪については，その刑事訴訟手続において，営業秘密が公になると問題ですので，不正競争防止法は，刑事訴訟手続において営業秘密を守るための各種制度を規定しています。具体的には，裁判所は，被害者等の申出に応じて，営業秘密が公にならないための措置をとることができ（秘匿決定。不競23条），この秘匿決定がされた事件において，必要に応じ，営業秘密を対象とした言い換えの措置（不競23条4項），尋問等の制限（不競25条），期日外尋問（不競26条），証拠開示の際の秘匿要請（不競30条）等を行うことができます。

〔山崎　道雄〕

第4款◇不正競争防止法（表示保護，商品形態保護）
Q49◆形態模倣行為（3号）

 形態模倣行為（3号）

(1) 商品の形態がデッドコピーされた場合，どのような対抗手段がありますか。
(2) 他社から，当社の商品が自社商品の模倣であると訴えられました。当社としては，同種の商品としてはありふれた形状だと思いますが，どのように判断されますか。

(1) 商品形態のデッドコピーに対しては，意匠法，著作権法，不正競争防止法2条1項1号（又は2号），商標法等によるほか，不正競争防止法2条1項3号（商品形態模倣行為）によって対抗手段を講ずることが考えられます。不正競争防止法2条1項3号（商品形態模倣行為）に基づく対抗手段としては，差止請求（廃棄請求を含む），損害賠償請求等といった民事的手段があります。なお，同条項違反について「不正の利益を得る目的」が認められる場合には，刑事罰の対象にもなっています。
(2) 商品の形状が，同種の商品において「ありふれた形態」である場合には，不正競争防止法2条1項3号（商品形態模倣行為）による保護対象にはなりません。

☑キーワード

商品形態模倣行為，デッドコピー

403

第２章◇戦略的ツールとしての知的財産制度
第３節◇デザインや表示を保護する知的財産制度

解　説

1　商品形態模倣行為規制の意義

　不正競争防止法２条１項３号による商品形態模倣行為規制（以下「３号規制」といいます）は，いわゆるデッドコピーを規制するものです。

　ここで，「デッドコピー」とは，「他人が商品化のために資金，労力を投下した成果を，他に選択肢があるにもかかわらず，ことさら完全に模倣して，何らの改変を加えることなく自らの商品として市場に提供し，その他人と競争する行為」と説明されています（「不正競争防止法の見直しの方向－産業構造審議会知的財産政策部会報告（1992年12月14日）」参照）。

　このようなデッドコピーは，模倣者と先行者の間に競争上著しい不公正を生じさせ，公正な競業秩序を崩壊させることになりかねないことから，模倣対象となった商品形態が意匠法や著作権法等といった知的財産権法で保護されるか否かとは別に，不正競争防止法において不正競争行為として禁止されています。

2　要　　　件

　３号規制の対象行為は，「他人の商品の形態（当該商品の機能を確保するために不可欠な形態を除く。）を模倣した商品を譲渡し，貸し渡し，譲渡若しくは貸渡しのために展示し，輸出し，又は輸入する行為」（不競２条１項３号）です。

　そして，「商品の形態」とは，「需要者が通常の用法に従った使用に際して知覚によって認識することができる商品の外部及び内部の形状並びにその形状に結合した模様，色彩，光沢及び質感をいう」（不競２条４項）とされています。

　また，「模倣する」とは，「他人の商品の形態に依拠して，これと実質的に同一の形態の商品を作り出すことをいう」（不競２条５項）とされています。

　このように３号規制では，保護対象である「商品の形態」に，意匠法の保護

404

第4款◇不正競争防止法（表示保護，商品形態保護）
Q49◆形態模倣行為（3号）

対象のような創作性は要求していない反面，他人の商品形態と実質的に同一であるという結果について，これが偶々ではなく「模倣」によること，つまり依拠性を要求することで，他人の成果の窃用を禁じています。また，規制対象が過度に広範にならないように，模倣行為自体ではなく，模倣した商品を譲渡等する行為を不正競争行為としています。

3 保護対象をめぐる問題

(1) 商品の容器等

　3号規制の保護対象である「商品の形態」には，いわゆる商品の外部的形状のみならず，需要者が通常の用法に従った使用に際して知覚によって認識することができる商品の内部形状や形状に結合した模様，色彩，光沢及び質感も含まれています（平成17年改正により条文上明記されました）。

　それでは，商品の容器や包装についてはどうでしょうか。例えば，農薬や肥料といった商品は，通常，容器や袋に収納される等して販売されますが，こうした容器等も「商品の形態」として保護され得るのでしょうか。

　この商品の容器等が「商品の形態」といえるかという問題については，平成17年改正前の裁判例ですが，「不正競争防止法2条1項3号にいう『商品の形態』は，通常，商品自体の形状，模様，色彩等を意味し，当該商品の容器，包装等や商品に付された商品説明書の類は当然には含まれないというべきであるが，商品の容器，包装等や商品説明書の類も，商品自体と一体となっていて，商品自体と容易には切り離しえない態様で結びついている場合には，右にいう『商品の形態』に含まれるというべきである」[☆1]という解釈が示されており，平成17年改正後も同様に考えられています。

　したがって，例えば，農薬や肥料が液体や粉体である場合，その容器は，取引上，商品自体と一体となっていて，商品自体と容易には切り離し得ない態様で結びついているといえるので，当該容器等は「商品の形態」に該当することになります。なお，化粧品の容器が「商品の形態」に該当するか問題となった事例において，「原告商品において『商品の形態』と認められるものは，容器の形状・寸法のほか，これと結合した容器の色彩・光沢・質感，模様としての

405

第２章◇戦略的ツールとしての知的財産制度
第３節◇デザインや表示を保護する知的財産制度

ワンポイント色，「アト」の文字及びその他の文字列というべきである」等とする裁判例があります[2]。

(2)　商品の機能を確保するために不可欠な形態

３号規制では「商品の形態」のうち，「当該商品の機能を確保するために不可欠な形態」については保護対象から除外しています。これは，「その形態をとらない限り，商品として成立しえず，市場に参入することができないものであり，特定の者の独占的利用に適さないものであって，その模倣は競争上不正とはいえない」という趣旨であると説明されています（経済産業省知的財産政策室編『逐条解説　不正競争防止法（平成30年11月29日施行版）』（以下「経産省・逐条解説」といいます））。

例えば，安全で使いやすい剪定鋏を商品とすると，その商品に特徴的な刃の形状は保護対象になり得ますが，鋏み切るための刃を有していること自体は，機能確保のために不可欠な形態といえるので，３号規制の対象にはならないと考えられます。

なお，この除外規定は，平成17年改正前に「当該他人の商品と同種の商品（同種の商品がない場合にあっては，当該他人の商品とその機能及び効用が同一又は類似の商品）が通常有する形態を除く」とされていた規定の文言を，裁判例の蓄積を踏まえて意義を明確化すべく改正したものであって，「平成17年改正前に，『商品の形態』から除外されていた形態については，改正後も除外されることになる」と説明されています（経産省・逐条解説）。

したがって，この除外規定の文言改正によらず，従来，裁判例において除外されたような「ありふれた形態」は，引き続き３号規制の保護対象にはならないと解されています。実際，裁判例においても，「商品の形態のうち，包装箱及び銀包の形状並びに包装箱裏面の栄養成分表示と商品説明文については，同種の製品に共通する特徴のないごくありふれた形態であって，「商品の形態」を構成するものとはいえない」と判示するもの等があります[3]。

第4款◇不正競争防止法（表示保護，商品形態保護）
Q49◆形態模倣行為（3号）

4 救済措置

(1) 民事的救済

　3号規制に違反する不正競争行為に対して，模倣対象となった商品の先行開発者は，当該行為の差止請求（予防請求権及び廃棄・除去請求を含む）（不競3条），損害賠償請求（不競4条），信用回復措置請求（不競14条）といった民事的救済を求めることができます。

　なお，3号規制の趣旨に鑑みて，商品開発に携わっていない単なる販売権者は保護主体になりませんが[☆4]，独占的販売権者については，保護主体になるかどうか裁判例は分かれており[☆5]，争いがあるところです。

　また，商品の共同開発者の場合，第三者の模倣行為に対しては，保護主体となりますが，共同開発者間においては，当該商品は相互に「他人の商品」とはいえなくなるため，3号規制は適用されません[☆6]。

(2) 刑事的救済

　3号規制については，「不正の利益を得る目的」という主観的な加重要件が認められる場合，「5年以下の懲役若しくは500万円以下の罰金に処し，又はこれを併科する」という刑事罰の対象になります（不競21条2項3号）。

5 適用除外

　3号規制については，「日本国内において最初に販売された日から起算して3年を経過した商品について，その商品の形態を模倣した商品を譲渡し，貸し渡し，譲渡若しくは貸渡しのために展示し，輸出し，又は輸入する行為」については適用除外とされています（不競19条1項5号イ）。

　この適用除外の趣旨は，3号規制が，資金や労力を投下して商品化した先行者の成果にフリーライドして，競争上著しい不公正を生じさせることを防ぐものであることに鑑み，「模倣を禁止するのは先行者の投資回収の期間に限定することが適切である」ことにあります（経産省・逐条解説）。

　そこで，日本国内の需要者における公平性の観点から，市場での投資回収活

407

第2章◇戦略的ツールとしての知的財産制度
第3節◇デザインや表示を保護する知的財産制度

動が外見的に明らかになる，「日本国内での販売開始」をもって保護期間終期
の起算点とされ，その時点から3年で3号規制の対象外とされています。な
お，「日本国内での販売開始」は，保護期間の始期を定めるものではないこと
から，販売開始前に模倣された場合でも，販売開始後3年を経過するまでは3
号規制の対象となり得ます。

　また，3年という期間は，立法趣旨に鑑みれば，模倣した商品の譲渡等の行
為がもはや不正競争行為にならなくなる期間であるため，販売開始から3年経
過した場合には，模倣行為が3年以内に行われていたとしても，権利行使はで
きなくなります。

　したがって，訴訟の途中で販売開始から3年が経過した場合，差止請求権は
消滅するので差止請求は棄却されることになります。また，損害賠償請求につ
いては，販売開始から3年までに発生した損害についてのみ損害賠償請求権が
生じますので，期間経過後はその範囲で請求することになります。

〔荒井　俊行〕

　■判　例■

☆1　大阪地決平8・3・29知財集28巻1号140頁。

☆2　大阪地判平21・6・9判タ1315号171頁〔アトシステム事件〕。

☆3　知財高判平28・10・31（平28（ネ）10058号）裁判所ホームページ。

☆4　東京地判平14・7・30（平13（ワ）1057号）裁判所ホームページ参照。

☆5　主体性否定例として，東京地判平11・1・28判時1677号127頁〔スーパーラック
型キャディバック事件（控訴審：東京高判平11・6・24（平11（ネ）1153号）），主
体性肯定例として，大阪地判平16・9・13判時1899号142頁〔ヌーブラ事件〕等。

☆6　東京地判平12・7・12判時1718号127頁参照。

第 4 款◇不正競争防止法（表示保護，商品形態保護）
Q50◆混同惹起行為（1号）・著名表示冒用行為（2号）

 50 混同惹起行為（1号）・著名表示冒用行為（2号）

(1) 混同惹起行為とはどのようなものですか。「需要者の間に広く認識されている」との意味を教えてください。また，「類似」とはどのように判断されますか。営業の混同が認められるのはどのような場合でしょうか。

(2) 著名表示冒用行為とはどのような行為ですか。「著名」の意味，判断基準を教えてください。

(1) 混同惹起行為とは，他人の商品等表示として需要者間に広く知られているものと同一又は類似の表示を使用する等して，その商品又は営業の出所について混同を生じさせる行為です（不競2条1項1号）。

「需要者の間に広く認識されている」については，全国的に認識されていることまでは必要でなく，一地方において広く認識されている場合であってもかまいません。また，日本国内外を問いません。ただし，冒用者の営業地域で周知であることが必要です。「需要者」は，具体的には，その商品等の取引の相手方を指すものであり，特定の需要者層に広く認識されている商品等表示についても，周知性が認められています。

「類似」性については，「取引の実情のもとにおいて，取引者，需要者が，両者の外観，称呼，又は観念に基づく印象，記憶，連想等から両者を全体的に類似のものとして受け取るおそれがあるか否かを基準として判断する」という判断基準が確立しています。

営業の混同については，「混同」はいわゆる広義の混同を含むと解され，「類似」性とは独立した要件ではありますが，「類似」性要件が認められる場合には，特段の事情がない限り「混同」要件も認められることが多いでしょう。

(2) 著名表示冒用行為とは，他人の著名な商品等表示と同一又は類

409

第2章◇戦略的ツールとしての知的財産制度
第3節◇デザインや表示を保護する知的財産制度

似の表示を使用する等の行為です（不競2条1項2号）。混同惹
起行為とは異なり，「混同」は要件とされていません。
　そのため，「著名」といえるためには，通常の経済活動におい
て相当の注意を払うことによりその表示の使用を避けることがで
きる程度に広く知られている必要があり，具体的には，「全国的
に広く知られているようなものを意味すると解すべき」とした判
例があります。

☑キーワード

自他識別力，周知性，要部，ポリューション，ダイリューション，フリー
ライド，広義の混同，適用除外

解　説

1　不正競争防止法による知的財産保護について

　不正競争防止法は，「不正競争」行為（不競2条1項各号）をもって営業上の利
益を侵害した者に対する損害賠償（不競4条），差止請求権（不競3条），罰則（不
競21条）等を用意することにより，事業者間の公正な競争を確保することを目
的としています。
　不正競争防止法が定める「不正競争」（不競2条1項各号）のうち，本問で扱
う混同惹起行為（同項1号）や著名表示冒用行為（同項2号）は，商品等表示に
化体された営業上の信用や顧客吸引力を保護しようとするものです。例えば，
自己の製造販売するヒット商品の表示Aについて，第三者がAの知名度を利用
しようとAとよく似た商品の表示A'を用いてこれを販売した場合，たとえAを
商標登録していなくても，Aが「需要者の間に広く認識されて」いて，A'をA
と「混同」するおそれがあれば（不競2条1項1号），あるいは，Aが「著名」（同
項2号）であれば，不正競争防止法に基づき，当該第三者に対し，損害賠償や
差止めを請求できる可能性があります。このように，不正競争防止法による保

410

第4款◇不正競争防止法（表示保護，商品形態保護）
Q50◆混同惹起行為（1号）・著名表示冒用行為（2号）

護は，商標法のような登録が不要である点において，1つの特徴を有します。

2 周知表示混同惹起行為（不競2条1項1号）について

(1) 周知表行・混同惹起行為の要件

不正競争防止法2条1項1号は，

① 他人の「商品等表示」として「需要者の間に広く認識されているもの」（いわゆる「周知性要件」）と
② 「同一」又は「類似」の商品等表示を使用したり，あるいは，そのような商品等表示を使用した商品を譲渡する等して，
③ 他人の商品又は営業と「混同」を生じさせる行為

を「不正競争」としています。

(2) 上記(1)①「商品等表示」及び「需要者の間に広く認識されているもの」（いわゆる「周知性要件」）について

(a) 上記(1)①のうち，「商品等表示」は，「人の業務に係る氏名，商号，商標，標章，商品の容器若しくは包装その他の商品又は営業を表示するもの」と定義されています（不競2条1項1号かっこ書）。つまり，商品の出所や営業の主体を示す表示がこれに当たります。標章は，前述のとおり商標として未登録でもよく，サービスマークを含みます。商号も，未登記でよく，また，略称（例えば，東京急行電鉄→東急など）であってもかまいません。商品の容器や包装は，継続的な使用や効果的な広告により，特定企業の商品出所表示となり得ることから例示されています。例示されていませんが，商品の形態も，商品等表示として認められることがあります。

なお，「商品等表示」は，誰の業務に係る商品やサービスであるのかを識別し得るような自他識別力を有することが必要です。自他識別力は，表示の構成のみによって生じるのではなく，取引の実情に応じて獲得されるものなので，普通名称を組み合わせたものでも，使用の態様・期間，取引の実情等から，自他識別力を認められることがあります。判例には，国名を表す「日本」と「車両」という普通名称を組み合わせた「日本車輌」について自他識別力が認められたもの[1]がある一方，山梨県北巨摩郡武川村及びその周辺を中心とする地

411

第2章◇戦略的ツールとしての知的財産制度
第3節◇デザインや表示を保護する知的財産制度

域を産地とする米を指す通称として用いられていた「武川米」に「こしひかり」を結合した「武川米こしひかり」について，自他識別力を否定したもの[2]があります。

(b)　また，本号により保護される「商品等表示」は，「需要者の間に広く認識されているもの」であることを要します（いわゆる「周知性要件」）。本号は，登録されていない標章をも保護しようとするものですから，そのような保護に値する一定の事実状態が形成されていることが必要なのです。

「広く」とありますが，判例[3]は，全国的に認識されていることまでは必要でなく，一地方において広く認識されている場合であってもよいとします。日本国内外は問われません。ただし，冒用者の営業地域で周知であることが必要です。

また，「需要者」については，具体的には，その商品等の取引の相手方を指すものであって（経済産業省知的財産政策室編『逐条解説　不正競争防止法（平成30年11月29日施行版)』（以下「経産省・逐条解説」といいます）66頁），「最終需要者に至るまでの各段階の取引業者も含まれると解すべき」[4]とされます。したがって，特定の需要者層に広く認識されている商品等表示についても，周知性が認められています[5]。

周知性要件は，商品・役務の性質・種類，取引態様，需要者層，宣伝活動，表示の内容等の諸般の事情から総合的に判断するとされます（経産省・逐条解説65〜66頁）。実務では，周知性の立証に，必要以上の精力が費やされることがありますが，「広く認識されている」という要件をそれほど厳格に解すべきでなく，「営業上の信義則に反するような事態が生ずるほどであれば良い程度に，広く知られたものでよい。」との指摘（小野＝松村・新不正概説176頁）もあります。

(3)　上記(1)②「類似」性について

「類似」するといえるかについて，判例[6]は，「取引の実情のもとにおいて，取引者，需要者が，両者の外観，称呼，又は観念に基づく印象，記憶，連想等から両者を全体的に類似のものとして受け取るおそれがあるか否かを基準として判断する」という判断基準を示し，これが実務上確立しています。

類似性は具体的な取引実情等を勘案して判断されるのですが，その判断において，必要に応じて，商品等表示の中で自他識別力を有する要部を抽出して比

412

第4款◇不正競争防止法（表示保護，商品形態保護）
Q50◆混同惹起行為（1号）・著名表示冒用行為（2号）

較対照する方法が用いられます。もっとも，商品等表示に複数の表示があり，要部がないと判断される場合もあります。そのような場合に，「それらの表示に含まれる各部分を総合考慮し，共通点から生じる印象の強さと相違点から生じる印象の強さを比較衡量して，需要者又は取引者において両表示が類似するものと受け取られるおそれがあるか否かを検討すべきであ」るとした判例☆7があります。

別紙　原告商品表示目録　　別紙　被告商品表示目録1　　別紙　被告商品表示目録2

当該判例では，X（原告：サントリー株式会社）が，周知かつ著名なものであると主張する商品表示（上記左図「別紙原告商品表示目録」参照）と，Yの商品表示A（上記中図「別紙被告商品表示目録1」参照）及び商品表示B（上記右図「別紙被告商品表示目録2」参照）の類似性が問題となりました。裁判所は，Xの商品表示について，周知性は肯定した上で（著名性は否定）＊1，「黒烏龍茶」部分が要部であるとのXの主張を斥け，商品表示AについてはXの商品表示との類似性を肯定する一方，商品表示Bについては，両者の外観が隔離的に観察しても全体的にみても類似しているとはいえないし，両者のそれぞれの称呼「くろうーろんちゃ」と「こくのううーろんちゃ」は普通名詞「うーろんちゃ」が共通するのみであり，観念において一部共通する点があることを考慮しても，需要者又は取引者において両表示が類似するものと受け取るおそれを認めることはできない等として，両者の類似性を否定しています。

(4) 上記(1)③「混同」について

「混同」には，被冒用者と冒用者との間に競業関係が存在することを前提に

413

第2章◇戦略的ツールとしての知的財産制度
第3節◇デザインや表示を保護する知的財産制度

直接の営業主体の混同を生じさせる「狭義の混同」と，緊密な営業上の関係や同一の表示を利用した事業を営むグループに属する関係があると誤信させるような「広義の混同」がありますが，判例☆8は，本号の「混同」について，「広義の混同」をも包含するとしています。また，「混同」は現に発生している必要はなく，「混同」を生じさせるおそれがあれば足りると解されています（経産省・逐条解説69頁）。

　ところで，これまでみてきた①周知性要件，②「類似」性要件，③「混同」要件は，周知性があるほど，あるいは，「類似」性が強いほど，混同のおそれがより生じ得るという関係にあります。この点，周知性要件は「混同」要件を判断する1つの要素とすべきであるとの指摘（土肥一史「不正競争防止法における周知性」ジュリ1005号27頁等）や，「類似」性の判断は「混同」要件を基準に判断すべきとする指摘（紋谷暢男「評釈」ジュリ723号167頁）もあります*2。しかし，周知性要件も「類似」性要件も明文で要求されており，判例は，原則としてこれらの要件を順に検討しています。また，「類似」性要件と「混同」要件について，「独立した要件」であるとし，「類似性を欠く表示によって混同が生じたとしても，それを不正競争とはしていない」とした判例☆9もあります。もっとも，「被告商品……は，原告商品……と形態において類似するものであるから，特段の事情がない限り，両者は，商品の出所について混同のおそれがあるものといわなければならない」と判示した判例☆10もあり，実際のところ，周知性要件と「類似」性要件が認められれば，特段の事情がない限り，「混同」要件が認められることも多いといえるでしょう。

3　著名表示冒用行為（不競2条1項2号）について

(1)　著名表示冒用行為の要件
不正競争防止法2条1項2号は，

① 他人の「著名」な商品等表示と
② 「同一」若しくは「類似」の商品等表示を使用したり，あるいは，そのような商品等表示を使用した商品を譲渡等する行為

第4款◇不正競争防止法（表示保護，商品形態保護）
Q50◆混同惹起行為（1号）・著名表示冒用行為（2号）

を「不正競争」としています。

本号は，高い営業上の信用を有する「著名な」商品等表示の財産的価値を侵害すること自体が問題であることから，平成5年改正（平成5年法律第47号）に新設された類型です。

例えば，小さな飲食店が密集する古びた建物の2階部分9.8坪で営業する飲食店が「スナックシャネル」という営業表示を使用していたとします。「シャネル」はパリ・オートクチュールの老舗からスタートした世界的に著名なブランドですが，一般消費者にとって，上記飲食店と高級ブランド「シャネル」に何らかの関係があるとは想像しがたく，両者を混同するおそれはないかもしれません[3]。しかし，当該飲食店が「スナックシャネル」という営業表示を使用することにより，「シャネル」が有する高級なイメージを毀損する（ポリューション）おそれがあります。また，「シャネル」のような著名な商品等表示の冒用を許せば，その本来の使用者との結びつきが稀釈され（ダイリューション），長年のたゆまぬ経営努力により獲得された信用力や顧客吸引力に，何らの対価を支払うことなくただ乗りする（フリーライド）ことを認めることになってしまいます。このように，高い信用力や顧客吸引力を有する「著名な」商品等表示には財産的価値があり，それを侵害すること自体が問題であることから，本号による保護については，「混同」が要件とされていません。

(2) 上記(1)① 「著名」性について

上述のように，本号は，「混同」を要件とすることなく「不正競争」としていることから，「著名」であるといえるには，通常の経済活動において相当の注意を払うことによりその表示の使用を避けることができる程度に広く知られていることが必要であり，周知性要件とは異なり，全国的に広く知られていることを要するとの見解（経産省・逐条解説72〜73頁）があります。判例[11]にも，「混同の有無を問わずに保護に値するものとして，全国的に広く知られているようなものを意味すると解すべき」としたものがあります。もっとも，全国的という意味を形式的・機械的に判断すべきでないとの指摘もあります（小野＝松村・前掲237頁）。

判例で著名性が認められた商品等表示には，**図表1**のようなものがあります。

第2章◇戦略的ツールとしての知的財産制度
第3節◇デザインや表示を保護する知的財産制度

図表1　判例で，著名性が認められた商品等表示の例

- ・アリナミンA25[12]
- ・JACCS[13]
- ・虎屋，虎屋黒川[14]
- ・青山学院，Aoyama　Gakuin[15]
- ・J-PHONE[16]
- ・マクセル，maxell[17]
- ・東急[18]
- ・阪急[19]
- ・三井住友[20]
- ・ルイヴィトンの「L」と「V」とを組み合わせてモノグラムとして表現した標章等[21]

⑶　上記⑴②「類似」性について

　本号における「類似」性の判断は，基本的には，1号における「類似」性判断と同様ですが，既述のように，本号は「混同」を要件としません。そこで，判例には，1号においては，混同が発生する可能性があるのか否かが重視されるのに対し，2号にあっては，著名な商品等表示とそれを有する著名な事業主との一対一の対応関係を崩し稀釈化を引き起こすような程度に類似しているような表示か否か，すなわち，容易に著名な商品等表示を想起させるほど類似しているような表示か否かを検討すべきであるとしたもの[22]があります。

4　適用除外について

　不正競争防止法19条1項各号は，形式的に不正競争に該当する場合であっても，実質的な違法性を欠く場合については，適用除外としています。

　混同惹起行為，著名表示冒用行為については，「普通名称等」を普通に用いられる方法で使用等する行為（不競19条1項1号），「自己の氏名」を不正の目的でなく使用等する行為（同項2号），周知性，著名性を獲得する以前から先使用している者が不正の目的でなく使用等する行為（それぞれ同項3号・4号）については，差止請求，損害賠償請求等の適用除外としています。

〔服部　由美〕

第 4 款◇不正競争防止法（表示保護，商品形態保護）
Q50◆混同惹起行為（1号）・著名表示冒用行為（2号）

━━━ ■判　例■ ━━━

☆ 1　知財高判平25・3・28裁判所ホームページ〔日本車輌事件〕。
☆ 2　東京高判平15・10・30裁判所ホームページ。
☆ 3　最決昭34・5・20刑集13巻 5 号755頁〔ニューアマモト事件〕。
☆ 4　札幌地判昭59・3・28判タ536号284頁〔コンピュータランド事件〕。
☆ 5　前掲☆ 1 ・知財高判平25・3・28〔日本車輌事件〕。
☆ 6　最判昭58・10・7民集37巻 8 号1082頁〔マンパワー事件〕，最判昭59・5・29民
　　　集38巻 7 号920頁〔フットボールチーム・マーク事件〕。
☆ 7　東京地判平20・12・26判時2032号11頁〔黒烏龍茶事件〕。
☆ 8　最判平10・9・10判タ986号181頁〔スナックシャネル事件〕。
☆ 9　大阪高判平10・5・22判タ986号289頁〔SAKE CUP事件〕。
☆10　東京地決平元・12・28無体集21巻 3 号1073頁〔配線カバー事件〕。
☆11　東京地判平30・3・13裁判所ホームページ〔フォクシー事件〕。
☆12　大阪地判平11・9・16判タ1044号246頁〔アリナビック事件〕。
☆13　富山地判平12・12・6判時1734号 7 頁〔Jaccs.co.jp事件〕。
☆14　東京地判平12・12・21判例集未登載〔虎屋黒川事件〕。
☆15　東京地判平13・7・19判時1815号148頁〔呉青山学院事件〕。
☆16　東京地判平13・4・24判時1755号43頁〔J-PHONE事件〕。
☆17　大阪地判平16・7・15裁判所ホームページ〔マクセル事件〕。
☆18　東京地判平20・9・30判時2028号138頁〔TOKYU事件〕。
☆19　大阪地判平24・9・13裁判所ホームページ〔阪急住宅事件〕。
☆20　大阪地判平27・11・5裁判所ホームページ〔三井住友事件〕。
☆21　東京地判平30・3・26裁判所ホームページ（その控訴審である知財高判平30・
　　　10・25裁判所ホームページも著名であるとの結論を維持）。
☆22　前掲☆ 7 ・東京地判平20・12・26〔黒烏龍茶事件〕，前掲☆20・大阪地判平27・
　　　11・5〔三井住友事件〕等。

━━━ ■注　記■ ━━━

＊ 1　Xは自己の商品を平成18年 5 月16日から販売開始したのですが，裁判所は，Xの
　　　販売量，配荷率，宣伝広告，報道等から，Yが商品Aの販売を開始した平成18年 7
　　　月下旬頃の時点において，Xの商品表示は，すでに，全国の消費者に広く認識され，
　　　相当程度強い識別力を獲得しており，周知性を有していたと認めました。これに対
　　　し，Xの商品表示の著名性については，混同の要件がなく法的保護を受け得る著名
　　　の程度に到達するためには，特段の事情がある場合を除いて，一定程度の時間の経
　　　過が必要であるとして，認めませんでした。
＊ 2　これらの指摘の理由の 1 つとして，工業所有権保護に関するパリ条約では，周知

417

第2章◇戦略的ツールとしての知的財産制度
第3節◇デザインや表示を保護する知的財産制度

性や類似性による絞りをかけずに混同行為からの保護を定めていることがあげられています。

＊3　なお，同様の事案が争われたスナックシャネル事件（前掲☆8）は，平成5年改正により著名表示冒用行為が新設される以前に提起されたものですが，同改正後の不正競争防止法1条1項1号の「混同を生ぜしめる行為」に当たるかについて，「広義の混同惹起行為」をも包含するとし，「混同」概念を拡張して，これを肯定しています。

━━ ●参考文献● ━━

⑴　経済産業省知的財産政策室編『逐条解説　不正競争防止法（平成30年11月29日施行版）』（経済産業省ホームページ）。

⑵　小野＝松村・新不正概説。

⑶　松村信夫『新・不正競業訴訟の法理と実務』。

⑷　牧野ほか編・理論と実務⑶。

第 5 款◇地理的表示制度
Q51◆地理的表示制度概説

《 第 5 款　地理的表示制度 》

 地理的表示制度概説

(1)　地域ブランドを知的財産として保護したいと考えています。
　　地理的表示保護制度とはどのような制度なのでしょうか。申請から登録までの手続と登録に必要な要件についても教えてください。
　　また，地理的表示の登録がされた後，地理的表示法の規制はどのような範囲で及ぶのでしょうか。
(2)　地理的表示保護制度は，通常の商標制度や地域団体商標制度とはどのように異なるのでしょうか。
(3)　地理的表示保護制度と商標制度の関係について教えてください。
　　すでに商標登録がされている場合，同じ名称でさらに地理的表示の登録を受けることができますか。

(1)　地理的表示は，生産地と結びついた特性を有する産品の名称を，特性や生産方法等の産品の基準とともに登録し，保護する制度です。
　　登録の要件としては，主に，①産品に関する要件，②産品の名称に関する要件，③生産者団体に関する要件が設けられています。
　　地理的表示の登録がされると，原則として，登録された特性等の基準を満たしていない産品に地理的表示を使用することはできません。平成30年の法改正により，チラシやインターネット広告等における地理的表示の使用も規制されることになる等，規制範囲が拡大しています。
(2)　地理的表示保護制度は名称を地域共有の財産として保護する制

419

第2章◇戦略的ツールとしての知的財産制度
第3節◇デザインや表示を保護する知的財産制度

度であるのに対し，商標制度は自己の取り扱う商品等を他人のものと区別するために使用するマークを独占権として保護するものであり，両者は本質的に異なる制度です。

両制度の要件及び効果をしっかり理解し，戦略的に使い分けることが必要です。

(3) 地理的表示保護制度と商標制度の関係については，それぞれの法律において調整規定が設けられています。

すでに商標登録がされている名称であっても，地理的表示法で定められた登録要件（商標権者からの承諾等）を満たせば，地理的表示の登録を受けることは可能です。

☑キーワード

地理的表示保護制度，商標制度

解 説

1 地理的表示保護制度の概要

(1) はじめに

本稿では，「特定農林水産物等の名称の保護に関する法律」（以下「地理的表示法」といいます）に基づく地理的表示保護制度を解説しますが，同法で保護される対象は「農林水産物等」（地理2条1項）に限定されています（**図表1**）。酒類の地理的表示については，酒税の保全及び酒類業組合等に関する法律86条の6第1項の規定に基づく「地理的表示に関する表示基準」により制度化されており，別の設問（**Q52**）で解説がされていますので，そちらを確認してください。

また，地理的表示保護制度には，相互保護の仕組みも設けられていますが（地理23条以下），相互保護については，**Q54**で解説されているため，本稿では解説しません。

加えて，地理的表示法は，その一部を改正する法律が第197回国会に提出さ

420

第5款◇地理的表示制度
Q51◆地理的表示制度概説

図表1　登録及び規制の対象となる産品の範囲

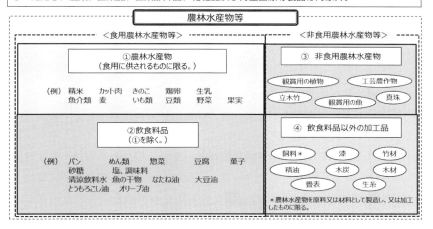

(資料出所) 農林水産省

れ，平成30年11月30日に成立，同年12月7日に公布されました（以下「平成30年改正」といいます）。そして，改正後の地理的表示法は，平成31年2月1日から施行されていることから，本稿では改正内容についても必要に応じて解説を行います（地理的表示法の条文番号を記載する場合は，改正後の地理的表示法を前提とします）*1。

なお，本稿は，筆者個人の見解を記載したものであり，農林水産省の公式の見解を示したものではありませんので，その点留意してください。

(2) 地理的表示とは何か

地理的表示とは，農林水産物等の産品の名称の表示であり，その名称から産品の生産地を特定でき，産品の品質等の確立した特性が当該生産地と結びついていることを特定できるものをいいます（地理2条3項）。

大雑把な説明をすると，ある産品の名称を見たときに，「それは○○という地域で作られていて，××という特徴を有しているあれのことだな」とイメー

421

第2章◇戦略的ツールとしての知的財産制度
第3節◇デザインや表示を保護する知的財産制度

ジできる名称が地理的表示であるということができます。具体的には，地理的表示として登録されている「夕張メロン」であれば，「夕張メロン」という名称を見れば，そのメロンは北海道夕張市で生産されたものであり，果肉がオレンジ色で非常に柔らかいといった特徴をもつとイメージすることができるかと思います。

　なお，地理的表示は，英語では「Geographical Indication」と表現されることから，その頭文字をとって「GI」と呼ばれます（以下，本稿でも地理的表示のことを「GI」といいます）。

(3)　地理的表示保護制度の枠組み

　次に，わが国の地理的表示保護制度の枠組みを4つのポイントに絞って紹介します（①～④は**図表2**に対応しています）。

　①　1つ目は，地理的表示保護制度においては，産品の名称は，生産地，品質等の特性（例えば，糖度○％以上等）及び生産の方法等の基準とともに登録されます（地理12条2項）。そして，後記**4**(2)で説明する例外を除き，登録された基準を満たした産品（以下「GI登録産品」といいます）のみにGIを使用することが可能となり，非GI登録産品へのGIの不正な使用は規制の対象となります。

　②　2つ目は，GI登録産品にはGIマークを使用することが可能です（地理4条1項）。非GI登録産品にはGIマークを使用することができないため（地理4条2項），GIマークにより，GI登録産品と非GI登録産品との差別化が可能となります。

　なお，平成30年改正以前は，GIを使用する場合には，GIマークも一緒に貼付しなければならないとされていましたが，平成30年改正後は，GIマークの使用が任意化されました。

　③　3つ目は，不正な地理的表示の使用は，行政が取締りを行います。具体的には，農林水産大臣は，不正な地理的表示を除去する措置等をとるべきことを命じることができ（地理5条），かかる措置命令に違反した者には罰則が科されることとなっています（地理39条以下）。そのため，生産者が自ら権利行使をする負担を負うことなく，ブランド価値を守ることが可能です。

　なお，地理的表示法は特定の者に独占権を与えるものではなく，差止請求や損害賠償請求についての規定は設けられていません。

図表２　地理的表示保護制度の枠組み

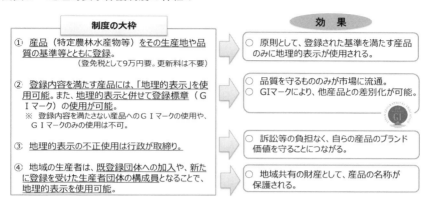

(資料出所) 農林水産省

④　4つ目は，GIは地域共有の財産として登録されます。すなわち，GIの登録をする際には，生産業者を構成員とする団体が登録され（以下「登録生産者団体」といいます），登録生産者団体に加入していない者はGIを使用できませんが，当初のGI登録時に生産者団体の構成員でなかったとしても，その後に生産者団体に加入すればGIを使用することができますし，また，生産者団体の追加登録という仕組みも設けられています（地理15条）。

2　手続の流れ

地理的表示の登録の手続の主な流れは，以下の①～⑥のとおりです（①～⑥は**図表３**のフロー図に対応しています）。

平成31年2月1日以降になされた申請は，改正後の地理的表示法の規定に従って手続が進められ，他方，同年1月31日以前になされた申請については，改正前の地理的表示法の規定に従って手続が進められています。平成30年改正では，フロー図の②の手続が新たに設けられる等の変更点もありますが，基本的な流れは改正前後で変わりありません。

なお，申請から登録までの期間は，それぞれの申請によって様々ですが，1年から2年程度の期間を要する場合も多くあります。

第2章◇戦略的ツールとしての知的財産制度
第3節◇デザインや表示を保護する知的財産制度

① 生産者団体による申請によって手続が始まります（地理7条1項）。
② 生産者団体の名称・住所，申請産品の区分・名称といった基本的な情報が公示されます（地理7条4項）。

その後，農林水産省食料産業局知的財産課に所属する担当審査官が，形式上の不備等を確認し，必要に応じて補正を命じます（地理7条の2第1項）。これに対して，適切に補正をしない場合には，申請が却下されます（地理7条の2第2項）。

③ ②では公示されなかった産品の特性や生産の方法等の情報を含め，補正後の申請内容に従って公示が行われます（地理8条1項）。

また，公示の日から3ヵ月間は，誰でも，意見書を提出することができます（地理9条1項）。

④ 3ヵ月の意見書提出期間が経過した後，農林水産省において学識経験者委員会が開かれ，学識経験者から申請内容についての意見が聴取されます（地理11条1項）。

⑤ 農林水産大臣は，登録拒否事由が存在しない場合には，登録を行います（地理12条1項）。

⑥ GI登録が行われたときは，登録内容が公示されます（地理12条3項）。

図表3　登録手続フロー図

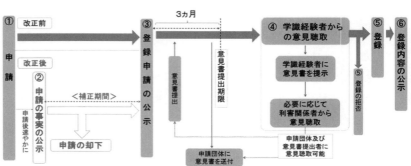

（資料出所）農林水産省

第5款◇地理的表示制度
Q51◆地理的表示制度概説

3　登録要件

　登録の要件は，主に，産品に関する要件，産品の名称に関する要件，生産者団体・生産方法に関する要件の3つに分けられます（**図表4**参照）。

　以下，主な要件について解説します。

(1)　産品に関する要件（地理13条1項3号）

　まずは，申請されている産品が，「特定農林水産物等」に該当することが必要です。

　「特定農林水産物等」は，地理的表示法2条2項で定義されており，①特定の場所，地域又は国を生産地とするものであること，②品質，社会的評価その他の確立した特性が①の生産地に主として帰せられるものであること，のいずれにも該当する農林水産物等をいいます。そして，②における，特性が「確立した」といえるためには，当該特性を有した状態で概ね25年の生産実績が必要とされています。要するに，特定の生産地に根付いた産品である必要があるというイメージで捉えればわかりやすいでしょう。

(2)　産品の名称に関する要件（地理13条1項4号）

　産品の名称が，普通名称であるときや，申請されている産品について地理的表示法2条2項各号に掲げる事項（①特定の場所，地域又は国を生産地とするものであること，②品質，社会的評価その他の確立した特性が①の生産地に主として帰せられるものであること）を特定することができない名称であるときは，登録拒否事由に該当します。

　例えば，「さつまいも」のように産品の一般的な名称であると認識されている名称は普通名称に該当するためGI登録を受けることができませんし，様々な地域（例えば，A県，B県及びC県）で用いられている名称について，A県のみを生産地とするGIとして申請がされた場合には，当該名称については生産地を特定できないとして，上記の拒否事由に該当する可能性があります。

　なお，名称の使用実績については，産品の特性のような約25年の実績は不要ですが，一切使用実績がない名称ではGI登録を受けることはできません。また，産品の名称が「産地名＋商品名」でなかったとしてもGI登録を受けるこ

425

第2章◇戦略的ツールとしての知的財産制度
第3節◇デザインや表示を保護する知的財産制度

と自体は可能であり，実際に，長野県木曽地方の漬物である「すんき」もGI
として登録されています。

　登録商標と同一又は類似の名称については，GIとして登録できないという
要件もありますが，詳細は後記**5**(2)(a)で説明します。

(3)　生産者団体に関する要件

　地理的表示保護制度は，地域に根差した産品の名称を地域共有の財産として
保護するものです。そのため，生産者団体の要件として，正当な理由がないの
に団体への加入を拒んではならない等の要件が設けられています（地理2条5
項，地理施規1条の2）。

　また，登録生産者団体は，構成員である生産業者が行う生産が定められた基
準に適合して行われるようにするための必要な指導や検査等の業務（以下「生
産行程管理業務」といいます。地理2条6項）を行うこととされており，生産者団体
は，生産行程管理業務を遂行し得る能力を備えている必要があります（地理13
条1項2号ハ及びニ）。

　その他の要件については，地理的表示法13条1項1号及び2号を確認してく

図表4　GI登録の主たる要件

産品に関する基準 （GI法第2条第2項等）		
○　特定農林水産物等であること 　・　特定の場所、地域等を生産地とするものであること 　・　品質、社会的評価その他の特性が、自然条件、伝統的製法など生産地域との結び付きを有すること 　・　特性が確立したものであること（＝特性を有した状態で概ね25年以上の生産実績があること）		

産品の名称に関する基準 （GI法第2条第3項及び第13条第1項第4号等）		
○　以下の場合は登録できない 　・　普通名称であるとき 　・　産品の名称が以下の産品に関する基準を満たす農林水産物等でないとき 　　①　名称から産地を正しく特定できる 　　②　名称から産品の特性を正しく特定できる 　・　既に商標登録されているとき（但し、商標権者がGI登録に同意している場合を除く）		

生産者団体、生産方法に関する基準 （GI法第2条第5項及び第13条第1項第2号等）		
○　生産行程を管理する生産者団体があること（法人格は問わない） ○　生産者団体について、加入の自由が規約等に定められていること ○　生産者団体が、産品の品質や生産の方法等を管理するための規程である「生産行程管理業務規程」を作成し、遵守できること ○　生産者団体が生産行程管理業務を実施するために必要な経理、人員体制を有すること		

（資料出所）農林水産省

第5款◇地理的表示制度
Q51◆地理的表示制度概説

ださい。

4 地理的表示法の規制の及ぶ範囲

(1) 原 則

GI登録がされると，後記(2)で説明する例外を除き，非GI登録産品にGIを使用することはできなくなります。具体的にどのような場合に規制されるのかは，地理的表示法3条で規定されています。

(a) GIを使用する対象

農林水産物等にGIを使用する場合だけでなく，加工品やこれらの包装等にGIを使用する場合も規制対象となります。そして，「包装等」には，包装，容器，広告，価格表及び取引書類（電磁的方法により提供されるこれらを内容とする情報を含みます）が含まれます（地理3条1項）。

平成30年改正前は，農林水産物等やその加工品，これらの包装，容器若しくは送り状にGIを付する場合に限って規制の対象とされていましたが（「モノ」にGIを付する場合のみを規制），チラシやインターネット広告等を通してGIのブランド価値にフリーライドすることを防止する観点から，平成30年改正により規制の範囲が拡大されました。具体的には，スーパーのチラシ，インターネット広告，レストランのメニュー，通信販売のカタログ等におけるGIの使用についても規制されることとなりました。

(b) 規制範囲を画する区分

商標制度では，「指定商品」又は「指定役務」が権利の範囲を画する機能を有していますが，地理的表示保護制度においては，「区分」という概念によって規制範囲が画されており，GI登録産品が属する区分と同じ区分に属する農林水産物等にGIを使用する場合に限って規制対象となります。

具体的には，「第二類 生鮮肉類」の区分に属する「牛肉」として登録されているGI（例えば，「○○牛」という名称）を，「第一類 農作物類」の区分に属する「野菜類」の名称として使用したとしても，消費者が誤認するおそれがないことから，地理的表示法によっては規制がされません。

なお，平成30年改正に合わせて，区分を定めていた告示（平成27年5月29日農

427

第2章◇戦略的ツールとしての知的財産制度
第3節◇デザインや表示を保護する知的財産制度

林水産省告示第1395号）についても改正が行われ，従前の42区分から22区分に整理がされました（改正後の告示も平成31年2月1日から施行されています）。

(c) 規制される表示の態様

平成30年改正前は，登録されたGIと同一又は類似する表示を付すことが規制の対象とされていました。

しかし，平成30年改正により，登録されたGIと同一又は類似する表示に加えて，当該GIと「誤認させるおそれのある表示」についても規制されることとなりました（これらを合わせて，以下「類似等表示」といいます。地理3条2項本文）。例えば，チーズの種類を表す一般名称である「ゴーダ」という表示に，オランダの国旗や風車等の絵図を記載することは，わが国でGIとして保護されているオランダのチーズである「ゴーダ・ホラント」（日本とEUとの間で相互保護されている産品）と「誤認させるおそれのある表示」に該当する可能性があります。

どのような表示をすれば「誤認させるおそれのある表示」に該当するのかについては，表示の大きさやパッケージのレイアウト等も考慮する必要があり，それぞれのケースに応じて個別的に判断されます。

(2) 例　　外

地理的表示法3条2項1号から5号において例外が設けられており，以下の①〜⑤の場合には規制対象とはなりません。

①　GI登録産品を主な原材料とする加工品（1号）

例えば，登録産品である「夕張メロン」を主な原料とするジュースに「夕張メロンジュース」という表示をする場合は規制対象となりませんが，どのような場合に「主な」といえるかについては個別的に判断されます。

②　GI登録日前の商標登録出願（不正の目的をもって当該出願に係る商標の使用をする目的で行われたものを除きます）に係る登録商標に係る商標権者等が，その商標登録に係る指定商品又は指定役務について当該登録商標の使用をする場合（2号）。

③　GI登録日前から商標の使用をする権利を有している者が，当該権利に係る商品又は役務について当該権利に係る商標の使用をする場合（②の場合を除く。3号）。

④　先使用（4号）

第5款◇地理的表示制度
Q51◆地理的表示制度概説

　GI登録日前から不正の目的なく，GI登録産品と同様の名称を使用していた産品（以下「先使用品」といいます）については，GI登録日以降も引き続き当該名称を使用することができます。

　そして，平成30年改正前は，先使用品は永続的に同じ名称を使用することができましたが，改正後は，原則として登録日から7年間（平成31年1月31日以前に登録されたGIについては，平成31年2月1日から7年間）に限り同じ名称を使用できることとなりました。

　ただし，登録されている生産地内で生産されている先使用品については，登録日から7年間が経過した後も，GI登録産品との混同を防ぐのに適当な表示をすれば，7年間という制限なく引き続き同じ名称を使用できるという例外が設けられています。

　⑤　農林水産省令で定める場合（5号）

　加工品の先使用（地理的表示法施行規則3条1号）等が定められています。

5　地理的表示保護制度と商標制度──特に地域団体商標制度について

⑴　両制度の異同

　両制度は，ともに名称を保護するという点では共通しますが，これまで述べたとおり，地理的表示保護制度は名称を地域共有の財産として保護するのに対し，商標制度は商標権という独占的な権利として保護する点で本質的に異なります。前記■⑶③で述べたとおり，地理的表示法においては差止請求等の規定が設けられておらず，知的財産制度としては特徴的な制度であるといえるでしょう。

　両制度には，保護の対象，申請主体及び登録要件等の点で違いが多くありますが，地理的表示保護制度と地域団体商標制度の違いについては**図表5**を参照してください。

　地理的表示保護制度と商標制度をどのように利用するかについては，両制度の要件及び効果をしっかりと理解し，戦略的に使い分けることが必要です。特にGIについては，登録された特性や生産の方法等の基準を満たした産品でないとGIを使用することができないため，どのような名称や基準でGI登録を目

429

第2章◇戦略的ツールとしての知的財産制度
第3節◇デザインや表示を保護する知的財産制度

図表5　地理的表示保護制度と地域団体商標制度の違い

	地理的表示（GI）	地域団体商標	
概要	生産地と結びついた特性を有する農林水産物等の名称を、特性等の品質基準とともに登録し、地域共有の財産として保護する制度	地域ブランドの名称を商標権として登録し、その名称を独占的に使用することができる制度	
保護対象（物）	農林水産物、飲食料品等（酒類等を除く）	全ての商品・サービス	
保護対象（名称）	地域を特定できれば、地名を含まなくてもよい	「地域名」+「商品（サービス）名」	
登録主体	生産・加工業者を構成員に含む団体（法人格を有しない地域のブランド協議会等も可能）	農協等の組合、商工会、商工会議所、NPO法人	
主な登録要件	生産地と結び付いた品質等の確立した特性を有すること（特性を維持した状態で概ね25年の生産実績が必要）	・地域の名称と商品（サービス）が関連性を有すること（商品の産地等） ・商標が需要者の間に広く認識されていること	
使用方法	地理的表示は、登録された特性等の基準を満たした産品のみに使用可能。地理的表示を使用する場合には、登録標章（GIマーク）も使用可能（GIマークのみの使用は不可）	・登録商標を付する時は、その商標が登録商標である旨を表示（努力義務） ・地域団体商標マークと共に使用（推奨）	
品質管理	登録された特性等の基準が守られているかを生産者団体が管理し、それを国がチェック。	商品の品質等は商標権者の自主管理	
効力	地理的表示と同一の表示、類似する表示及び誤認させるおそれのある表示の不正使用を禁止	登録商標及びこれに類似する商標の不正使用を禁止	
効力範囲	登録された農林水産物等が属する区分に属する農林水産物等及びこれを主な原材料とする加工品並びにこれらの包装等	登録商標に係る商品若しくはサービス又はこれと類似する商品若しくはサービス	
規制手段	国による不正使用の取締り	商標権者による差止請求、損害賠償請求	
費用・保護期間	登録：9万円（登録免許税） 更新手続無し（取り消されない限り登録存続）	出願・登録：40,200円（10年間） 更新：38,800円（10年間）※それぞれ1区分で計算	
申請（出願）先	農林水産大臣（農林水産省）	特許庁長官（特許庁）	

（資料出所）特許庁

指すのかを慎重に検討することが重要です。

(2)　両制度の関係

　両制度はともに名称を保護する点で共通するため，両制度がバッティングする場面があります。そのため，地理的表示法及び商標法においては，いくつか調整規定が置かれています。

　なお，地理的表示保護制度と地域団体商標制度の活用を検討する際の留意事項は，特許庁『地域団体商標ガイドブック2019』の30〜34頁の「地域団体商標とGIの活用Q＆A」にまとめられているので，そちらも参照してください。

(a)　先に商標登録がされている場合のGI登録の可否

　商標登録に重ねてGI登録を受けること自体は可能ですが，地理的表示法13条1項4号ロにおいて，申請されている農林水産物等（以下「申請農林水産物等」

430

第5款◇地理的表示制度
Q51◆地理的表示制度概説

といいます）の名称が，

① 申請農林水産物等又はこれに類似する商品に係る登録商標と同一又は類似の名称であるとき

② 申請農林水産物等又はこれに類似する商品に関する役務に係る登録商標と同一又は類似の名称であるとき

は，登録拒否事由とされています。

　ただし，申請者である生産者団体が商標権者である場合や，生産者団体が商標権者からGI登録をすることについて承諾を得ている場合等には，GI登録を受けることが可能です（地理13条2項各号）。

　(b)　先にGI登録がされている場合の商標登録の可否

　商標登録の要件を規定している商標法3条及び商標登録を受けることができない商標を規定している商標法4条には，GIについての明文の規定はありません。

　個々のケースに応じて商標登録の可否が判断されることとなりますが，GI登録に重ねて地域団体商標の出願をする場合の留意事項については，前記の特許庁『地域団体商標ガイドブック2019』の32頁を参照してください。

　(c)　GIと商標が併存する場合の調整

　上記のとおり，GIと商標は併存し得ることから，地理的表示法及び商標法において，効力の調整規定が設けられています。

　すなわち，すでに商標権を取得している者の利益を確保する観点から，すでに前記**4**(2)②及び③で述べたとおり，GI登録日前に出願された商標が登録され，その登録商標の使用をする場合（地理3条2項2号）やGI登録日前から商標の使用をする権利を有している者が，当該商標の使用をする場合（同項3号）は，地理的表示法の規制が及ばないこととされています。なお，不正の目的をもって商標の使用をする目的で出願された商標が登録された場合にその商標の効力を認める必要はないことから，平成30年改正により地理的表示法3条2項2号が改正されており，GI登録の日前に出願されて登録に至った登録商標であっても，不正の目的をもって商標の使用する目的で出願された場合には，当該登録商標の使用にも地理的表示法の規制が及ぶこととされました。

　他方，商標法26条3項においては，不正競争の目的でされない場合に限り，

431

第2章◇戦略的ツールとしての知的財産制度
第3節◇デザインや表示を保護する知的財産制度

GI登録産品にGIを使用する行為等には商標権の効力が及ばない旨が規定されています。特許庁によると，本項の趣旨は，「GIの使用について一律に商標権の効力を及ぼすとすると，GI制度が形骸化するおそれがあり，適切ではない。そこで，GIの安定的な表示を確保するため，GIに関する行為を各号で列記し，当該行為が不正競争の目的でされない場合に限り，商標権の効力が及ばないこととした。」とのことです*2。なお，平成30年改正により地理的表示法の規制が広告等にも拡大されたことに対応して，商標法26条3項についても改正が行われています。

(d)　その他の問題

　登録生産者団体が登録されているGIと同一の商標の商標権者でもある場合，GIとして登録された特性等の基準を満たしていない産品について，商標権者として，GIと同一の表示をすることができるでしょうか。

　この点，地理的表示保護制度においては，産品の名称だけでなく，産品の特性等の基準も登録し，登録された基準を満たしていない産品についてGIを使用することはできません。

　仮に，上記のような表示ができるとすれば，登録された特性等の基準を満たした産品のみにGIを使用できるとした地理的表示保護制度の意義を失わせ，需要者を誤認させることにもなりかねないため，登録された特性等の基準を満たしていない以上，商標権者であってもGIと同一の表示をすることはできないと考えられます。

〔辻本　直規〕

══ ■注　記■ ══

＊1　平成30年改正の内容については，辻本直規「地理的表示保護制度が変わります〜高いレベルでの地理的表示（GI）の保護に向けて〜」IPジャーナル8号（2019.3）65〜67頁及び黒岩健一「特定農林水産物等の名称の保護に関する法律の改正」L&T83号（2019.4）109〜110頁も参照してください。

＊2　逐条解説〔第20版〕1503〜1509頁。

第5款◇地理的表示制度
Q51◆地理的表示制度概説

●参考文献●

(1)　農水知財基本テキスト289〜313頁〔粟津侑〕。
(2)　特許庁『地域団体商標ガイドブック（2019）』30〜33頁。

第2章◇戦略的ツールとしての知的財産制度
第3節◇デザインや表示を保護する知的財産制度

 52　酒類の地理的表示

　酒類については地理的表示法とは異なる法律が適用されるとお聞きしたのですが，どの法律が適用されるのですか。地理的表示法とは何か異なる部分があるのでしょうか。酒類についての地理的表示制度の概要を教えてください。
　現時点では，どのようなものがわが国で指定されているのでしょうか。

　　酒類の地理的表示については，酒税の保全及び酒類業組合等に関する法律が適用されます。同法86条の6第1項の規定に基づき，酒類の地理的表示に関する表示基準が定められており，一定の基準を満たす地理的表示について国税庁長官が指定する制度があります。現時点で指定されているものに，蒸留酒の地理的表示である「壱岐」，「球磨」，「琉球」，及び「薩摩」，ぶどう酒の地理的表示である「山梨」及び「北海道」，並びに清酒の地理的表示である「白山」，「日本酒」，「山形」，及び「灘五郷」があります。

☑キーワード

酒類の地理的表示に関する表示基準，酒類の地理的表示に関するガイドライン

第5款◇地理的表示制度
Q52◆酒類の地理的表示

解　説

1 「酒類の地理的表示に関する表示基準」における地理的表示の保護の歴史

(1)　制度の創設経緯

　地理的表示法の保護対象には，「酒税法（昭和28年法律第6号）第2条第1項に規定する酒類」にかかる地理的表示は含まれていません（地理2条1項）。そのような表示については，「酒税の保全及び酒類業組合等に関する法律」の規律の対象となっています。この規律は，地理的表示法と同じく，TRIPS協定に基づく地理的表示の保護制度として位置付けられるものですが，次に述べるように，地理的表示法よりも長い歴史をもっています。

　TRIPS協定23条(1)は，「加盟国は，利害関係を有する者に対し，真正の原産地が表示される場合又は地理的表示が翻訳された上で使用される場合若しくは『種類（kind）』，『型（type）』，『様式（style）』，『模造品（imitation）』等の表現を伴う場合においても，ぶどう酒又は蒸留酒を特定する地理的表示が当該地理的表示によって表示されている場所を原産地としないぶどう酒又は蒸留酒に使用されることを防止するための法的手段を確保する」と規定しています。

　「『種類（kind）』，『型（type）』，『様式（style）』，『模造品（imitation）』等の表現」を伴う表示について，それが原産地等の誤認を惹起するものであれば，不正競争防止法上の品質等誤認表示に関する不正競争行為（現行不競2条1項20号）となり，これによって営業上の利益を侵害された者には差止請求（不競3条1項）や損害賠償請求（不競4条）をする権利が認められています。しかしながら，TRIPS協定23条(1)が求めているのは誤認がない場合であっても上記の対象表示の使用を禁止することであるので，不正競争防止法の上記規律のみでは，同協定上の義務を果たしていないことになります。そこでわが国は，この義務の履行のため，「酒税の保全及び酒類業組合等に関する法律」86条の6第1項の規定に基づき，地理的表示に関する表示基準を定めました（平成6年12月28日国税庁告示第4号）。それによって，日本国のぶどう酒若しくは蒸留酒の産地の

435

第2章◇戦略的ツールとしての知的財産制度
第3節◇デザインや表示を保護する知的財産制度

うち国税庁長官が指定するものを表示する地理的表示を，当該産地以外の地域
を産地とするぶどう酒又は蒸留酒について使用することが禁じられることとな
りました（WTO加盟国で当該産地以外の地域を産地とするぶどう酒若しくは蒸留酒につい
て使用することが禁止されている地理的表示も同様）。このような行政上の措置[1]の
導入から，わが国における地理的表示固有の保護制度の歴史が始まりました。

(2) その後の状況

上記の表示基準（平成6年12月28日国税庁告示第4号。以下，これを「旧基準」と呼
ぶことにします）においては，「地理的表示」は「その確立した品質，社会的評
価その他の特性が当該酒類の地理的原産地に主として帰せられる場合におい
て，当該酒類が世界貿易機関の加盟国の領域又はその領域内の地域若しくは地
方を原産地とするものであることを特定する表示」と定義されていました（旧
基準2項1号）。この基準の下，蒸留酒の地理的表示として，「壱岐」（長崎県壱岐
市），「球磨」（熊本県球磨郡及び人吉市），「琉球」（沖縄県）が指定を受けました（い
ずれも平成7年6月30日付）。

その後，「消費者の視点に立った適切な商品情報の提供及び清酒の地域ブラ
ンド確立に向けた体制の整備を行う」[2]観点から，旧基準に清酒の地理的表
示を保護対象として追加する改正（平成17年9月国税庁告示第23号）がなされまし
た。この改正後の基準の下で，清酒の地理的表示として「白山」（石川県白山
市）が指定されたほか，蒸留酒の地理的表示として「薩摩」（鹿児島県（奄美市及
び大島郡を除く））が指定されました（いずれも平成17年12月22日付）。さらにその
後，ぶどう酒の地理的表示として「山梨」（山梨県）が指定を受けました（平成
25年7月16日）。

ただし，旧基準が定められてから約20年の間に指定を受けた地理的表示は上
記の6つがすべてであり，この地理的表示保護制度が十分活用されているとは
いえない状況でした。その原因の1つとして，旧基準では地理的表示の指定の
要件が具体的に示されていないことが挙げられていました。この問題を解消す
るために基準を明確化することに加え，日本産酒類のブランド価値の向上や輸
出促進の観点から，旧基準が全面改正され，すべての種類を対象とした「酒類
の地理的表示に関する表示基準」（平成27年10月国税庁告示第19号。以下これを「新基
準」と呼ぶことにします）が定められました[3]。

436

第5款◇地理的表示制度
Q52◆酒類の地理的表示

　この新基準の下で現在（2019年5月）までに指定を受けているものとして，清酒の地理的表示として「日本酒」（日本国），「山形」（山形県），及び「灘五郷」（兵庫県神戸市灘区，東灘区，芦屋市，西宮市）並びにぶどう酒の地理的表示として「北海道」（北海道）が挙げられます。この新制度の要点については，項目を改めて説明します。

　このほか，日EU経済連携協定（EPA）第14・22条から第14・30条までの規定及び同協定の付属書14-Bに基づき日本が保護義務を負う酒類の地理的表示があります（EUは，日本の上記の地理的表示のうち，「灘五郎」及び「北海道」を除く8つについて保護義務を負います）。そのような例として，ぶどう酒の地理的表示である「ボルドー」（フランス）や「シチリア」（イタリア）などがあり，合計139品目にも及びます＊4。これらの表示については，わが国の上記の地理的表示と同様の保護を受けることになります。

2 **「酒類の地理的表示に関する表示基準」における地理的表示の保護の要点**

(1) 地理的表示の指定の要件

　新基準2項は，地理的表示の指定の要件として，酒類の産地に主として帰せられる酒類の特性が明確であること，及び，その酒類の特性を維持するための管理が行われていると認められることを挙げています。新基準と同時期に策定された「酒類の地理的表示に関するガイドライン」＊5（以下，単に「ガイドライン」と呼ぶことにします）においてはこれらの要件の内容について詳細な説明がなされています。

　すなわち，ガイドラインにおいては，「酒類の産地に主として帰せられる酒類の特性が明確であること」が肯定されるためには，①酒類の特性があり，それが確立していること，②酒類の特性が酒類の産地に主として帰せられること，及び③酒類の原料・製法等が明確であること，のすべてを充足する必要があるとされています。さらに，例えば，この①に関して，酒類の特性として品質，社会的評価（又はその他の特性）のいずれかを挙げ，これらの特性が「官能的要素（香味，色たく，口あたり等）」，「物理的要素（外観，重量，密度，性状等）」，「化学的要素（化学成分濃度，添加物の有無等）」，「微生物学的要素（酵母等の製品へ

437

第2章◇戦略的ツールとしての知的財産制度
第3節◇デザインや表示を保護する知的財産制度

の関与等）」及び「社会学的要素（統計，意識調査等）」などの要素によって整合的に説明できることを求める（これらすべての要素で説明する必要はありませんが，官能的要素については必ず説明できることを要します）など，相当に具体的な説明がなされています。

　同じくガイドラインにおいて，「その酒類の特性を維持するための管理が行われていること」という要件については，一定の基準を満たす管理機関が設置されており，地理的表示を使用する酒類が，①生産基準で示す酒類の特性を有していること，②生産基準で示す原料・製法に準拠して製造されていることについて，その管理機関により継続的に確認が行われていることをいうとされており，さらにこれら①，②の具体的内容についての説明もなされています。

　なお，登録商標権を侵害するおそれがある表示や，日本国において酒類の一般的な名称として使用されている表示，産地の範囲が日本国以外の世界貿易機関の加盟国にある場合において，当該国で保護されない表示などは，指定を受けることができません（新基準3項）。

(2) 指定を受けるための手続

　新基準及びガイドラインにおいては，指定を受けるための手続が具体的に説明されています。以下にその概要を簡単に示します（詳細はガイドライン及び新基準を参照してください）。

　ガイドラインによれば，地理的表示の指定は，原則として酒類の産地からの申立てに基づき行われます。産地の事業者団体は，その酒類に関する生産基準，名称及び産地の範囲について，当該産地の範囲に当該酒類区分に係る製造場を有するすべての酒類製造業者と協議した上で，当該産地の範囲を所管する国税局長（沖縄国税事務所長を含む）を通じて国税庁長官に地理的表示の指定に係る申立てを行うことができます。

　申立てを受けた国税局長は当該産地の範囲の事業者からの意見聴取や現地調査を行ったうえで，申立内容の適切性を判断します。また，新基準7項に基づき，関連する資料をあらかじめ公示し，広く一般の意見を求めます。その結果を踏まえ，地理的表示の指定の可否を判断します。指定に当たっては，新基準8項に基づき官報に公告がなされます。公告される内容は指定する地理的表示の名称，産地の範囲及び酒類区分で，生産基準については，国税庁ホームペー

ジに掲載する旨が公告されます。

(3) 指定の効果

(a) 地理的表示であることを明らかにする表示

指定を受けた地理的表示を「使用」（新基準1項9号。酒類の容器や包装に地理的表示を付する行為や付したものを譲渡する行為などがこれに当たります）する場合，使用した地理的表示の名称のいずれか一箇所以上に「地理的表示」，「Geographical Indication」又は「GI」の文字を併せて使用することが求められます（新基準11項）。

(b) 不正使用の取締り

地理的表示の名称は，当該地理的表示の産地以外を産地とする酒類及び当該地理的表示に係る生産基準を満たさない酒類について使用することは（たとえ真正の産地として使用する場合であっても）禁止されます（新基準9項。なお，先使用等の一定の場合には新基準10項による例外が認められます）。地理的表示の名称が翻訳された上で使用することや「種類」，「型」，「様式」，「模造品」等の表現を伴い使用することも禁止されます（同）。また，地理的表示を使用していない酒類に「地理的表示」，「Geographical Indication」又は「GI」の文字を使用することは禁止されます（同12項）。

財務大臣は，新基準を遵守しない酒類製造業者又は酒類販売業者があるときは，その者に対し，その基準を遵守すべき旨の指示をすることができ（酒税の保全及び酒類業組合等に関する法律86条の6第3項），この指示に従わない酒類製造業者又は酒類販売業者があるときは，その旨を公表することができます（同条4項）。

〔宮脇　正晴〕

■注　記■

＊1　TRIPS協定でいう「法的手段（legal means）」は，同協定42条により民事司法手続により実現される権利行使を通常意味しますが，同協定23条(1)の脚注は，各加盟国が「民事上の司法手続に代えて行政上の措置による実施を確保すること」を許容しています。

＊2　国税庁ウェブサイト「『地理的表示に関する表示基準』の一部改正（案）の概要」

第2章◇戦略的ツールとしての知的財産制度
第3節◇デザインや表示を保護する知的財産制度

〈https://www.nta.go.jp/information/consulation/ichiran/050704/02.htm〉（2019年
6月30日確認）。

＊3　田中誠二編著『酒類の表示制度ハンドブック』（大蔵財務協会，2018年）11～12
頁。

＊4　国税庁ウェブサイト「日EU・EPAにおける酒類の地理的表示の相互保護につい
て」〈https://www.nta.go.jp/taxes/sake/yushutsu/pdf/chiritekihyouji.pdf〉（2019年
6月30日確認）。

＊5　国税庁ウェブサイト「酒類の地理的表示に関する表示基準の取扱いについて（法
令解釈通達）」〈https://www.nta.go.jp/law/tsutatsu/kobetsu/kansetsu/151030/
index.htm〉（2019年6月30日確認）。

地理的表示の先使用

地理的表示法で先使用と認められるのはどのような場合ですか。

　ある農林水産物等に対して，特定農林水産物等に係る地理的表示と同一の又は類似する表示を使用している者が，当該特定農林水産物等が地理的表示法に基づく登録を受けた日よりも前から，不正の利益を得る目的及び他人に損害を与える目的その他の不正の目的を有さずに当該表示を使用しており，その後も継続して使用していると認められる場合は，この者による当該表示の使用は同法における先使用として認められます（地理３条２項４号）。
　また，この者から業務を承継した者が継続して当該表示を使用する場合，当該農林水産物等を直接又は間接に譲り受け又は引渡しを受けた者が当該表示を使用する場合も，同法における先使用として認められます（同号）。
　例えば，「○×メロン」という特定農林水産物に係る地理的表示が同法に基づき登録された場合であっても，その登録日以前から，登録を受けた生産者団体に対して損害を与えるなどの不正の目的を有さずに，当該地理的表示と同一の表示である「○×メロン」を使用してメロンの販売等を行っていた者においては，当該表示の使用は，登録後においても，先使用として認められます。
　なお，先使用が認められる期間は，原則として，特定農林水産物等の登録日から起算して７年間となります（同号）。

☑キーワード

　先使用，不正の目的，類似等表示，日本・EU経済連携協定

第2章◇戦略的ツールとしての知的財産制度
第3節◇デザインや表示を保護する知的財産制度

解　説

1　地理的表示と同一の表示又は類似等表示の禁止

　地理的表示法は，原則として，何人においても，同法に基づく登録に係る特定農林水産物等が属する区分に属する農林水産物等若しくはこれを主な原料若しくは材料として製造され，若しくは加工された農林水産物等又はこれらの包装等に，当該特定農林水産物等に係る地理的表示と同一の表示又は類似する表示若しくはこれと誤認されるおそれのある表示（以下「類似等表示」といいます）を使用することを禁止しています（地理3条2項）。

　これによって，特定農林水産物等の生産地とは異なる場所で生産された農林水産物等であって当該特定農林水産物等と同一の区分に属するものについて，地理的表示と同一の表示を使用する行為や，特定農林水産物等と同じ生産地で生産されたものではあるものの，その生産方法が異なる農林水産物等であって当該特定農林水産物等と同一の区分に属するものについて，地理的表示と類似する表示を使用する行為は，禁止されています。

　農林水産大臣は，このような禁止行為に及んだ者に対して，この者が取り扱う農林水産物等について使用されている地理的表示と同一の表示又は類似等表示について，除去，抹消その他の必要な措置をとるべきことを命ずることができます（地理5条1号）。

　地理的表示法がこのような行為を禁止した趣旨は，特定農林水産物等について生産者団体が不断の努力によって蓄積したブランド価値に対する第三者によるフリーライドを防止し，そのブランド価値を保護することで，「特定農林水産物等の生産者業者の利益の保護を図り，もって農林水産業及びその関連産業の発展に寄与し，併せて需要者の利益を保護する」（地理1条）点にあります。

　なお，地理的表示法に基づく登録に係る「特定農林水産物等を譲渡し，引き渡し，譲渡若しくは引渡しのために展示し，輸出し，又は輸入する者」（地理3条1項）については，当該特定農林水産物等又はその包装等（容器，価格表，ウェ

442

第 5 款◇地理的表示制度
Q53◆地理的表示の先使用

ブサイト上の掲示等を含みます）に地理的表示を使用することができます。

2 例外としての先使用

(1) 概 要

　地理的表示法は，上記のとおり特定農林水産物等ではない農林水産物等に対して当該特定農林水産物等に係る地理的表示を使用することを禁止しているところ，その例外の1つとして，先使用を定めています。

　すなわち，同法は，「登録の日前から不正の利益を得る目的，他人に損害を加える目的その他の不正の目的でなく登録に係る特定農林水産物等が属する区分に属する農林水産物等若しくはその包装等に当該特定農林水産物等に係る地理的表示と同一の名称の表示若しくは類似等表示を使用していた者及びその業務を承継した者が継続して，又はこれらの者から直接若しくは間接に当該農林水産物等（これらの表示が付されたもの又はその包装，容器若しくは送り状にこれらの表示が付されたものに限る。）を譲り受け，若しくはその引渡しを受けた者が，当該農林水産物等又はその包装等にこれらの表示を使用する場合（当該特定農林水産物等の登録の日から起算して7年を経過する日以後は，当該農林水産物等の生産地の全部が当該特定農林水産物等の生産地内にある場合であって，当該農林水産物等に当該特定農林水産物等との混同を防ぐのに適当な表示がなされているときに限る。）」（地理3条2項4号）には，特定農林水産物等ではない農林水産物等に対して当該特定農林水産物等に係る地理的表示を使用することを認めています。本号に基づいて地理的表示と同一の表示又は類似等表示を使用することを先使用といいます。

(2) 趣 旨

　地理的表示法が，例外としての先使用を認めた趣旨は，地理的表示と同一の表示又は類似等表示を登録日よりも前から使用していた者においては，その企業努力等によって当該表示に対する信用を蓄積，確保しているのが通常であるところ，この者がすでに獲得していた当該表示に対する信用について，後発の登録に伴う禁止の対象から除外することによって，保護を図る点にあります。

　なお，商標法においても，同様の趣旨に基づき，一定の要件の下に他人の商標と同一又は類似する商標を商品又は役務について使用することを，先使用と

443

第2章◇戦略的ツールとしての知的財産制度
第3節◇デザインや表示を保護する知的財産制度

して例外的に認めています（商標32条1項）。

(3) 先使用が認められ得る者

地理的表示法において先使用が認められ得るのは，次のⓐないしⓒに掲げる者です。

ⓐ　特定農林水産物等の登録日前から，農林水産物等（その包装等を含みます）に当該特定農林水産物等に係る地理的表示と同一の表示又は類似等表示を使用していた者

ⓑ　ⓐの者から業務を承継した者

ⓒ　ⓐ又はⓑの者から直接又は間接に農林水産物等を譲り受けるなどした者

(4) 先使用の要件

(a) **2**(3)ⓐの者の場合

「（①）登録の日前から（②）不正の利益を得る目的，他人に損害を加える目的その他の不正の目的でなく（③）登録に係る特定農林水産物等が属する区分に属する農林水産物等若しくはその包装等に当該特定農林水産物等に係る地理的表示と同一の名称の表示若しくは類似等表示を使用していた者……が（④）継続して……，当該農林水産物等又はその包装等にこれらの表示を使用する場合」（地理3条2項4号，なお①ないし④は執筆者が付したもの）

㋐　「不正の利益を得る目的，他人に損害を加える目的その他の不正の目的」とは，図利加害目的等，公序良俗，信義則に違反する目的をいいます。例えば，「○×メロン」という農林水産物等を生産していた者が，当該農林水産物と同一の名称を有し地理的表示法に基づく登録を受けた特定農林水産物等に係る生産者団体に対して，自らの「○×メロン」に係る先使用を行わないことへの対価として高額の金員を求める場合が挙げられます。また，生産者団体の構成員等，ある特定農林水産物等について同法に基づく登録がなされる可能性について知ることができた者が，そのブランド価値を享受するために当該特定農林水産物等と類似する表示を使用する場合や，登録申請後の農林水産大臣の公示によって知った当該登録に係る農林水産物等について，公示後登録前に販売等を行う場合には，不正の目的が認められるとされています。

㋑　「類似等表示」とは，地理的表示法に基づく登録を受けた特定農林水産物等に係る地理的表示に類似する表示又は当該地理的表示と誤認させる表示を

444

第 5 款◇地理的表示制度
Q53◆地理的表示の先使用

いいます（地理 3 条 2 項）。

類似する表示とは，登録に係る地理的表示と名称が似ていることをいいます。一方，誤認させる表示とは，登録に係る地理的表示と異なる名称や文字であっても，国旗，紋章等との組合せによって一般人をして意図的に当該地理的表示と誤認させ得るものも含みます。

(ウ) 「継続して」とは，業務として反復継続していることをいいます。なお，この業務としての反復継続性は，**2**(3)ⓐに記載された者から直接又は間接に農林水産物等を譲り受けるなどした者（**2**(3)ⓒ）については，不要です。

(b) **2**(3)ⓑの者の場合

「(① その業務を承継した者が（② 継続して……，当該農林水産物等又はその包装等にこれらの表示を使用する場合」（地理 3 条 2 項 4 号，なお①及び②は執筆者が付したもの）

「その業務を承継した者」とは，**2**(3)ⓐに記載された者から事業譲渡その他の方法により業務を承継した者をいいます。

(c) **2**(3)ⓒの者の場合

「(① これらの者から直接若しくは間接に当該農林水産物等（これらの表示が付されたもの又はその包装，容器若しくは送り状にこれらの表示が付されたものに限る。）を譲り受け，若しくはその引渡しを受けた者が，（② 当該農林水産物等又はその包装等にこれらの表示を使用する場合」（地理 3 条 2 項 4 号，なお①及び②は執筆者が付したもの）

①の「これらの者」とは，**2**(3)ⓐ及びⓑの者をいいます。

(5) 効　　果

先使用が認められる場合，**2**(3)ⓐないしⓒの者においては，特定農林水産物等に係る地理的表示と同一の表示又は類似等表示を自らの農林水産物等に使用することができます。もっとも，これらの者においても，当該農林水産物等を利用して新たに開発された物に対して，地理的表示と同一の表示又は類似等表示を使用することはできません。

なお，先使用の期間制限については後記**3**(2)を参照してください。

445

第２章◇戦略的ツールとしての知的財産制度
第３節◇デザインや表示を保護する知的財産制度

3　日本・EU経済連携協定と地理的表示法の改正

(1)　日本・EU経済連携協定

　日本とEUは，2018（平成30）年７月17日，日本・EU経済連携協定（以下「日EU・EPA」といいます）に署名し，同協定は，2019（平成31）年２月１日付で発効されました。日EU・EPAは，日本とEU間における物品貿易，サービス貿易及び投資等の経済活動の自由化を通じて両者の連携を強化するものであり，その中では農林水産物等に係る地理的表示の保護を含む知的財産に関するルールも整備されています。

　日EU・EPAは，農林水産物等に係る地理的表示の先使用に関し，次のような定めを設けています（下線は執筆者が付したものです）。

> **第14・29条　例外**
> 1　第14・25条１の規定にかかわらず，一方の締約国は，農産品を特定する附属書14－Bに掲げる他方の締約国の特定の地理的表示について，<u>自国による当該地理的表示の保護の日から最大７年の経過期間の後</u>，商品又はサービスに関連する同種の商品に対する自国の領域における<u>先使用の維持を防止する。</u>

(2)　2018（平成30）年の地理的表示法改正

　日本では，日EU・EPAの適確な実施を確保するため，地理的表示法について，先使用期間の制限，広告等における地理的表示使用の規制，地理的表示に係る産品と誤認させるおそれのある表示の規制等に関する規定の整備を行うことになりました。

　このような規定の整備に係る「特定農林水産物等の名称の保護に関する法律の一部を改正する法律」は，2018年（平成30年）11月30日に成立し，日EU・EPAの効力発生日である2019年（平成31年）２月１日に施行されました。

　改正前の地理的表示法においては，登録の日前から農林水産物等に使用されていた特定農林水産物等に係る地理的表示と同一の表示又は類似等表示の使用について，その期間を無制限に認めていたところ，改正後の同法においては，当該期間について，当該特定農林水産物等の登録の日から起算して７年間という制限が設けられています。そのため，特定農林水産物等の登録日から起算し

446

第5款◇地理的表示制度
Q53◆地理的表示の先使用

て7年を経過する日以後は，当該特定農林水産物等に係る地理的表示と同一の表示又は類似等表示をこれと同一の区分に属する農林水産物等に使用することは原則としてできません。当該表示を使用する者としては，この期間内に，農林水産物等やその包装等の表示内容を変更し，特定農林水産物等に係る地理的表示と同一の表示及び類似等表示とならないようにしなければ，農林水産大臣による除去等の命令を受けることになります。

　なお，登録から7年を経過する日以後であっても，農林水産物等の生産地の全部が特定農林水産物等の生産地内にある場合であって，かつ当該農林水産物等に当該特定農林水産物等との混同防止のために適当な表示がなされている場合は，先使用は認められます。これは，特定農林水産物等と生産地が同じ農林水産物等であれば，当該農林水産物等の生産者団体が将来的に地理的表示法に基づく登録を受けることや，既に存在する登録済みの生産者団体に加入することができることによるものです。

〔庄野　　航〕

========= ●参考文献● =========

(1)　農水知財基本テキスト。

447

第2章◇戦略的ツールとしての知的財産制度
第3節◇デザインや表示を保護する知的財産制度

 54 相互保護について（EPA）

(1) 日EU・EPA協定の効果を教えてください。
(2) 指定対象となるEU産品の日本国内市場における取扱い（ゴルゴンゾーラ，カマンベール等を商品に表示する際の留意点等）について教えてください。

(1) 日EU・EPA協定の効果として，リストに掲載する相手国のGI産品（EU側GI71産品，日本側GI48産品）について，公示手続及び審査を経た上で，協定発効の日から自国のGIとして保護することになりました。
(2) 日EU・EPAによる具体的な保護として，①消費者に真正の地理的表示産品と誤認させるような名称の使用禁止，②明細書（産地・品質基準・生産方法等を示す文書）に沿わない産品については，真正の産地を記載している場合や，翻訳，音訳である場合，「〜種」，「〜タイプ」，「〜スタイル」等の表現を伴う場合であっても，不正使用に該当等が挙げられます（地理的表示法施行規則2条により，日EU・EPA発効前も同様に不正使用に該当します）。

☑キーワード
地理的表示，EPA

第5款◇地理的表示制度
Q54◆相互保護について（EPA）

第5款◇地理的表示制度
Q54◆相互保護について（EPA）

解　説

1　地理的表示の保護範囲と諸外国の保護制度等

　平成26年6月に「特定農林水産物等の名称の保護に関する法律」（通称：地理的表示法）が成立し，地域の特色ある農産品や食品の名称を国（管轄：農林水産省）が保護する制度が開始したことは，**Q51**のとおりです。

　諸外国において，地理的表示に対する独立した保護を与える国は100ヵ国以上（国際貿易センター調べ（農林水産省資料））に上ります（各国の保護制度については，社団法人日本国際知的財産保護協会平成24年3月「諸外国の地理的表示保護制度及び同保護を巡る国際的動向に関する調査研究」やAIPPI World Congressの報告書[1]）。地理的表示保護制度の代表例として，EUの農産品及び食品の品質制度に関する「欧州議会・理事会規則（EU）No1151/2012」に基づく原産地呼称保護（Protected Designation of Origin）（略称「PDO」）や地理的表示保護（Protected Geographical Indication）（略称「PGI」）があります。

　日本の地理的表示の申請は，日本国内の生産者団体に限られているわけではなく，海外の生産者団体も農水省に申請し保護を受けることが可能です。例えば，イタリアの生産者団体であるコンソルツィオ・デル・プロッシュット・ディ・パルマの「プロシュットディ パルマ，パルマハム，Prosciutto di Parma，Parma Ham」が登録第41号として登録が認められています。

　諸外国でも同様に，他国の生産者団体からの申請が認められ，例えば，フランスの「Champegne」や米国の「Napa Valley」，イタリアの「Prosciutto di Parma」はインドで登録されています（平成24年3月「諸外国の地理的表示保護制度及び同保護を巡る国際的動向に関する調査研究」）。

2　法改正の沿革

　上述のとおり，他国の地理的表示の保護を受けることが可能であるものの，

449

第2章◇戦略的ツールとしての知的財産制度
第3節◇デザインや表示を保護する知的財産制度

登録を希望する国に直接，申請手続を行うとすると，国ごとに異なる登録要件を調査し，提出書類の正確な翻訳が必要で，容易に行えるものではありません。平成28年12月26日の地理的表示法改正前は，個別の生産者団体による申請に対する登録が地理的表示としての保護の前提となっていましたが，同改正法により，国際協定による地理的表示の相互保護が可能となりました。具体的には，平成28年改正地理的表示法23条において，農林水産大臣は，我が国がこの法律に基づく特定農林水産物等の名称の保護に関する制度と同等の水準にあると認められる特定農林水産物等の名称の保護に関する制度を有する外国であって，一定の条件に該当すると相互に特定農林水産物等の名称の保護を図るため，当該締約国の同等制度によりその名称が保護されている当該締約国の特定農林水産物等について指定をすることができることになりました。

　このような相互保護制度は，農産物のみならず酒類の地理的表示保護制度でも行われていました。具体的には，「経済上の連携に関する日本国と欧州連合との間の協定」（平成31年2月1日発効）によりフランス共和国の「Beaujolais」「Bordeaux」「Bourgogne」（ボジョレー，ボルドー，ブルゴーニュ）等EUの酒類を日本で保護する一方，「日本酒」「壱岐」「薩摩」等がEUで保護を受けます。そもそも，酒類については，農産物より早く「経済上の連携の強化に関する日本国とメキシコ合衆国との間の協定」（平成17年4月1日発効），「戦略的な経済上の連携に関する日本国とチリ共和国との間の協定」（平成19年9月3日発効）及び「経済上の連携に関する日本国とペルー共和国との間の協定」（平成24年3月1日発効）が締結され相互保護が実現しています。

3　日EU・EPA（経済連携協定）の概要について

　上述のような国際協定による地理的表示の相互保護の一環として，日EU・EPA（経済連携協定）により，リストに掲載する相手国のGI産品（EU側GI71産品，日本側GI48産品）について，公示手続及び審査を経た上で，協定発効の日から自国のGIとして保護することになりました（2017年12月にEPA交渉を妥結し，2018年7月にEPA署名を行い，2019年2月にEPA発効となりました）。

450

第5款◇地理的表示制度
Q54◆相互保護について（EPA）

4 日EU・EPAの概要（保護の具体的な内容）について

⑴ 保護の高度化

Q51のとおり，従前，生産者団体等は産品そのもの及び包装や容器に地理的表示を表示することができ，同時に，第三者が産品そのもの，包装，容器への不正な表示が禁止されていました（改正前地理3条1項及び2項）。しかし，EPAの効果として，産品そのもの及び包装や容器に加え広告，価格表又は取引書類（インターネット上の取引書類を含みます）にも地理的表示を表示することができ，また，第三者によるこれらの不正使用も禁止されることになりました（改正後地理3条1項及び2項）。

⑵ 日EU・EPAによる保護の具体的内容

日EU・EPAによる保護の具体的概要は，以下のとおりです。

⒜ 消費者に真正の地理的表示産品と誤認させるような名称の使用の禁止

日EU・EPAによる具体的な保護として，消費者に真正の地理的表示産品と誤認させるような名称の使用が禁止されるようになりました。例えば，オランダのGI登録産品（チーズ）としてGouda Holland（ゴーダホラント）がありますが，真正な同産品でないにもかかわらず，「ゴーダチーズ」等と表示を行うとともに，パッケージにオランダの国旗や風車，チューリップ等の全体として消費者にオランダを想起させるような表示行為は，不正使用として禁止されます。

⒝ また，明細書（産地・品質基準・生産方法等を示す文書）に沿わない産品については，真正の産地を記載している場合や，翻訳，音訳である場合，「〜種」，「〜タイプ」，「〜スタイル」等の表現を伴う場合であっても，不正使用となります（例えば，「ゴルゴンゾーラタイプ北海道産チーズ」との表示は，事実として北海道産であっても不正使用となります）（なお，地理的表示法施行規則2条により，日EU・EPA発効前も同様に不正使用に該当します）。

⒞ 先使用の制限

従前，一定の場合には先使用が認められていました。すなわち，地理的表示として登録・指定された産品と同一又は類似の名称を，その登録・指定の前か

451

第2章◇戦略的ツールとしての知的財産制度
第3節◇デザインや表示を保護する知的財産制度

ら使用していた場合であって，(i)不正の利益を得る目的，他人に損害を与える
目的その他不正の目的でない場合及び(ii)業務としての継続・反復性が認められ
るものは，その名称を引き続き使用することが先使用として認められていまし
た。

　しかし，EPAの効果として，日EU・EPA発効後，7年間の経過期間を経た
後は，先使用が認められないことになりました（地理3条2項4号）。なお，協
定相手国の法令に違反している産品については，先使用は適用されず，発効後
即時に使用が禁止されます。

(3)　**保護を受けることができる範囲について**

(a)　EUで地理的表示として保護される名称の中でも，日本で普通名称と認
識されている名称の部分は，真正品との誤認混同を生じない限り，地理的表示
の保護は及びません。例えば，次の下線部分が該当します。

　・<u>Camembert</u> de Normandie（<u>カマンベール</u>ドノルマンディ）

　・<u>Mozzarella</u> di BufalaCampana（<u>モッツァレッラ</u>ディブファーラカンパーナ）

　・<u>Gouda</u> Holland（<u>ゴーダ</u>ホラント）

（その他に普通名称として保護されない名称：農水省ウェブサイト（http://www.maff.
go.jp/j/shokusan/gi_act/outline/attach/pdf/index-169.pdf））

　具体的に検討すると，「北海道産カマンベールチーズ」という表示は認めら
れますが，明細書と合致しない商品に「ノルマンディ風カマンベール」と表示
する行為は，真正品との誤認混同を生じるため，認められないことになりま
す。

(b)　複数の語から構成される一定の名称の一部のみを使用する行為は，EU
の地理的表示に類似する名称とはみなさず，地理的表示として保護されませ
ん。例えば，「Grana Padano」の「グラナ」の部分，「Pecorino Romano」の
「ペコリーノ」，「ロマーノ」の部分等（その他に普通名称として保護されない名称：
農水省ウェブサイト（http://www.maff.go.jp/j/shokusan/gi_act/outline/attach/pdf/
index-169.pdf））が該当します。具体的な使用例を挙げると，「グラナチーズ」や
「ペコリーノチーズ」，「ロマーノチーズ」のように「グラナ」，「ペコリーノ」，
「ロマーノ」のそれぞれに一般名詞である「チーズ」を付した表示は可能で
す。他方，「Roman Style ペコリーノチーズ」という表示は，「Pecorino

第5款◇地理的表示制度
Q54◆相互保護について（EPA）

Romano」の「Pecorino」及び「Romano」の双方を使用しており，また上述
のとおり「～種」，「～タイプ」，「～スタイル」等の表現を伴う場合であって
も，不正使用となるため，このような表示は使用できません。

（c）また，「Parmigiano Reggiano」（パルミジャーノレッジャーノ）は，EUで登
録された地理的表示ですが，日本の需要者には「パルメザンチーズ」が粉チー
ズの名称として広く認識されているため，ハードチーズの名称として「パルメ
ザン」という単体名称は，Parmigiano Reggiano（パルミジャーノレッジャーノ）
とは別のものとして扱われ，ParmigianoReggianoと誤認させる名称の使用方
法でなければ使用が認められます。

（d）「CitricosValencianos/CitricsValencians」（シトリコスバレンシアノス／シト
リックスバレンシアンス）はEUで登録された地理的表示ですが，オレンジの品種
名として「バレンシア」を表示できます。よって「バレンシアオレンジ」のよ
うに，品種としての名称使用は認められます。

5 地理的表示法の改正

上述の日EU・EPA（経済連携協定）を受けて，「特定農林水産物等の名称の保
護に関する法律」（平成26年6月25日法律第84号）の改正法（平成30年12月7日法律第
88号（特定農林水産物等の名称の保護に関する法律の一部を改正する法律））が2019年2
月1日に施行されました。

改正の主たるポイントは，以下のとおりです。

① 改正前の地理的表示法では無限に認められた先使用期間を原則として
7年に制限したこと。ただし，日本国内のGI登録産品の生産地と同一の
地域で生産されている先使用品については，GI登録産品との混同を防ぐ
のに適当な表示を付せば，7年経過後も先使用が可能です。

② 広告等における特定農林水産物等の名称の表示を規制したこと

③ 改正前はGIマークの表示は義務でしたが，同マークの表示は任意になっ
たこと

④ 文字や国旗等を組み合わせた結果，GI産品と誤認させるおそれのある
表示も規制対象としたこと

453

第2章◇戦略的ツールとしての知的財産制度
第3節◇デザインや表示を保護する知的財産制度

6 農林水産省による対応

　上述のような不正使用に対しては，不正競争防止法（品質誤認表示），商標権侵害を私権として主張するだけでなく，農林水産省に対応を依頼することも可能です。地理的表示法5条により，農林水産大臣は，不正使用をした者に対し，表示の除去又は抹消といった必要な措置をとるべきことを命ずることができると規定されています。具体的には，食料産業局知的財産課地理的表示等の不正表示通報窓口で郵便，メール，FAX等で相談を受け付け，不正使用の疑いがある場合には，表示の除去等の対応が行われます。

〔外村　玲子〕

━━━■注　記■━━━

　＊1　http://aippi.org/committee/geographical-indications-1/の「Committee Publications」を参照。

広告，インターネット販売，外食業メニュー等におけるGIマークの使用

　GI登録産品を原材料とする加工品を製造，販売するときに，GIマークを広告，インターネット販売，外食業メニュー等に使用したいのですが，注意すべき点を教えてください。

　　GIマークを広告，インターネット販売，外食業メニュー等に使用する場合は，農林水産省に使用許諾の申請をして使用することができますが（使用許諾を要さない場合もあります），農林水産省が公表しているガイドライン等を遵守する必要があります。例えば，加工品のPR・説明のためにGIマークを使用する場合には，①加工品にGI産品が主たる原材料として使用されていること，②加工品の名称にGIと同一の名称が含まれている（いわゆる冠表示）など，GI産品を使用していることが製品のセールスポイントであるという要件を満たしているほか，GIマークと併せて，例えば「GI産品を原材料に使用しています」という旨の説明文を表示する必要があります。また，GI産品と関係がないのに，GI登録されているかのように誤解されることのないようにGIマークを使用する必要があります。

☑キーワード

　GIマーク，広告，インターネット販売，外食業等におけるGIマークの使用に関するガイドライン

第２章◇戦略的ツールとしての知的財産制度
第３節◇デザインや表示を保護する知的財産制度

解　説

1　GIマークとは

(1)　GIマークの概要

　GIマーク（GI：Geographical Indication（地理的表示））は，その産品が日本の地理的表示保護制度の登録を受けていることを示すマークです。マークが日本の地理的表示保護制度のものであることをわかりやすくするため，大きな日輪を背負った富士山と水面をモチーフに，日本国旗の日輪の色である赤や伝統・格式を感じる金色を使用し，日本らしさを強調したデザインを採用しています。需要者は，このGIマークを確認することで，登録された真正な産品（以下「GI産品」といいます）とそれ以外の産品を区別することができます。

　まず，GIマークは，登録された産品の地理的表示を付する場合，一緒に付さなければなりません（省略することはできません。地理４条１項）。

　他方で，地理的表示保護制度の登録を受けていない場合には，GIマーク及びGIマークに類似する標章を付してはなりません（地理４条２項）。

　GIマークを不正に使用した場合は，罰則が科されることになります（不正使用については**Q56**参照）。

(2)　GIマークのデザイン

　GIマークのデザインは，地理的表示法施行規則４条に基づき，個々のパーツの大きさの割合，文字のフォント，色などの様式が定められています。定められた様式以外のデザインのマークをGIマークとして使用することはできず，書体やパーツの比率を変更したり，指定以外の色で表示したり，斜体等の変形表示をしたり，マーク中の文字を他言語にするなどのアレンジを加えることは禁止されています。

　なお，GIマークのデザインは，農林水産省のウェブサイトでダウンロードすることが可能です（http://www.maff.go.jp/j/shokusan/gi_act/gi_mark/）。使用に際して農林水産省に届け出たり，費用を支払ったりする必要はありません。

456

【カラーデザインの場合】

（資料出所）農林水産省　登録商標第5756405号

　原則としてカラーデザインのGIマークの使用が推奨されますが，カラーデザインのGIマークを付することで，デザインが損なわれる場合（例：包装紙のデザインを白黒2色に統一している場合）には，代わりにモノクロのGIマークを使用することができます。また，GIマークを付する方法（印刷，刻印など）の性質上，カラーデザイン及びモノクロデザインのGIマークを付することが技術的に困難であったり，多くのコストを要する場合には，単色デザインのGIマークを使用することができます。

(3)　**GIマークのサイズ**

　GIマークのサイズについては上限はないものの，最小のサイズとして，外円の直径が15mm以上の大きさのものを使用する必要があります（単色デザインの場合は，13mm以上）。

　ただし，農林水産物等又はその包装等の性質上，外円の直径が15mmのマークを付することが困難である場合には，外円の直径が10mm以上であればよいこととしています（外円の直径が10mm未満のGIマークを使用することはできません）。

(4)　**GIマークを付する場所**

　GIマークを付するのは，農林水産物等又はその包装等とされています。

　これを満たしている限り，GIマークを付する箇所については特段の規定はありませんが，地理的表示を付している箇所と近い（需要者が地理的表示とGIマークを一体的に確認できる）箇所であることが望ましいといえます。

　また，農林水産物等が陳列等されている状態において，GIマークの確認が困難であるような箇所に付することは望ましくありません。

　例えば，農林水産物等が棚に陳列されて販売されている場合において，棚に

第2章◇戦略的ツールとしての知的財産制度
第3節◇デザインや表示を保護する知的財産制度

接触している底面にGIマークを付することは望ましくありません。

(5) 登録番号の記載

地理的表示法の登録を受けた産品には，固有の登録番号が与えられます。

この登録番号は，農林水産大臣が登録を行った産品であることを保証するものであるとともに，需要者が農林水産省のウェブサイトで産品の生産地，特性，生産の方法，生産者団体等を調べる際に便利なものです。

そのため，産品にGIマークを付する場合には，併せて登録番号を記載するようにする必要があります。

ただし，登録産品又はその包装等に登録番号を記載するスペースが十分に確保できない場合や，登録番号を記載することで全体のデザインを大きく損ねるような場合には，登録番号の記載を省略することが可能です。登録番号の省略を行う場合には，事前に農林水産省食料産業局知的財産課まで連絡してください。

なお，登録番号の文字の大きさ，フォント，記載場所等については，特段の規定はありません。

(6) GIマークの使用方法

GIマークを他のロゴマークと組み合わせて使用することは可能です（例えば，イベントにおいて，地理的表示の登録を受けた産品について，その地域のキャラクターとGIマークを組み合わせたものを表示している場合）が，組み合わせによってGIマークの識別性が著しく低下するような使用は行わないようにする必要があります。

また，地域や団体で独自に定められた基準を満たしていることを示す認証マークが使用されている場合であっても，登録産品に地理的表示を付する場合には，併せてGIマークを使用する必要があります。

2 GIマークを広告，インターネット販売，外食業メニュー等に使用する場合の注意点

(1) 加工品の製品そのものにGIマークを使用することの禁止

まず，GI登録産品を原材料とする「加工品」を製造，販売するときに，加工品の製品そのもの，若しくは包装にGIマークを使用することはできません（ただし，加工品の店頭POP等の製品そのものではない場所で掲示する場合は，当該店頭

458

第 5 款◇地理的表示制度
Q55◆広告，インターネット販売，外食業メニュー等に

POPにGIマークを使用することは可能です）。

　なお，「加工品」とは，農林水産物等を主たる原材料として使用し，製造又は加工された製品をいいます。「農林水産物等を主たる原材料として使用」とは，原材料となる農林水産物等の特性を当該加工品に反映させるに足りる量が使用されていることをいいます。

　⑵ **広告，インターネット販売，外食業メニュー等に使用する場合のルール**
　平成29年7月19日，農林水産省食料産業局知的財産課が，「広告，インターネット販売，外食業等におけるGIマークの使用に関するガイドライン」（以下「本ガイドライン」といいます）を公表しました。

　GIマークを広告，インターネット販売，外食業メニュー等に使用する場合，①GI産品そのもののPR・説明のために使用するのか，②GI産品を原材料とした加工品・料理のPR・説明のために使用するのかによって，ルールが異なります。

　①　GIマークをGI産品そのもののPR・説明のために使用する場合は，GIマークを使用できます。この場合，GI産品の名称とセットでGIマークを使用することでGI産品であることを明らかにする必要があります。

　②　GIマークを加工品・料理のPR・説明のために使用することができるのは，次の2つの要件を満たす場合です（前述したとおり，GIマークを加工品自体に直接使用することはできません）。

　　・その加工品・料理等にGI産品が主たる原材料として使用されていること
　　・加工品・料理の名称にGIと同一の名称が含まれている（いわゆる冠表示）など，GI産品を使用していることが製品のセールスポイントであること

　また，上記の要件を満たすことに加えて，GIマークと併せて，「GI産品を原材料に使用しています」という旨の説明文を表示する必要があり，説明文はGIマークと一体と認められる場所に，一般の消費者が容易に読み取れる大きさで記載する必要があります。そのため，説明文がGIマークから離れすぎていたり，説明文がGIマークに重なっていたりしてはいけません。

　上記①と②いずれの場合であっても，GI産品と関係がないのに，GI登録さ

459

第2章◇戦略的ツールとしての知的財産制度
第3節◇デザインや表示を保護する知的財産制度

れているかのように誤解されることのないようにGIマークを使用する必要があります。

例えば，以下の場合は不適切な表示となります。

・GI産品を使用した料理は一部であるにもかかわらず，当該料理を扱う店舗自体，全料理がGI登録されているかのように誤解を与える表示

・ウェブページに掲載された全商品がGI産品であるかのように誤解させる表示

・付け合わせの野菜のみがGI産品であるにもかかわらず，「GI産品使用ステーキ」と表示

・GIマークが加工品の写真に付されているなど，加工品そのものがGI産品であるかのように誤解を与える表示

・GIマークをメニュー（GI産品そのもの）の写真に付しているが，どれがGI産品なのかわからない表示

・GIマークが，GI産品とGI産品ではないものの2つの産品の中間に付されており，2つの産品ともにGI産品であるかのように誤解を与える表示

(3) 広告，インターネット販売，外食業メニュー等にGIマークを使用する場合の使用許諾申請

(a) 原　　則

広告，インターネット販売，外食業メニュー等にGIマークを使用する場合は，本ガイドライン及び「広告，インターネット販売，外食業等におけるGIマーク使用規程」の内容を確認し，遵守するとともに，申請書を郵送又は電子メールにて農林水産省に提出してGIマークの使用許諾を受ける必要があります（GIマークの使用料は無料です。使用許諾の有効期間は，許諾の日から2年間で，許諾が取り消されない限り当然に更新されます。使用する事業団体ごとに申請が可能なため，支店や店舗ごとの申請は不要です）。

なお，いったん，広告，インターネット販売，外食業メニュー等への使用が許諾された場合，GI産品やその加工品の広告，インターネット販売，外食業メニュー等であれば，許諾の効力は及びますので，個別の広告，インターネット販売やメニューの作成毎に改めて申請する必要はありませんし，広告やウェブサイトのレイアウトが変わった場合も同様です。

第5款◇地理的表示制度
Q55◆広告，インターネット販売，外食業メニュー等に

(b) **GIマークの使用許諾を申請する必要がない場合**

　広告，インターネット販売，外食業メニュー等にGIマークを使用する場合であっても，GI制度やGIマークを紹介するためにGIマークを使用する場合（販売等の目的でなく，GI産品を紹介する目的で記事等に使用する場合を含みます）やGIマークが表示されたGI産品の写真や映像をそのまま使用する場合には，GIマークの使用許諾を申請する必要がありません。

〔岡本　直也〕

461

第2章◇戦略的ツールとしての知的財産制度
第3節◇デザインや表示を保護する知的財産制度

 56　地理的表示及びGIマークの不正使用

　地理的表示登録済みの表記とか，GIマークが付されていると，何か商品が素晴らしいというイメージが出てよく売れるらしいので，わが社の商品にもそのような表示を付けて売ろうかと思っているのですが，許されないのですか。
　GIマークをそのまま登録されていない産品に付すことがだめなら，よく似たマークを付すのはどうなのですか。

　　登録を受けた団体の構成員でない生産・加工業者が地理的表示やGIマークを商品に付して販売することは許されません。地理的表示に類似する表示やGIマークに類似するマークを商品に付して販売することも許されません。
　　農林水産大臣は，地理的表示やGIマークの不正使用を知った者からの通報を受けて調査をします。そして，農林水産大臣は不正使用を行っている生産・加工業者に対し，地理的表示又はこれに類似する表示，GIマーク又はこれに類似するマークの除去又は抹消を命じます。不正使用者がこの命令に従わない場合は刑事罰を科されることになります（両罰規定もあります）。

　☑キーワード
　　行政による取締り，使用規制，措置命令，罰則，平成30年改正

第５款◇地理的表示制度
Q56◆地理的表示及びGIマークの不正使用

$$\boxed{\text{解 説}}$$

1 農林水産省の監視・監督業務

(1) 行政による取締り

地理的表示には，農林水産物についての地理的表示と酒類についての地理的表示の２種類ありますが，以下では農林水産物についての地理的表示について解説します。酒類についての地理的表示は**Q52**，農水基本テキスト325頁以下を参照してください。

わが国では，「特定農林水産物等の名称の保護に関する法律」（地理的表示法）に基づいて地理的表示を保護していますが，不正な地理的表示（類似等表示を含みます）の使用は行政が取り締まることになっています。このことによって，訴訟等の負担を考えることなく，自らの産品のブランド価値を守ることにつながるのです。ここでは，地理的表示保護制度に登録された場合，その生産者（生産者団体），流通・加工業者が，登録された産品について，どのような義務を負うことになり，行政がどのように関与するのかを見ていきます（農水知財基本テキスト302頁以下）。

(2) 生産者，登録生産者団体の義務

まず，登録された産品の生産者と，登録生産者団体（地理的表示保護制度に登録された生産者団体。地理16条１項参照）の義務です。

登録生産者団体の構成員たる生産者は，地理的表示保護制度に登録された産品について，明細書（地理２条６項１号）に定められた生産地，生産の方法等の基準を遵守して，当該産品を生産することが求められます。そして，これらの生産者を構成員とする生産者団体は，自らが定めた生産行程管理業務規程（地理７条２項２号）に従って，明細書に適合した生産が行われていることを確認します。これと併せて，地理的表示及びGIマークが適切に使用されているかを確認することによって，産品の品質と適正な表示を管理することになります（生産行程管理業務の実施。地理２条６項２号・３号，地理施規15条各号参照）。

463

第2章◇戦略的ツールとしての知的財産制度
第3節◇デザインや表示を保護する知的財産制度

　そして，以上のような生産行程管理業務の実施状況を，年1回以上農林水産省に対して実績報告書の提出という形で報告することが義務付けられており，農林水産省は，この報告内容のチェックを通じて生産者団体が適切に生産行程管理業務を実施しているかを確認します（地理施規15条8号）。以上の過程において，もし適切な生産行程管理が行われていないことが確認された場合は，行政命令によってこれを改善するように命じ（地理5条・21条），この命令に従わない場合は登録の取消し（地理22条1項1号ハ）や，場合によっては刑事罰が科されることがあります（地理39条・40条）。

(3)　流通・販売事業者の義務

　次に，流通・販売事業者の義務です。地理的表示保護制度に登録された産品を流通・販売する場合は，地理的表示とGIマークは一体的に使用して流通させる必要があり，どちらか一方のみで流通させることはできません。そして流通・販売の過程においては，産品を小分けにする等流通過程が変更されることもありますが，この段階で新たに地理的表示を付すような場合にも地理的表示とGIマークを併せて使用する必要があります。

　以上と異なり，登録されていない産品や，適切な生産行程管理を経ておらず，登録された品質等を有していない産品については，地理的表示やGIマーク，さらにはこれらと類似する表示（地理的表示については誤認させるおそれのある表示も含みます）を付することは禁じられます（以上について地理3条・4条）。

　以上のように，地理的表示保護制度に登録された産品については，その品質や表示に対する信頼が不当に損なわれることがないように流通・販売事業者にも一定の義務がありますが，もし適切な表示が行われていないことが確認された場合は，不適切な表示の除去等を求める行政命令が発せられ（地理5条），これにも従わないという場合には刑事罰が科されます（地理39条・40条）。

2　地理的表示及びGIマークの使用規制

(1)　使用規制による保護

　これまで，わが国で法制化されてきた知的財産の制度は，特許であれば発明という行為を行った者を保護するというように，権利を付与する方式をとるこ

464

第5款◇地理的表示制度
Q56◆地理的表示及びGIマークの不正使用

とが一般的でした。一方，地理的表示保護制度で保護しようとしている地理的表示は，長年培われた特別の生産方法などにより高い品質と評価を獲得するに至った地域ブランド産品について，その価値を評価し，地域共有の知的財産として保護するもので，特定の者に限定せず，地域の生産者に広く帰属する形とする必要があります。このため，他の知的財産法制と異なり，権利を付与する方式をとらず，名称の使用規制を通じて保護を行う制度としたのです。また，本制度においては，不正使用に対して，生産者自身ではなく，国が取締りを行うこととしていて，こうした面では，むしろ，他の知的財産法制よりも手厚い保護がなされています（第186回国会衆議院農林水産委員会議録第15号35頁参照）。

(2) 不正使用への対応

　実際に地理的表示やGIマークの不正使用があった場合に，どのように確認し，対応するかは以下のとおりです。不正使用は，例えば①登録を受けた団体の構成員が基準を満たしていない産品に地理的表示を付して販売した場合や，②登録を受けた団体の構成員でない生産・加工業者が地理的表示を付して産品を販売した場合が考えられます。

　この場合，農林水産省自らが随時，生産・流通・販売の実情を確認し，不適切なものがあれば対応しますが，流通・販売の過程においてこれらに携わる者や消費者が気づくことも考えられます。そこで，地理的表示やGIマークの不正使用を知った者から農林水産大臣に対して当該不正使用について通報を受け付ける仕組みがあります（地理35条1項）。この通報があった場合，農林水産省は実態について調査し（地理35条2項・34条），不適切な表示が行われていると認められる場合はその除去等を命じ（地理5条），これにも従わない場合は刑事罰をもって対処することが予定されています（地理39条・40条）。

(3) 海外での模倣品排除の事例

　地理的表示保護制度への登録の効果として，日本国内では地理的表示法によって不正使用への対応がなされますが，登録された産品の中には，海外での模倣品の排除という効果が得られた産品があります。具体的には，平成28年，夕張メロンについて，タイにおいて「夕張日本メロン」と表示されたタイ産のメロンが販売されるという，まさに地理的表示の不正使用に相当するような問題が生じましたが，夕張メロンがわが国の地理的表示として登録されているこ

465

第2章◇戦略的ツールとしての知的財産制度
第3節◇デザインや表示を保護する知的財産制度

とを前提として，タイの事業者に対して，そのような表示をやめるよう警告状を発し，当該事業者からは，名称の使用中止やラベルの破棄等の対応をするという回答を得たことがあります（農水知財基本テキスト308頁）。

3 地理的表示及びGIマークの不正使用に対する罰則

(1) 地理的表示の不正使用に対する罰則

模倣品又は粗悪品に地理的表示が使用されると，生産業者及び需要者の利益を害し，ひいては地理的表示制度自体の信頼性を損なうことになりかねません。このため，地理的表示の不正使用に対しては厳格な対応をしています（第186回国会衆議院農林水産委員会議録第15号34頁参照）。

具体的には，まず農林水産大臣が地理的表示の不正使用者に対して除去又は抹消を命令します（地理5条1号）。命令を受けた者が命令に従えば罰則はありませんが，命令に従わない場合は，①個人の場合は5年以下の懲役若しくは500万円以下の罰金，又はこれらの併科となります（地理39条）。②団体（法人のほか，法人でない団体で代表者又は管理人の定めのあるものを含みます）の場合は両罰規定が定められており，行為者が罰せられるほか，命令に従わなかった当該団体は3億円以下の罰金となります（地理43条1項1号）。

政府参考人の説明によると，この罰則の水準は，他の知的財産法制における行政命令違反の罰則や類似する制度を規定する他法令との均衡を図っています。例えば，商標法において，秘密保持命令違反の場合5年以下の懲役若しくは500万円以下の罰金又はその併科となっています。

(2) GIマークの不正使用に対する罰則

GIマークの不正使用に対しても罰則があります。具体的には，まず農林水産大臣がGIマークの不正使用者に対して除去又は抹消を命令します（地理5条2号）。命令を受けた者が命令に従えば罰則はありませんが，命令に従わない場合は，①個人の場合は3年以下の懲役若しくは300万円以下の罰金となります（地理40条）。併科規定はありません。②団体（法人のほか，法人でない団体で代表者又は管理人の定めのあるものを含みます）の場合は両罰規定が定められており，行為者が罰せられるほか，命令に従わなかった当該団体は1億円以下の罰金と

第 5 款◇地理的表示制度
Q56◆地理的表示及びGIマークの不正使用

なります（地理43条 1 項 2 号）。

　なお，後述するように，平成30年改正によって，GIマークの不使用に対する罰則は削除されています。

4　不正使用についての平成30年改正

(1)　GIマーク貼付の任意化

　平成30年改正前には，先使用品とGI産品を識別するためにGIマークの表示を義務としていましたが，先使用期間が 7 年間に制限されること等からGIマークの表示は任意とされました（地理 4 条 1 項参照。「付さなければならない」との文言が「使用することができる」との文言に変更されました）。

　この改正に伴って，農林水産大臣による措置命令のうち，GIマークの表示を義務付ける命令は削除されましたし（改正前地理 5 条 2 号の削除），刑罰もなくなりました（改正前地理40条は，改正前地理 5 条 2 号違反の場合，すなわちGIマークの不使用に対する罰則を定めていましたが，改正後地理40条は，改正後地理 5 条 2 号違反の場合，すなわちGIマークの不正使用に対する罰則のみを定めています）。

(2)　GI産品と誤認させるおそれのある表示の規制

　平成30年改正では，地理的表示又はこれに類似する表示のみならず，地理的表示と「誤認させるおそれのある表示」の使用も規制されることになりました（地理 3 条 2 項）。

　規制対象が拡大された理由は，EUにおいては，紛らわしい表示や，GI名称そのものを使用していなくてもあたかもGI産品であるかのごとく誤認させる手段を用いることも規制対象としていますが，「経済上の連携に関する日本国と欧州連合との間の協定」（日EU・EPA協定）において日本でも同様に規制対象とするよう合意されたことによります。

　「～タイプ」，「～スタイル」等GI産品でないことを明らかにした表示のみならず，原産地を正しく表示した場合であってもGI産品であるかのように示唆する手段で公衆を誤認させる表示についても規制することとされたことから，文字や国旗等を組み合わせた結果GI産品と誤認されるおそれのある表示も規制されます。具体的には，国旗や絵図の使用などによってGI産品であるかの

467

第2章◇戦略的ツールとしての知的財産制度
第3節◇デザインや表示を保護する知的財産制度

ごとく原産地や性質を消費者に誤認させる表示を規制対象とするということです。例えば，オランダのGI産品であるゴーダ・ホラントは，日EU・EPA協定で相互保護されることとなりますが，改正後は，非真正品のゴーダチーズに風車やチューリップの絵などを用いることによって，ことさらあたかもオランダのGI産品であるかのごとく表示した場合には規制対象となります（第197回国会衆議院農林水産委員会議録第5号15頁参照）。

〔松﨑　和彦〕

第5款◇地理的表示制度
Q57◆地理的表示に関する国際条約

 地理的表示に関する国際条約

日本が加盟している,地理的表示に関する条約について,その内容と保護範囲を簡単で結構ですので教えてください。

　　現在,日本では地理的表示又は原産地名称に関連する多国間条約としては,パリ条約,マドリッド協定及びTRIPS協定に加盟しており,また日本と欧州連合の経済連携協定にも相互に保護すべき地理的表示が指定されています。その内容と保護範囲は,条約ごとに異なり,またぶどう酒を含むぶどう生産物や,蒸留酒については,一般的保護よりも厚い追加的保護が認められている場合がありますので,留意が必要です。

☑キーワード

パリ条約,マドリッド協定,TRIPS協定

解　説

1　総　　論

⑴　日欧経済連携協定と地理的表示

　日本と欧州連合(「EU」)の経済連携協定(「日欧EPA」)が2019年2月1日に発効しました。日欧EPAは,日本と(英国を含む)EUとの計29ヵ国を対象とし,2017年の国内総生産(GDP)の合計では世界全体の約28.4%,貿易額の約36.8%

469

第2章◇戦略的ツールとしての知的財産制度
第3節◇デザインや表示を保護する知的財産制度

を占めるもので，農林水産品と工業生産品とを合わせた関税の撤廃率は日本側で約94％，EU側で約99％にのぼり世界最大級の経済自由貿易圏が誕生しました。

　日欧EPAでは，第14章第B節第3款に「地理的表示」として第14・22条から第14・30条までの詳細な規定を設けるとともに，付属書14−B「地理的表示の表」に欧州側ではフランスの「ロックフォール」やイタリアの「ゴルゴンゾーラ」などのチーズ他の71産品，日本側では「神戸ビーフ」や「夕張メロン」などの48産品を高いレベルで相互に保護すべき地理的表示として指定しています。

(2)　日本国外における地理的表示の保護

　日本の「特定農林水産物等の名称の保護に関する法律」に基づき地理的表示として登録しても，その登録は日本国内のみで効力を有し，直ちに海外において保護されるわけではありません。また，日欧EPA等で日本産の農産物の輸出品についての価格競争力が高まるとしても，そのブランドが「地理的表示」として国際的に充分な保護を受けることができなければ，経済自由貿易圏他での輸出を充分に拡大することは困難です。また，海外における保護のための法的手続は国ごとに異なり，日本国内における法的手続に比べ費用も膨大な金額となってしまうおそれがあります。そのため，条約その他国際的な協定による地理的表示の保護が必要であり，わが国においても，2016年の「特定農林水産物等の名称の保護に関する法律」の改正により，保護を拒絶する場合の要件や，事前の異議申立て等の手続について定め，日欧EPAをはじめとする条約その他国際的な協定により，地理的表示保護制度を有する他の国との間で相互保証の推進が可能となるような制度整備が進められてきました。

2　「地理的表示」と「原産地名称」

　そもそも条約その他国際的な協定による地理的表示の保護は，フランスの農産物に関わる原産地名称を保護する制度に端を発するもので，ヨーロッパ先進諸国に原産地名称保護制度が普及していったといわれています。なお，条約その他国際的な協定にみられる「地理的表示」と「原産地名称」とは，類似の概

470

第5款◇地理的表示制度
Q57◆地理的表示に関する国際条約

念ではありますが，まったく同じものではなく，厳密には歴史的経緯等により
形成されてきた異なる概念です。

(1) 「地理的表示」の定義

「地理的表示」の定義については，1995年1月1日に設立された「世界貿易
機関*1を設立するマラケシュ協定」の附属書1Cの「知的所有権の貿易関連
の側面に関する協定*2」（「TRIPS協定」）に規定されています。TRIPS協定は，
164の国と地域が加盟しており，地理的表示保護制度のグローバルスタンダー
ドと考えられます。TRIPS協定22条「地理的表示の保護」の1項において，
「地理的表示」とは，「ある商品に関し，その確立した品質，社会的評価その他
の特性が当該商品の地理的原産地に主として帰せられる場合において，当該商
品が加盟国の領域又はその領域内の地域若しくは地方を原産地とするものであ
ることを特定する表示をいう。」と定義されています。すなわち，「地理的表
示」は，単に商品の原産地表示を一般的に保護するものではなく，商品が確立
した品質，社会的評価その他の特性を有してはじめて，原産地表示を保護する
という考え方に基づくものです。例えば，フランスの「ロックフォール」やイ
タリアの「ゴルゴンゾーラ」などがこれに当たるものと考えられます。

(2) 「原産地名称」の定義

これに対して，「原産地名称」は，あくまで商品の原産地の名称の表示又は
原産地との関係性を表す名称の表示であって，本来は日本酒，日本米などもこ
れに当たり，必ずしも商品が確立した品質，社会的評価その他の特性を有する
必要まではないものと考えられます。「原産地名称」の定義については，「原産
地名称の保護及び国際登録に関する1958年10月31日の協定」（「リスボン協
定*3」）に規定されています。リスボン協定2条（原産地名称及び原産国の概念の
定義）の1項によれば，「原産地名称」とは，「ある国，地方又は土地の地理上
の名称であって，その国，地方又は土地から生じる生産物を表示するために用
いるものをいう。ただし，当該生産物の品質及び特徴が自然的要因及び人的要
因を含む当該国，地方又は土地の環境に専ら又は本質的に由来する場合に限
る。」と定義されています。ただし，わが国は，リスボン協定には加盟してい
ませんし，現在でも29ヵ国の国と地域のみが加盟しています。

第2章◇戦略的ツールとしての知的財産制度
第3節◇デザインや表示を保護する知的財産制度

(3) 「地理的表示」と「原産地名称」との相違

　歴史的には，「原産地名称」は，商品原産地の名称の表示又は原産地との商品との関係性を表す名称の表示として，その保護の対象が広く一般的な商品に及ぶ代わりに，虚偽の表示を取り締まり，又は誤認・混同を招く使用方法のみを規制するという考え方に結びつきやすい概念と考えられます。例えば，生鮮食料品については，原則として，輸入品は「原産国名」，国産品にあっては「国産」又は「都道府県名」の表示が義務付けられるわが国の食品表示法第5条（食品表示基準の遵守）の食品表示基準の「原料原産地名」に近いものとも考えられます。他方，「地理的表示」は，商品の確立した品質，社会的評価その他の特性と結びついた表示で，その対象は限定されることになりますので，誤認・混同がないとしても，独占的な表示使用を認める考え方に結びつきやすい概念と考えられます。

　しかし，実際には，日本酒のように，本来は「原産地名称」であるものが，確立した品質，社会的評価その他の特性を有する場合には「地理的表示」になることもあり，「原産地名称」と「地理的表示」に一般的に明確な相違があるとまではいえません。リスボン協定でも「原産地名称」の定義は，単に商品原産地の名称の表示又は原産地との商品との関係性を表す名称の表示であるだけではなく，生産物の品質及び特徴が原産地の環境に専ら又は本質的に由来する場合に限定されています。また，例えば，現在のEUの「地理的表示及び原産地呼称に関する理事会規則　農産物及び食品に係る品質スキームに関する2012年11月21日の欧州議会及び理事会規則（EU）No.1151/20122[4]」に基づく登録制度においては，原産地呼称保護[5]と地理的表示保護[6]を含むカテゴリーに分類して保護されていますが，原材料の原産地，生産，加工についてのルールが原産地呼称保護の方に厳格に適用される等，「原産地名称」又は「原産地呼称」の保護の対象が広く一般的な商品に及ぶとも必ずしもいえません。したがって，それぞれの制度ごとに「地理的表示」又は「原産地名称」若しくは「原産地呼称」の内容，公衆の誤認混同を要件とするか否か，その法的効果等を確認することが必要です。

第5款◇地理的表示制度
Q57◆地理的表示に関する国際条約

3 　地理的表示保護制度に関する利害対立

　上記のように地理的表示保護制度については，長い歴史をもち，また原産地名称としても広く知られた生産地の商品を多く有する保護による恩恵が大きいヨーロッパ先進諸国が普及させてきたものです。これに対して，ヨーロッパからの移住者によって建国されたアメリカ合衆国他アメリカ大陸の国々，またオーストラリア等は，保護すべき原産地名称が必ずしも多くないことから，原産地名称を保護し独占的な名称使用を認めるよりも，むしろ虚偽の表示を取り締まり，又は誤認・混同を招く使用方法のみを不正競争防止法等の枠組みで規制することを優先する，相対的には地理的表示保護制度に消極的な考え方をもっています。実際，地理的表示保護制度を重要視するフランスをはじめとするヨーロッパ先進諸国とアメリカ合衆国との利害対立により，地理的表示保護制度はTRIPS協定で最後まで議論となった争点の1つでした。さらに，近時の経済発展により，中国，東南アジア諸国，また他の発展途上国が商品の生産・消費市場として重要視されている中，これらの利害対立を解消し，多国間交渉による国際的な枠組みを新たに形成することは容易ではない状況となっています。そのため，EUを中心に，日欧EPAに代表される二国間又は地域間の自由貿易協定に地理的表示保護を含む方法により，国際的な枠組みに代えて，地理的表示の保護を拡大する動きが見られます。しかし，日欧EPAは，日本とEUのみを拘束する国際的協定であっても，日本に対する輸入品にもかかる地理的表示保護制度が同様に適用され，結果として日本に輸出をする第三国の生産者にも大きな影響を及ぼすことに留意が必要です。

4 　国際的な保護の枠組み

　地理的表示又は原産地名称の保護に関する国際的な保護の枠組みとしては，上記のリスボン協定やTRIPS協定以前にも，1883年に締結された「工業所有権の保護に関するパリ条約＊7」（「パリ条約」）と1891年に締結された「虚偽の又は誤認を生じさせる原産地表示の防止に関するマドリッド協定＊8」（「マドリッド

473

第2章◇戦略的ツールとしての知的財産制度
第3節◇デザインや表示を保護する知的財産制度

協定」）等があります。

(1) パリ条約

パリ条約は，日本製（Made in Japan）といった「原産地表示又は原産地名称」について虚偽の表示が行われている場合に差押えの対象とすべきこと（パリ条約10条1項及び9条）を規定しています。また，「産品の性質，製造方法，特徴，用途又は数量について公衆を誤らせるような取引上の表示及び主張」（同10条の2第3項3号）による不正競争を有効に防止するための適当な法律上の救済手段を与えること等を互いに約束する（同10条の3第1項）最初の国際条約です。なお，地理的表示の保護に関する特段の規定はありません。

(2) マドリッド協定

マドリッド協定は，パリ条約に基づき，差押えの具体的手続を定める（マドリッド協定2条）とともに，輸入の際の差押えが認められないときは，輸入禁止，内国民に保障する訴訟その他の手続，又は商標若しくは商号に関する法令中の相当する規定に掲げる制裁が適用されること（同1条の2第3項ないし5項）を認めています。また，産地を偽る広告的表示の禁止（同3条の2），ぶどう酒を含むぶどう生産物の原産地の地方的名称の普通名称化の禁止（同4条）等についても定めています。

(3) リスボン協定（日本未加盟）

リスボン協定は，1958年に成立し，「原産地呼称*9」に関する国際登録制度について初めて規定した国際協定です。世界知的所有権機関*10への登録がなされた原産地呼称を，他の加盟国においても保護することが義務付けられています（リスボン協定1条2項）。

保護の内容に関しては，商品の原産地について公衆の誤認混同を要件としないで，「生産物の真正な原産地が表示されている場合，又は当該名称が翻訳された形で使用されている場合若しくは種類，型，様式，模造品*11等の語を伴って使用されている場合であっても，権利侵害又は模倣に対抗して保護が保障される」（同3条）として広い保護が与えられることになります。

(4) TRIPS協定

TRIPS協定には，「地理的表示」一般について，商品の原産地に関して公衆の誤認混同を生じさせる場合に限り，真正の原産地以外の地理的区域を原産地

第5款◇地理的表示制度
Q57◆地理的表示に関する国際条約

とするものであることを表示し又は示唆する手段の使用を禁止する法的手段を
利害関係人に確保すること（TRIPS協定22条2項）や，地理的表示を含むか又は
地理的表示から構成される第三者の商標の登録を拒絶し又は無効とすること
（同条3項）等が定められています。

　また，ぶどう酒又は蒸留酒の地理的表示については，一般的保護よりも厚い
追加的保護が認められています。商品の原産地について公衆の誤認混同を要件
としないで，真正の原産地が表示される場合又は地理的表示が翻訳された上で
使用される場合若しくは類，型，様式，模造品等の表現を伴う場合においても
当該地理的表示によって表示されている場所を原産地としないぶどう酒又は蒸
留酒に使用されることを防止するための法的手段を確保すること（同協定23条1
項），地理的表示を一部に含むか又は地理的表示から構成される商標登録で，
原産地を異にするぶどう酒又は蒸留酒についての商標の登録は拒絶し又は無効
とすること（同条2項）等が定められています。なお，民事上の司法手続に代
えて行政上の措置で対応することも許容されています（同条1項脚注）。

〔松井　真一〕

==== ■注　記■ ====

* ＊1　World Trade Organization。
* ＊2　Agreement on Trade-Related Aspects of Intellectual Property Rights。
* ＊3　Lisbon Agreement for the Protection of Appellations of Origin and their International Registration。
* ＊4　Regulation（EU）No 1151/2012 of the European Parliament and of the Council of 21 November 2012 on quality schemes for agricultural products and foodstuffs。
* ＊5　Protected Designation of Origin。
* ＊6　Protected Geographical Indication。
* ＊7　Convention de Paris pour la protection de la propriété industrielle。
* ＊8　Madrid Agreement for the Repression of False or Deceptive Indications of Source on Goods。
* ＊9　Appellations of Origin。
* ＊10　World Intellectual Property Organization。
* ＊11　kind, type, make, imitation。

第2章◇戦略的ツールとしての知的財産制度
第3節◇デザインや表示を保護する知的財産制度

 58　海外の地理的表示保護制度

海外では，地理的表示はどのように保護されていますか。
　日本の生産者団体は海外の地理的表示の登録を受けることができますか。

　　地理的表示（GI：Geographical Indication）は，知的所有権の貿易関連の側面に関する協定（TRIPS協定）において知的財産の1つとして認められており，国際的に広く認知され，日本を含め海外の多くの国で保護されています。ただし，保護するための法制度は国によって異なります。例えば，中国では，独自の地理的表示保護制度を有しますが，米国では，原則，商標制度で保護しています。
　　日本の生産者団体は，各国の法制度に基づき申請することによって，海外において知的財産権又は地理的表示の登録を受けることが可能です。
　　ところで，平成28（2016）年末の「特定農林水産物等の名称の保護に関する法律」（地理的表示法）の改正により，条約等の国際協定による地理的表示の相互保護が可能になりました。したがって，国際協定の発効により相互保護がなされている国については，日本の生産者団体自身が，当該国に直接申請をしなくても，指定によって保護が開始されます。
　　詳細は，農水知財基本テキスト309〜313頁〔粟津侑〕，314〜324頁〔杉中淳〕を参照してください。

☑キーワード

地理的表示，GI，知的所有権の貿易関連の側面に関する協定（TRIPS協定），EPA

第5款◇地理的表示制度
Q58◆海外の地理的表示保護制度

解　説

1　地理的表示の保護

(1)　地理的表示

「知的所有権の貿易関連の側面に関する協定」（TRIPS協定）において，「地理的表示」（GI）とは「ある商品に関し，その確立した品質，社会的評価その他の特性が当該商品の地理的原産地に主として帰せられる場合において，当該商品が加盟国の領域又はその領域内の地域若しくは地方を原産地とするものであることを特定する表示」と定義されています（TRIPS協定22条1項）。

(2)　日本における地理的表示の保護

日本では，平成26（2014）年に，「特定農林水産物等の名称の保護に関する法律」（地理的表示法）が成立しました。

地理的表示法において，「地理的表示」は，「特定農林水産物等の名称（当該名称により前項各号に掲げる事項を特定することができるものに限る。）の表示をいう。」（地理2条3項）とされています。そして，「特定農林水産物等」とは，①特定の場所，地域又は国を生産地とするものであること，②品質，社会的評価その他の確立した特性が前号の生産地に主として帰せられるものであること，のいずれにも該当する農林水産物等と定義されています（地理2条2項）。

一般的な地理的表示保護制度に関する詳細は，**Q51**を参照してください。

(3)　海外における地理的表示の保護

以下では，米国，EU，中国，アジア諸国における地理的表示の保護制度を紹介します。

(a)　米　　国

米国では，原則，証明商標制度により地理的表示が保護されます。

出願人の商品に付して又は関連して使用される記述的な地理的表示について，通常商標としては原則登録できませんが，証明標章であれば原産地表示を登録できます（米国商標2条(e)(2)）。

477

第2章◇戦略的ツールとしての知的財産制度
第3節◇デザインや表示を保護する知的財産制度

(b) Ｅ　　Ｕ

EUでは，地理的表示を保護する法令として，

① 農産物及び食品に係る品質スキームに関する欧州議会及び理事会規則（EU）No.1151/2012

② ぶどう酒を対象とする規則（理事会規則（EC）No.479/2008）

③ 蒸留酒を対象とする規則（欧州議会及び理事会規則（EC）No.110/2008）

が個別に存在しています。

GI登録された農産品，ぶどう酒，蒸留酒は，

ⓐ 原産地呼称保護（Protected Designation of Origin ＝ PDO）

ⓑ 地理的表示保護（Protected Geographical Indication ＝ PGI）

という2つのカテゴリーに分類されています。

PDOは，原材料の原産地，生産，加工がすべて登録された生産地で行わなければなりません。一方，PGIは，すべての工程が生産地域の中で行われる必要はありません。ただし，産品の特性を与える生産は，登録生産地で行われる必要はあります。

(c) 中　　　国

地理的表示は，以下の3つの制度により保護されています。これら3つの制度のすみ分けは必ずしも明確ではありません。

㋐ 商標法における団体商標制度及び証明商標制度　　地理的表示は，「ある商品がその地域に由来することを示し，当該商品の特定の品質，信用又はその他の特徴が，主に当該地域の自然的要素又は人的要素によって形成されたものの表示」と定義されており（中国商標16条2項），商標法及び実施条例の規定に基づき，証明商標又は団体商標として登録出願することができます（中国商標実施条例4条）。

㋑ 国家質量監督検験検疫総局の地理的表示製品保護規定　　当該規定は，地理的表示製品を有効的に保護し，地理的表示製品の名称と専用表示の使用を規範化し，地理的表示製品の品質と特色を保証するために設けられています（地理的表示製品保護規定1条）。

この規定における地理的表示製品とは，特定の地域から産出され，その備える品質や社会的評価又はその他の特性が本質的に当該産地の自然的要素や人的

要素によって決定され，審査認可を経て地名で命名された製品を指し，①当該地域で栽培又は養殖された産品，②原材料のすべてが当該地域から産出され，又は，一部が他の地域から産出され，かつ当該地域において特定の技術により生産及び加工された製品をいいます（地理的表示製品保護規定2条）。

(ウ) 農業部の農産品地理的表示管理規則に基づく保護制度　　農産物の一次産品のみが対象となっています。

(d) **アジア諸国**

以下では，シンガポール，台湾，韓国をとり上げます。

これらの国では，原則，証明商標制度により地理的表示が保護されます。

いずれの国においても，本来識別性がない商標（地理的表示，品質表示等のみからなる記述的商標）について，証明商標であれば登録を認めており，地理的表示に係る証明商標について，通常商標には適用される地名からなる商標に関する絶対的拒絶理由を適用しないことが規定されています。

(ア) シンガポール　　シンガポールは，証明標章制度及び農産品以外の地理的表示も対象とした独自の地理的表示保護制度（地理的表示法）を有する国です。地理的表示法の保護対象は天然物，農産物，手工芸品，工業製品で，登録制ではありません。

証明標章は，①業として取り扱われる又は提供されるもの，②原産地，材料，商品の製造方法又はサービスの履行方法，品質，精度その他の特徴に関して証明標章の所有者が証明したものについて，業として取り扱われ又は提供されたが証明されていないその他の商品又はサービスと区別するために用いる又は用いることを意図する標章であると規定されています（シンガポール商標61条(1)）。

また，記述的な地理的表示について，通常商標としては原則登録できませんが，証明標章であれば原産地表示を登録できると規定されています（シンガポール商標附則2第3項(1)）。

(イ) 台　　湾　　台湾は，証明標章制度と産地証明標章制度を有し，独自の地理的表示保護制度を有しない国です。

台湾における証明標章は，証明標章権者がこれを用いて，他人の商品又は役務の特定の品質，精密度，原料，製造方法，産地又はその他の事項を証明し，

第2章◇戦略的ツールとしての知的財産制度
第3節◇デザインや表示を保護する知的財産制度

また，これによって，証明されていない商品又は役務と区別する標識と規定されています（台湾商標80条1項）。

　産地を証明する場合，該地理区域の商品又は役務は特定の品質，名声又はその他の特性を具えていなければなりません（台湾商標80条2項）。

　(ウ)　韓　　　国　　韓国は，農産品を対象とした独自の地理的表示保護制度（地理的表示法）を有する国で，その他様々な法律においても保護しています。例えば，農林水産物品質管理法は農水産物を保護対象としています。韓国商標法には，調整規程が存在し，農水産物品質管理法により登録された他人の地理的表示について，登録を受けることができません（韓国商標34条1項18号）。

　韓国商標法における地理的表示とは，「商品の特定品質・名声又はその他の特性が本質的に特定地域で始まった場合にその地域で生産・製造又は加工された商品であることを現す表示」とされています（韓国商標2条1項4号）。

　また，地理的表示証明標章は，「地理的表示を証明することを業とする者が，他人の商品についてその商品が定められた地理的特性を満たすことを証明するのに使用する標章」と規定されています（韓国商標2条1項8号）。

2　日本の生産者団体の，海外における地理的表示の保護

(1)　日本における生産者団体の地理的表示の保護

　日本における地理的表示の保護については，生産者団体（地理2条5項）が地理的表示の保護制度への登録を求める産品について，農林水産大臣に申請することにより手続が開始されます（地理7条）。

(2)　海外における生産者団体の地理的表示の保護

　海外での地理的表示の保護については，平成28（2016）年末の地理的表示法の改正により，日本の地理的表示保護制度と同等の水準にある保護制度（同等制度）をもつ外国との間で国際協定を結ぶことで，相互保護が可能となりました（地理23条参照）。

　この場合，日本の生産者団体は，外国に直接申請は不要です。外国の地理的表示は，農林水産大臣による登録ではなく，指定によって保護が開始されます。

第5款◇地理的表示制度
Q58◆海外の地理的表示保護制度

　国際協定がない場合は，日本の生産者団体が，各国で知的財産権あるいは
GIを申請して登録することが必要になってきます。

　例えば，中国において，日本の生産者団体が地理的表示を団体商標及び証明
商標として登録出願する場合は，当該地理的表示がその名義によりその日本に
おいて法的保護を受けている旨の証明をする必要があります（中国団体商標及び
証明商標の登録及び管理規則6条）。

　米国についても同様であり，日本の生産者団体が米国商標法に基づいて証明
商標を直接申請して保護を求める必要があります。

(3) 日欧（EU）EPA（経済連携協定）

　2019年2月1日に日欧EPAが発効されました。これにより，EU各国との関
係では，日本の48産品，欧州の71産品がGIとして指定され，相互に保護され
ることとなりました。発効後は，相手国からの要請に応じ，保護対象となる産
品を追加できます。なお，日本語名称だけでなく，翻訳名称も保護されます。

　相互保護の対象産品になれば，日本のGI産品の生産者は，EUでのPDO（原
産地呼称保護），PGI（地理的表示保護）の登録手続を行わずに，EU域内において
もGIとしての保護を受けることができます。

　また，日欧EPAの影響を受け，地理的表示法は法改正され，産品への表示
に限られていた名称の保護対象も拡大し，広告やインターネット販売，外食店
のメニューも規制の対象となります。また，先使用を認める期間を7年に制限
することになりました。

　詳細は，**Q54**を参照してください。

3　小　　括

　相互保護が実現できていない国については，生産者団体自身が直接申請する
必要があることはすでに述べたとおりであり，諸外国の法制度を理解しながら
それらの申請を行うことは苦労も多いかと思います。

　農林水産省は，2017年3月にはタイ王国商務局知的財産局と，2017年6月に
ベトナム社会主義共和国知的財産庁と，GI相互保護に向けた協力を開始する
ことについて合意しました。

481

第2章◇戦略的ツールとしての知的財産制度
第3節◇デザインや表示を保護する知的財産制度

　近年は，先に述べた日欧EPA締結のように，海外でのGIの不正使用の防止に向けて，現地での取締りが可能となるよう，外国政府とのGIの相互保護の協定締結を目指した動きが活発です。

　今後はこれらの動きに伴い，相互保護がまだ実現されていない国であっても，日本の生産者団体が海外で地理的表示の保護を求めやすくなるものと考えられます。

　したがって，諸外国における生産者団体の地理的表示保護の直近の状況については，農林水産省のウェブサイト等で，最新の情報を収集することをお勧めします。

〔西脇　怜史〕

キーワード索引（第Ⅰ巻）

あ

アウトサイダー …………………… **Q43**
新しいタイプの商標 ……………… **Q44**
新たな生産 ………………………… **Q25**
依　拠 ……………………………… **Q34**
意　匠
　──の登録要件 ………………… **Q29**
　──の類似 ……………………… **Q29**
意匠適格性 ………………………… **Q28**
意匠要件 …………………………… **Q28**
育成者権 …………………………… **Q40**
インターネット販売 ……………… **Q55**
応用美術 ………………… **Q35，Q37**

か

海外出願 …………………………… **Q47**
外　観 ……………………………… **Q41**
外食業等におけるGIマークの使用に関
　するガイドライン ……………… **Q55**
過　失 ……………………………… **Q39**
　──の推定 ……………………… **Q30**
ガット・ウルグアイ・ラウンド農業交渉
　………………………………………… **Q 1**
割　賦 ……………………………… **Q 4**
間接侵害 ………………… **Q30，Q45**
観　念 ……………………………… **Q41**
岩盤規制 …………………………… **Q15**
関連意匠 …………………………… **Q28**
寄　託 ……………………………… **Q23**

キャラクターデザイン …………… **Q35**
牛乳・乳製品生産流通改革 ……… **Q15**
行政による取締り ………………… **Q56**
漁業改革 …………………………… **Q15**
漁業協同組合 ……………………… **Q11**
漁業従事者
　──の高年齢化 ………………… **Q10**
　──の零細化 …………………… **Q10**
漁業調整委員会 …………………… **Q11**
漁業法 ……………………………… **Q11**
漁業法等の一部を改正する等の法律
　……………………………………… **Q12**
刑事罰 …………………… **Q34，Q48**
権利者不明 ………………………… **Q39**
権利濫用 ………………… **Q25，Q46**
考　案 ……………………………… **Q26**
行為規制 …………………………… **Q16**
広義の混同 ………………………… **Q50**
広　告 ……………………………… **Q55**
耕作放棄地 ………………………… **Q 3**
公衆送信権 ………………………… **Q38**
公表権 ……………………………… **Q32**
公立漁業研修所 …………………… **Q11**
国民生活金融公庫 ………………… **Q11**
国立研究開発法人国際農林水産業研究セ
　ンター …………………………… **Q11**
国立研究開発法人水産研究・教育機構
　……………………………………… **Q11**
国立研究開発法人水産工学研究所 … **Q11**
国連食糧農業機関（FAO）………… **Q 6**

キーワード索引（第Ⅰ巻）

さ

裁　定	**Q39**
差止請求	**Q20, Q34**
──の請求主体	**Q48**
──の範囲	**Q22**
サブライセンス	**Q46**
産業の発達	**Q19**
識別力	**Q42**
資源管理	**Q12**
シースケープ	**Q 6**
自他識別性	**Q42**
自他識別力	**Q50**
実施可能要件	**Q21**
実用新案	**Q26**
実用新案技術評価書	**Q27**
実用新案権者の損害賠償責任	**Q27**
実用新案権の侵害者の過失の立証	**Q27**
実用目的に必要な構成と分離	**Q37**
自動公衆送信	**Q38**
氏名表示権	**Q32**
周知性	**Q43, Q50**
種苗管理センター	**Q 2**
酒類の地理的表示に関するガイドライン	**Q52**
酒類の地理的表示に関する表示基準	**Q52**
純粋美術	**Q37**
使用規制	**Q56**
称　呼	**Q41**
消　尽	**Q25**
消費者ニーズへの対応	**Q14**
商　標	**Q47**
──の類似	**Q41**
商標権	**Q40**
商標権侵害の要件	**Q45**
商標審査便覧	**Q42**
商標制度	**Q51**

商標法3条1項3号	**Q42**
商標法3条2項	**Q42**
商品形態模倣行為	**Q49**
商品等表示	**Q42**
職務創作	**Q36**
職務著作	**Q36**
職務発明	**Q36**
食料自給率	**Q 3**
食料・農業・農村基本法	**Q 1**
新規性	**Q22**
森林環境譲与税	**Q 8**
森林組合	**Q 9**
森林経営管理法	**Q 8**
森林・林業改革	**Q15**
森林・林業基本法	**Q 7**
水産基本法	**Q12**
水産行政	**Q11**
水産高等学校	**Q11**
水産庁	**Q 2**
水産物の無主物性	**Q12**
スマート農業	**Q 3, Q21**
生物多様性	**Q 6**
全国漁業信用基金協会	**Q11**
先使用	**Q53**
専用権と禁止権	**Q40**
専用使用権	**Q46**
創作非容易性	**Q29**
送信可能化	**Q38**
属地主義	**Q47**
措置命令	**Q56**
損害額の推定等	**Q30**
損害賠償請求	**Q20, Q34**
存続期間	**Q16**

た

ダイリューション	**Q50**
多面的機能	**Q 7**

キーワード索引（第Ⅰ巻）

多様な担い手の参画・活躍 ……………… **Q14**
地域団体商標 ………………………………… **Q43**
知的財産権の活用 …………………………… **Q 3**
知的財産法 …………………………………… **Q16**
知的所有権の貿易関連の側面に関する協
　定（TRIPS協定）………………………… **Q58**
直接侵害 ……………………………………… **Q45**
著作権 …………………… **Q31**，**Q32**，**Q39**
著作者人格権 ………………… **Q32**，**Q33**
著作物 ………………………………………… **Q31**
地理的表示 ……………………… **Q54**，**Q58**
地理的表示保護制度 ………… **Q17**，**Q51**
通常使用権 …………………………………… **Q46**
適用除外 ……………………………………… **Q50**
デザインの外注 ……………………………… **Q36**
デッドコピー ………………………………… **Q49**
同一性保持権 ………………………………… **Q32**
登　記 ………………………………………… **Q 5**
動植物 ………………………………………… **Q21**
当然対抗 ……………………………………… **Q46**
登　録 …………………………… **Q16**，**Q46**
独占的効力 …………………………………… **Q30**
独占的使用権 ………………………………… **Q46**
独立行政法人製品評価技術基盤機構
　（NITE）…………………………………… **Q23**
特　許 ………………………………………… **Q21**
特許権存続期間 ……………………………… **Q24**
　――の延長制度 …………………………… **Q24**
特許制度 ……………………………………… **Q19**
特許庁による特許権や地域団体商標の登
　録 …………………………………………… **Q 9**
特許法 ………………………………………… **Q19**
　――の目的 ………………………………… **Q19**
ドローン ……………………………………… **Q18**

な

二次的著作物の利用権 ……………………… **Q33**

日EU・EPA …………………………………… **Q13**
担い手の確保 ………………………………… **Q 3**
日本・EU経済連携協定 …………………… **Q53**
日本政策金融公庫 …………………………… **Q 2**
農　協（JA）………………………………… **Q 2**
農業委員会 …………………………………… **Q 2**
農協改革 …………………………… **Q 2**，**Q15**
農業基本法 …………………………………… **Q 1**
農業競争力強化プログラム ……………… **Q13**
農業経営基盤強化促進事業 ……………… **Q 5**
農研機構 ……………………………………… **Q 2**
農地改革 ……………………………………… **Q15**
農地中間管理機構（農地バンク）……… **Q 5**
農地法 ………………………………………… **Q 5**
ノウハウ ……………………………………… **Q17**
農林水産業システム ………………………… **Q 6**
農林水産業・地域の活力創造プラン
　………………………………………………… **Q13**
農林水産省 …………………………………… **Q 2**
　――による品種登録や地理的表示保護
　　制度 ……………………………………… **Q 9**
農林水産省知的財産戦略2020 …………… **Q17**
農林水産知的財産保護コンソーシアム
　………………………………………………… **Q17**

は

排他的経済水域 ………………… **Q10**，**Q12**
排他的効力 …………………………………… **Q30**
排他的独占権 ………………………………… **Q16**
売　買 ………………………………………… **Q 4**
パッケージデザイン ………………………… **Q35**
罰　則 ………………………………………… **Q56**
パリ条約 ……………………………………… **Q57**
東アジア植物品種保護フォーラム … **Q17**
美術工芸品 …………………………………… **Q37**
微生物 ………………………………………… **Q23**
ビッグデータ ………………………………… **Q18**

485

キーワード索引（第Ⅰ巻）

美的鑑賞の対象となる美的特性 ······ **Q37**
標　章 ································ **Q40**
品質管理 ····························· **Q46**
複製権 ······························ **Q33**
複製と翻案 ·························· **Q33**
不公正な取引方法 ·················· **Q46**
不正競争 ··························· **Q48**
不正競争防止法 ···················· **Q48**
不正の目的 ························· **Q53**
部分意匠 ··························· **Q28**
フリーライド ······················· **Q50**
分離観察 ··························· **Q44**
平成30年改正 ······················ **Q56**
保護期間 ··························· **Q39**
補償金請求権 ······················ **Q24**
ポリューション ····················· **Q50**
翻案権 ······················ **Q33**，**Q38**

ま

マドリッド協定（マドリッドプロトコ
ル） ························· **Q47**，**Q57**
民事的救済 ························· **Q48**
明確性要件 ························· **Q21**
名誉回復請求 ······················ **Q34**
木材自給率 ························· **Q 8**
木材生産 ··························· **Q 7**

や

用途発明 ··························· **Q22**
要　部 ······························ **Q50**
要部観察 ··························· **Q44**

ら

ラベル論 ··························· **Q22**
乱　獲 ······························ **Q10**
ランドスケープ ····················· **Q 6**
リース ······························ **Q 4**
立体商標 ··························· **Q41**
林業基本法 ························· **Q 7**
林野庁 ······························ **Q 2**
類似等表示 ························· **Q53**
類似と混同 ························· **Q40**
類否判断 ··························· **Q44**
令和元年改正 ······················ **Q28**
ロボット ··························· **Q18**

わ

若者を惹きつける産業への転換 ······ **Q14**

A～Z

EPA ························ **Q54**，**Q58**
GI ································· **Q58**
GIマーク ··························· **Q55**
ICT ······························· **Q18**
IoT ······························· **Q18**
JAバンク ··························· **Q 2**
JFマリンバンク ····················· **Q11**
TPP ······························· **Q13**
TRIPS協定 ··············· **Q57**，**Q58**

判例索引（第Ⅰ巻）（日本のみ）

■最高裁判所

最決昭34・5・20刑集13巻5号755頁〔ニューアマモト事件〕……………………**Q50**

最判昭35・10・4民集14巻12号2408頁………………………………………………**Q41**

最判昭36・6・27民集15巻6号1730頁…………………………………………**Q41，Q45**

最判昭38・12・5民集17巻12号1621頁〔リラ宝塚〕…………………………………**Q44**

最判昭43・2・27民集22巻2号399頁〔氷山印（しょうざん）事件〕

　　　　　………………………………………………………**Q41，Q43，Q44，Q45**

最判昭48・4・20民集27巻3号580頁…………………………………………………**Q46**

最判昭49・3・19民集28巻2号308頁〔可撓伸縮ホース事件〕……………………**Q30**

最判昭49・4・25取消集昭49年443頁…………………………………………………**Q41**

最判昭53・9・7民集32巻6号1145頁

　　　〔ワン・レイニー・ナイト・イン・トーキョー事件〕………………………**Q34**

最判昭54・4・10（昭53（行ツ）129号）判時927号233頁〔ワイキキ事件〕……**Q40**

最判昭57・10・19民集36巻10号2130頁………………………………………………**Q 4**

最判昭58・10・7民集37巻8号1082頁〔マンパワー事件〕………………………**Q50**

最判昭59・5・29民集38巻7号920頁〔フットボールチーム・マーク事件〕……**Q50**

最判昭61・5・30民集40巻4号725頁…………………………………………………**Q32**

最判昭63・2・16民集42巻2号27頁……………………………………………………**Q32**

最判平4・9・22裁判集民事165号407頁〔大森林事件〕…………………………**Q41**

最判平5・9・10民集47巻7号509頁〔SEIKO EYE事件〕…………………**Q41，Q44**

最判平9・3・11民集51巻3号1055頁〔小僧寿し事件〕………**Q41，Q43，Q44，Q45**

最判平9・7・17民集51巻6号2714頁〔ポパイネクタイ事件〕………**Q33，Q35，Q39**

最判平10・9・10判タ986号181頁〔スナックシャネル事件〕…………………**Q50**

最判平11・7・16民集53巻6号957頁…………………………………………………**Q20**

最判平13・6・28民集55巻4号837頁〔江差追分事件〕…………………**Q33，Q34**

最判平13・10・25裁判集民事203号285頁……………………………………………**Q33**

最判平15・4・11裁判集民事209号469頁〔ＲＧＢアドベンチャー事件〕………**Q36**

最判平17・11・10民集59巻9号2428頁…………………………………………………**Q32**

最判平19・11・8民集61巻8号2989頁〔プリンタ用インクタンク事件〕…………**Q25**

最判平20・9・8判時2021号92頁〔つつみのおひなっこや事件〕…………………**Q44**

487

判例索引（第Ⅰ巻）（日本のみ）

最判平21・10・8判時2064号120頁〔チャップリン事件〕‥‥‥‥‥‥‥‥‥‥**Q39**

最判平24・1・17判時2144号115頁〔暁の脱走事件〕‥‥‥‥‥‥‥‥‥‥‥‥**Q39**

最判平24・2・2民集66巻2号89頁‥‥‥‥‥‥‥‥‥‥‥‥‥‥‥‥‥‥‥‥**Q32**

最判平27・6・5民集69巻4号700頁（904頁）〔プラバスタチンナトリウム事件〕‥‥‥**Q21**

最判平27・11・17民集69巻7号1912頁〔ベバシズマブ（アバスチン）事件〕‥‥‥‥‥‥**Q24**

■高等裁判所

東京高判昭30・6・28高民集8巻5号371頁〔天の川事件〕‥‥‥‥‥‥‥‥‥**Q46**

東京高判昭59・1・30（昭56（行ケ）138号）判工2621の61頁〔スベラーヌ事件〕‥‥‥**Q40**

東京高判昭59・5・23裁判所ホームページ‥‥‥‥‥‥‥‥‥‥‥‥‥‥‥‥**Q18**

東京高判昭60・12・4判時1190号143頁〔新潟鉄工事件〕‥‥‥‥‥‥‥‥‥**Q36**

東京高判平3・12・17知財集23巻3号808頁‥‥‥‥‥‥‥‥‥‥‥‥‥‥‥**Q33**

大阪高判平6・5・27知財集26巻2号447頁‥‥‥‥‥‥‥‥‥‥‥‥‥‥‥**Q30**

東京高判平7・4・13判時1536号103頁‥‥‥‥‥‥‥‥‥‥‥‥‥‥‥‥‥**Q30**

大阪高判平10・5・22判タ986号289頁〔SAKE CUP事件〕‥‥‥‥‥‥‥‥**Q50**

東京高判平11・6・24（平11（ネ）1153号）〔スーパーラック型キャディバック事件〕

‥‥‥‥‥‥‥‥‥‥‥‥‥‥‥‥‥‥‥‥‥‥‥‥‥‥‥‥‥‥‥‥‥‥**Q49**

東京高判平12・5・17裁判所ホームページ‥‥‥‥‥‥‥‥‥‥‥‥‥‥‥‥**Q27**

東京高判平13・1・31（平12（行ケ）234号）〔蛸事件〕‥‥‥‥‥‥‥‥‥‥**Q44**

仙台高判平14・7・9判時1813号145頁‥‥‥‥‥‥‥‥‥‥‥‥‥‥‥‥‥**Q37**

東京高判平14・11・27判時1814号140頁‥‥‥‥‥‥‥‥‥‥‥‥‥‥‥‥**Q32**

東京高判平15・10・30裁判所ホームページ‥‥‥‥‥‥‥‥‥‥‥‥‥‥‥‥**Q50**

東京高判平16・1・30裁判所ホームページ〕‥‥‥‥‥‥‥‥‥‥‥‥‥‥‥**Q36**

知財高判平17・10・6（平17（ネ）10049号）裁判所ホームページ‥‥‥‥‥‥**Q33**

大阪高判平18・5・31（平18（ネ）184号）
　　裁判所ホームページ〔化粧用パフ事件控訴審‥‥‥‥‥‥‥‥‥‥‥‥**Q30**

知財高判平18・11・21（平17（ネ）10125号）裁判所ホームページ
　〔シロスタゾール事件〕‥‥‥‥‥‥‥‥‥‥‥‥‥‥‥‥‥‥‥‥‥‥**Q22**

知財高判平18・11・29（平18（行ケ）10227号）裁判所ホームページ〔シワ形成抑制事件〕

‥‥‥‥‥‥‥‥‥‥‥‥‥‥‥‥‥‥‥‥‥‥‥‥‥‥‥‥‥‥‥‥‥‥**Q22**

知財高判平18・3・29判タ1234号295頁‥‥‥‥‥‥‥‥‥‥‥‥‥‥‥‥‥**Q32**

知財高判平18・3・31判時1924号84頁〔コネクター接続端子事件〕‥‥‥‥‥**Q28**

知財高判平19・6・27判時1984号3頁〔マグライト事件〕‥‥‥‥‥‥‥‥‥**Q42**

知財高判平19・12・25裁判所ホームページ‥‥‥‥‥‥‥‥‥‥‥‥‥‥‥‥**Q45**

知財高判平20・5・29判時2006号36頁〔コカ・コーラ事件〕‥‥‥‥‥‥‥‥**Q42**

知財高判平20・6・30判時2056号133頁〔ギリアンチョコ事件〕‥‥‥‥‥‥**Q42**

知財高判平22・11・15（平21（行ケ）10433号）判時2111号109頁

判例索引（第Ⅰ巻）（日本のみ）

〔喜多方ラーメン事件〕·· **Q40**，**Q43**

知財高判平22・11・16判時2113号135頁〔ヤクルト事件〕················· **Q42**

知財高判平23・3・23（平22（行ケ）10256号）判時2111号100頁

〔スーパーオキサイドアニオン事件〕·· **Q22**

知財高判平23・6・29判時2122号33頁〔Yチェア事件〕····················· **Q42**

知財高判平23・12・26（平23（ネ）10038号）〔吹きゴマ事件〕············ **Q31**

知財高判平25・3・28裁判所ホームページ〔日本車輌事件〕················· **Q50**

知財高判平25・12・17裁判所ホームページ〔シャトー勝沼事件〕··········· **Q35**

福岡高判平26・1・29判時2273号116頁〔博多織事件〕····················· **Q43**

知財高判平27・4・14判時2267号91頁〔TRIPP TRAPP事件〕·········· **Q35**，**Q37**

知財高判平28・7・28（平28（ネ）10023号）裁判所ホームページ

〔メニエール病治療薬事件〕·· **Q22**

知財高判平28・10・13（平28（ネ）10059号）裁判所ホームページ ······ **Q35**，**Q37**

知財高判平28・10・31（平28（ネ）10058号）裁判所ホームページ ······ **Q49**

知財高判平28・11・30判時2338号96頁 ··· **Q37**

知財高判平28・12・21判時2340号88頁 ·· **Q35**，**Q37**

知財高判平30・4・25判時2382号24頁 ·· **Q38**

知財高判平30・6・7（平30（ネ）10009号）裁判所ホームページ

〔糸半田供給機事件〕·· **Q35**，**Q37**

知財高判平30・10・25裁判所ホームページ ·· **Q50**

知財高判令元・6・7裁判所ホームページ ·· **Q20**

■地方裁判所

東京地判昭39・9・28下民集15巻9号2317頁 ·································· **Q32**

大阪地判昭47・3・29無体集4巻1号137頁 ···································· **Q30**

大阪地判昭51・2・24（昭49（ワ）393号）無体集8巻1号102頁〔ポパイ事件〕······ **Q40**

名古屋地判昭54・12・17無体集11巻2号632頁 ································ **Q30**

東京地判昭56・4・20無体集13巻1号432頁〔アメリカTシャツ事件〕····· **Q35**

札幌地判昭59・3・28判タ536号284頁〔コンピュータランド事件〕········ **Q50**

東京地判昭61・4・28判時1189号108頁〔豊後の石風呂事件〕············· **Q39**

東京地判昭62・7・10判時1246号128頁 ··· **Q20**

京都地判平元・6・15判時1327号123頁〔佐賀錦袋帯事件〕·············· **Q33**，**Q35**

東京地決平元・12・28無体集21巻3号1073頁〔配線カバー事件〕········· **Q50**

東京地判平4・10・23判時1469号139頁〔フマル酸ケトチフェン事件〕····· **Q22**

大阪地判平5・8・24知財集26巻2号470頁 ···································· **Q30**

大阪地決平8・3・29知財集28巻1号140頁 ····································· **Q49**

東京地判平11・1・28判時1677号127頁〔スーパーラック型キャディバック事件〕······ **Q49**

判例索引（第Ⅰ巻）（日本のみ）

東京地判平11・4・28判時1691号136頁〔ウィルスバスター事件〕‥‥‥‥‥‥**Q46**

大阪地判平11・9・16判タ1044号246頁〔アリナビック事件〕‥‥‥‥‥‥‥‥**Q50**

東京地判平11・9・20判時1696号76頁〔iMac事件〕‥‥‥‥‥‥‥‥‥‥‥‥**Q42**

東京地判平11・12・21（平11（ワ）20965号）裁判所ホームページ‥‥‥‥‥‥**Q33**

東京地判平12・7・12判時1718号127頁‥‥‥‥‥‥‥‥‥‥‥‥‥‥‥‥‥**Q49**

富山地判平12・12・6判時1734号7頁〔Jaccs.co.jp事件〕‥‥‥‥‥‥‥‥‥**Q50**

東京地判平12・12・21判例集未登載〔虎屋黒川事件〕‥‥‥‥‥‥‥‥‥‥‥‥**Q50**

東京地判平13・4・24判時1755号43頁〔J-PHONE事件〕‥‥‥‥‥‥‥‥‥**Q50**

東京地（中間）判平13・5・25判時1774号132頁）‥‥‥‥‥‥‥‥‥‥‥‥‥**Q33**

東京地判平13・7・19判時1815号148頁〔呉青山学院事件〕‥‥‥‥‥‥‥‥‥**Q50**

大阪地判平14・2・26（平11（ワ）12866号）裁判所ホームページ‥‥‥‥‥‥**Q30**

東京地判平14・7・30（平13（ワ）1057号）裁判所ホームページ‥‥‥‥‥‥‥**Q49**

大阪地判平15・4・15裁判所ホームページ〔荷崩れ防止ベルト事件〕‥‥‥‥‥‥**Q28**

東京地判平15・6・11判時1840号106頁〔ノグチルーム事件〕‥‥‥‥‥‥‥‥**Q39**

大阪地判平16・7・15裁判所ホームページ〔マクセル事件〕‥‥‥‥‥‥‥‥‥‥**Q50**

東京地判平16・7・28判時1878号129頁〔カルティエ事件〕‥‥‥‥‥‥‥‥‥**Q42**

大阪地判平16・9・13判時1899号142頁〔ヌーブラ事件〕‥‥‥‥‥‥‥‥‥‥**Q49**

大阪地判平17・12・15判時1936号155頁〔化粧用パフ事件〕‥‥‥‥‥‥‥‥‥**Q30**

大阪地判平18・4・27判タ1232号309頁‥‥‥‥‥‥‥‥‥‥‥‥‥‥‥‥‥**Q27**

東京地判平18・7・26判タ1241号306頁〔ロレックス事件〕‥‥‥‥‥‥‥‥‥**Q42**

東京地判平19・4・18判タ1273号280頁‥‥‥‥‥‥‥‥‥‥‥‥‥‥‥‥‥**Q30**

大阪地判平19・11・19裁判所ホームページ‥‥‥‥‥‥‥‥‥‥‥‥‥‥‥‥‥**Q27**

東京地判平20・9・30判時2028号138頁〔TOKYU事件〕‥‥‥‥‥‥‥‥‥**Q50**

東京地判平20・12・26判時2032号11頁〔黒烏龍茶事件〕‥‥‥‥‥‥‥**Q35，Q50**

大阪地判平21・3・26判時2076号119頁〔マンション読本事件〕‥‥‥‥‥‥‥**Q35**

大阪地判平21・6・9判タ1315号171頁〔アトシステム事件〕‥‥‥‥‥‥‥‥‥**Q49**

大阪地判平24・9・13裁判所ホームページ〔阪急住宅事件〕‥‥‥‥‥‥‥‥‥‥**Q50**

大阪地判平25・6・20判時2218号112頁‥‥‥‥‥‥‥‥‥‥‥‥‥‥‥‥‥**Q38**

東京地判平26・5・21（平25（ワ）31446号）裁判所ホームページ

　〔エルメス・バーキン立体商標事件〕‥‥‥‥‥‥‥‥‥‥‥‥‥‥‥**Q41，Q44**

大阪地判平27・3・26判時2271号113頁‥‥‥‥‥‥‥‥‥‥‥‥‥‥‥‥‥**Q27**

大阪地判平27・9・24裁判所ホームページ‥‥‥‥‥‥‥‥‥‥‥‥‥‥‥‥‥**Q35**

大阪地判平27・11・5裁判所ホームページ〔三井住友事件〕‥‥‥‥‥‥‥‥‥‥**Q50**

大阪地判平28・3・17裁判所ホームページ‥‥‥‥‥‥‥‥‥‥‥‥‥‥‥‥‥**Q27**

大阪地判平29・1・19（平27（ワ）9648号ほか）裁判所ホームページ‥‥‥‥**Q35，Q37**

横浜地小田原支判平29・11・24・2017WLJPCA11246002〔小田原かまぼこ事件〕‥‥**Q43**

東京地判平30・2・14裁判所ホームページ‥‥‥‥‥‥‥‥‥‥‥‥‥‥‥‥‥**Q45**

東京地判平30・3・13裁判所ホームページ〔フォクシー事件〕‥‥‥‥‥‥‥‥‥**Q50**

判例索引（第Ⅰ巻）（日本のみ）

東京地判平30・3・26裁判所ホームページ ……………………………………………………………… **Q50**
東京地判平30・12・27（平29（ワ）22543号）裁判所ホームページ
　〔ランプシェード立体商標事件〕……………………………………………………………… **Q41，Q44**

あ と が き

1．日本弁護士連合会（以下「日弁連」と略称します。）には，知的財産分野の専門特別委員会として「日弁連知的財産センター」（以下「知財センター」と略称します。）が設置されています。メンバーは全国の単位弁護士会に所属する約90名です。

その歴史は古く，系譜を紐解けば，1963年（昭和38年）2月19日に組織された「工業所有権制度改正委員会」に遡ります。

知財センターの設置の目的は，「知的財産権の確立，普及及び国民的理解を増進し，紛争処理制度等司法関連事項に関する政策の提言等を通して，よりよい知的財産制度の発展を図るとともに，会員が知的財産業務に関与するための施策を企画する等の活動に取り組むこと」です（日弁連知的財産センター設置要綱2条）。具体的な任務としては，下記のものが定められています（日弁連知的財産センター設置要綱3条）。

①　知的財産権についての調査，研究及び提言

②　知的財産権に関する立法及び制度についての立案及び提言

③　知的財産権に関する立法及び制度についての，政府，審議会，関連諸団体等との協議及び交流

④　知的財産に関する法曹養成及び会員の研修に関する事項

⑤　知的財産に関する会員の業務拡大に資する活動

⑥　その他我が国における知的財産制度の維持及び発展に必要な活動

2．この知財センターの活動の一環として，全国各地の知財法分野を取り扱う弁護士の任意団体として，わが国に知的財産高等裁判所が創設された平成17年4月に，「弁護士知財ネット」（以下「知財ネット」と略称します。）が設立されました。日弁連のオフィシャルな委員会としての知財センターに，日弁連の知財分野の戦略本部的な機能が期待されるとした場合，知財ネットは，その実働部隊というイメージで，機動的な広域展開と地域の実情に応じた地域密着の活動を展開しています。現時点で国内外に約1000名のメンバーが活動し

あとがき

ています。

3．農林水産分野の活動をとり上げますと，知財センターにおいても，知財ネットにおいても，平成28年にそれぞれの組織の中に「農水法務支援チーム」を設置しました。これは，わが国の国民生活の基底をなす農林水産業が，少子高齢化現象や地球温暖化による気候変動，さらには国際競争環境の変化等で厳しい局面にさしかかって来ている状況に鑑み，法律実務家である弁護士としても何か生産者等の農林水産業を支える方々へのサポートができないものかという思いから設置された専門チームです。

4．この「農水法務支援チーム」では，"攻めの農林水産業"を実現するための法的ツールとして重要な農水知財法制の勉強を始めて，信頼できるテキストがないことに思い至りました。これでは，生産者をはじめ農林水産関係者に理解して頂くことも，制度を利・活用して頂くことも難しいと感じましたので，所管官庁が分かれている農水知財法制の全体像を俯瞰できるテキストの作成に取り組みました。そういったテキストの必要性・大切さは，農林水産省や特許庁でも同様な思いをお持ち頂いていましたので，知財ネットが事務方を務めて，その両省庁に音頭をとって頂き，経済産業省，国税庁，財務省（税関），法務省，内閣府知的財産戦略推進事務局といった関係省庁，そしてこれらの関係機関である独立行政法人工業所有権情報・研修館（INPIT），国立研究開発法人農業・食品産業技術総合研究機構といった専門機関を糾合し，さらには国際連合の世界知的所有権機関（WIPO）などにもご協力を仰ぎ，信頼性の高い農水知財基本テキストとして，平成30年1月に，『攻めの農林水産業のための知財戦略』（経済産業調査会）を出版することができました。出版社のご厚意で全頁カラー印刷という体裁で，見やすいレイアウトでもあったこともあり，関係者・読者のご好評を得ることができ，その初版本は既に売り切れ状態であり，現在はその後の状況変化に対応した改訂版の出版が求められています。

5．『攻めの農林水産業のための知財戦略』が想定する読者層は，生産現場の

あとがき

方などの農林水産業の従事者です。現場の皆さんに広く農水知財法制を知って頂き，積極的に活用して頂きたいというのが出版目的だったからです（といっても，弁護士や弁理士等の実務家においても馴染みの薄い農水知財法制ですから，こういった専門家が知見を得ることにも役立っているというのが実際のところです。）。今回の『農林水産関係知財の法律相談』は，生産現場の方々や農業法人の方々から法律相談を受ける立場にある弁護士や弁理士といった専門家を養成して，より高質のリーガルサービスを地域において提供できるようにするものです。つまり，ある程度の専門知識をもった実務家を主たる読者層として想定しています。

6．今般の，日弁連と知財ネットとの共同監修の書籍の出版は，日弁連始まって以来の歴史的慶事と受け止めることも可能です。このような類例のない出版企画が実現したのは，国民生活の食を支えるという意味で重要な農林水産業が直面している厳しい状況に，国民の一人として弁護士も地域において向き合うのが相当であるとの会長・副会長以下の日弁連執行部の判断があると理解できます。そういった思いも受け止め，本書の出版企画においては，知財センターと知財ネットの両方の組織から人選して，本書の「統合出版委員会」を立ち上げ，出版の実現に向けて努力してきました（その組織図を次ページに掲載しておきます。）。日弁連と知財ネットの方向性を理解し，志をもって本書の企画や執筆にあたってくれた諸氏，とくに農林水産省の皆様や内閣府で規制改革を担当されていた執筆者，知的財産法の学者の先生方には公務や研究でご多用のなか，ご無理をお願いしました。深謝申し上げます。

　この本がオールジャパンで出版した『攻めの農林水産業のための知財戦略』と同様に，実務において活用されることを願います。

2019（令和元）年 6 月吉日

日弁連知的財産センター・弁護士知財ネット
統合出版委員会

委員長　弁護士　伊　原　友　己

あとがき

日弁連知的財産センター・弁護士知財ネット統合出版委員会構成図（敬称略）

《平成31年3月31日現在》

【委員長】
伊原　友己
（知財ネット理事・事務局長／知財センター副委員長）

【スーパーバイザー】
村田　真一（知財センター委員長）
城山　康文（知財ネット理事／知財センター前委員長）
末吉　亙（知財ネット理事長）
小松陽一郎（知財ネット前理事長）
林　いづみ（知財ネット専務理事／知財センター副委員長）
宮川美津子（知財センター事務局長）

【事務連絡調整】
澤井　泰孝
（日弁連事務局知財センター担当）
村上　真以
（日弁連事務局前知財センター担当）

【副委員長】
奥原　玲子
（日弁連理事（平成30年度）／知財ネット農水法務支援チーム）
井上　裕史
（知財ネット農水法務支援チーム）

〔種苗法チーム〕

【座長】 松本　好史
（知財ネット農水法務支援チーム座長）

平井　佑希
（知財ネット農水法務支援チーム事務局）

〔表示系チーム〕

【座長】 外村　玲子
（知財ネット農水法務支援チーム事務局長）

西脇　怜史
（知財ネット事務局）

〔遊撃チーム〕

【座長】 山口　裕司
（知財センター農水法務支援チーム座長）

荒井　俊行
（知財センター事務局次長）

星　大介
（知財ネット事務局次長）

清水　亘
（知財ネット農水法務支援チーム）

辻本　直規
（農林水産省食料産業局知的財産課課長補佐／知財ネット農水法務支援チーム）

■監修者

日弁連知的財産センター＝弁護士知財ネット

農林水産関係知財の法律相談Ⅰ　　最新青林法律相談㉓

2019年 9 月 2 日　初版第 1 刷印刷
2019年 9 月14日　初版第 1 刷発行

廃　検	©監修者	日弁連知的財産センター
止　印		弁護士知財ネット
	発行者	逸　見　慎　一

発行所　東 京 都 文 京 区　株式　青 林 書 院
　　　　本郷 6 丁目 4 の 7　会社
振替口座　00110-9-16920／電話03(3815)5897〜8／郵便番号113-0033

印刷・藤原印刷㈱／落丁・乱丁本はお取り替え致します。
Printed in Japan　　ISBN978-4-417-01771-4

JCOPY〈出版者著作権管理機構 委託出版物〉
本書の無断複写は著作権法上での例外を除き禁じられています。複写される場合は，そのつど事前に，㈳出版者著作権管理機構（電話 03-5244-5088，FAX 03-5244-5089，e-mail；info@jcopy.or.jp）の許諾を得てください。